mirror_mod.use_z = True
fier_ob.select=1
lected" + str(modifier_ob)) # modifier ob is the

Windows Server 2019 Active Directory配置指南

戴有炜 著

清華大學出版社
北 京

内 容 简 介

本书由微软技术专家戴有炜先生倾力编著，是他最新推出的 Windows Server 2019 两卷力作中的 Active Directory 配置指南篇。

本书延续了作者的一贯写作风格：大量的实例演示兼具理论，以及完整清晰的操作过程，以简洁易懂的文字进行描述，内容丰富，图文并茂。本书共分 16 章，内容包括 Active Directory 域服务、建立 AD DS 域、域用户与组账户的管理、利用组策略管理用户工作环境、利用组策略部署软件、限制软件的运行、建立域树和域林、管理域和林信任、AD DS 数据库的复制、操作主机的管理、AD DS 的维护、将资源发布到 AD DS、自动信任根 CA、利用 WSUS 部署更新程序、AD RMS 企业文件版权管理以及 AD DS 与防火墙。

本书面向广大初、中级网络技术人员、网络管理和维护人员，也可作为高等院校相关专业和技术培训班的教学用书，同时可以作为微软认证考试的参考用书。

本书为碁峰资讯股份有限公司授权出版发行的中文简体字版本。
北京市版权局著作权合同登记号 图字：01-2021-0348

图书在版编目（CIP）数据

Windows Server 2019 Active Directory 配置指南 / 戴有炜著.—北京：清华大学出版社，2021.8(2023. 5 重印)
ISBN 978-7-302-58643-2

Ⅰ. ①W… Ⅱ. ①戴… Ⅲ. ①Windows 操作系统—网络服务器—指南 Ⅳ. ①TP316.86-62

中国版本图书馆 CIP 数据核字（2021）第 142459 号

责任编辑：夏毓彦
封面设计：王　翔
责任校对：闫秀华
责任印制：杨　艳

出版发行：清华大学出版社
网　　址：http://www.tup.com.cn，http://www.wqbook.com
地　　址：北京清华大学学研大厦 A 座　　邮　　编：100084
社 总 机：010-83470000　　邮　　购：010-62786544
投稿与读者服务：010-62776969，c-service@tup.tsinghua.edu.cn
质 量 反 馈：010-62772015，zhiliang@tup.tsinghua.edu.cn
印 装 者：北京国马印刷厂
经　　销：全国新华书店
开　　本：190mm×260mm　　印　　张：25.75　　字　　数：680 千字
版　　次：2021 年 9 月第 1 版　　印　　次：2023 年 5 月第 3 次印刷
定　　价：109.00 元

产品编号：091232-01

序

首先要感谢读者长久以来的支持与爱护！这一系列Windows Server书籍仍然采用我一贯秉承的编写风格，也就是完全站在读者立场来思考，并且以实务的观点来编写和升级Windows Server 2019书籍。我花费相当多时间在不断地测试与验证书中所叙述的内容，并融合多年的教学经验，然后以最容易让读者理解的方式将其写到书中，希望能够协助读者快速地学会Windows Server 2019。

本套书的宗旨是希望让读者通过书中丰富的示例与详尽的实用操作，来充分了解Windows Server 2019，进而能够轻松地管理Windows Server 2019的网络环境，因此书中不但理论解说清晰，而且范例充足。对需要参加微软认证考试的读者来说，这套书更是不可或缺的实用参考手册。

学习网络操作系统，首先应注重动手实践，唯有实际演练书中所介绍的各项技术，才能充分了解并掌握相关知识，因此建议使用Windows Server 2019 Hyper-V等提供虚拟技术的软件来搭建书中的网络测试环境。

本套书分为《Windows Server 2019系统与网站配置指南》与《Windows Server 2019 Active Directory配置指南》两本，内容丰富翔实，相信它们仍然不会辜负你的期望，在学习Windows Server 2019时给予你最大的帮助。

戴有炜

目　录

第 1 章　Active Directory 域服务（AD DS）

在Windows Server 2019的网络环境中，Active Directory域服务（Active Directory Domain Services，AD DS）提供了用来组织、管理与控制网络资源的各种强大功能。

- Active Directory域服务概述
- 域功能级别与林功能级别
- Active Directory轻型目录服务

1.1 Active Directory域服务概述

什么是**directory（目录）**呢？日常生活中的电话簿内记录着亲朋好友的姓名与电话等数据，它就是**telephone directory**（电话目录）；计算机中的文件系统（file system）内记录着文件的文件名、大小与日期等数据，它就是**file directory**（文件目录）。

如果这些directory内的数据能够被系统地加以整理，用户就能很方便与快捷地查找到所需要的数据，而directory service（目录服务）所提供的服务就是要让用户很方便与快捷地在directory内查找所需要的数据。在现实生活中，查号台也是一种目录服务；在Internet上，百度网站所提供的搜索功能也是一种目录服务。

Active Directory域内的directory database（目录数据库）用来存储用户账户、计算机账户、打印机与共享文件夹等对象，而提供目录服务的组件就是**Active Directory域服务**（Active Directory Domain Services，AD DS），它负责目录数据库的存储、新增、删除、修改与查询等工作。

1.1.1 Active Directory域服务的适用范围

AD DS的适用范围（scope）非常广泛，它可以用在一台计算机、一个小型局域网（LAN）或多个广域网（WAN）的结合。它可以包含此范围中的所有对象，例如文件、打印机、应用程序、服务器、域控制器与用户账户等。

1.1.2 名称空间

名称空间（namespace）是一块界定好的区域，在此区域内，可以利用某个名称来找到与此名称关联的数据与信息。例如一本电话簿就是一个**名称空间**，在这本电话簿内（界定好的区域内），我们可以利用姓名来找到此人的电话、地址与生日等信息。又如Windows操作系统的NTFS文件系统也是一个**名称空间**，在这个文件系统内，我们可以利用文件名来找到此文件的大小、修改日期与文件内容等信息。

Active Directory域服务（AD DS）也是一个**名称空间**。利用AD DS，我们可以通过对象名称来找到与此对象有关的所有信息。

在TCP/IP网络环境内利用Domain Name System（DNS）来解析主机名与IP地址的对应关系，例如通过DNS来获取主机的IP地址。AD DS也与DNS紧密地集成在一起，它的域名**空间**也是采用DNS架构，因此域名是采用DNS格式来命名，例如可以将AD DS的域名命名为

sayms.local。

1.1.3 对象与属性

AD DS内的资源是以对象（object）的形式存在，例如用户、计算机等都是对象，而对象是通过**属性**（attribute）来描述其特征的，也就是说对象本身是一些**属性**的集合。例如如果要为用户**王乔治**建立账户，则需新建一个对象类型（object class）为**用户**的对象（也就是用户账户），然后在此对象内输入**王乔治**的姓、名、登录名与地址等数据，其中的用户账户就是对象，而姓、名与登录名等就是该对象的属性（参见表1-1-1）。另外，图1-1-1中的**王乔治**就是对象类型为**用户**（user）的对象。

表1-1-1

对象（object）	属性（attributes）
用户（user）	姓 名 登录名 地址 ……

图 1-1-1

1.1.4 容器与组织单位

容器（container）与对象相似，它有自己的名称，也是一些属性的集合，不过容器内可以包含其他对象（例如**用户**、**计算机**等），也可以包含其他容器。组织单位（organization Units，OU）是特殊的容器，其中除了可以包含其他对象与组织单位，还具备**组策略**（group policy）的功能。图1-1-2所示就是一个名称为**业务部**的组织单位，其中包含着多个对象，有两个为**用户**对象、两个为**计算机**对象与两个本身也是组织单位的对象。

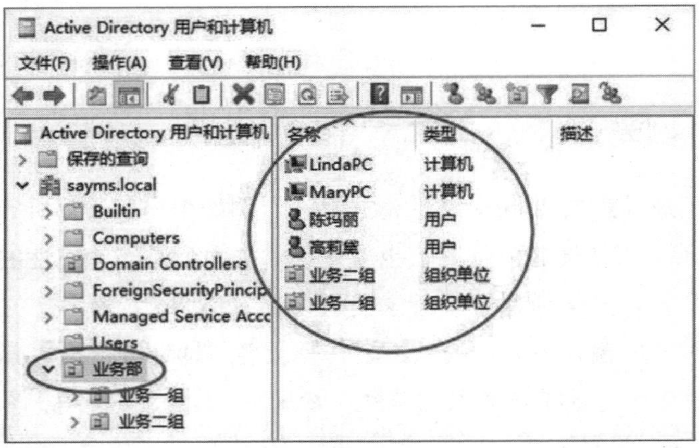

图 1-1-2

AD DS是以层级架构（hierarchical）将对象、容器与组织单位等组合在一起的，并将其存储到AD DS数据库内。

1.1.5 域树

可以搭建包含多个域的网络，而且是以域树（domain tree）的形式存在，如图1-1-3就是一个域树，其中最上层的域名为sayms.local，它是该域树的根域（root domain）；根域之下还有两个子域（sales.sayms.local与mkt.sayms.local），各子域下总共还有3个子域。

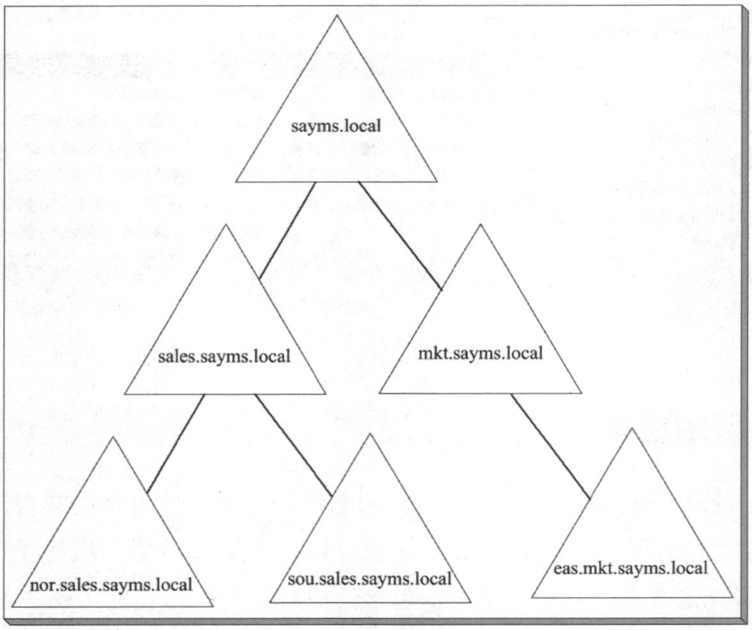

图 1-1-3

图中域树符合DNS域名空间的命名规则，而且是有连续性的，也就是子域的域名包含其父域的域名，例如域sales.sayms.local的后缀中包含其上一层（父域）的域名sayms.local；而nor.sales.sayms.local的后缀中包含其上一层的域名sales.sayms.local。

在域树内的所有域共享一个 AD DS，也就是在此域树之下只有一个AD DS，不过其中的数据是分散存储在各个域内的，每个域内只存储隶属于该域的数据，例如该域内的用户账户（存储在域控制器内）。

1.1.6 信任

两个域之间必须拥有信任关系（trust relationship），才能够访问对方域内的资源。而任何一个新的AD DS域被加入到域树后，这个域会自动信任其上一层的父域，同时父域也会自动信任此新子域，而且这些信任关系具备双向可传递性（two-way transitive）。由于此信任工作是通过Kerberos security protocol来完成，因此也被称为Kerberos trust。

Q 域A的用户登录到其所隶属的域后，这个用户能否访问域B内的资源呢?

A 只要域B信任域A即可。

我们以图1-1-4来解释双向可传递性，图中域A信任域B（箭头由A指向B）、域B又信任域C，因此域A会自动信任域C；另外域C信任域B（箭头由C指向B）、域B又信任域A，因此域 C会自动信任域 A。结果是域A和域C之间也就自动地建立起双向的信任关系。

当任何一个新域加入到域树后，它会自动双向信任这个域树内所有的域，因此只要拥有适当权限，这个新域内的用户可以访问其他域内的资源，同理其他域内的用户也可以访问这个新域内的资源。

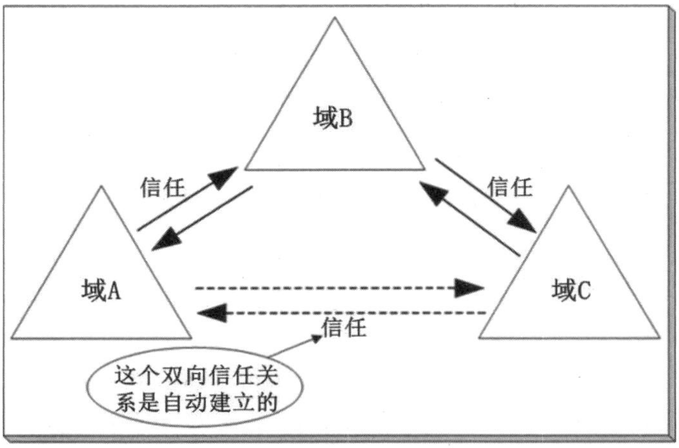

图 1-1-4

1.1.7 林

林（forest）是由一或多个域树所组成的，每一个域树都有自己唯一的名称空间，如图1-1-5所示，例如其中一个域树内的每一个域名都是以sayms.local结尾，而另一个都是以say365.local结尾。

第一个域树的根域，就是整个林的根域（forest root domain），同时其域名就是林的林名称。例如图1-1-5中的sayms.local是第一个域树的根域，它就是整个林的根域，而林名称就是sayms.local。

在建立林时，每一个域树的根域与林根域之间自动建立双向可传递的信任关系，因此每一个域树中的每一个域内的用户，只要拥有权限，就可以访问其他任何一个域树内的资源，也可以到其他任何一个域树内的成员计算机登录。

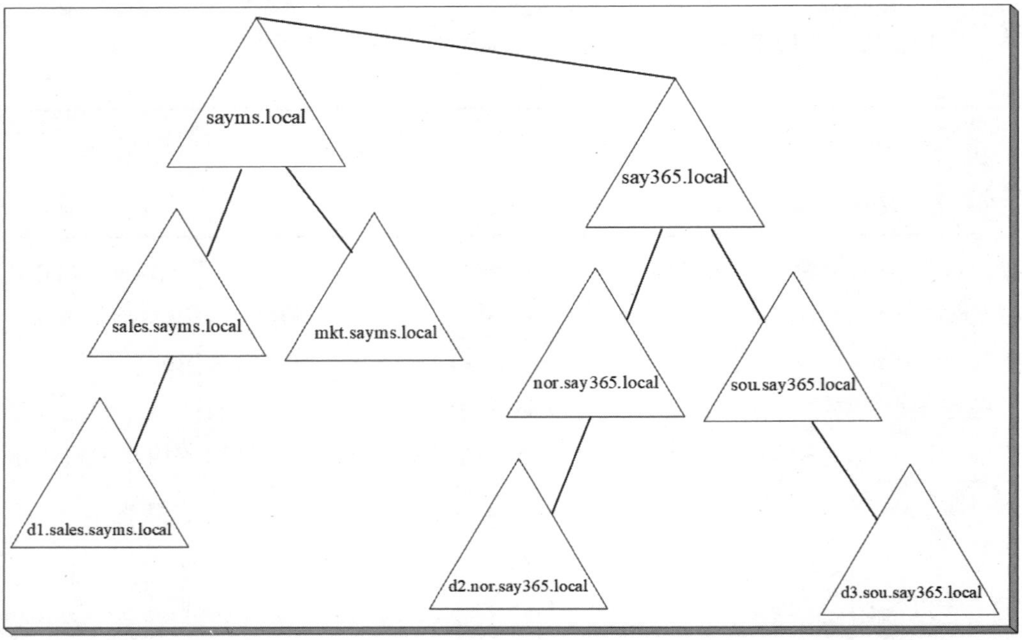

图 1-1-5

1.1.8 架构

AD DS对象类型与属性数据是定义在**架构**（schema）内的，例如它定义了**用户**对象类型内包含了哪些属性（姓、名、电话等）、每一个属性的数据类型等信息。

隶属于Schema Admins组的用户可以修改**架构**内的数据，应用程序也可以自行在**架构**内添加其所需的对象类型或属性。在一个林内的所有域树共享相同的**架构**。

1.1.9 域控制器

Active Directory域服务（AD DS）的目录数据是存储在域控制器内的。一个域内可以有多台域控制器（domain controller），每一台域控制器的地位（近乎）是平等的，它们各自存储着一份相同的AD DS数据库。当在任何一台域控制器内新建了一个用户账户后，此账户默认是被建立在此域控制器的AD DS数据库中的，之后会自动被复制（replicate）到其他域控制器的AD DS数据库中（见图1-1-6），以便让所有域控制器内的AD DS数据库的内容都能够同步（synchronize）。

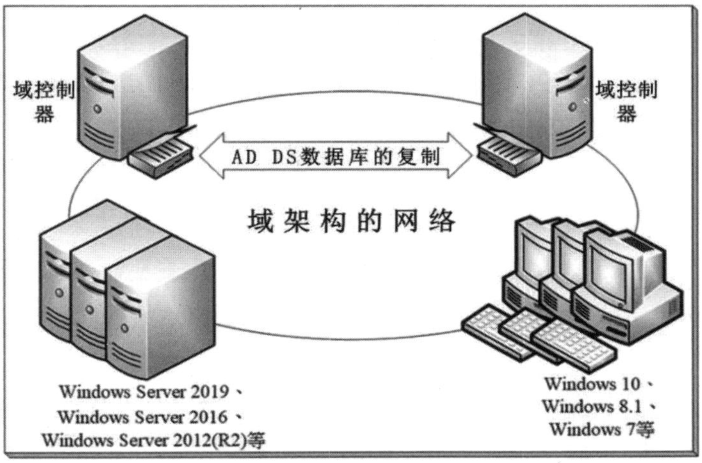

图 1-1-6

当用户在某台域成员计算机登录时，会由其中一台域控制器根据其AD DS数据库内的账户数据，来验证用户所输入的用户名与密码是否正确。如果正确，用户就可以登录成功；反之，会被拒绝登录。

多台域控制器并存还可以提供容错功能，例如当其中一台域控制器出现故障了，其他域控制器仍然能够继续提供服务。另外，它也可以改善用户的登录效率，因为多台域控制器可以分担验证用户登录身份（用户名与密码）的负担。

域控制器是由服务器级别的计算机来扮演的，例如Windows Server 2019、Windows Server 2016、Windows Server 2012（R2）等。

1.1.10 只读域控制器

只读域控制器（Read-Only Domain Controller，RODC）的AD DS数据库只能被读取、不能被修改，也就是说用户或应用程序无法直接修改RODC的AD DS数据库。RODC的AD DS数据库内容只能够从其他**可读写域控制器**复制过来。RODC主要是为远程分公司设计使用的，因为一般来说远程分公司的网络规模比较小、用户人数比较少，这种网络的安全措施或许不如总公司完备，同时也可能缺乏IT技术人员，因此采用RODC可避免因为AD DS数据库被破坏而影响到整个AD DS环境的运行。

1. RODC 的 AD DS 数据库内容

除了用户账户和密码外，RODC的AD DS数据库内会存储AD DS域内的所有对象与属性。远程分公司的应用程序要读取AD DS数据库内的对象时，可以通过RODC快速获取。不过因为RODC并不存储用户的密码，因此它在验证用户名与密码时，仍然需要将请求发送到总公司的可读写域控制器进行验证。

由于RODC的AD DS数据库是只读的，因此远程分公司的应用程序要更改AD DS数据库的对象或用户要更改密码，这些更新请求都会被转发到总公司的可读写域控制器来处理，总公司的可读写域控制器再通过AD DS数据库的复制程序将这些被更新的数据复制到RODC。

2. 单向复制

总公司的可读写域控制器的AD DS数据库中的数据发生变更时，该变更数据会被复制到RODC。然而因用户或应用程序无法直接更改RODC的AD DS数据库，因此总公司的可读写域控制器不会向RODC索取变更数据，因此可以降低网络的负载。

除此之外，可读写域控制器通过DFS分布式文件系统将SYSVOL文件夹（用来存储组策略相关设置）复制给RODC时，也是采用单向复制（unidirectional replication）。

3. 认证缓存

RODC在验证用户的密码时，仍然需要将它们提交到总公司的可读写域控制器来验证，如果希望加快验证速率，可以选择将用户的密码存储到RODC的认证缓存（credential caching）区。这需要通过**密码复制策略**（password replication policy）来选择可以被RODC缓存的账户。建议不要缓存太多账户，因为分公司的安全措施可能比较差，如果RODC被入侵，则存储在缓存区内的认证信息可能会外泄。

4. 系统管理员角色隔离

可以通过**系统管理员角色隔离**（administrator role separation）来将任何一个域账户委派为RODC的本地系统管理员，他可以在RODC这台域控制器登录、执行管理工作，例如更新驱动程序等，但他却无法执行其他域管理工作，也无法登录其他域控制器。利用此功能，可以将RODC的常规管理工作委派给特定用户账户，却不会危害到域安全。

5. 只读域名系统

可以在RODC上安装DNS服务器角色，RODC会复制DNS服务器的所有应用程序目录分区。客户端可向这台扮演RODC角色的DNS服务器提出DNS查询请求。

不过RODC的DNS服务器不支持客户端直接进行动态更新，因此客户端的更新记录请求，会被此DNS服务器重定向到其他DNS服务器，让客户端向该DNS服务器进行更新，而RODC的DNS服务器也会自动从这台DNS服务器复制这条更新记录。

1.1.11 可重启的AD DS

在旧版的Windows域控制器内，如果要进行AD DS（Restartable AD DS）数据库维护工作（例如数据库脱机整理），就需重新启动计算机、进入**目录服务修复模式**（或译为**目录服务还原模式**，Directory Service Restore Mode）来执行维护工作。如果这台域控制器也同时提供其他网络服务，例如它同时也是DHCP服务器，则重新启动计算机期间将造成这些服务暂时中断。

除了进入**目录服务修复模式**之外，Windows Server 2019等域控制器还提供**可重启的AD DS**功能，也就是说，如果要执行AD DS数据库维护操作，只需要将AD DS服务停止即可，不需要重新启动计算机进入**目录服务修复模式**，如此不但可以让AD DS数据库的维护工作更方便、更快捷地完成，而且其他服务也不会被中断。完成维护工作后再重新启动AD DS服务即可。

在AD DS服务停止的情况下，只要还有其他域控制器在线，则仍然可以在这台AD DS服务已经停止的域控制器上利用域用户账户登录。如果没有其他域控制器在线，则在这台AD DS服务已停止的域控制器上，默认只能够利用**目录服务修复模式**的系统管理员账户进入**目录服务修复模式**。

1.1.12 Active Directory回收站

在旧版Windows系统中，系统管理员如果不小心将AD DS对象删除，将造成 一系列的修复困难，例如误删组织单位，则其中所有对象都会丢失，此时虽然系统管理员可以进入**目录服务修复模式**来恢复被误删的对象，不但会耗费时间，而且在进入**目录服务修复模式**这段时间内，域控制器会暂时停止对客户端提供服务。Windows Server 2019具备**Active Directory回收站**功能，它让系统管理员不需要进入**目录服务修复模式**，就可以快速恢复被删除的对象。

1.1.13 AD DS的复制模式

域控制器之间在复制AD DS数据库时，分为以下两种复制模式：

- **多主机复制模式**（multi-master replication model）：AD DS数据库内的大部分数据是利用此模式进行复制的。在此模式下，可以直接更新任何一台域控制器内的AD DS对象，之后这个更新过的对象会被自动复制到其他域控制器。例如当你在任何一台域控制器的AD DS数据库内新建一个用户账户后，此账户会自动被复制到域内的其他域控制器。
- **单主机复制模式**（single-master replication model）：AD DS数据库内少部分数据是采用**单主机复制模式**来复制的。在此模式下，当提出变更对象数据的请求时，会由其中一台域控制器（被称为**操作主机**）负责接收与处理此请求，也就是说该对象是先被更新在**操作主机**，再由**操作主机**将它复制给其他域控制器。例如新增或删除一个域时，该更新数据会先被写入到扮演**域命名操作主机**角色的域控制器内，再由它复制给其他域控制器（参见第10章）。

1.1.14 域中的其他成员计算机

如果要充分管控网络内的计算机，请将它们加入域。用户在域成员计算机上才能利用AD DS数据库内的域用户账户来登录，在未加入域的计算机上只能够利用本地用户账户登录。域中的成员计算机包含：

- 成员服务器（member server），例如：
  - Windows Server 2019 Datacenter/Standard
  - Windows Server 2016 Datacenter/Standard
  - Windows Server 2012 R2 Datacenter/Standard
  - Windows Server 2012 Datacenter/Standard

  上述服务器等级的计算机加入域后被称为**成员服务器**，但其中并没有AD DS数据库，它们也不负责审核AD DS域用户名与密码，而是将其转发给域控制器进行审核。未加入域的服务器被称为**独立服务器**或**工作组服务器**。但无论是独立或成员服务器都有**本地安全账户数据库**（SAM），系统可以利用它来审核本地用户（非AD DS域用户）的身份。
- 其他常用的Windows计算机，例如：
  - Windows 10 Enterprise/Pro/Education
  - Windows 8.1 Enterprise/Pro
  - Windows 8 Enterprise/Pro
  - Windows 7 Ultimate/Enterprise/Professional

当上述客户端计算机加入域以后，用户就可以在这些计算机上利用AD DS内的用户账户来登录了，否则只能够利用本地用户账户来登录。

其他入门级的客户端计算机操作系统（例如Windows 10 Home）无法加入域。

可以将Windows Server 2019、Windows Server 2016等独立或成员服务器升级为域控制器，也可以将域控制器降级为独立或成员服务器。

1.1.15 DNS服务器

域控制器需要将自己注册到DNS服务器内，以便让其他计算机通过DNS服务器来找到这台域控制器，因此域环境需要有可支持AD DS的DNS服务器。该服务器最好支持**动态更新**（dynamic update）功能，以便当域控制器的角色发生变化或域成员计算机的IP地址等数据发生更改时，可以自动更新DNS服务器内的记录。

1.1.16 轻型目录访问协议

轻型目录访问协议（Lightweight Directory Access Protocol，LDAP）是一种用来查询与更新AD DS的目录服务通信协议。AD DS利用**LDAP名称路径**（LDAP naming path）来表示对象在AD DS内的位置，以便用它来访问AD DS对象。**LDAP名称路径**包含：

- **Distinguished Name（DN）**：它是对象在AD DS内的完整路径，例如图1-1-7中的用户账户名为**林小洋**，其DN为：

  CN=林小洋,OU=业务一组,OU=业务部,DC=sayms,DC=local

  其中DC（domain component）为DNS域名中的组件，例如sayms.local中的sayms与local；OU为组织单位；CN为common name。除了DC与OU之外，其他都是利用CN来表示的，例如用户与计算机对象都是属于CN。上述DN表示法中的**sayms.local**为域名，**业务部**、**业务一组**都是组织单位。此DN表示账户**林小洋**是存储在**sayms.local\业务部\业务一组**路径内的。
- Relative Distinguished Name（RDN）：RDN是用来代表DN完整路径中的部分路径，例如前述路径中，CN=林小洋与OU=业务一组等都是RDN。

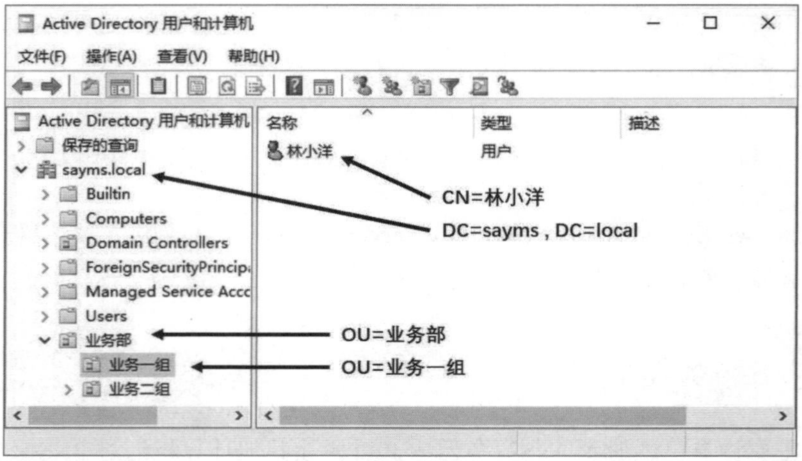

图 1-1-7

除了DN与RDN这两个对象名称外，另外还有以下名称：

- **Global Unique Identifier（GUID）**：系统会自动为每一对象指定一个唯一的、128位数值的GUID。虽然可以更改对象名称，但是其GUID永远不会改变。
- **User Principal Name（UPN）**：每一个用户还可以有一个比DN更短、更容易记忆的UPN，例如图1-1-7中的**林小洋**是隶属于域sayms.local，则其UPN可为bob@sayms.local。用户登录时所输入的账户名最好使用UPN，因为无论此用户的账户被移动到哪一个域，其UPN都不会发生改变，因此用户可以一直使用同一个名称来登录。
- **Service Principal Name（SPN）**：SPN是一个包含多重设置值的名称，它是根据DNS主机名建立的。SPN用来代表某台计算机所支持的服务，它让其他计算机可以通过SPN来与这台计算机的服务通信。

1.1.17 全局编录

虽然在域树内的所有域中共享一个AD DS数据库，但其数据却是分散在各个域内的，而每一个域只存储该域本身的数据。为了让用户、应用程序能够快速找到位于其他域内的资源，在AD DS内设计了**全局编录**（global catalog）。一个域林内的所有域树共享相同的**全局编录**。

全局编录的数据是存储在域控制器内的，这台域控制器可被称为**全局编录服务器**，它存储着域林内所有域的AD DS数据库内的每一个对象，不过只存储对象的部分属性，这些属性可满足常规查询操作所用到的各种属性，例如用户的电话号码、登录账户名等。**全局编录**支持用户在即使不知道对象是位于哪一个域内的情况下，仍然可以很快速地找到所需对象。

用户登录时，**全局编录服务器**还负责提供该用户所隶属的**通用组**信息；用户利用UPN登录时，它也负责提供该用户是隶属于哪一个域的信息。

1.1.18 站点

站点（site）是由一个或多个IP子网所组成的，这些子网之间通过**高速且可靠的链路**连接起来，也就是这些子网之间的连接速度要够快且稳定、符合域控制器之间数据实时复制的需求，否则就应该将它们分别规划为不同的站点。

一般来说，一个LAN（局域网）内的各个子网之间的连接都符合传输速度快，链路可靠性高的要求，因此可以将一个LAN规划为一个站点；而WAN（广域网）内的各个LAN之间的连接速度一般都不快，因此WAN之中的各个LAN应分别规划为不同的站点，参见图1-1-8。

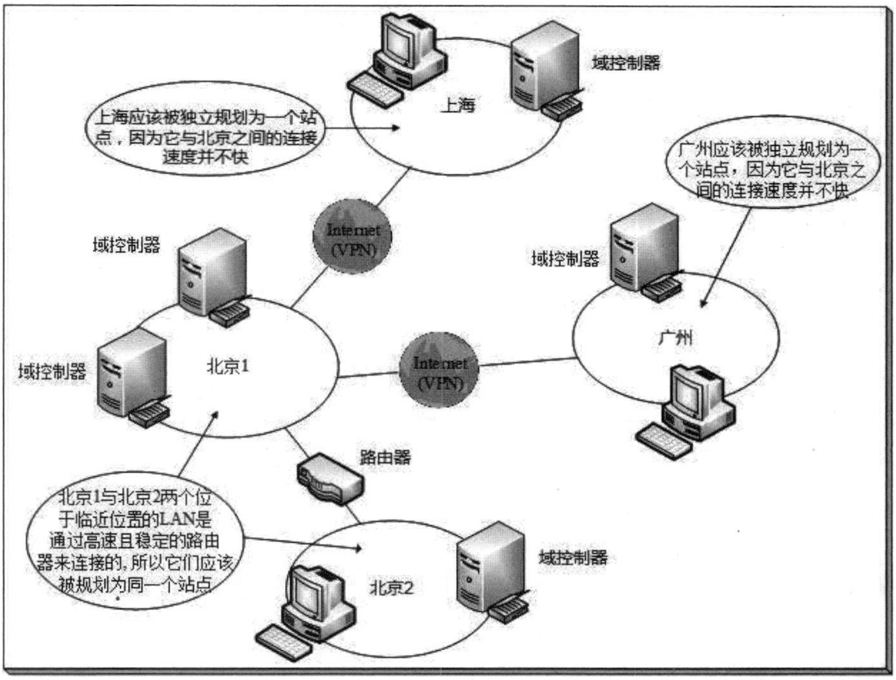
域控制器
上海
上海应该被独立规划为一个站点，因为它与北京之间的连接速度并不快
广州应该被独立规划为一个站点，因为它与北京之间的连接速度并不快
Internet (VPN)
域控制器
域控制器
广州
域控制器
北京1
Internet (VPN)
路由器
北京1与北京2两个位于临近位置的LAN是通过高速且稳定的路由器来连接的，所以它们应该被规划为同一个站点
域控制器
北京2

图 1-1-8

域是逻辑的（logical）分组，而站点是物理的（physical）分组。在AD DS内每一个站点可能包含多个域；而一个域内的计算机们也可能分别散布在不同的站点内。

如果一个域的域控制器分布在不同站点内，而站点之间是低速连接，由于不同站点的域控制器之间会互相复制AD DS数据库，因此需要谨慎规划执行复制的时段，也就是尽量在网络负载低的时段才执行复制工作，同时复制频率也不要太高，以避免复制时过多地占用站点之间的连接带宽，影响站点之间其他数据的传输效率。

同一个站点内的域控制器之间是通过快速链路连接在一起的，因此在复制AD DS数据时，可以快速复制。AD DS会设置让同一个站点内、隶属于同一个域的域控制器之间自动执行复制操作，并且默认的复制频率比不同站台之间的复制频率要高。

不同站台之间在复制时所传送的数据会被压缩，以减少站点之间链路带宽的负担；但是同一个站点内的域控制器之间在复制时并不会压缩数据。

1.1.19 目录分区

AD DS数据库被逻辑的分为以下四个目录分区（Directory Partition）：

- **架构目录分区（Schema Directory Partition）**：它存储着整个域林中所有对象与属性的定义数据，也存储着如何建立新对象与属性的规则。整个域林内所有域共享一份相同的**架构目录分区**，它会被复制到域林中所有域的所有域控制器。
- **配置目录分区（Configuration Directory Partition）**：其中存储着整个AD DS的结构，例如有哪些域、有哪些站点、有哪些域控制器等信息。整个域林共享一份相同的**配置目录分区**，它会被复制到域林中所有域的所有域控制器。
- **域目录分区（Domain Directory Partition）**：每一个域各有一个**域目录分区**，其中存储着与该域有关的对象，例如用户、组与计算机等对象。每一个域各自拥有一份**域目录分区**，它只会被复制到该域内的所有域控制器，但并不会被复制到其他域的域控制器。
- **应用程序目录分区（Application Directory Partition）**：一般来说，**应用程序目录分区**是由应用程序所建立的，其中存储着与该应用程序有关的数据。例如由Windows Server 2019扮演的DNS 服务器，如果所建立的DNS区域为**Active Directory集成区域**，则它会在AD DS数据库内建立**应用程序目录分区**，以便存储该区域的数据。**应用程序目录分区**会被复制到域林中的特定域控制器，而不是所有的域控制器。

1.2 域功能级别与林功能级别

AD DS将域与域林划分为不同的功能级别，每个级别各有不同的特点与限制。

1.2.1 域功能级别

Active Directory域服务（AD DS）的**域功能级别**（Domain Functionality Level）设置只会影响到该域本身，不会影响到其他域。**域功能级别**分为以下几种模式：

- **Windows Server 2008**：域控制器为Windows Server 2008或新版。
- **Windows Server 2008 R2**：域控制器为Windows Server 2008 R2或新版。
- **Windows Server 2012**：域控制器为Windows Server 2012或新版。
- **Windows Server 2012 R2**：域控制器为Windows Server 2012 R2或新版。
- **Windows Server 2016**：域控制器为Windows Server 2016或新版。

其中最新的Windows Server 2016级别拥有AD DS的所有功能。可以提升域功能级别，例如将Windows Server 2012 R2提升到Windows Server 2016。

Windows Server 2019并未新增加新的域功能级别与林功能级别。

1.2.2 林功能级别

Active Directory域服务（AD DS）的**林功能级别**（Forest Functionality Level）设置，会影响到该域林内的所有域。**林功能级别**分为以下几种模式：

- **Windows Server 2008**：域控制器为Windows Server 2008或新版。
- **Windows Server 2008 R2**：域控制器为Windows Server 2008 R2或新版。
- **Windows Server 2012**：域控制器为Windows Server 2012或新版。
- **Windows Server 2012 R2**：域控制器为Windows Server 2012 R2或新版。
- **Windows Server 2016**：域控制器为Windows Server 2016或新版。

其中Windows Server 2016级别拥有AD DS的所有功能。可以提升林功能级别，例如将Windows Server 2012 R2提升到Windows Server 2016。

表1-2-1中列出每一个林功能级别所支持的域功能级别。

表1-2-1

林功能级别	支持的域功能级别
Windows Server 2008	Windows Server 2008、Windows Server 2008 R2、Windows Server 2012、Windows Server 2012 R2、Windows Server 2016
Windows Server 2008 R2	Windows Server 2008 R2、Windows Server 2012、Windows Server 2012 R2、Windows Server 2016
Windows Server 2012	Windows Server 2012、Windows Server 2012 R2、Windows Server 2016
Windows Server 2012 R2	Windows Server 2012 R2、Windows Server 2016
Windows Server 2016	Windows Server 2016

1.3 Active Directory轻型目录服务

我们从前面的介绍已经知道AD DS数据库是一个符合LDAP规范的目录服务数据库，它除了可以用来存储AD DS域内的对象（例如用户账户、计算机账户等）之外，也提供**应用程序目录分区**，以便让支持目录访问的应用程序（directory-enabled application）可将该程序的相关数据存储到AD DS数据库内。

然而前面所介绍的环境中，必须建立AD DS域与域控制器，才能够使用AD DS目录服务与数据库。为了让没有域的环境，也能够拥有与AD DS一样的目录服务，以便让支持目录访问的应用程序可以有一个目录数据库来存储数据，因此便提供了一个称为**Active Directory轻型目录服务**（Active Directory Lightweight Directory Services，**AD LDS**）的服务。

AD LDS支持在计算机内建立多个目录服务的环境，每一个环境被称为是一个**AD LDS实例**（instance），每一个**AD LDS实例**分别拥有独立的目录设置与架构（schema），也分别各拥有专属的目录数据库，以供支持目录访问的应用程序使用。

如果要在Windows Server 2019内安装AD LDS角色：可通过【单击左下角**开始**⊞图标➲服务器管理器➲单击**仪表板**处的**添加角色和功能**➲……➲如图1-3-1所示选择 **Active Directory轻型目录服务**➲……】。之后就可以通过以下方法来建立**AD LDS实例**：【单击左下角**开始**图标⊞➲Windows管理工具➲**Active Directory轻型目录服务安装向导**】，也可以通过【单击左下角**开始**图标⊞➲Windows管理工具➲ADSI编辑器】来管理**AD LDS实例**内的目录设置、架构、对象等。

图 1-3-1

2

第2章　建立AD DS域

建立AD DS（Active Directory Domain Services）域后，就可以通过AD DS的强大功能来让你更方便、更高效地管理网络。

- 建立AD DS域前的准备工作
- 建立AD DS域
- 确认AD DS域是否正常
- 提高域与林功能级别
- 新建额外域控制器与RODC
- RODC阶段式安装
- 将Windows计算机加入或脱离域
- 在域成员计算机内安装AD DS管理工具
- 删除域控制器与域

2.1 建立AD DS域前的准备工作

建立AD DS域的方法，可以先安装一台服务器，然后将其升级（promote）为域控制器。在建立AD DS域之前，需要先确认以下的准备工作是否已经完成：

- 选择适当的DNS域名。
- 准备好一台用来支持AD DS的DNS服务器。
- 选择AD DS数据库的存储位置。

2.1.1 选择适当的DNS域名

AD DS域名是采用DNS的架构与命名方式，因此需要先为AD DS域取一个符合DNS格式的域名，例如sayms.local（以下均以虚拟的**顶级域名**.local为例来说明）。

2.1.2 准备好一台支持AD DS的DNS服务器

在AD DS域中，域控制器会将自己所扮演的角色注册到DNS服务器内，以便让其他计算机通过DNS服务器来找到这台域控制器，因此需要一台DNS服务器，并且它需要支持SRV记录，同时最好支持**动态更新**、增量区域传送与快速区域传送等功能：

- **SRV记录（Service Location Resource Record，SRV RR）**：域控制器需将其所扮演的角色注册到DNS服务器的SRV记录内，因此DNS服务器需支持此类型的记录。Windows Server 的DNS服务器与BIND DNS服务器都支持此功能。
- **动态更新**：如果不支持动态更新功能，则域控制器将无法自动将自己注册到DNS服务器的SRV记录内，此时便需要由系统管理员手动将数据输入到DNS服务器，如此势必增加管理负担。Windows Server 与BIND的 DNS服务器都支持此功能。
- **增量区域传送（Incremental Zone Transfer，IXFR）**：它让DNS服务器与其他DNS服务器之间在执行**区域传送**（zone transfer）时，只会复制最新更改的记录，而不是复制区域内的所有记录。它可以提高复制效率、减少网络负担。Windows Server 与BIND的 DNS服务器都支持此功能。
- **快速区域传送（Fast Zone Transfer）**：它让DNS服务器可以利用**快速区域传送**并将区域内的记录复制给其他DNS服务器。**快速区域传送**可以将数据压缩、每一个传送消息内可包含多条记录。Windows Server与BIND的 DNS服务器都支持此功能。

  Windows Server 的DNS服务器默认已启用**快速区域传送**，但有些厂商的DNS服务器并不支持此功能，故如果要通过**区域传送**将记录复制给此DNS服务器，需禁用该功能（以Windows Server 2019为例）：【单击左下角**开始**图标⊞➲**服务器管理器**➲单击右上角**工具**➲DNS➲选中DNS服务器并右击➲属性➲如图2-1-1所示勾选**高级**选项卡下的**启用BIND辅助区域**】。

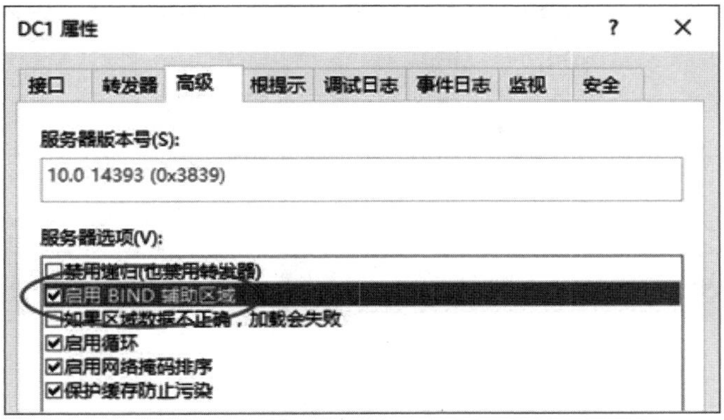

图 2-1-1

可以采用以下两种方式之一来搭建DNS服务器：

- 在将服务器升级为域控制器时，同时让系统自动在这台服务器上安装 DNS服务器，它还会自动建立一个支持AD DS域的DNS区域，例如AD DS域名为sayms.local，则其所自动建立的区域名称为sayms.local，并自动启用**安全**动态更新。
  请先在这台即将成为域控制器与DNS服务器计算机上，清除其**首选DNS服务器**的IP地址或改为输入自己的IP地址（见图2-1-2），无论选择哪一种设置方式，升级时系统都可以自动安装DNS服务器角色。

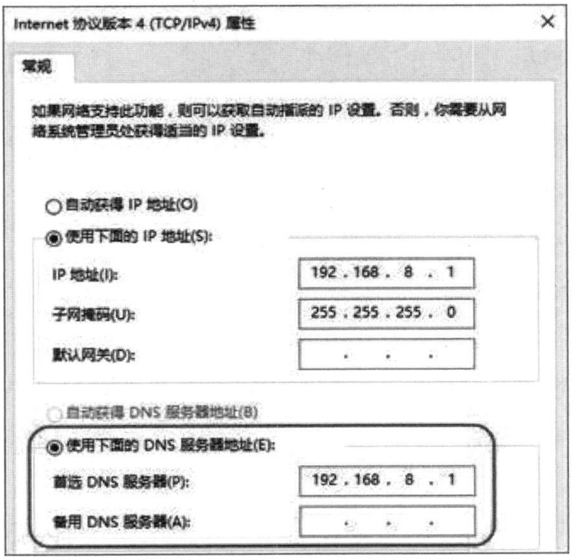

图 2-1-2

- 使用现有DNS服务器或另外安装一台DNS服务器，然后在这台DNS服务器内建立用来支持AD DS域的区域，例如AD DS域名为sayms.local，则请自行建立一个名称为

sayms.local的DNS区域，然后启用动态更新功能，如图2-1-3所示为选择**非安全**动态更新，如果它是**Active Directory集成区域**，则还可以选择**安全**动态更新。别忘了先在即将升级为域控制器的计算机上，将其**首选DNS服务器**的IP地址指定到这台DNS服务器。

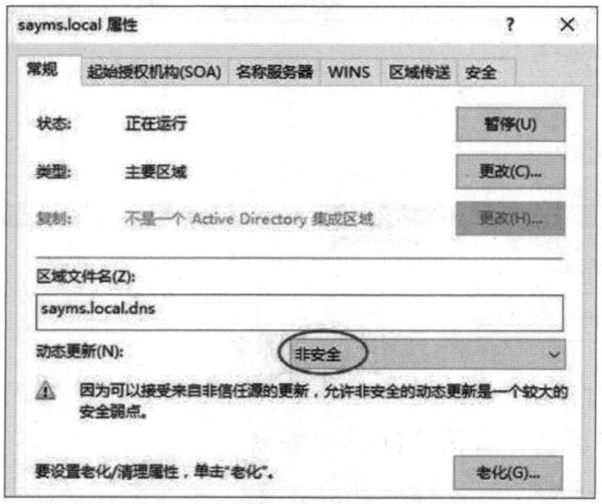

图 2-1-3

可通过【打开**服务器管理器**➲单击**仪表板**处的**添加角色和功能**➲……➲勾选**DNS服务器**➲……】的方法来安装DNS服务器，然后通过【打开**服务器管理器**➲单击右上角**工具**➲DNS➲选中**正向查找区域**并右击➲新建区域】的方法来建立区域。

2.1.3 选择AD DS数据库的存储位置

域控制器需要利用磁盘空间来存储以下三个与AD DS有关的数据：

- **AD DS数据库**：用来存储AD DS对象。
- **日志文件**：用来存储AD DS数据库的变更日志。
- **SYSVOL文件夹**：用来存储域共享文件（例如与组策略有关的文件）。

它们都必须被存储到本地磁盘内，其中的SYSVOL文件夹需要位于NTFS磁盘内。建议将AD DS数据库与日志文件分别存储到不同硬盘内，一方面是因为两块硬盘独立工作，可以提高运行效率，另一方面是因为分开存储，可以避免两份数据同时出现问题，以提高AD DS数据库故障恢复的能力。

也应该将AD DS数据库与日志文件都存储到NTFS磁盘，以便通过NTFS权限来增加这些文件的安全性，而系统默认是将它们都存储到Windows Server 2019的安装分区内（它是NTFS磁盘）。

如果要将AD DS数据库、日志文件或SYSVOL文件夹存储到另外一个NTFS磁盘，但计算机内目前并没有其他NTFS磁盘，可采用以下方法来创建NTFS磁盘分区：

- **如果磁盘内还有未划分的可用空间**：此时可以利用【打开**服务器管理器**➲单击右上角**工具**➲**计算机管理**➲**存储**➲磁盘管理➲选中未配置的可用空间并右击】的方法来建立一个新的NTFS磁盘分区。
- **利用CONVERT命令来转换现有磁盘**分区：例如要将D:磁盘（FAT或FAT32）转换成NTFS磁盘，可执行**CONVERT D: /FS:NTFS**命令。如果该磁盘当前有任何一个文件正在使用，则系统无法立刻执行转换操作。此时可以选择让系统在下次重新启动时再自动转换。

2.2 建立AD DS域

以下利用图2-2-1来说明如何建立第1个域林中的第1个域（根域）。我们先安装一台Windows Server 2019服务器，然后将其升级为域控制器与建立域。我们也将搭建此域的第2台域控制器（Windows Server 2019）、第3台域控制器（Windows Server 2019）、一台成员服务器（Windows Server 2019）与一台加入AD DS域的Windows 10计算机。

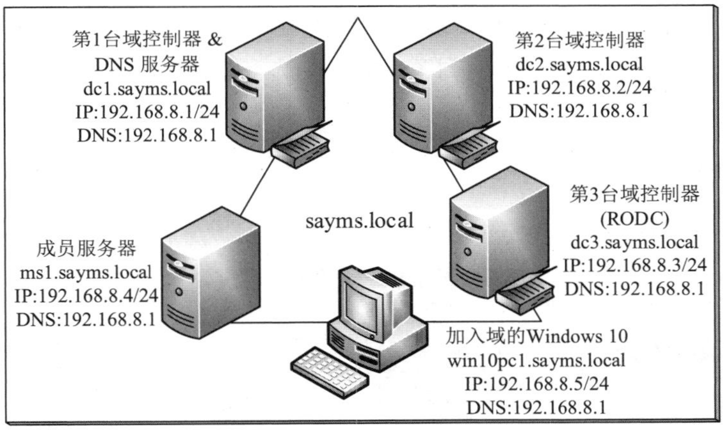

图 2-2-1

建议利用Windows Server 2019 Hyper-V等提供虚拟环境的软件来搭建图中的网络环境。如果图中的虚拟机是从现有的虚拟机复制而来，记得他们需要执行C:\windows\System32\Sysprep内的Sysprep.exe，并勾选**通用**。

> 如果要对现有域升级，则域林中的域控制器都必须是Windows Server 2008（含）以上的版本，而且需要先分别执行Adprep /forestprep与Adprep /domainprep命令来为域林与域执行准备工作，此脚本文件位于Windows Server 2019光盘support\adprep文件夹。其他升级步骤与操作系统升级的步骤类似。

我们要将图2-2-1左上角的服务器升级为域控制器（安装**Active Directory域服务**），因为它是第一台域控制器，因此这个升级操作会同时完成以下工作：

- 建立第一个新域林。
- 建立此新域林中的第一个域树。
- 建立此新域树中的第一个域。
- 建立此新域中的第一台域控制器。

换句话说，在搭建图2-2-1中第一台域控制器dc1.sayms.local时，它就会同时建立此域控制器所隶属的域sayms.local、建立域sayms.local所隶属的域树，而域sayms.local也是此域树的根域。由于是第一个域树，因此它同时会建立一个新域林，域林的名称就是第一个域树的根域的域名sayms.local。域sayms.local就是整个域林的**林根域**。

我们将通过添加服务器角色的方式来将图2-2-1中左上角的服务器dc1.sayms.local升级为网络中的第一台域控制器。

STEP 1 请先在图2-2-1中左上角的服务器dc1.sayms.local上安装Windows Server 2019，将其计算机名称设置为dc1、IPv4地址等依照图中所示来设置（图中采用TCP/IPv4）。注意将计算机名称设置为dc1即可，等升级为域控制器后，它会自动被改为dc1.sayms.local。

STEP 2 打开服务器管理器，单击仪表板处的添加角色和功能。

STEP 3 持续单击下一步按钮，一直到图2-2-2中勾选**Active Directory域服务**、单击添加功能按钮。

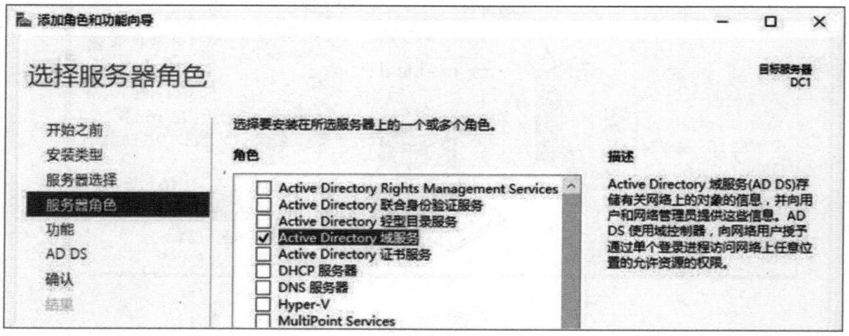

图 2-2-2

STEP 4 持续单击下一步按钮，直到**确认安装所选内容**界面，单击安装按钮。

STEP 5 图2-2-3为完成安装后的对话框，请单击**将此服务器提升为域控制器**。

图 2-2-3

如果已经关闭图2-2-3所示的界面，则请如图2-2-4所示单击**服务器管理器**上方的旗帜符号、单击**将此服务器提升为域控制器**。

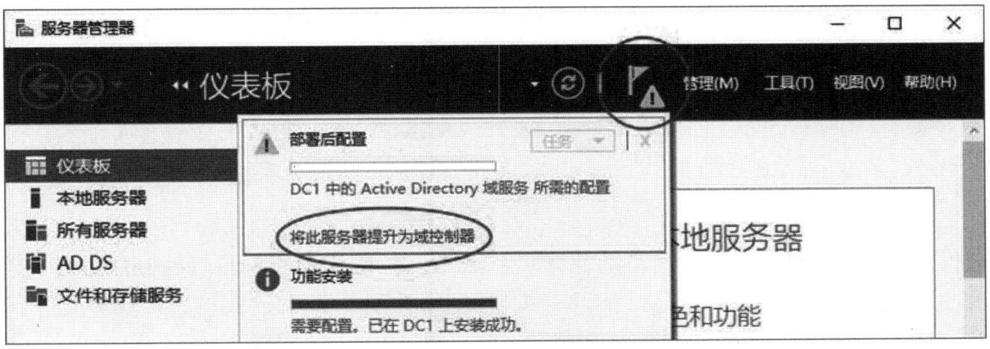

图 2-2-4

STEP 6 如图2-2-5所示选择**添加新林**、设置**林**根域名称（假设是sayms.local）、单击**下一步**按钮。

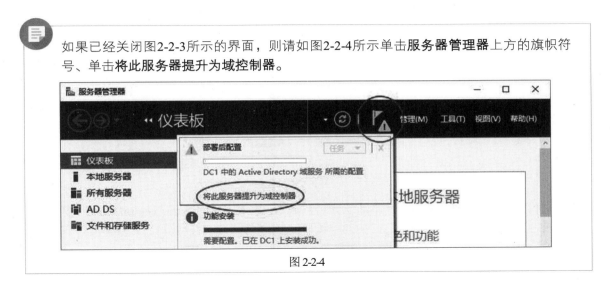

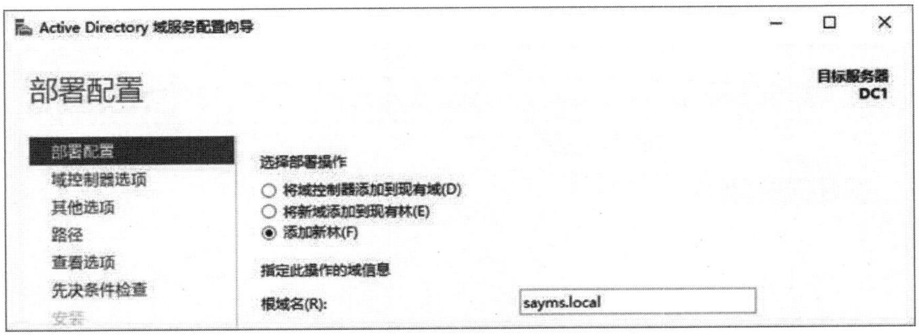

图 2-2-5

STEP 7　完成图2-2-6中的设置后单击下一步按钮：

- 选择林功能级别、域功能级别。此处我们所选择的林功能级别为Windows Server 2016，此时域功能级别只能选择Windows Server 2016。如果选择其他林功能级别，还可以选择其他域功能级别。
- 默认会直接在此服务器上安装DNS服务器。
- 第一台域控制器需扮演**全局编录服务**器角色。
- 第一台域控制器不能是**只读域控制器**（RODC）。
- 设置**目录服务还原模式**的系统管理员密码：目录服务还原模式（目录服务修复模式）是一个安全模式，进入此模式可以修复AD DS数据库，不过进入目录服务还原模式前需输入此处所设置的密码（详见第11章）。

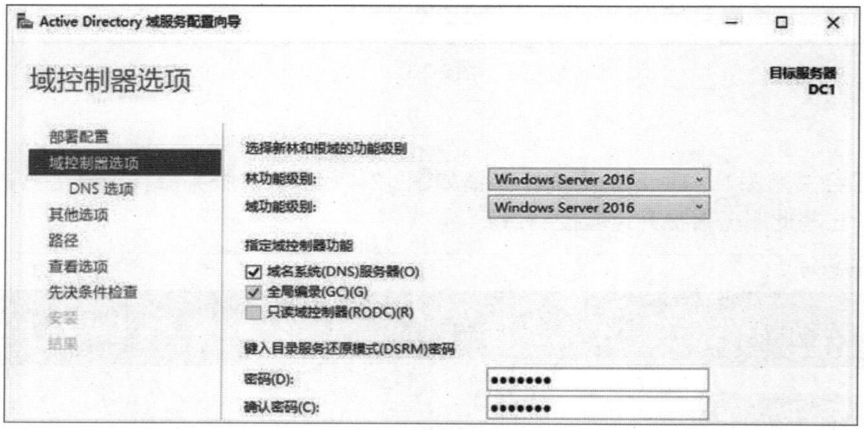

图 2-2-6

> 密码默认需至少7个字符，且不能包含用户账户名称（指**用户SamAccountName**）或全名，还有至少要包含A～Z、a～z、0～9、非字母数字（例如!、$、#、%）等4组字符中的任意3组，例如123abcABC为有效密码，而1234567为无效密码。

STEP 8　出现图2-2-7的警告对话框时，因为目前不会产生影响，因此不必处理它，直接单击下一步按钮。

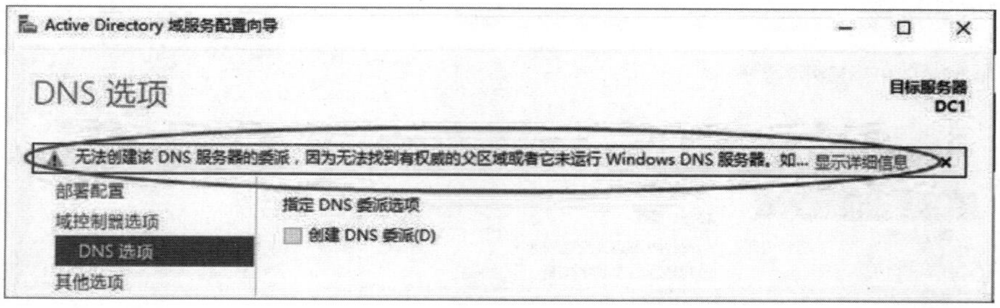

图 2-2-7

STEP 9　在**其他选项**界面中，安装程序会自动为此域设置一个NetBIOS域名。如果此名称已被占用，则会自动指定建议名称。完成后单击下一步按钮。（默认为DNS域名第1个点号左边的文字，例如DNS名称为sayms.local，则NetBIOS名称为SAYMS，它让不支持DNS名称的旧系统，可通过NetBIOS名称来与此域沟通。NetBIOS名称不分大小写）。

STEP 10　在图2-2-8中可直接单击下一步按钮：

- **数据库文件夹**：用来存储AD DS数据库。
- **日志文件夹**：用来存储AD DS数据库的变更日志，此日志文件可用来修复AD DS数据库。
- **SYSVOL文件夹**：用来存储域共享文件（例如组策略相关的文件）。

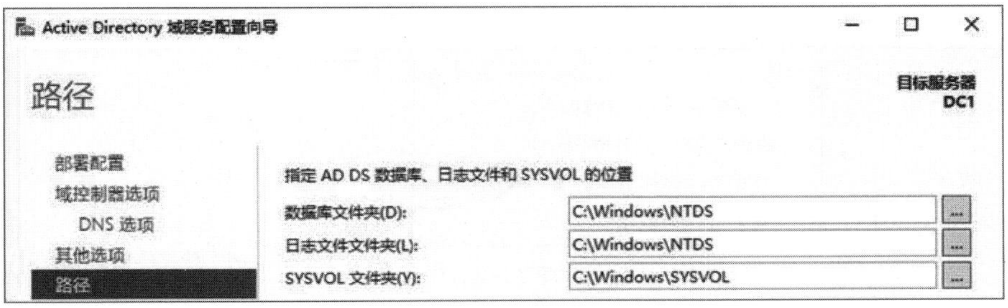

图 2-2-8

STEP 11　在**查看选项**对话框中，确认选项无误后单击下一步按钮。

STEP 12　在图2-2-9的对话框中，如果顺利通过检查，直接单击安装按钮，否则请根据对话框提示先排除问题。安装完成后会自动重新启动。

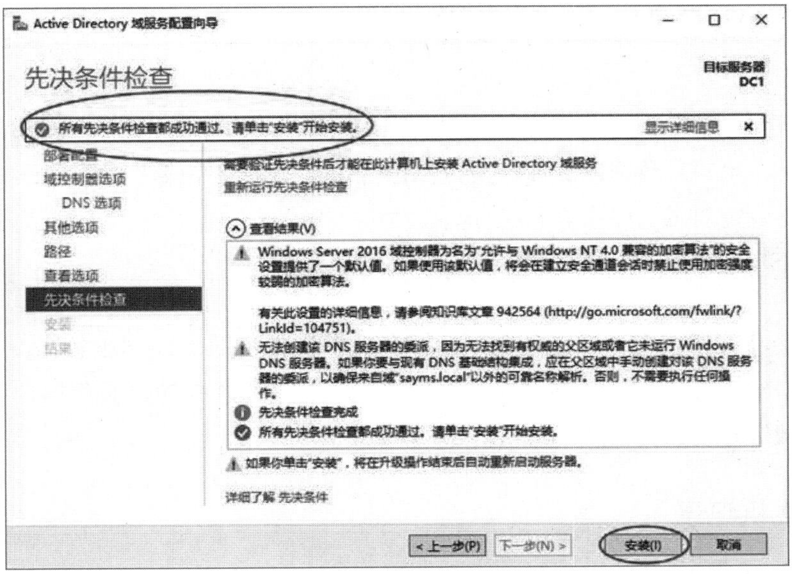

图 2-2-9

完成域控制器的安装后，原本这台计算机的本地用户账户会被转移到AD DS数据库。另外由于它本身也是DNS服务器，因此会如图2-2-10所示自动将**首选DNS服务器**的IP地址改为代表自己的127.0.0.1。

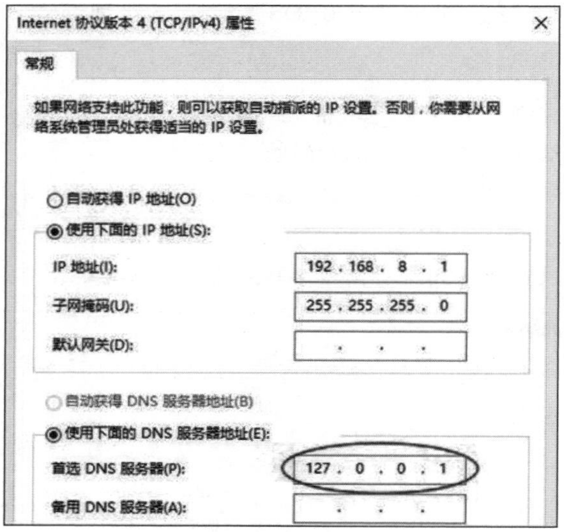

图 2-2-10

> 此计算机升级为域控制器后，它会自动在**Windows防火墙**中开放AD DS相关的端口，以便让其他计算机可以与此域控制器通信。

2.3 确认AD DS域是否正常

AD DS域建立完成后，我们来检查DNS服务器内的SRV与主机记录、域控制器内的SYSVOL文件夹、AD DS数据库文件等是否都已经正常的建立完成。

2.3.1 检查DNS服务器内的记录是否完备

域控制器会将其主机名、IP地址与所扮演角色等数据注册到DNS服务器，以便让其他计算机能够通过DNS服务器来找到此域控制器，因此我们先检查DNS服务器内是否有这些记录。可以利用域管理员（sayms\Administrator）登录。

1. 检查主机记录

首先检查域控制器是否已将其主机名与IP地址注册到DNS服务器：【到兼具DNS服务器角色的dc1.sayms.local上打开**服务器管理器**➲单击右上角**工具**➲DNS】，如图2-3-1所示会有一个sayms.local区域，图中**主机（A）**记录表示域控制器dc1.sayms.local已成功的将其主机名与IP地址注册到DNS服务器内。

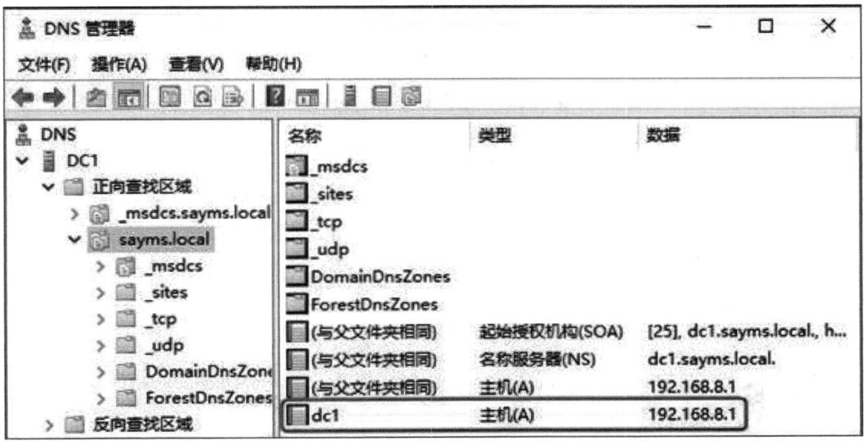

图 2-3-1

2. 利用 DNS 控制台检查 SRV 记录

如果域控制器已经成功将其所扮演的角色注册到DNS服务器，则还会如图2-3-2所示的_tcp、_udp 等文件夹。图中_tcp文件夹右侧数据类型为**服务位置（SRV）**的_ldap记录，表示dc1.sayms.local已经成功地注册为域控制器。由图中的_gc记录还可以看出**全局编录服务器**的角色也是由dc1.sayms.local所扮演。

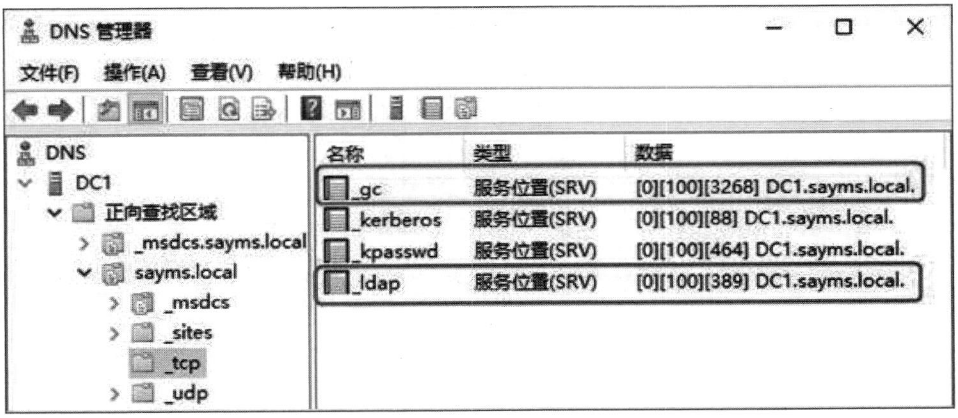

图 2-3-2

> LDAP服务器是用来提供AD DS数据库访问的服务器，而域控制器就是扮演LDAP服务器的角色。

DNS区域内有了这些信息后，其他欲加入域的计算机，就可以通过此区域来得知域控制器为dc1.sayms.local。域内的其他成员计算机（成员服务器、Windows 10等客户端计算机）默认也会将其主机与IP地址数据注册到此区域内。

域控制器不但会将自己所扮演的角色注册到_tcp、_sites等相关的文件夹内，而且会另外注册到_msdcs文件夹中。若DNS服务器是在安装AD DS时同时安装的，则会建立一个名称为_msdcs.sayms.local的区域，它是专供Windows Server域控制器来注册的，此时域控制器会将其信息注册到_msdcs.sayms.local内，而不是_msdcs内。如图2-3-3所示为在_msdcs.sayms.local区域内的部分记录。

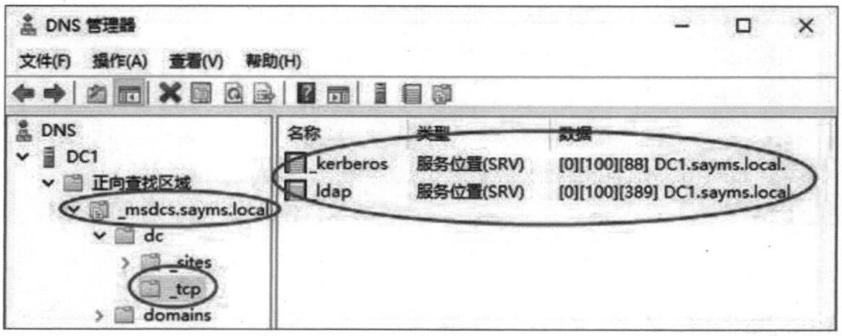

图 2-3-3

在完成第一个域的建立之后，系统就会自动建立一个名称为Default-First-Site-Name的站点（site），而我们所建立的域控制器默认也是位于此站点内，因此在DNS服务器内也会有这些记录，例如图2-3-4中位于此站点内扮演**全局编录服务器**（gc）、**Kerberos服务器**、**LDAP服务器**等三个角色的域控制器都是dc1.sayms.local。

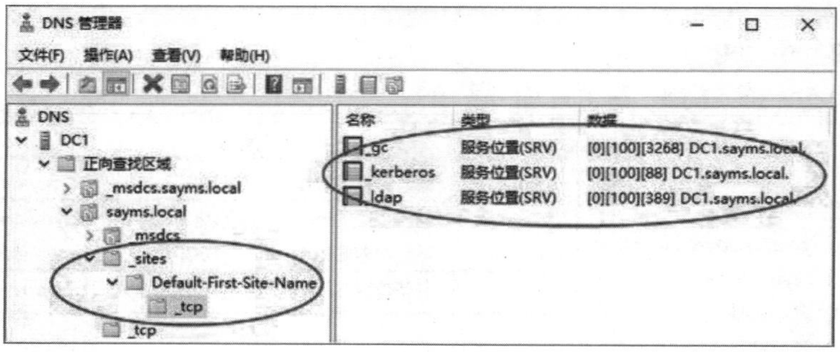

图 2-3-4

3. 利用 NSLOOKUP 命令检查 SRV 记录

可以利用**NSLOOKUP**命令来检查DNS服务器内的SRV记录。

STEP 1　单击左下角**开始**图标⊞➲Windows PowerShell。

STEP 2　执行nslookup。

STEP 3　输入**set type=srv**后按Enter键（表示要显示SRV记录）。

STEP 4　如图2-3-5所示输入 **_ldap._tcp.dc._msdcs.sayms.local**后按Enter键，由图中可看出域控制器dc1.sayms.local已经成功地将其扮演LDAP服务器角色的信息注册到DNS服务器内。

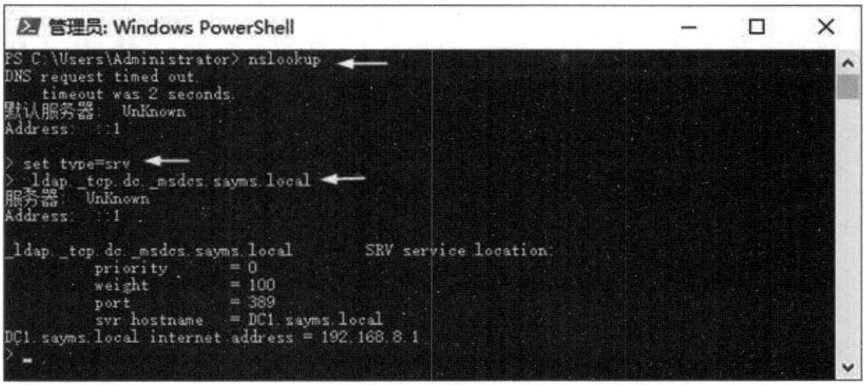

图 2-3-5

> 界面中之所以会出现“DNS request timed out...”与“服务器：UnKnown消息”（可以不必理会这些消息），是因为nslookup会根据TCP/IP处的DNS服务器IP地址设置来查询DNS服务器的主机名，但却查询不到。如果不想出现此消息，可将网络连接内的TCP/IPv6禁用或修改TCP/IPv6设置为“自动获取DNS服务器地址”，或在DNS服务器建立适当的IPv4/IPv6反向查找区域与PTR记录。

STEP 5　还可以利用更多类似的命令来查看其他SRV记录，例如利用**_gc._tcp.sayms.local**命令来查看扮演**全局编录服务器**的域控制器。可以利用**ls -t SRV sayms.local命令**来查看所有的SRV记录，不过需要事先在DNS服务器上将sayms.local区域的**允许区域转送**权限开放给你的计算机，否则在此计算机上查询会失败，并且会显示**Query refused**的警告消息。

> DNS服务器的**区域转送**设置方法：【选中sayms.local区域并右击➲**属性**➲**区域传送**】。

2.3.2　排除注册失败的问题

如果因为域成员本身的设置有误或网络问题，造成它们无法将数据注册到DNS服务器，可在问题解决后，重新启动这些计算机或利用以下方法来手动注册：

- 如果是某域成员计算机的主机名与IP地址没有正确注册到DNS服务器，此时可到此计算机上执行**ipconfig /registerdns**来手动注册。完成后，到DNS服务器检查是否已有正确记录，例如域成员主机名为dc1.sayms.local，IP地址为192.168.8.1，则请检查区域sayms.local内是否有dc1的主机（A）记录、其IP地址是否为192.168.8.1。

- 如果发现域控制器并没有将其所扮演的角色注册到DNS服务器内，也就是并没有类似前面图2-3-2中的_tcp等文件夹与相关记录时，请到此台域控制器上利用【**打开服务器管理器**➲单击右上角**工具**菜单➲服务➲如图2-3-6所示选中**Netlogon**服务并右击➲**重新启动**】的方式来注册。

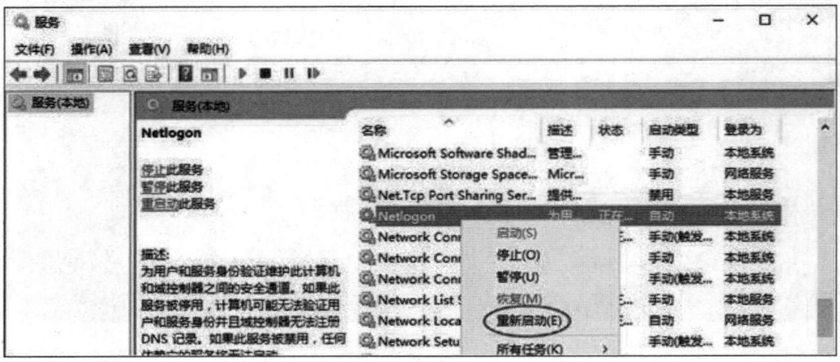

图2-3-6

> 域控制器默认会自动每隔24小时向DNS服务器注册一次。

2.3.3 检查AD DS数据库文件与SYSVOL文件夹

AD DS数据库文件与日志文件默认是在%***systemroot***%**ntds**文件夹内，可以利用【按⊞+R键➲输入%***systemroot***%**ntds**➲单击确定按钮】来检查文件夹与文件是否已经被正确地建立完成，图2-3-7中的ntds.dit就是AD DS数据库文件，而edb.log、edb00001.log等扩展名为.log的文件是日志文件（扩展名默认会被隐藏）。

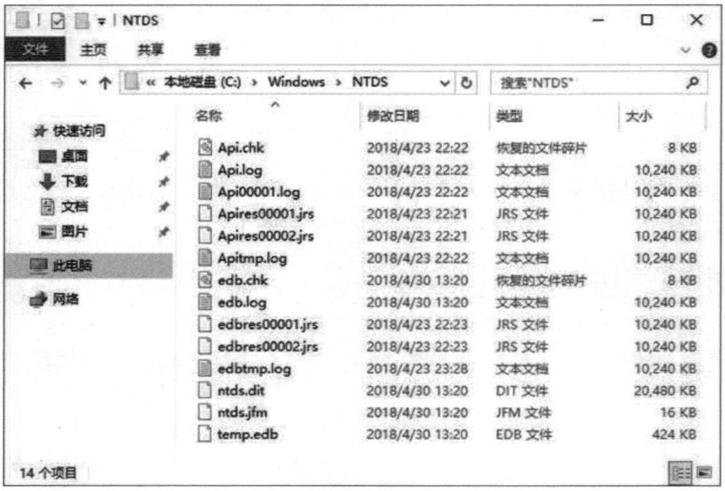

图2-3-7

另外，SYSVOL默认被建立在%***systemroot***%**SYSVOL**文件夹内，因此可以利用【按⊞+R键➲输入%***systemroot***%**SYSVOL**➲单击确定按钮】的方式来检查，如图2-3-8所示。

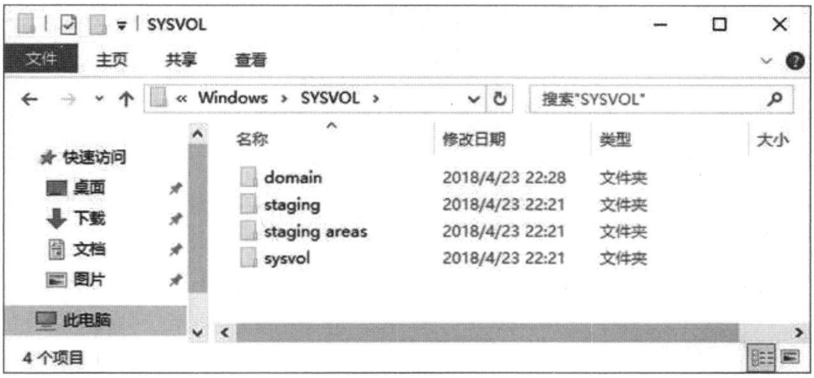

图 2-3-8

图中SYSVOL文件夹之下会有4个子文件夹，其中的sysvol与其中的scripts都应该会被设置为共享文件夹。可以【打开**服务器管理器**➲单击右上角**工具**菜单➲如图2-3-9所示利用**计算机管理**】或如图2-3-10所示利用**net share**命令来检查它们是否已被设置为共享文件夹。

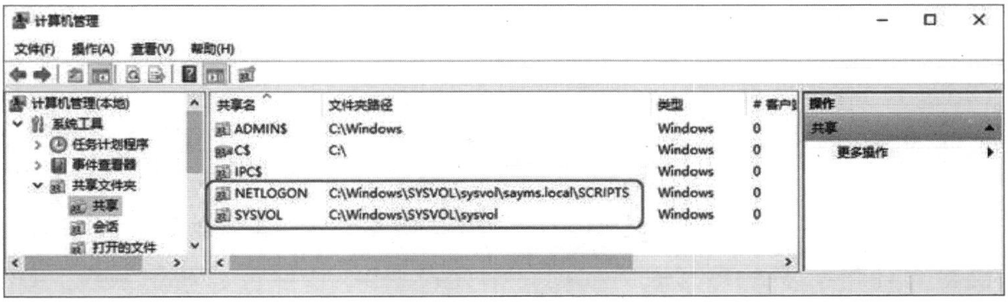

图 2-3-9

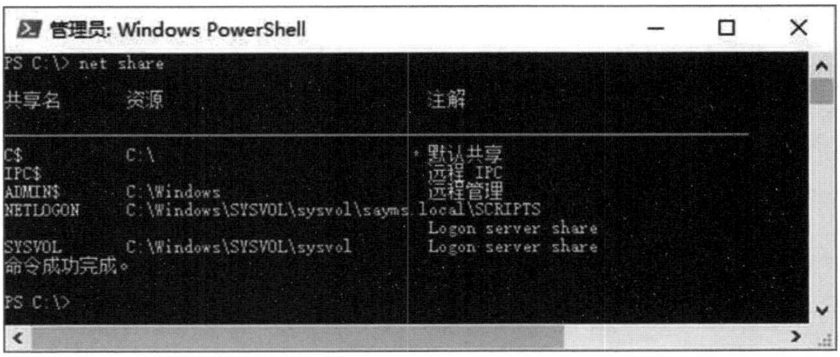

图 2-3-10

2.3.4　新增的管理工具

AD DS安装完成后，通过【打开**服务器管理器**➲单击右上角**工具**菜单】，就可以看到新增了一些AD DS的管理工具，例如**Active Directory用户和计算机**、**Active Directory管理中心**、**Active Directory站点和服务**等；或是【单击左下角**开始**图标⊞➲Windows管理工具】（见图2-3-11）。

图2-3-11

2.3.5　查看事件日志文件

可以利用【打开**服务器管理器**➲单击右上角**工具**菜单➲事件查看器】来查看事件日志文件，以便检查任何与AD DS有关的问题，例如在图2-3-12中可以利用**系统**、**Directory Service**、**DNS Server**等日志文件来检查。

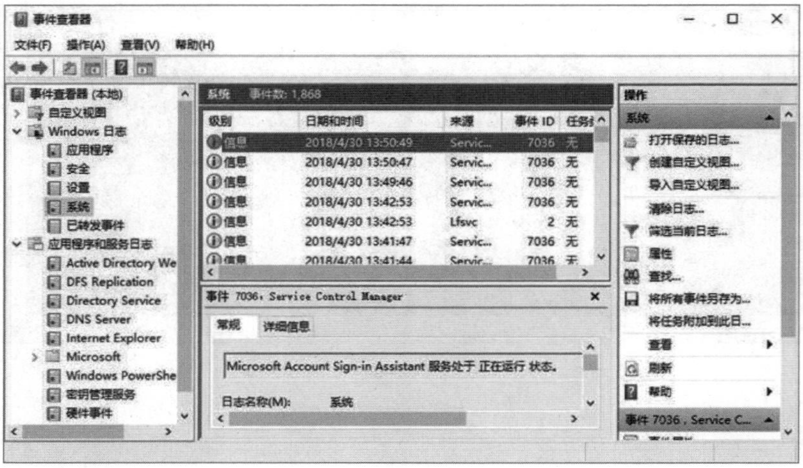

图2-3-12

2.4 提升域与林功能级别

我们在1.2节已经讲解过域与林功能级别，此处将介绍如何提升现有的级别：【打开**服务器管理器**➲单击右上角**工具**菜单】，然后【执行**Active Directory管理中心**➲单击域名**sayms（本地）**➲单击图2-4-1右侧的**提升林功能级别…**或**提升域功能级别…**】。Windows Server 2019并未新增新的域功能级别与林功能级别，最高级别仍然是Windows Server 2016。

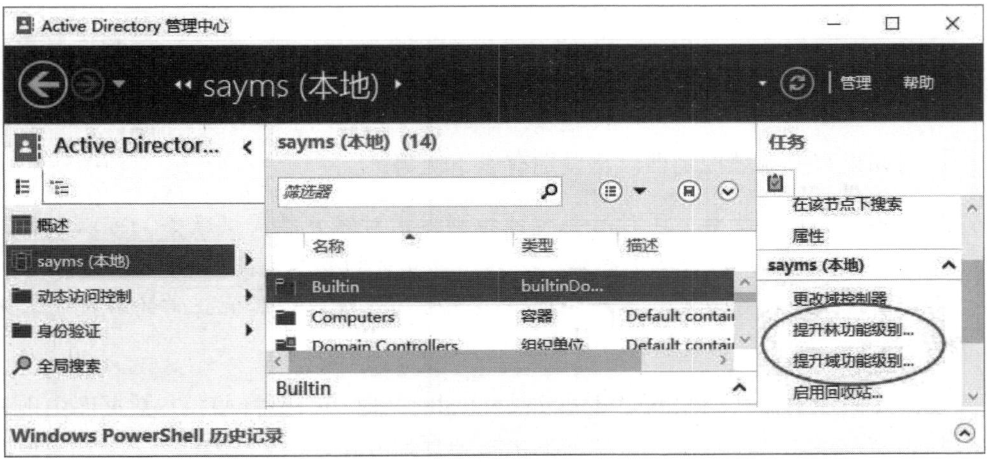

图2-4-1

也可以通过【执行Active Directory域和信任关系➲选中Active Directory域和信任关系并右击➲提升林功能级别】或【执行Active Directory用户和计算机➲选中域名sayms.local并右击➲提升域功能级别】的方法。可以参考表2-4-1来提升域功能级别。参考表2-4-2来提升林功能级别。升级后，这些升级信息会自动被复制到所有的域控制器，不过可能需要花费15秒或更久的时间。

表2-4-1

当前的域功能级别	可提升的级别
Windows Server 2008	Windows Server 2008 R2、Windows Server 2012、Windows Server 2012 R2、Windows Server 2016
Windows Server 2008 R2	Windows Server 2012、Windows Server 2012 R2、Windows Server 2016
Windows Server 2012	Windows Server 2012 R2、Windows Server 2016
Windows Server 2012 R2	Windows Server 2016

表2-4-2

当前的林功能级别	可提升的级别
Windows Server 2008	Windows Server 2008 R2、Windows Server 2012、Windows Server 2012 R2、Windows Server 2016
Windows Server 2008 R2	Windows Server 2012、Windows Server 2012 R2、Windows Server 2016
Windows Server 2012	Windows Server 2012 R2、Windows Server 2016
Windows Server 2012 R2	Windows Server 2016

2.5 新建额外域控制器与RODC

一个域内如果有多台域控制器，可以拥有以下优势：

- **改善用户登录的效率**：同时有多台域控制器来对客户端提供服务，可以分担审核用户登录身份（账户与密码）的负担，让用户登录的效率更高。
- **容错功能**：如果有域控制器发生故障，此时仍然可以由其他正常的域控制器来继续提供服务，因此对用户的服务并不会停止。

在安装额外域控制器（additional domain controller）时，需要将AD DS数据库由现有的域控制器复制到这台新的域控制器。系统提供了两种复制方式：

- **通过网络直接复制**：如果AD DS数据库十分庞大，此方法会增加网络负担、影响网络效率，尤其是这台新域控制器是位于远程网络时。
- **通过安装媒体复制**：需要事先到一台域控制器内制作**安装媒体**（installation media），其中包含着AD DS数据库，接着将**安装媒体**复制到U盘、CD、DVD等介质或共享文件夹内。然后在安装额外域控制器时，要求安装向导到这个介质内读取**安装媒体**内的AD DS数据库，这种方式可以大幅降低对网络所造成的冲击。

如果在**安装媒体**制作完成之后，现有域控制器的AD DS数据库内如果有最新的更改数据，这些少量数据会在完成额外域控制器的安装后，再通过网络自动复制过来。

2.5.1 安装额外域控制器

以下同时说明如何将图2-5-1中右上角dc2.sayms.local升级为常规的**可读写域控制器**、将右下角dc3.sayms.local升级为**只读域控制器**（RODC）。

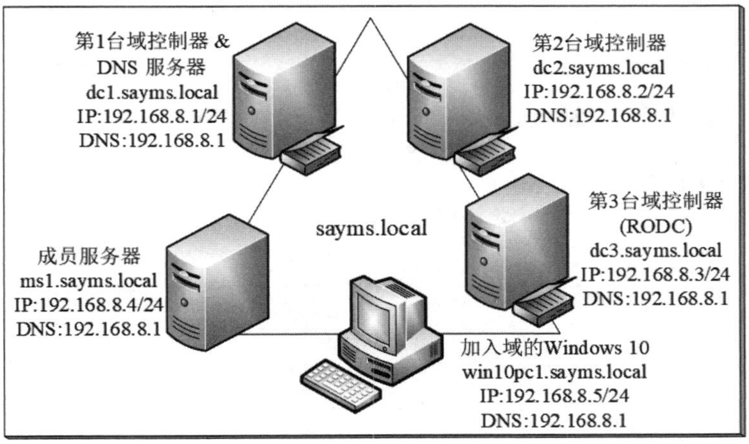

图 2-5-1

STEP 1 先在图2-5-1中的服务器dc2.sayms.local与dc3.sayms.local上安装Windows Server 2019、将计算机名称分别设置为dc2与dc3、IPv4地址等依照图中所示来设置（图中采用TCP/IPv4）。注意将计算机名分别设置为dc2与dc3即可，等升级为域控制器后，它们会分别自动被改为dc2.sayms.local与dc3.sayms.local。

STEP 2 打开服务器管理器，单击仪表板处的添加角色和功能。

STEP 3 持续单击下一步按钮直到**选择服务器角色**对话框时勾选**Active Directory域服务**，然后单击添加功能按钮。

STEP 4 持续单击下一步按钮直到**确认安装选项**对话框中单击安装按钮。

STEP 5 图2-5-2为完成安装后的对话框，请单击**将此服务器提升为域控制器**。

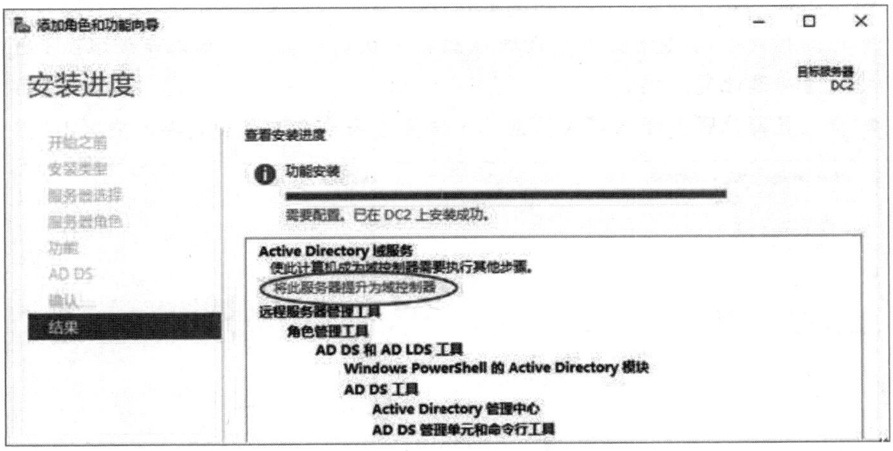

图 2-5-2

STEP 6 在图2-5-3中选择**将域控制器添加到现有域**、输入域名sayms.local，单击更改按钮后输入有权限添加域控制器的账户（sayms\ Administrator）与密码。完成后单击下一步按钮。

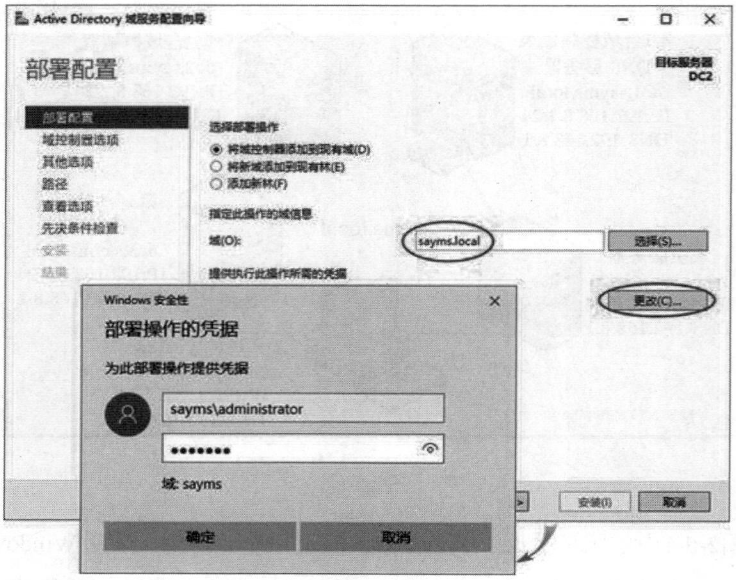

图 2-5-3

只有Enterprise Admins或Domain Admins内的用户有权限建立其他域控制器。如果当前所登录的账户不隶属于这两个组（例如我们现在所登录的账户为本地Administrator），则需如前景图所示指定有权限的用户账户。

STEP 7 完成图2-5-4中的设置后单击下一步按钮：

- 选择是否在此服务器上安装DNS服务器（默认会安装）。
- 选择是否将其设置为**全局编录服务器**（默认会设置）。
- 选择是否将其设置为**只读域控制器**（默认不会），如果是安装dc3.sayms.local，请勾选此复选框。
- 设置**目录服务还原模式**的系统管理员密码（需要符合复杂性要求）。

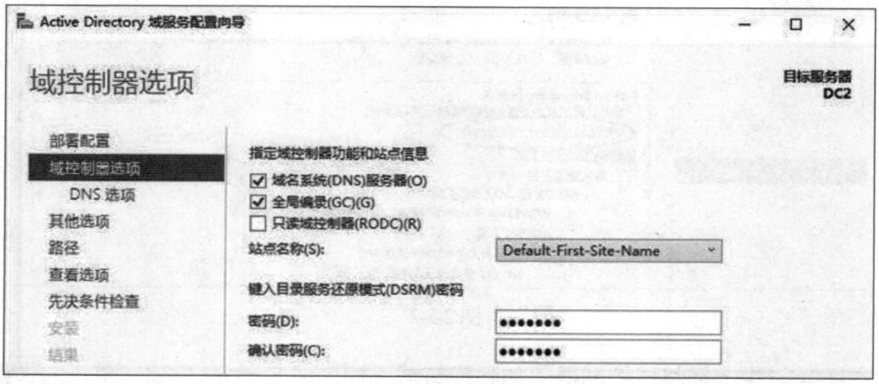

图 2-5-4

STEP 8 如果在图2-5-4中未勾选**只读域控制器（RODC）**，请直接跳到下一个步骤。若是安装RODC，则会出现图2-5-5的所示的对话框，在完成图中的设置后单击下一步按钮，然后跳到STEP 10：

- **委派的管理员账户**：可以通过选择按钮来选取被委派的用户或组，他们在这台RODC将拥有本地系统管理员权利，并且如果采用阶段式安装RODC（后述），则他们也有权限将此RODC服务器**附加到**（attach to）AD DS数据库内的计算机账户。默认仅Domain Admins或Enterprise Admins组内的用户有权限管理此RODC与执行附加操作。
- **允许将密码复制到RODC的账户**：默认仅允许组Allowed RODC Password Replication Group内的用户的密码可被复制到RODC（此组默认无任何成员）。可通过单击添加按钮来添加用户或组。
- **拒绝将密码复制到RODC的账户**：此处的用户账户，其密码会被拒绝复制到RODC。此处的设置优先于**允许将密码复制到RODC的账户**的设置。部分内置的组账户（例如Administrators、Server Operators等）默认已被列于此列表内。可通过单击添加按钮来添加用户或组。

在安装域中的第1台RODC时，系统会自动建立与RODC有关的组账户，这些账户会自动被复制给其他域控制器，不过可能需花费一点时间，尤其是复制给位于不同站点的域控制器。之后在其他站点安装RODC时，如果安装向导无法从这些域控制器得到这些组信息，它会显示警告消息，此时请等待这些组信息完成复制后，再继续安装这台RODC。

图 2-5-5

STEP 9 如果不是安装RODC，会出现图2-5-6的对话框，请直接单击下一步按钮。

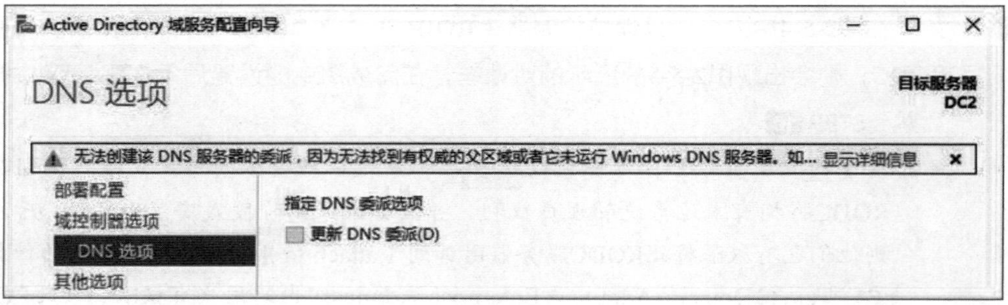

图 2-5-6

STEP 10　在图2-5-7中单击下一步按钮，它会直接从其他任何一台域控制器复制AD DS数据库。

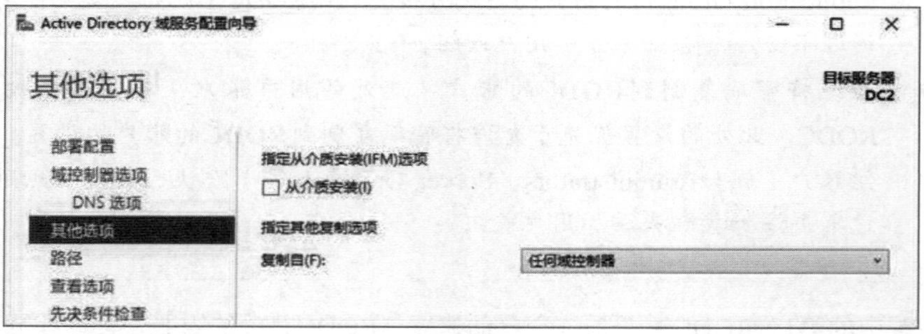

图 2-5-7

STEP 11　出现**路径**对话框时直接单击下一步按钮（此对话框的说明可参考图2-2-8）。

STEP 12　在**查看选项**对话框中，确认选项无误后单击下一步按钮。

STEP 13　出现**先决条件检查**对话框时，若顺利通过检查，就直接单击安装按钮，否则请根据界面提示先排除问题。

STEP 14　安装完成后会自动重新启动，请重新登录。

STEP 15　检查DNS服务器内是否有域控制器dc2.sayms.local与dc3.sayms.local的相关记录（参考前面第2.3.1小节**检查DNS服务器内的记录是否完备**）。

这两台域控制器的AD DS数据库内容是从其他域控制器复制过来的，而原本这两台计算机内的本地用户账户会被删除。

2.5.2　利用“安装媒体”安装额外域控制器

我们将先到一台域控制器上制作**安装媒体**（installation media），也就是将AD DS数据库存储到**安装媒体**内，并将**安装媒体**复制到U盘、CD、DVD等介质或共享文件夹内，然后在安装额外域控制器时，要求安装向导从**安装媒体**来读取AD DS数据库，这种方式可以大幅降低对网络所造成的冲击。

1. 制作“安装媒体”

请到现有的一台域控制器上执行**ntdsutil**命令来制作**安装媒体**：

- 如果此安装媒体是要给**可读写域控制器**使用，则需要到现有的一台**可读写域控制器**上执行**ntdsutil**命令。
- 若此安装媒体是要给**RODC**（只读域控制器）来使用，则可以到现有的一台**可读写域控制器**或**RODC**上执行**ntdsutil**命令。

STEP 1　请到域控制器上利用域管理员的身份登录。

STEP 2　单击左下角**开始**图标⊞➲Windows PowerShell。

STEP 3　输入以下命令后按Enter键（操作窗口可参考图2-5-8）：

```
ntdsutil
```

STEP 4　在**ntdsutil**：提示符下，执行以下命令：

```
activate  instance  ntds
```

它会将此域控制器的AD DS数据库设置为使用中。

STEP 5　在**ntdsutil**：提示符下，执行以下命令：

```
ifm
```

STEP 6　在**ifm**：提示符下，执行以下命令：

```
create  sysvol  full  c:\InstallationMedia
```

此命令假设是要将**安装媒体**的内容放置到C:\InstallationMedia文件夹内。

> 其中的**sysvol**表示要制作包含ntds.dit与SYSVOL的**安装媒体**；**full**表示要制作供可读写域控制器使用的**安装媒体**，如果是要制作供RODC使用的安装媒体，请将**full**改为**rodc**。

STEP 7　连续执行两次**quit**命令来结束**ntdsutil**。图2-5-8为部分的操作窗口。

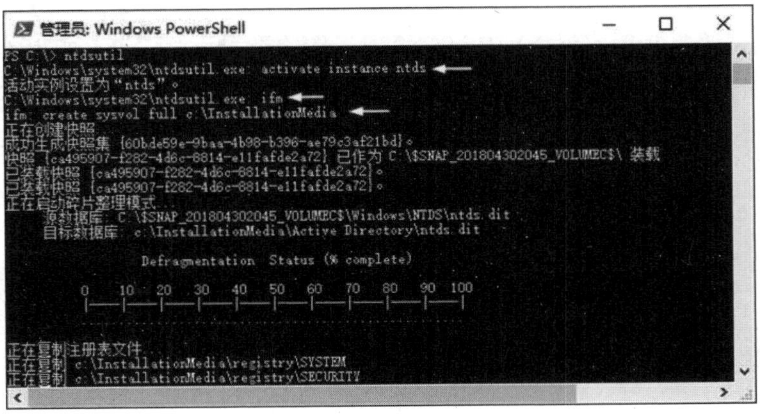

图 2-5-8

STEP 8　将整个C:\InstallationMedia文件夹内的所有数据复制到U盘、CD、DVD等媒体或共享文件夹内。

2. 安装额外域控制器

将包含**安装媒体**的U盘、CD或DVD拿到即将扮演额外域控制器角色的计算机上，或是将其放到可以访问到的共享文件夹内。

由于利用**安装媒体**来安装额外域控制器的方法与前一节大致上相同，因此以下仅列出不同之处。以下假设**安装媒体**是被复制到即将升级为额外域控制器的服务器的C:\InstallationMedia文件夹内：在图2-5-9中改为选择**指定从介质安装（IFM）选项**，并在**路径**处指定存储**安装媒体**的文件夹C:\InstallationMedia。

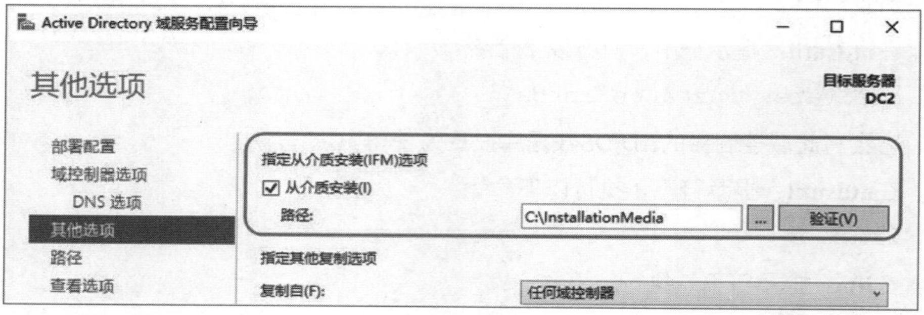

图 2-5-9

安装过程中会从**安装媒体**所在的文件夹C:\InstallationMedia来复制AD DS数据库。如果在**安装媒体**制作完成之后，现有域控制器的AD DS数据库有更新数据，这些少量的更新数据会在完成额外域控制器安装后，再通过网络自动复制过来。

2.5.3　更改RODC的委派与密码复制策略设置

如果要更改密码复制策略设置或RODC管理工作的委派设置，请在打开**Active Directory 管理中心**后，如图2-5-10所示【选择组织单位**Domain Controllers**界面中间扮演RODC角色的域控制器➲单击右侧的**属性**➲通过图2-5-11中的**管理者**小节与**扩展**小节中的**密码复制策略**选项卡进行设置】。

> 也可以执行**Active Directory用户和计算机**，然后【单击组织单位**Domain Controllers**➲选中右侧扮演RODC角色的域控制器并右击➲**属性**➲然后通过**密码复制策略**与**管理者**选项卡来设置】。

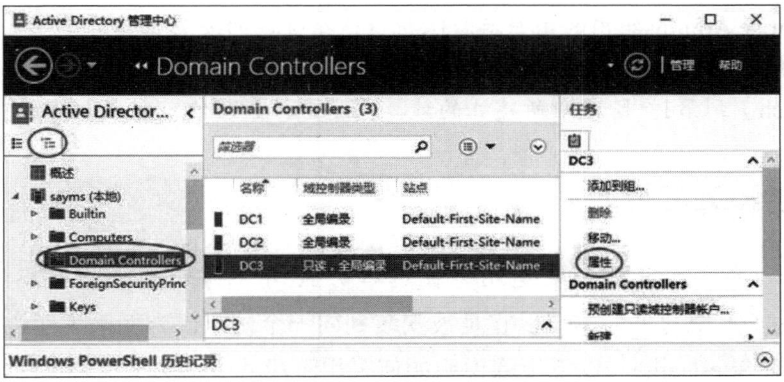

图 2-5-10

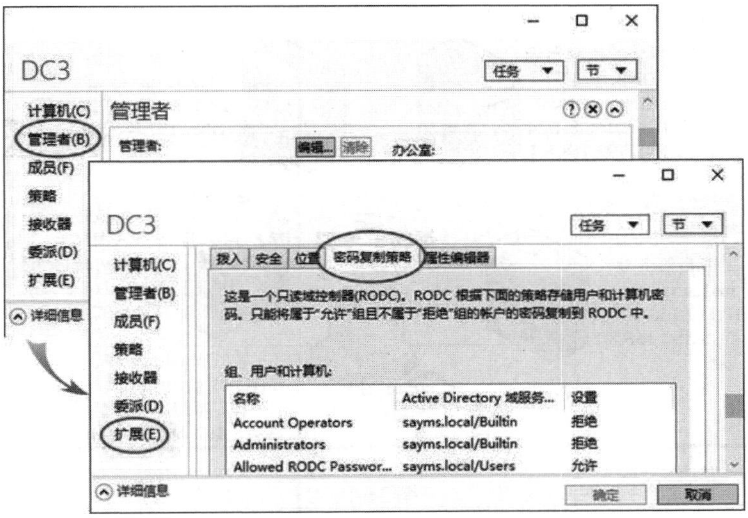

图 2-5-11

2.6 RODC阶段式安装

可以采用两阶段式来安装RODC（只读域控制器），这两个阶段是分别由不同的用户来完成，这种安装方式通常是用来安装远程分公司所需的RODC。

- 第1阶段：建立RODC账户。
  此阶段通常是在总公司内执行的，并且只有域管理员（Domain Admins组的成员）才有权限来执行这一阶段的操作。在此阶段内，系统管理员需要在AD DS数据库内为RODC建立计算机账户、配置选项、将第2阶段的安装工作委派给指定的用户或组。
- 第2阶段：将服务器附加到RODC账户。
  此阶段通常是在远程分公司内执行，被委派的用户有权限在此阶段来完成安装RODC的工作。被委派用户并不需要具备域管理员权限。默认只有Domain Admins或

Enterprise Admins组内的用户有权限执行这个阶段的安装工作。

在此阶段内，被委派的用户需要在远程分公司内，将即将成为RODC的服务器**附加**（attach）到第1个阶段中所建立的计算机账户，如此便可完成RODC的安装工作。

2.6.1 建立RODC账户

一般来说，阶段式安装主要是用来在远程分公司（另外一个AD DS站点内）安装RODC，不过为了方便起见，本节以它是被安装到同一个站点内为例来说明，也就是默认的站点Default-First-Site-Name。以下步骤说明如何采用阶段式安装方式来将图2-6-1中右下角的dc4.sayms.local升级为**只读域控制器**（RODC）。

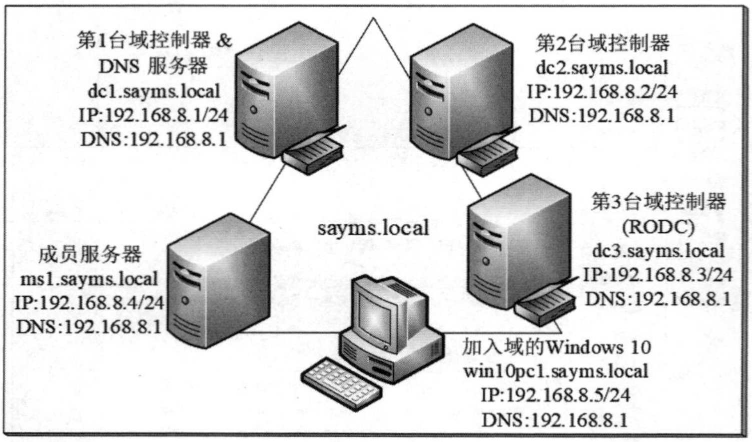

图2-6-1

STEP 1 请到现有的一台域控制器上利用域管理员身份登录。

STEP 2 打开服务器管理器➲单击右上角工具菜单➲Active Directory管理中心➲如图2-6-2所示单击组织单位Domain Controllers右侧的**预创建只读域控制器账户**（也可以使用Active Directory用户和计算机）。

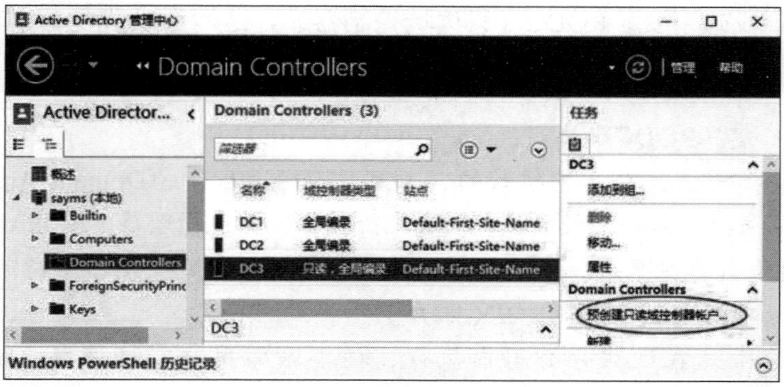

图2-6-2

STEP 3 如图2-6-3所示勾选**使用高级模式安装**后单击下一步按钮。

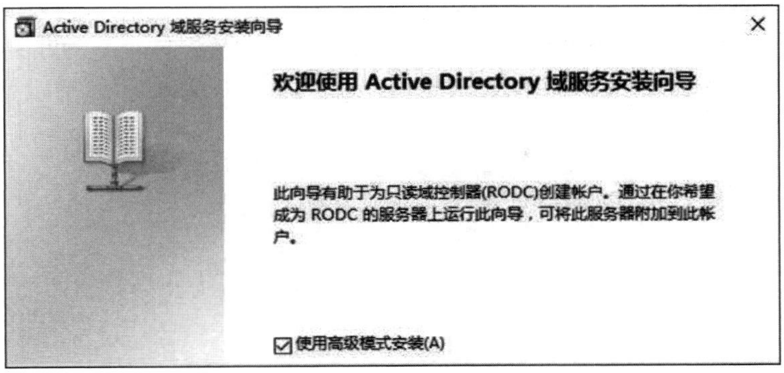
Active Directory 域服务安装向导
欢迎使用 Active Directory 域服务安装向导
此向导有助于为只读域控制器(RODC)创建帐户。通过在你希望成为 RODC 的服务器上运行此向导，可将此服务器附加到此帐户。
使用高级模式安装(A)

图 2-6-3

STEP 4 当前登录的用户为域Administrator，他有权限安装域控制器，因此请在图2-6-4中选择**我的当前登录凭据**后单击下一步按钮。

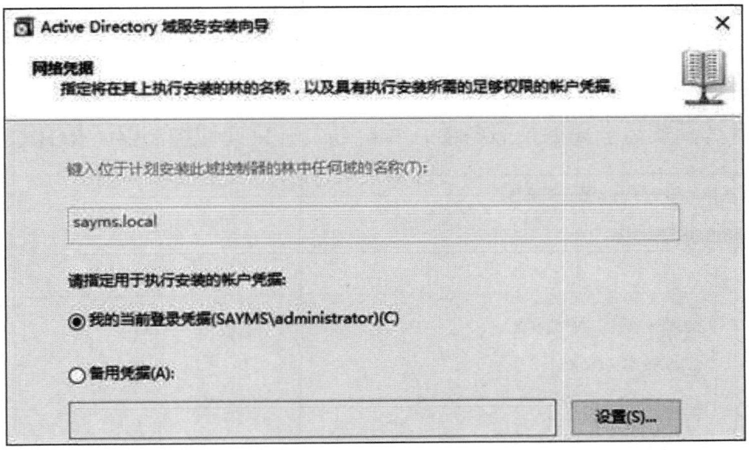
Active Directory 域服务安装向导
网络凭据
指定将在其上执行安装的林的名称，以及具有执行安装所需的足够权限的帐户凭据。
sayms.local
请指定用于执行安装的帐户凭据:
我的当前登录凭据(SAYMS\administrator)(C)
备用凭据(A):
设置(S)...

图 2-6-4

如果当前登录的用户没有权限安装域控制器，请选择图中的**备用凭据**，然后通过单击设置按钮来输入有权限的用户名称与密码。

STEP 5 在图2-6-5中输入即将扮演RODC角色的服务器的计算机名，例如dc4，完成后单击下一步按钮。

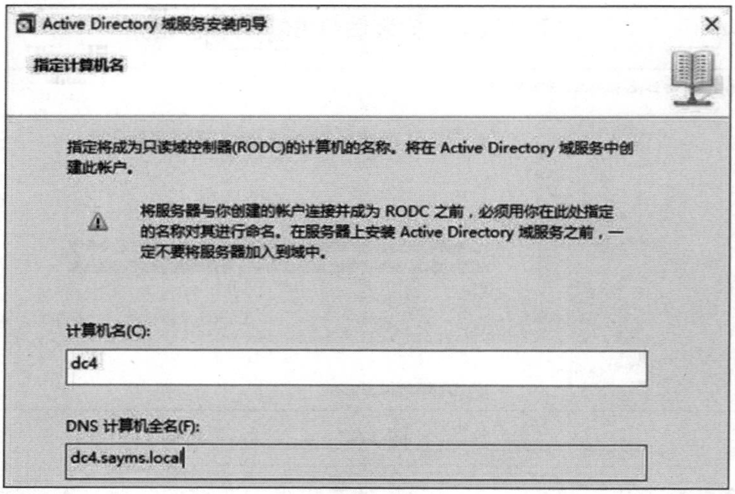
Active Directory 域服务安装向导
指定计算机名
指定将成为只读域控制器(RODC)的计算机的名称。将在 Active Directory 域服务中创建此帐户。
将服务器与你创建的帐户连接并成为 RODC 之前，必须用你在此处指定的名称对其进行命名。在服务器上安装 Active Directory 域服务之前，一定不要将服务器加入到域中。
计算机名(C):
dc4
DNS 计算机全名(F):
dc4.sayms.local

图 2-6-5

STEP 6 出现**选择站点**对话框时，请选择新域控制器所在的AD DS站点，默认是当前仅有的站点Default-First-Site-Name。请直接单击下一步按钮。

STEP 7 在图2-6-6中直接单击下一步按钮。由图中可知它会在此服务器上安装DNS服务器，同时会将其设置为**全局编录服务器**，并自动勾选**只读域控制器（RODC）**。

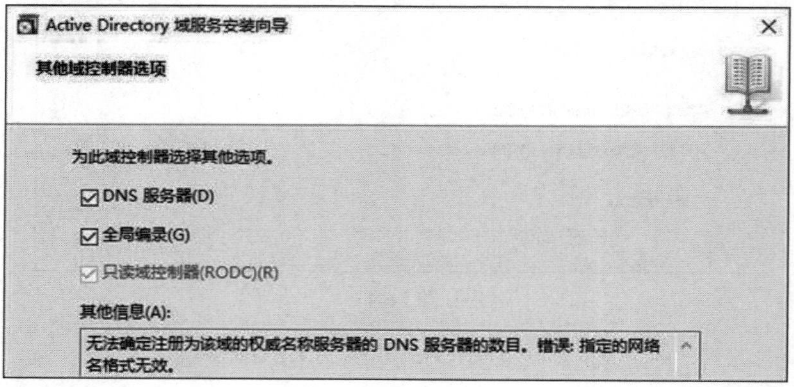
Active Directory 域服务安装向导
其他域控制器选项
为此域控制器选择其他选项。
DNS 服务器(D)
全局编录(G)
只读域控制器(RODC)(R)
其他信息(A):
无法确定注册为该域的权威名称服务器的 DNS 服务器的数目。错误: 指定的网络名格式无效。

图 2-6-6

STEP 8 通过图2-6-7来设置**密码复制策略**：图中默认仅允许组Allowed RODC Password Replication Group内的用户的密码可以被复制到RODC（此组内默认并无任何成员），并且一些重要账户（例如Administrators、Server Operators等组内的用户）的密码已明确地被拒绝复制到RODC。可以通过单击添加按钮来添加用户或组账户，单击下一步按钮。

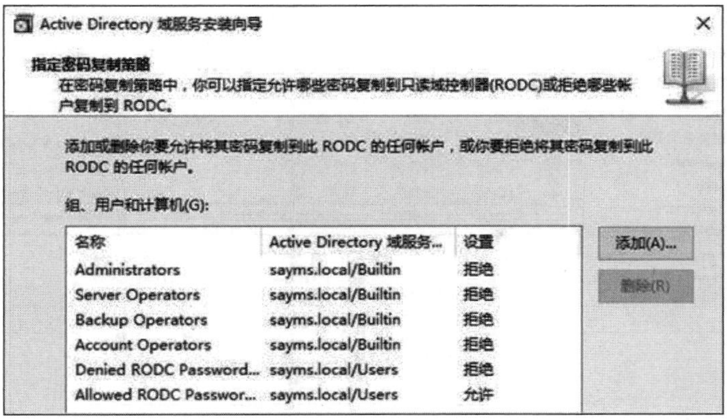
Active Directory 域服务安装向导
指定密码复制策略
在密码复制策略中，你可以指定允许哪些密码复制到只读域控制器(RODC)或拒绝哪些帐户复制到 RODC。
添加或删除你要允许将其密码复制到此 RODC 的任何帐户，或你要拒绝将其密码复制到此 RODC 的任何帐户。
组、用户和计算机(G):
名称
Active Directory 域服务...
设置
Administrators
sayms.local/Builtin
拒绝
Server Operators
sayms.local/Builtin
拒绝
Backup Operators
sayms.local/Builtin
拒绝
Account Operators
sayms.local/Builtin
拒绝
Denied RODC Password...
sayms.local/Users
拒绝
Allowed RODC Passwor...
sayms.local/Users
允许
添加(A)...
删除(R)

图 2-6-7

在安装域中的第1台RODC时，系统会自动建立与RODC有关的组账户，这些账户会自动被复制给其他域控制器，不过可能需花费一点时间，尤其是复制给位于不同站点的域控制器。之后在其他站点安装RODC时，如果安装向导无法从这些域控制器得到这些组信息，它会显示警告消息，此时请等待这些组信息完成复制后，再继续安装这台RODC。

STEP 9　在图2-6-8中将安装RODC的工作委派给指定的用户或组，图中将其委派给域（SAYMS）用户George。RODC安装完成后，该用户在这台RODC内会自动被赋予本地系统管理员的权限，单击下一步按钮。

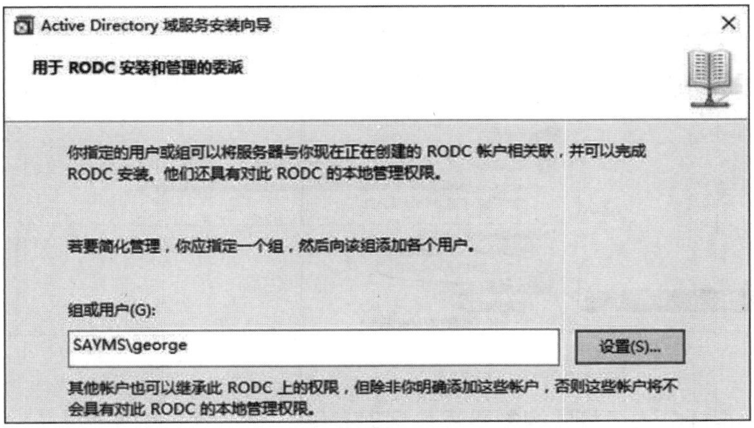
Active Directory 域服务安装向导
用于 RODC 安装和管理的委派
你指定的用户或组可以将服务器与你现在正在创建的 RODC 帐户相关联，并可以完成 RODC 安装。他们还具有对此 RODC 的本地管理权限。
若要简化管理，你应指定一个组，然后向该组添加各个用户。
组或用户(G):
SAYMS\george
设置(S)...
其他帐户也可以继承此 RODC 上的权限，但除非你明确添加这些帐户，否则这些帐户将不会具有对此 RODC 的本地管理权限。

图 2-6-8

STEP 10　接下来依序单击下一步按钮，直到单击完成按钮，图2-6-9为完成后的窗口。

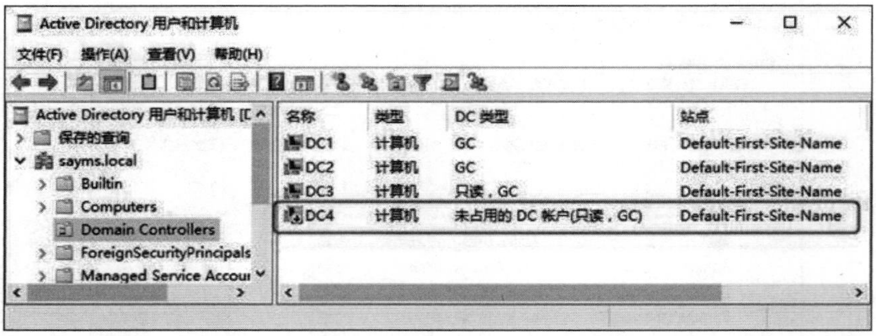

图 2-6-9

2.6.2　将服务器附加到RODC账户

STEP 1　请在图2-6-1中右侧的服务器dc4.sayms.local上安装Windows Server 2019、将其计算机名称设置为dc4、IPv4地址等依照图中所示来设置（此处采用TCP/IPv4）。请将其计算机名称设置为dc4即可，等升级为域控制器后，它会自动被改为dc4.sayms.local。

STEP 2　打开**服务器管理器**，单击**仪表板**处的**添加角色和功能**。

STEP 3　持续单击下一步按钮，直到**选择服务器角色**对话框时勾选**Active Directory域服务**、单击添加功能按钮。

STEP 4　持续单击下一步按钮，直到**确认安装选项**对话框中单击安装按钮。

STEP 5　图2-6-10为完成安装后的对话框，请单击**将此服务器提升为域控制器**。

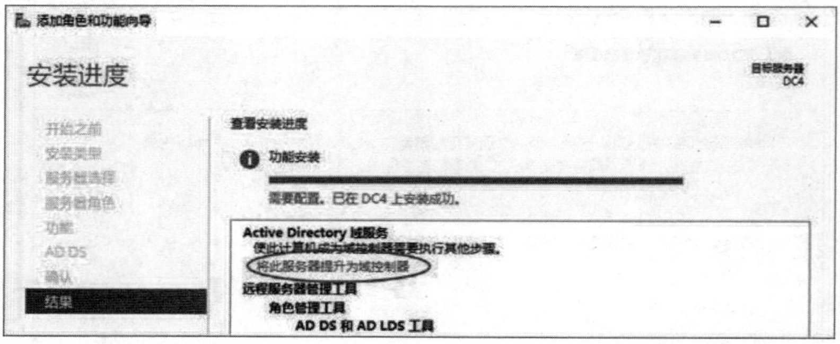

图 2-6-10

STEP 6　在图2-6-11中选择**将域控制器添加到现有网**、输入域名sayms.local，单击更改按钮后输入被委派的用户名（sayms\george）与密码后单击确定按钮、下一步按钮：

可输入被委派的用户账户、Enterprise Admins或Domain Admins组内的用户账户。

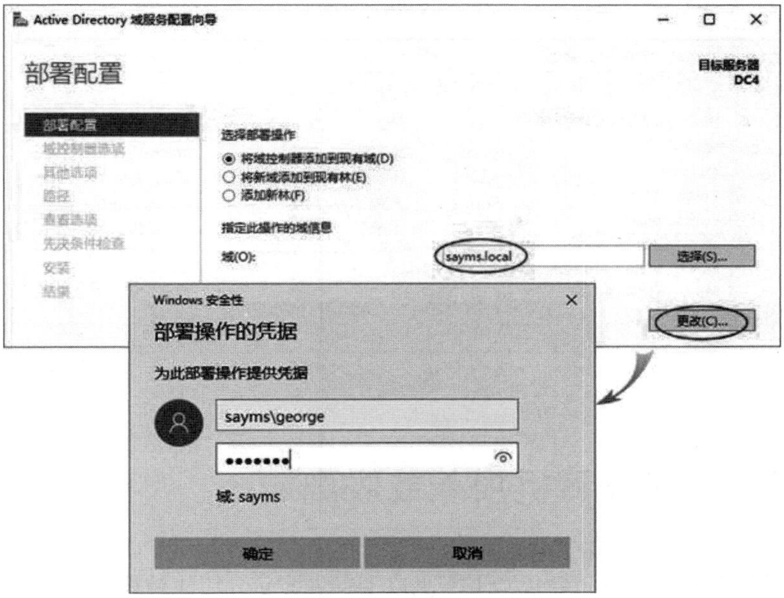

图 2-6-11

STEP 7 接下来会出现如图2-6-12所示的对话框，由于其计算机账户已经事先在AD DS内建立完成，因此会多显示图上方的两个选项。在选择默认的选项与设置**目录服务还原模式**的管理员密码后（需要符合复杂性要求）单击下一步按钮。

图 2-6-12

STEP 8 接下来的**其他选项**、**路径**与**查看选项**界面中都可直接单击下一步按钮。

STEP 9 出现**先决条件检查**对话框时，如果顺利通过检查，就直接单击安装按钮，否则请根据对话框提示先排除问题。

STEP 10 安装完成后会自动重新启动，请重新登录。

STEP 11 图2-6-13为完成后的窗口。

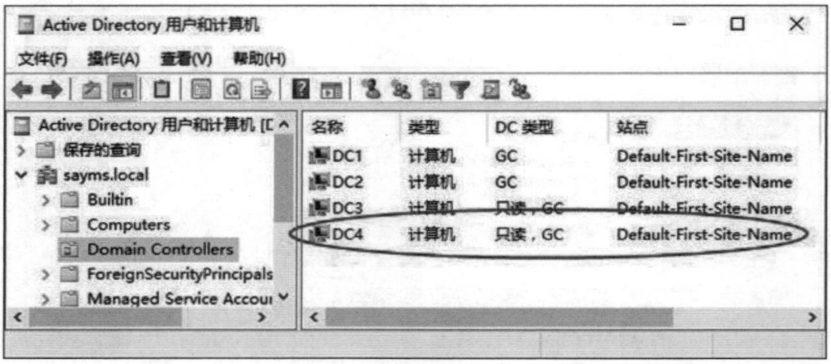

图2-6-13

2.7 将Windows计算机加入或脱离域

Windows计算机加入域后，便可以访问AD DS数据库与其他域资源，例如用户可以在这些计算机上利用域用户账户来登录域、访问域中其他计算机内的资源。以下列出部分可以被加入域的计算机：

- Windows Server 2019 Datacenter/Standard
- Windows Server 2016 Datacenter/Standard
- Windows Server 2012 R2 Datacenter/Standard
- Windows Server 2012 Datacenter/Standard
- Windows Server 2008 R2 Datacenter/Enterprise/Standard
- Windows Server 2008 Datacenter/Enterprise/Standard
- Windows 10 Enterprise/Pro/Education
- Windows 8.1 Enterprise/Pro
- Windows 8 Enterprise/Pro
- Windows 7 Ultimate/ Enterprise/Professional

2.7.1 将Windows计算机加入域

我们要将图2-7-1左下角的服务器ms1加入域，假设它是Windows Server 2019 Datacenter；同时也要将下方的Windows 10计算机加入域，假设它是Windows 10 Enterprise。以下利用服务器ms1（Windows Server 2019）来说明。

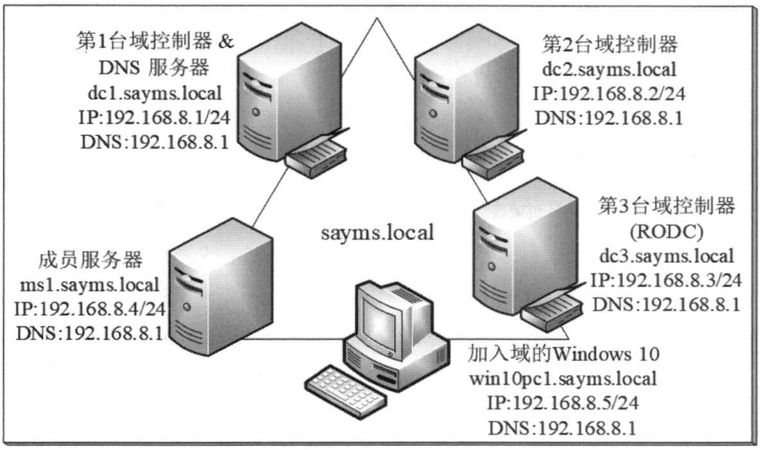

图 2-7-1

> 加入域的计算机（非域控制器），其计算机账户默认会自动被建立在容器Computers内，如果你想将此计算机账户放置到其他容器或组织单位中，可以事先在该容器或组织单位内建立此计算机账户：如果是使用**Active Directory管理中心**【单击该容器或组织单位后➲单击右侧**工作**窗格的**新建**➲**计算机**】；如果是使用**Active Directory用户和计算机**【选中该容器或组织单位并右击➲**新建**➲**计算机**】。完成后，再将计算机加入域。也可以事后将计算机账户移动到其他容器或组织单位。

STEP 1 请先将该台计算机的计算机名称设置为ms1、IPv4地址等设置为图2-7-1中所示。注意计算机名称设置为ms1即可，等加入域后，其计算机名称自动会被改为ms1.sayms.local。

STEP 2 打开**服务器管理器**➲单击左侧**本地服务器**➲如图2-7-2所示单击**工作组**处的WORKGROUP。

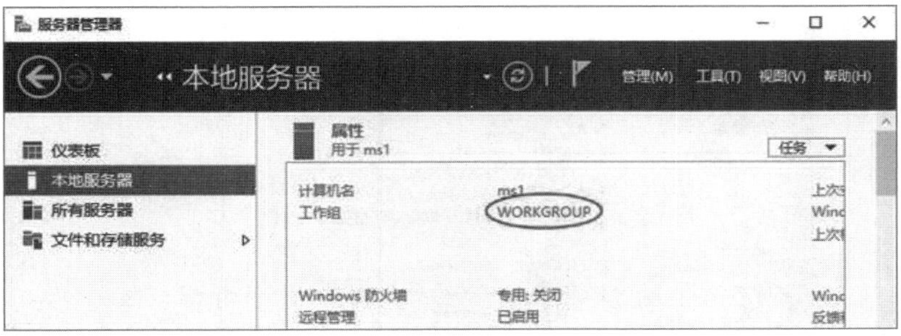

图 2-7-2

如果是Windows 10计算机：可通过【打开**资源管理器**➲选中**本地**并右击➲**属性**➲单击右侧的**更改设置**】。

如果是Windows 8.1计算机，可通过【切换到**开始**菜单（可按Windows键⊞）➲单击菜单左下方⬇图标➲选中**本地**并右击➲单击下方的**属性**➲单击右侧的**更改设置**】。

如果是Windows 8计算机，可通过【按⊞键切换到**开始**菜单➲选中空白处并右击➲单击**所有程序**➲选中这台电脑并右击➲单击下方**属性**➲…】。

如果是Windows 7，可通过【开始➲选中**计算机**并右击➲**属性**➲单击右下角的**更改设置**】。

STEP 3　单击图2-7-3中的更改按钮。

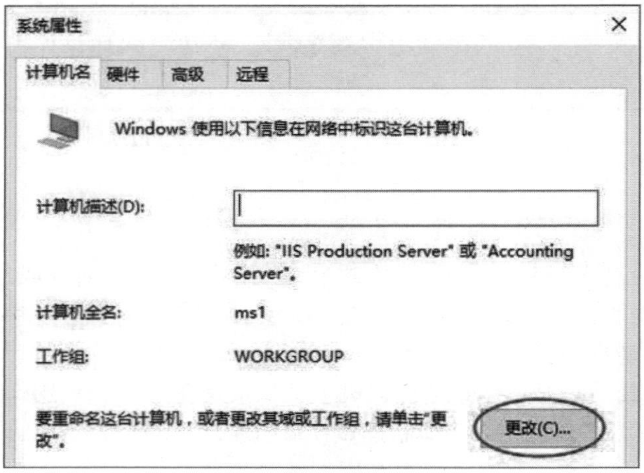

图 2-7-3

STEP 4　选择图2-7-4中的**域**➲输入域名sayms.local➲单击确定按钮➲输入域内任何一位用户账户（隶属于Domain Users组）与密码，图中利用Administrator➲单击确定按钮。

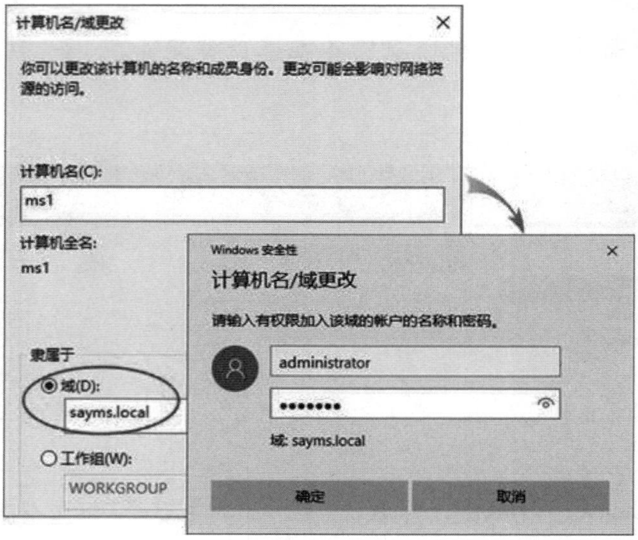

图 2-7-4

> 如果出现错误警告，请检查TCP/IPv4的设置是否有误，尤其是**首选DNS服务器**的IPv4地址是否正确，以本示例来说应该是192.168.8.1。

STEP 5 出现欢迎**加入sayms.local域**窗口时表示已经成功加入域，也就是此计算机的计算机账户已经被建立在AD DS数据库内（会被建立在Computers容器内）。单击确定按钮。

> 如果出现错误警告，请检查所输入的账户与密码是否正确。不需要域管理员账户也可以，不过如果时非域管理员，则只可以在AD DS数据库内最多加入10台计算机（建立最多10个计算机账户）。

STEP 6 出现提醒你需要重新启动计算机的界面时单击确定按钮。

STEP 7 回到图2-7-5中可以看出，加入域后，其完整计算机名的后缀就会附上域名，如图中的ms1.sayms.local，单击关闭按钮。

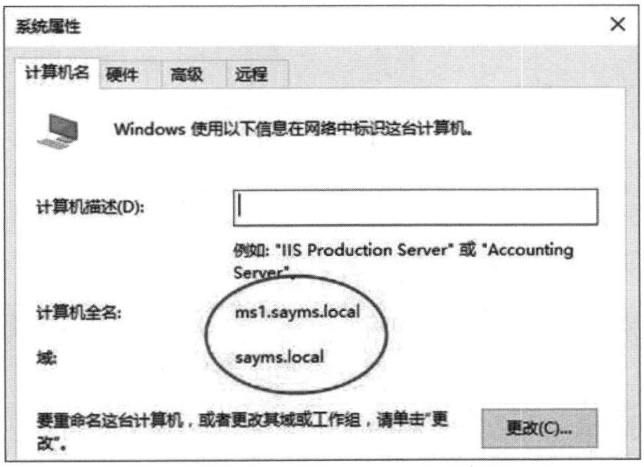

图 2-7-5

STEP 8 依照对话框的提示重新启动计算机。

STEP 9 请自行将图2-7-1中的Windows 10计算机加入域。

2.7.2 利用已加入域的计算机登录

可以在已经加入域的计算机上，利用本地或域用户账户来登录。

1. 利用本地用户账户登录

出现登录窗口时，如果要利用本地用户账户登录，请在账户前输入计算机名，如图2-7-6所示ms1\administrator，其中ms1为计算机名、administrator为用户账户名，接着输入其密码就可以登录。

此时系统会利用本地安全数据库来检查用户账户与密码是否正确，如果正确，就可以登录成功，也可以访问此计算机内的资源（如果有权限），不过无法访问域内其他计算机的资源，除非在连接其他计算机时另外输入有权限的用户名与密码。

图 2-7-6

2. 利用域用户账户登录

如果要改用域用户账户来登录，请在账户前输入域名，如图2-7-7所示的sayms\administrator，表示要利用域sayms内的账户administrator来登录，接着输入其密码就可以登录（账户名前面的域名也可以是DNS域名，例如sayms.local\Administrator）。

图 2-7-7

用户账户名与密码会被传给域控制器，并利用AD DS数据库来检查是否正确，如果正确，就可以登录成功，并且可以直接连接域内任何一台计算机与访问其中的资源（若有被赋予权限），不需要再另外手动输入用户名与密码。

2.7.3　脱机加入域

客户端计算机具备脱机加入域的功能（offline domain join），也就是它们在未与域控制器连接的情况下，仍然可以被加入域。我们需要通过**djoin.exe**程序来执行脱机加入域的程序。

先到一台已经加入域的计算机上，利用djoin.exe来建立一个文本文件，此文件内包含即将加入域的计算机所需的所有信息。接着在即将加入域的脱机计算机上，利用djoin.exe来将上述文件内的信息导入到此计算机内。

以下假设域名为sayms.local、一台已经加入域的成员服务器为ms1、即将脱机加入域的计算机为win10pc2。为了实际演练脱机加入域功能，请确认win10pc2是处于脱机状态。脱机将win10pc2加入域的步骤如下所示：

STEP 1　到成员服务器ms1上利用域系统管理员身份登录，然后执行以下djoin.exe程序（参考图2-7-8），它会建立一个文本文件，此文件内包含脱机计算机win10pc2所需的所有信息：

```
Djoin /provision /domain sayms.local /machine win10pc2 /savefile
c:\win10pc2.txt
```

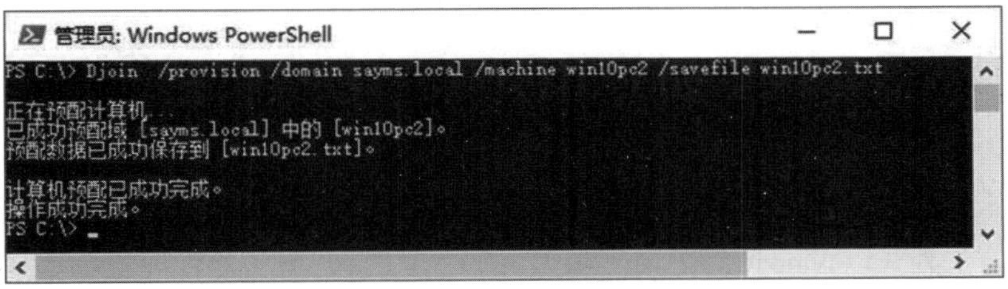
管理员: Windows PowerShell
PS C:\> Djoin /provision /domain sayms.local /machine win10pc2 /savefile win10pc2.txt
正在预配计算机...
已成功预配域 [sayms.local] 中的 [win10pc2]。
预配数据已成功保存到 [win10pc2.txt]。
计算机预配已成功完成。
操作成功完成。
PS C:\>

图 2-7-8

其中sayms.local为域名、win10pc2为脱机计算机的计算机名、win10pc2.txt为所建立的文本文件（图中的文件win10pc2.txt会被建立在C:\）。此命令默认会将计算机账户win10pc2建立到**Computers**容器内（见图2-7-9）。

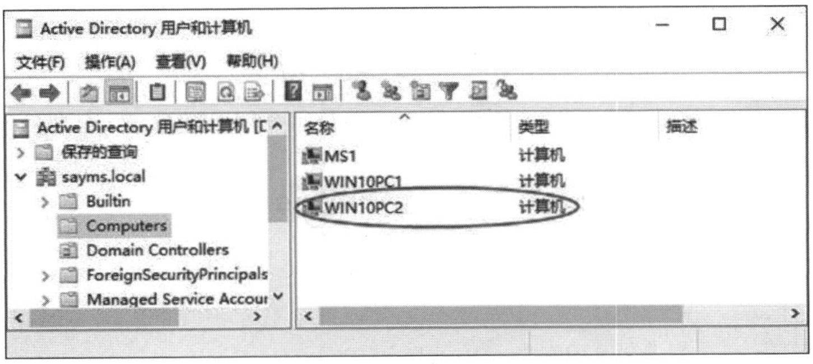
Active Directory 用户和计算机
文件(F) 操作(A) 查看(V) 帮助(H)
Active Directory 用户和计算机
保存的查询
sayms.local
Builtin
Computers
Domain Controllers
ForeignSecurityPrincipals
Managed Service Accour
名称
类型
描述
MS1
计算机
WIN10PC1
计算机
WIN10PC2
计算机

图 2-7-9

STEP 2　在即将加入域的脱机计算机win10pc2上利用djoin.exe来将上述文件内的信息导入到

win10pc2。在Windows 10计算机上需要以系统管理员身份来执行此程序，因此请选中左下角**开始**图标⊞并右击➲Windows PowerShell（管理员），然后执行以下命令（参见图2-7-10，图中假设我们已经将文件win10pc2.txt复制到计算机win10pc2的C:\；其中的**--%**可以省略）：

```
Djoin --% /requestODJ /loadfile C:\win10pc2.txt /windowspath %SystemRoot%
/localos
```

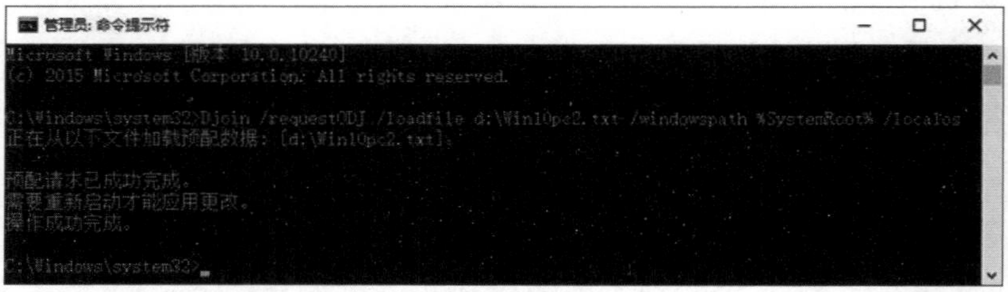
管理员: 命令提示符
Microsoft Windows [版本 10.0.10240]
(c) 2015 Microsoft Corporation. All rights reserved.
C:\Windows\system32>Djoin /requestODJ /loadfile d:\Win10pc2.txt /windowspath %SystemRoot% /localos
正在从以下文件加载预配数据: [d:\Win10pc2.txt]。
预配请求已成功完成。
需要重新启动才能应用更改。
操作成功完成。
C:\Windows\system32>

图 2-7-10

STEP 3 当win10pc2连上网络、可以与域控制器通信时，请重新启动win10pc2，它就完成了加入域的程序。

2.7.4 脱离域

脱离域的方法与加入域的方法大同小异，不过必须是Enterprise Admins、Domain Admins的成员或本地管理员才有权利将此计算机脱离域。

脱离域的方法为（以Windows Server 2019为例）：【打开**服务器管理器**➲单击左侧**本地服务器**➲单击右侧**域**处的sayms.local➲单击更改按钮➲选择图2-7-11中的**工作组**➲输入适当的工作组名称（例如WORKGROUP）➲出现**欢迎加入工作组**对话框时单击确定按钮➲重新启动计算机】。

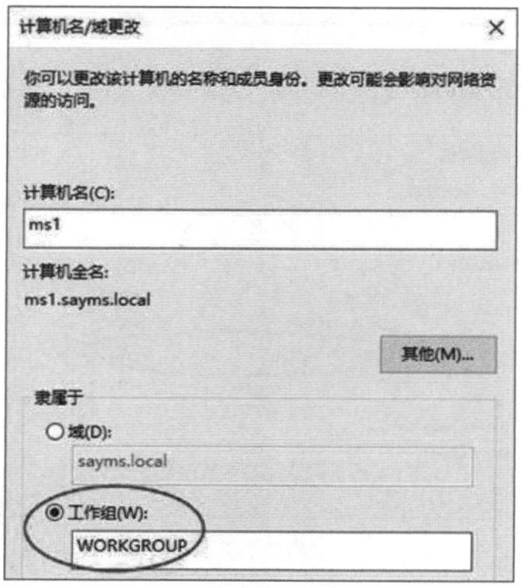
计算机名/域更改
你可以更改该计算机的名称和成员身份。更改可能会影响对网络资源的访问。
计算机名(C):
ms1
计算机全名:
ms1.sayms.local
其他(M)...
隶属于
域(D):
sayms.local
工作组(W):
WORKGROUP

图 2-7-11

接下来会出现如图2-7-12的提示对话框：离开域后，在这台计算机上只能够利用本地用户账户来登录，无法再使用域用户账户，因此请确认你记得本地系统管理员的密码后再单击确定按钮，否则单击取消按钮。

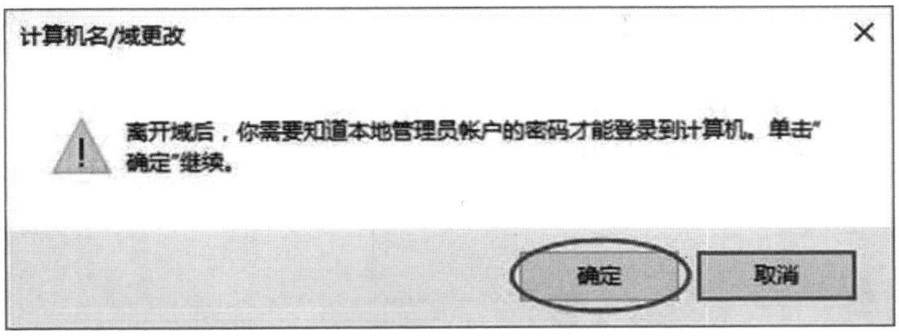

图 2-7-12

2.8 在域成员计算机内安装AD DS管理工具

非域控制器的Windows Server 2019、Windows Server 2016、Windows Server 2012（R2）等成员服务器与Windows 10、Windows 8.1（8）、Windows 7等客户端计算机内默认并没有管理AD DS的工具，例如**Active Directory用户和计算机**、**Active Directory管理中心**等，但可以另外安装。

1. Windows Server 2019、Windows Server 2016 等成员服务器

Windows Server 2019、Windows Server 2016、Windows Server 2012（R2）成员服务器可以通过**添加角色和功能**的方式来拥有AD DS管理工具：【打开**服务器管理器**➲单击**仪表板**处的**添加角色和功能**➲持续单击下一步按钮一直到出现图2-8-1的**选择功能**对话框时勾选**远程服务器管理工具**之下的**AD DS和AD LDS工具**】，安装完成后可以到**开始**菜单的**Windows 管理工具**中来使用这些工具。

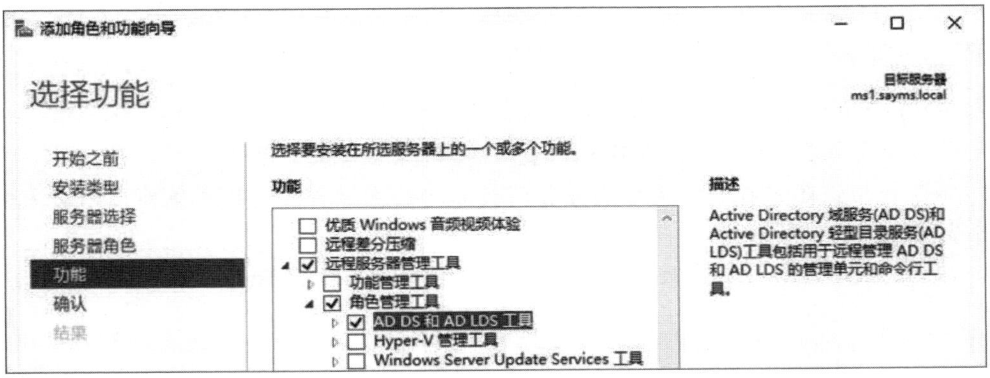

图 2-8-1

2. Windows Server 2008 R2、Windows Server 2008 成员服务器

Windows Server 2008 R2、Windows Server 2008 成员服务器可以通过**添加功能**的方式来拥有 AD DS 管理工具：【打开**服务器管理器**➲单击**功能**右侧的**添加功能**➲勾选图 2-8-2 中**远程服务器管理工具**之下的 **AD DS 和 AD LDS 工具**】，安装完成后可以到**管理工具**中来使用这些工具。

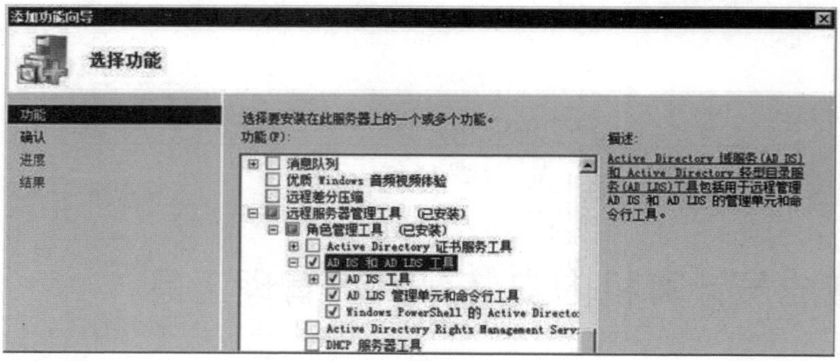

图 2-8-2

3. Windows 10

Windows 10可以通过安装 **Windows 10的远程服务器管理工具（RSAT）**来拥有Active Directory的管理工具：

- Windows 10 1809之前的版本：请先到微软网站下载与安装**Windows 10 的远程服务器管理工具**（Remote Server Administration Tools for Windows 10）。
- Windows 10 1809（含）之后的版本：请先确认可以连接Internet，然后【单击左下角**开始**图标⊞➲单击**设置**图标⚙➲单击**应用**➲单击**可选功能**➲单击**添加功能**➲单击**RSAT：Active Directory 域服务和轻型目录服务工具**➲单击安装按钮】。

Windows 10 1809（含）之后的版本在添加功能时，若出现以下的错误消息：

Windows 无法访问指定的设备、路径或文件。可能没有适当的权限，所以无法访问项目

此时可以通过以下两种方法之一来解决问题：

- 执行gpedit.msc，然后浏览到以下路径：
  计算机配置➲Windows设置➲安全设置➲本地策略➲安全选项
  接着将**用户账户控制：用于内置管理员账户的管理员批准模式**策略启用后重新启动计算机。
- 不要用域管理员登录，改用本地用户账户登录后再来新添加功能。

安装完成后，可通过【单击左下角开始图标⊞➲展开Windows管理工具】来使用Active Directory管理中心与Active Directory用户和计算机等工具。

4. Windows 8.1（Windows 8）

Windows 8.1（Windows 8）计算机需要到微软网站下载与安装**Windows 8.1 的远程服务器管理工具**（**Windows 8的远程服务器管理工具**），安装完成后可通过【按Windows键⊞切换到**开始**菜单➲单击菜单左下方⬇图标➲管理工具】来使用**Active Directory管理中心**与**Active Directory用户和计算机**等工具。

5. Windows 7

Windows 7计算机需要到微软网站下载与安装Windows 7 SP1的远程服务器管理工具，安装完成之后使用【开始➲控制面板➲单击最下方的程序➲单击最上方的打开或关闭Windows功能➲勾选图2-8-3中远程服务器管理工具之下的Active Directory管理中心】。完成之后，就可以在【开始➲管理工具】中来使用Active Directory管理中心与Active Directory用户和计算机等工具。

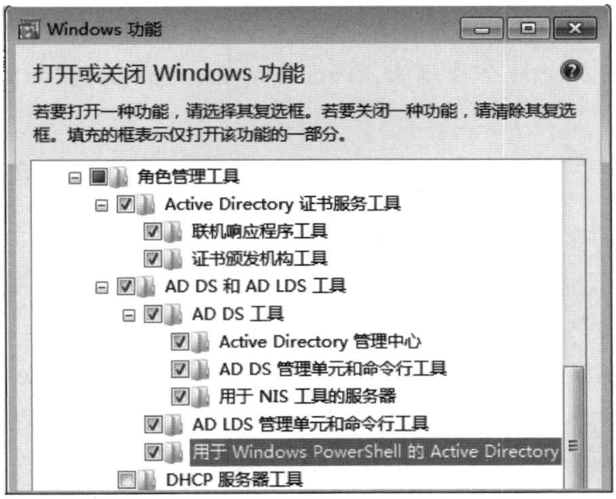

图 2-8-3

2.9　删除域控制器与域

可以通过降级的方式来删除域控制器，也就是将AD DS从域控制器删除。在降级前请先注意以下事项：

- 如果域内还有其他域控制器存在，则它会被降级为该域的成员服务器，例如将图2-9-1中的 dc2.sayms.local降级时，由于还有另外一台域控制器dc1.sayms.local存在，因此dc2.sayms.local会被降级为域sayms.local的成员服务器。必须是Domain Admins或

Enterprise Admins组的成员才有权限删除域控制器。

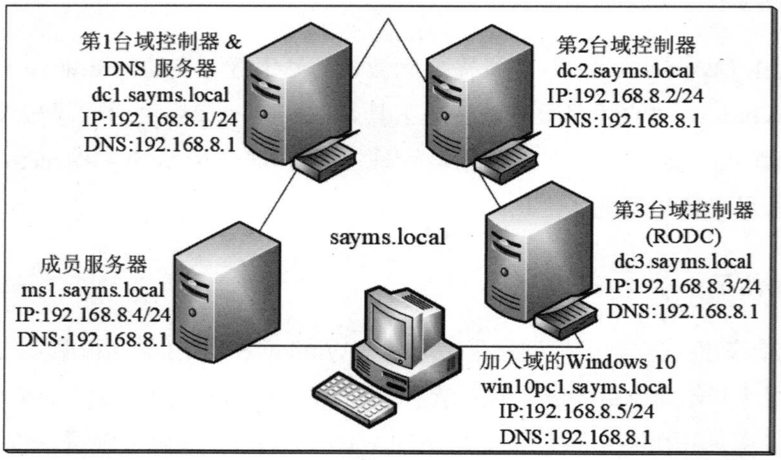

图 2-9-1

- 如果这台域控制器是此域内的最后一台域控制器，例如假设图2-9-1中的dc2.sayms.local已被降级，此时再将dc1.sayms.local降级，由于域内将不会再有其他域控制器存在，因此域会被删除，而dc1.sayms.local也会被降级为独立服务器。

> 建议先将此域的其他成员计算机（例如win10pc1.sayms.local、dc2.sayms.local）脱离域后，再将域删除。

需要Enterprise Admins组的成员，才有权限删除域内的最后一台域控制器（也就是删除域）。若此域之下还有子域，请先删除子域。

- 如果此域控制器是**全局编录服务**器，请检查其所属站点（site）内是否还有其他**全局编录服务**器，如果没有，请先指派另外一台域控制器来扮演**全局编录服务**器，否则将影响用户登录。指派的方法为【打开**服务器管理器**➲单击右上角**工具**➲Active Directory站点和服务➲Sites➲Default-First-Site-Name➲Servers➲选择服务器➲选中**NTDS Settings**并右击➲**属性**➲勾选**全局编录**】。
- 如果所删除的域控制器是域林内最后一台域控制器，则域林会一并被删除。Enterprise Admins组的成员才有权限删除这台域控制器与移除域林。

删除域控制器的步骤如下所示：

STEP 1　打开**服务器管理器**➲选择图2-9-2中**管理**菜单下的**删除角色和功能**。

STEP 2　持续单击下一步按钮直到出现图2-9-3的对话框时，取消勾选**Active Directory域服务**，单击删除功能按钮。

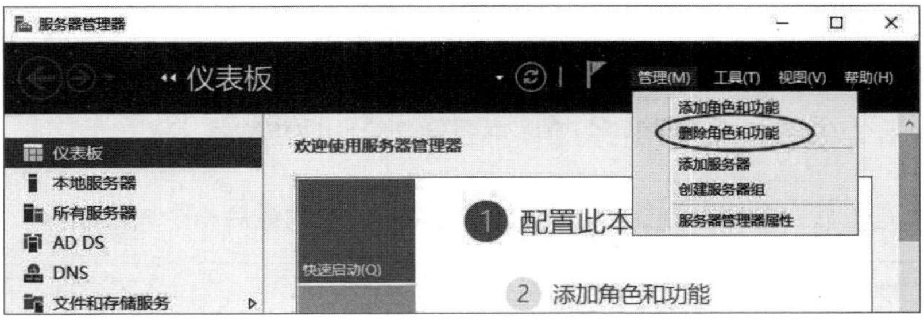

图 2-9-2

图 2-9-3

STEP 3 出现图2-9-4的对话框时，单击**将此域控制器降级**。

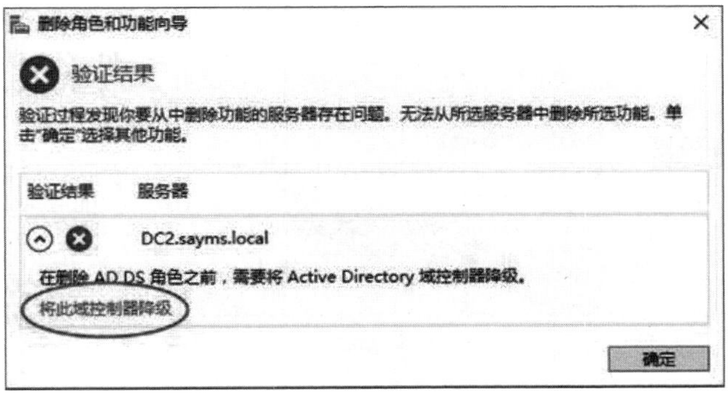

图 2-9-4

STEP 4 如果当前的用户有权限删除此域控制器，请在图2-9-5中单击下一步按钮，否则单击更改按钮来输入新的账户与密码。

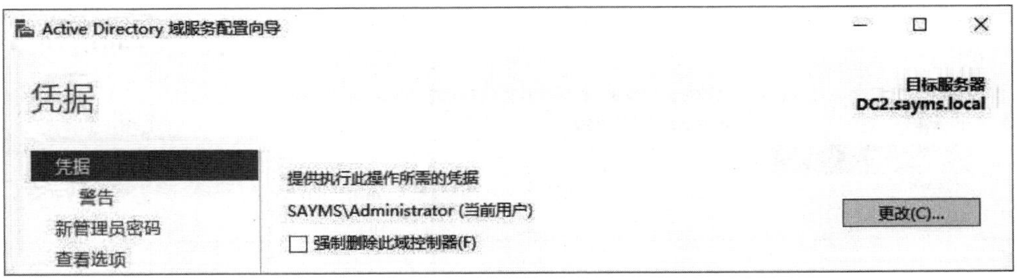

图 2-9-5

> 如果因故无法删除此域控制器（例如在删除域控制器时，需要能够连接到其他域控制器，但却无法连接到），此时可勾选图中**强制删除此域控制器**。

如果是最后一台域控制器，请勾选图2-9-6中**域中的最后一个域控制器**。

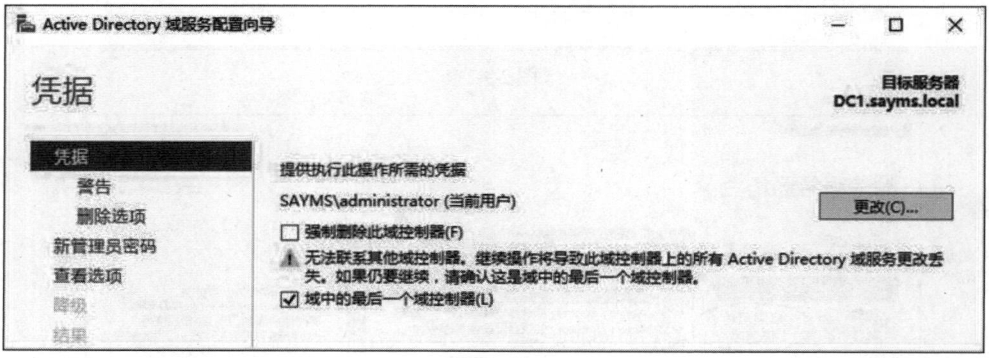

图 2-9-6

STEP 5　在图2-9-7中勾选**继续删除**后单击下一步按钮。

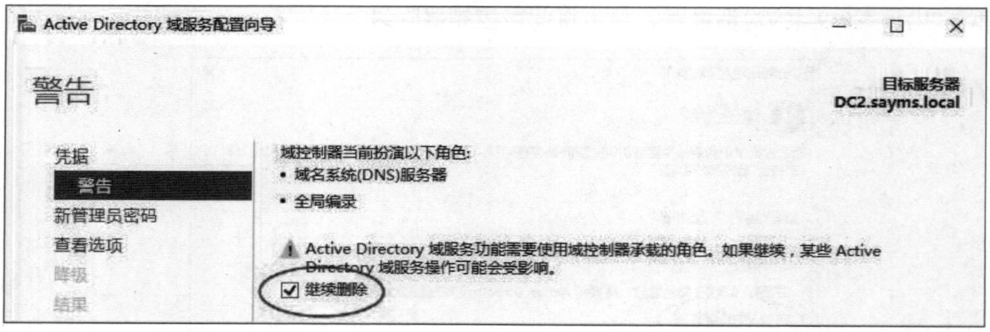

图 2-9-7

STEP 6　如果出现类似图2-9-8所示的对话框，可以选择是否要删除DNS区域与应用程序分区后单击下一步按钮。

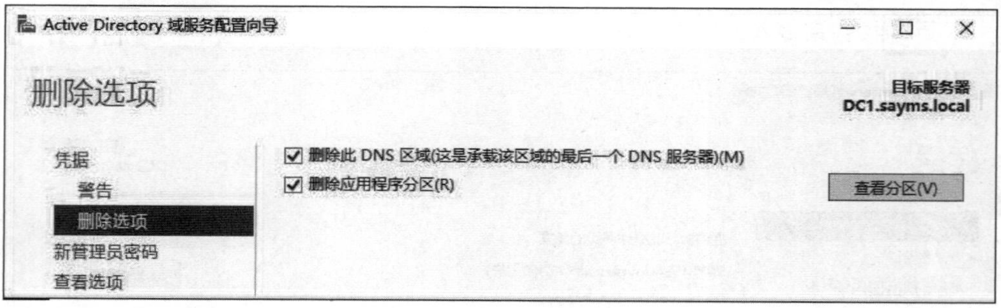

图 2-9-8

STEP 7 在图2-9-9中为这台即将被降级为独立或成员服务器的计算机，设置其本地Administrator的新密码后单击下一步按钮。

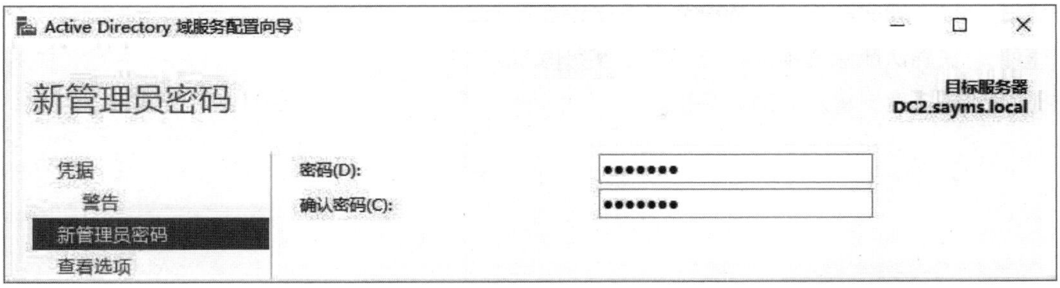

图 2-9-9

密码默认需至少7个字符，且不可包含用户账户名称或全名，还有至少要包含A ~ Z、a ~ z、0 ~ 9、非字母数字（例如!、$、#、%）等4组字符中的3组，例如123abcABC是一个有效的密码，而1234567是无效的密码。

STEP 8 在**检查选项**界面中单击降级按钮。

STEP 9 完成后会自动重新启动计算机，再重新登录。

虽然这台服务器已经不再是域控制器了，但其**Active Directory域服务**组件仍然存在，并没有被删除，因此若现在要再将其升级为域控制器，可以参考前面的说明。

STEP 10 在**服务器管理器**中单击**管理**菜单下的**删除角色和功能**。

STEP 11 出现**开始之前**对话框时单击下一步按钮。

STEP 12 确认在**选择目标服务器**对话框的服务器无误后，单击下一步按钮。

STEP 13 在图2-9-10中取消勾选**Active Directory域服务**，单击删除功能按钮。

图 2-9-10

STEP 14 回到**删除服务器角色**对话框时，确认**Active Directory域服务**已经被取消勾选（也可以一起取消勾选DNS服务器）后单击下一步按钮。

STEP 15 出现**删除功能**对话框时，单击下一步按钮。

STEP 16 在**确认删除选项**对话框中单击删除按钮。

STEP 17 完成后，重新启动计算机。

3

第 3 章　域用户与组账户的管理

域管理员需要为每一个域用户分别建立一个用户账户，让他们可以利用这个账户来登录域、访问网络上的资源。域管理员同时也需要了解如何高效利用组，以便更有效率地管理用户对资源的访问。

- 管理域用户账户
- 一次同时添加多个用户账户
- 域组账户
- 组的使用规则

3.1 管理域用户账户

域管理员可以利用**Active Directory管理中心**或**Active Directory用户和计算机**控制台来新建与管理域用户账户。当用户利用域用户账户登录域后，就可以直接连接域内的所有成员计算机、访问有权访问的资源。换句话说，域用户在一台域成员计算机上成功登录后，当他要连接域内的其他成员计算机时，并不需要再手动登录，这个功能被称为**单点登录**。

> 本地用户账户并不具备**单点登录**的功能，也就是说利用本地用户账户登录后，当要再连接其他计算机时，需要再次手动登录。

在服务器升级成为域中的第一台域控制器之后，原本位于本地安全数据库内的本地账户会被移动到AD DS数据库内，并且是被放置到Users容器内的，可以通过**Active Directory管理中心**来查看，如图3-1-1中所示（可先单击上方的**树视图**图标），同时这台服务器的计算机账户会被放置到图中的组织单位Domain Controllers内。其他加入域的计算机账户默认会被放置到Computers容器内。

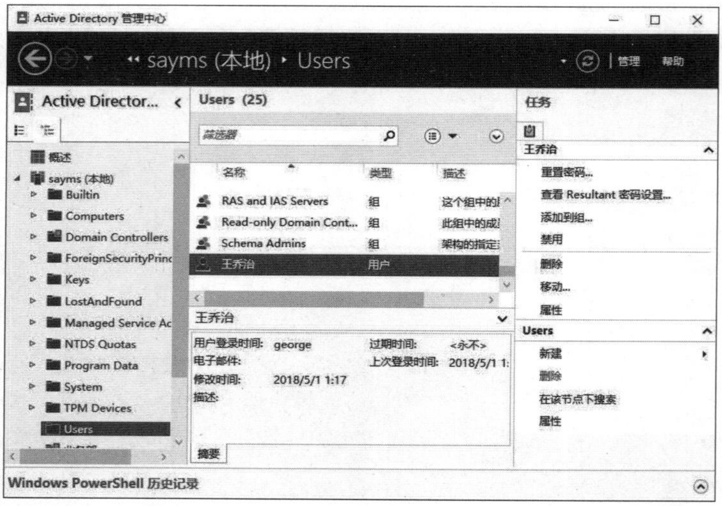

图 3-1-1

也可以通过**Active Directory用户和计算机**来查看，如图3-1-2所示。

图 3-1-2

只有在建立域内的第一台域控制器时，该服务器原来的本地账户才会被移动到AD DS数据库，其他域控制器原有的本地账户并不会被移动到AD DS数据库，而是被删除。

3.1.1　建立组织单位与域用户账户

可以将用户账户建立到任何一个容器或组织单位内。以下假设要先建立名称为**业务部**的组织单位，然后在其中建立域用户账户mary。

建立组织单位**业务部**的方法为：【打开**服务器管理器**➲单击右上角**工具**菜单➲Active Directory管理中心（或**Active Directory用户和计算机**）➲选中域名并右击➲新建➲组织单位➲如图3-1-3所示输入组织单位名称**业务部**➲单击确定按钮】。

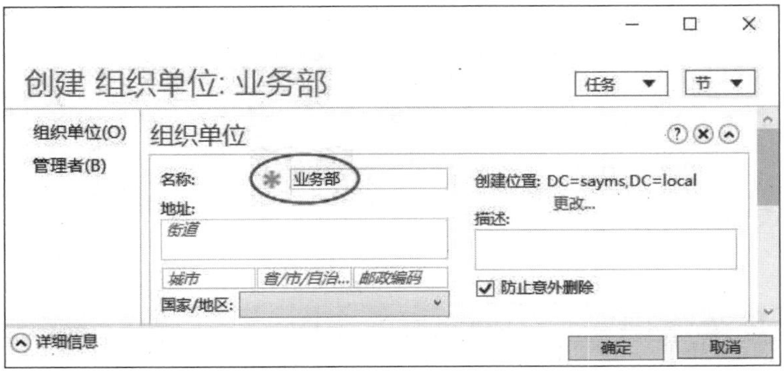

图 3-1-3

图中默认已经勾选**防止意外删除**，因此无法直接将此组织单位删除，除非取消勾选此选项。如果是使用**Active Directory用户和计算机**，可通过【选择**查看**菜单➲高级功能➲选中此组织单位并右击➲属性➲如图3-1-4所示取消勾选**对象**选项卡下的**防止对象被意外删除**】。

图 3-1-4

在组织单位**业务部**内建立用户账户mary的方法为：【单击组织单位**业务部**➲单击最右侧的**新建**➲用户】，如图3-1-5所示。注意域用户的密码默认需至少7个字符，且不可包含用户账户名称（指**用户SamAccountName**）或全名（后述），还有至少要包含A ~ Z、a ~ z、0 ~ 9、非字母数字（例如!、$、#、%）等4组字符中的3组，例如123saymsSAYMS是有效的密码，而1234567是无效的密码。如果要更改此默认设置，请参考第4章的说明。

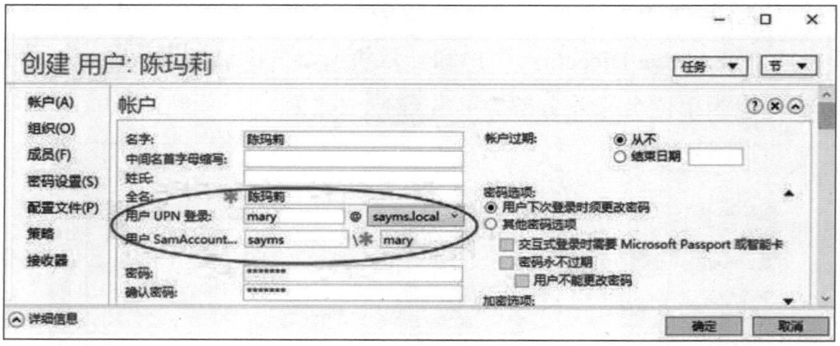

图 3-1-5

3.1.2 用户登录账户

域用户可以到域成员计算机上（域控制器除外）利用两种账户名来登录域，它们分别是图3-1-5中间的**用户UPN登录**与**用户SamAccountName登录**。一般的域用户默认是无法在域控制器上登录的（可参考第4章放开此限制）。

- **用户UPN登录**：UPN（user principal name）的格式与电子邮件账户相同，如前面图3-1-5中的mary@sayms.local，这个名称只能在域成员计算机上登录域时使用（如图3-1-6所示）。整个域林内，这个名称必须是唯一的。

图 3-1-6

UPN并不会随着账户被移动到其他域而改变，举例来说，用户mary的用户账户是位于域sayms.local内，其默认的UPN为mary@sayms.local，之后即使此账户被移动到域林中的另一个域内，例如域sayiis.local，其UPN仍然是mary@sayms.local，并没有被改变，因此mary仍然可以继续使用原来的UPN登录。

- **用户SamAccountName登录**：如前面图3-1-5中的sayms\mary，这是旧格式的登录账户。Windows 2000之前版本的旧客户端需使用这种格式的名称来登录域。在隶属于域的Windows 2000（含）之后的计算机上也可以采用这种名称来登录，如图3-1-7所示。同一个域内，这个名称必须是唯一的。

图 3-1-7

> 在Active Directory用户和计算机控制台内，上述用户UPN登录与用户SamAccountName登录分别被称为用户登录名称与用户登录名（Windows 2000以前版本）。

3.1.3 建立UPN后缀

用户账户的UPN后缀默认是账户所在域的域名，例如用户账户是被建立在域sayms.local中，则其UPN后缀为sayms.local。在某些情况下，用户可能希望能够改用其他替代后缀，例如：

- 因UPN的格式与电子邮件账户相同，故用户可能希望其UPN可以与电子邮件账户相同，以便让其不论是登录域或收发电子邮件，都可以使用相同的名称。
- 如果域树内有多个层次的子域，则域名会太长，例如sales.bj.sayms.local，这也会导致UPN后缀太长，造成用户在输入时的不便。

可以通过添加UPN后缀的方式来让用户拥有替代后缀，如下所示：

STEP 1 打开**服务器管理器**➲单击右上角**工具**➲Active Directory域和信任关系➲如图3-1-8所示单击**Active Directory域和信任关系**后单击上方**属性**图标。

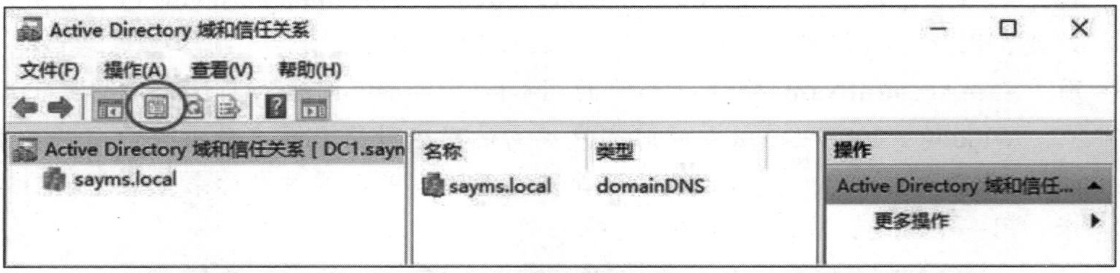

图 3-1-8

STEP 2 在图3-1-9中输入替代的UPN后缀后单击添加按钮并单击确定按钮。后缀不一定必须是DNS格式，例如可以是sayiis.local，也可以是sayiis。

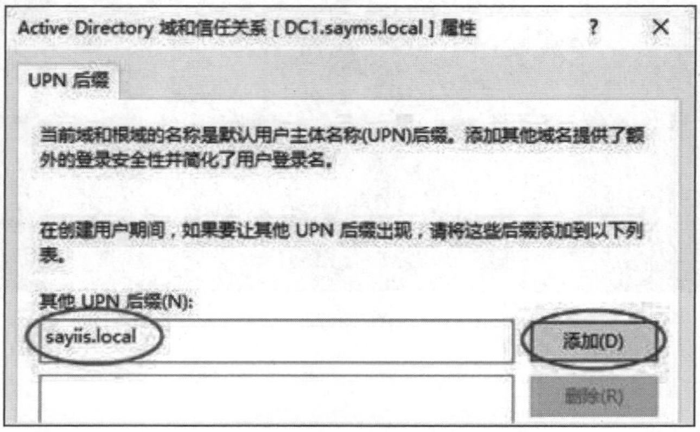

图 3-1-9

完成后，就可以通过**Active Directory管理中心**（或**Active Directory用户和计算机**）控制台来更改用户的UPN后缀，如图3-1-10所示。

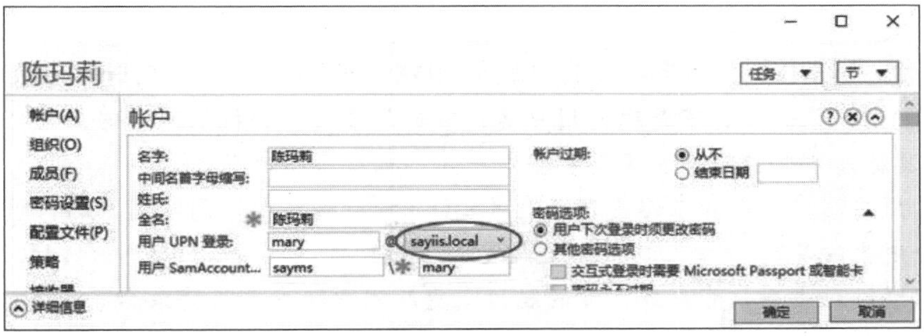

图 3-1-10

3.1.4 账户的常规管理工作

本节将介绍用户账户的常规管理工作，例如重设密码、禁用（启用）账户、移动账户、删除账户、更改登录名称与解除锁定等。可以如图3-1-11所示单击要管理的用户账户（例如图中的**陈玛莉**），然后通过右侧选项来设置。

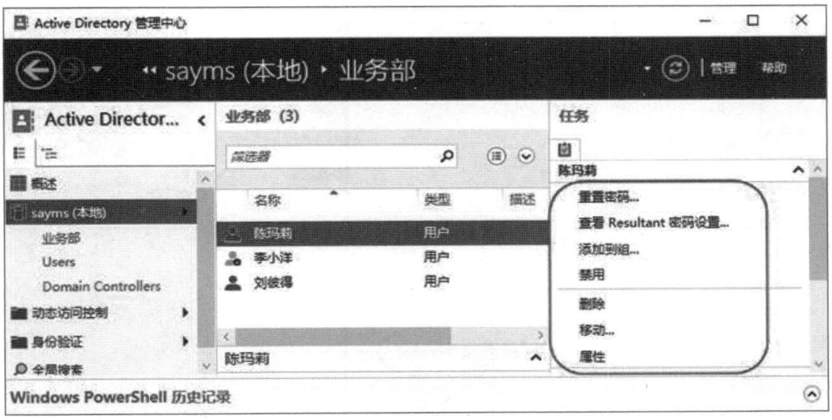

图 3-1-11

- **重置密码**：当用户忘记密码时，管理员可以利用此处为用户设置一个新的密码。
- **禁用（或启用）**：如果某位员工因故在一段时间内无法来上班，可以先将该用户的账户禁用，待该员工回来上班后，再将其账户重新启用即可。如果用户账户已被禁用，则该用户账户图标上会有一个向下的箭头符号（例如图3-1-11中的用户**李小洋**）。
- **移动**：可以将账户移动到同一个域内的其他组织单位或容器。
- **重命名**：重命名以后（可通过【选中用户账户并右击➲**属性**】的方法），该用户原来所拥有的权限与组关系都不会受到影响。例如当某员工离职时，可以暂时先将其用户账户禁用，等到新进员工来接替他的工作时，再将此账户名称改为新员工的名称、重新设置密码、更改登录账户名、修改其他相关个人信息，然后重新启用此账户。

在新建一个用户账户之后，系统都会为其建立一个唯一的安全标识符（security identifier，SID），而系统是利用这个SID来标识该用户的，同时权限设置等都是通过SID来记录的，并不是通过用户名，例如某个文件的权限列表内，它会记录着哪些SID具备着哪些权限，而不是哪些用户名称拥有哪些权限。

由于用户账户名或登录名更改后，其SID并没有被改变，因此用户的权限与组关系都不会发生改变。

可以通过双击用户账户或右侧的**属性**来更改用户账户名与登录名等相关设置。

- **删除**：如果这个账户以后再也用不到，就可以将此账户删除。将账户删除后，即使再新建一个相同名称的用户账户，此新账户也不会继承原账户的权限与组关系，因为系统会为此新账户分配一个新的SID，而系统是利用SID来记录用户的权限与组关系的，不是利用账户名称，因此对系统来说，这是两个不同的账户，当然就不会继承原账户的权限与组关系。
- **解锁**：可以通过**账户策略**来设置用户输入密码失败多次后，就将此账户锁定，而管理员可以利用以下方法来解除锁定：【双击该用户账户➲单击图3-1-12中的**解锁账户**（账户被锁定后才会有此选项）】。

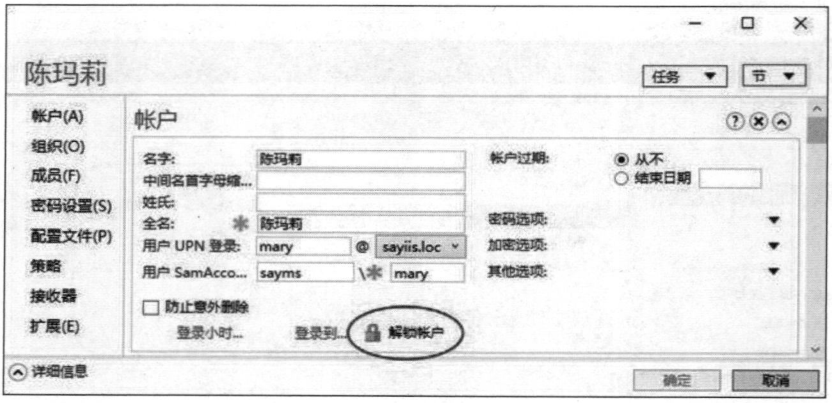

图3-1-12

3.1.5　域用户账户的属性设置

每个域用户账户内都有一系列相关的属性数据，例如地址、电话与电子邮件地址等，域用户可以通过这些属性来查找AD DS数据库内的用户，例如通过电话号码来查找用户，因此为了更容易找到所需的用户账户，这些属性数据应该越完整越好。我们将通过 **Active Directory管理中心**来介绍用户账户的部分属性，双击待设置属性的用户账户。

1. 组织信息的设置

组织信息就是指显示名称、职务、部门、地址、电话、电子邮件等，如图3-1-13中**组织**节所示，这部分的内容都很直观、简单，请自行浏览这些字段。

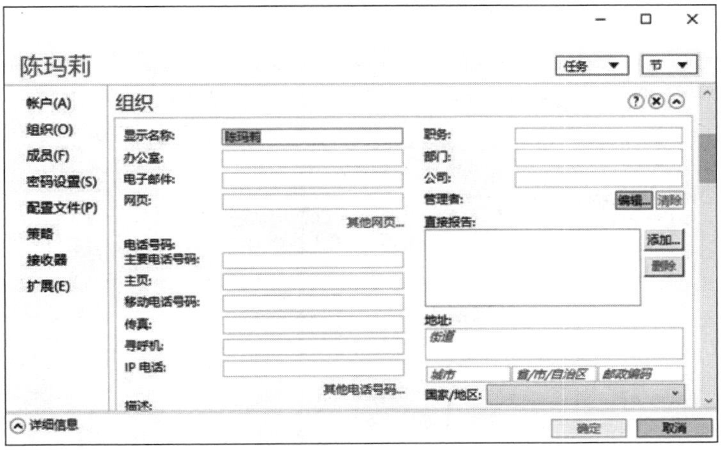

图 3-1-13

2. 账户过期设置

可以如图3-1-14所示通过**账户**节内的**账户过期**来设置账户的有效期限，默认为永不过期，如果要设置过期，单击**结束日期**，然后输入格式为yyyy/m/d的过期时间。

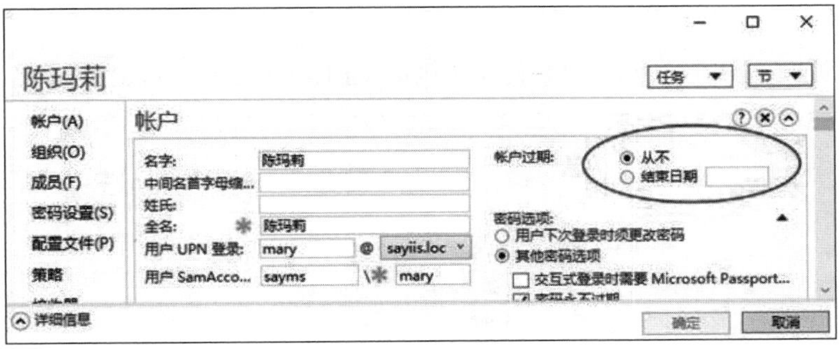

图 3-1-14

3. 登录时间设置

登录时间用来指定用户可以登录到域的时间段，默认是任何时间均可登录至域，如果要更改设置，请单击图3-1-15中的**登录小时…**，然后通过前景图来设置。图中上方横轴每一方块代表一个小时，左侧纵轴每一方块代表一天，中间填满方块与空白方块分别代表允许与不允许登录的时间段，默认是所有时间段均可登录的。选好时段后选择**允许登录**或**拒绝登录**来允许或拒绝用户在上述时间段登录。

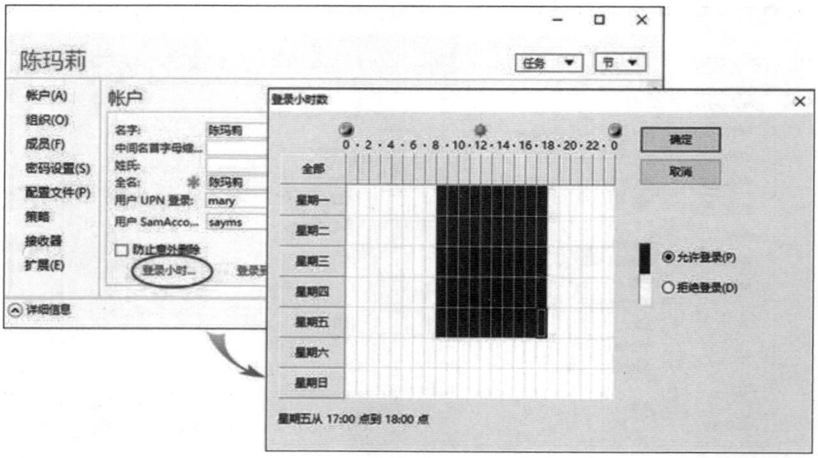

图 3-1-15

4. 限制用户只能够通过某些计算机登录

默认情况下，域用户可以利用任何一台域成员计算机（域控制器除外）来登录域，不过也可以通过以下方法来限制用户只能够利用某些特定计算机来登录域：【单击图3-1-16中的**登录到…**➲在前景图中选择**下列计算机**➲输入计算机名后单击添加按钮】，计算机名可以是NetBIOS名称（例如win10pc1）或DNS名称（例如win10pc1.sayms.local）。

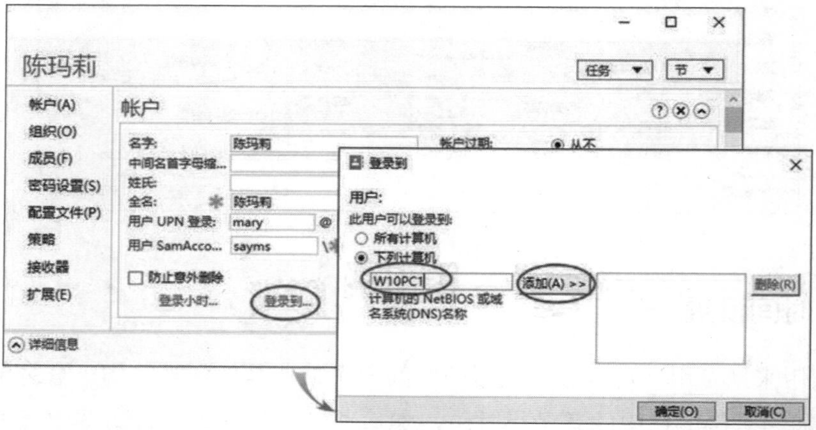

图 3-1-16

3.1.6　搜索用户账户

AD DS数据库内会存储用户账户、组账户、计算机账户、打印机、共享文件夹等对象，域管理员可以方便地在AD DS数据库内查找与管理特定的用户账户。

如果要在某个组织单位（或容器）内来查找用户账户，只要如图3-1-17所示【单击组织单位➲在中间窗口上方输入要查找的用户账户名即可】，查找到的用户账户会被显示在中间窗口的下方。如果查找操作需要在此组织单位之下的所有组织单位内进行目标定位，请单击右侧**任务**窗格中的**在该节点下搜索**。

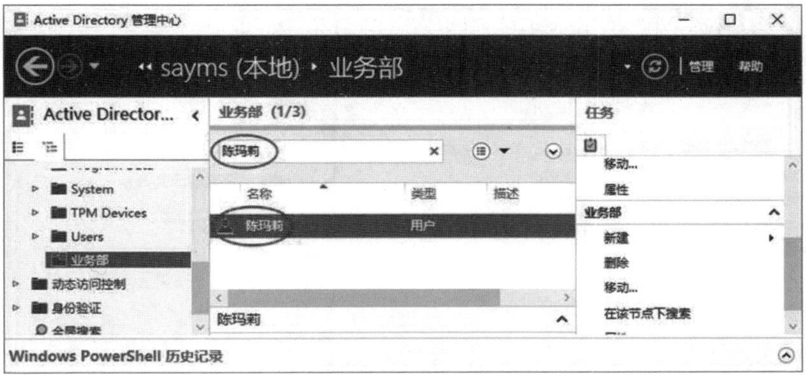

图 3-1-17

如果要查找整个域，请如图3-1-18所示【选择左侧的**全局搜索**➲在中间窗格上方输入要查找的用户账户名➲单击搜索按钮】。

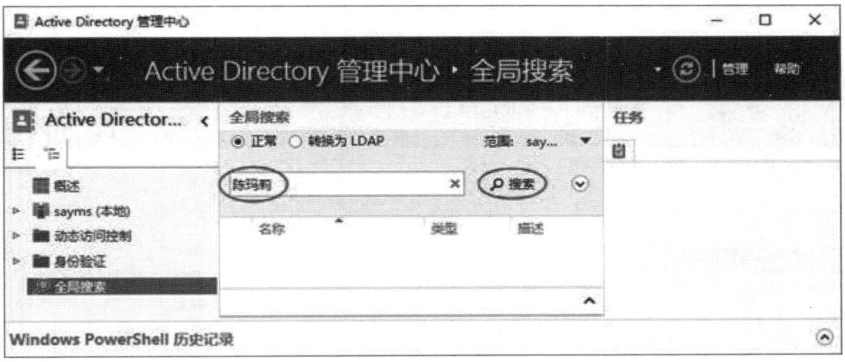

图 3-1-18

也可以通过**全局编录服务器**来查找位于其他域内的对象，不过需要先将查找范围更改为**全局编录**，如图3-1-19所示。

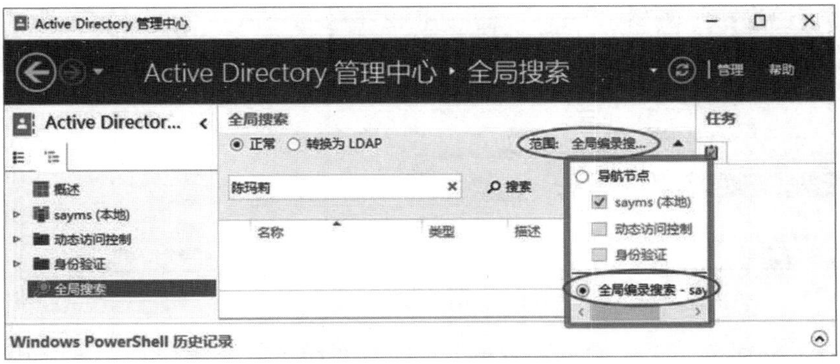

图 3-1-19

也可以通过图3-1-20中的**概述**窗口来执行全局搜索工作。

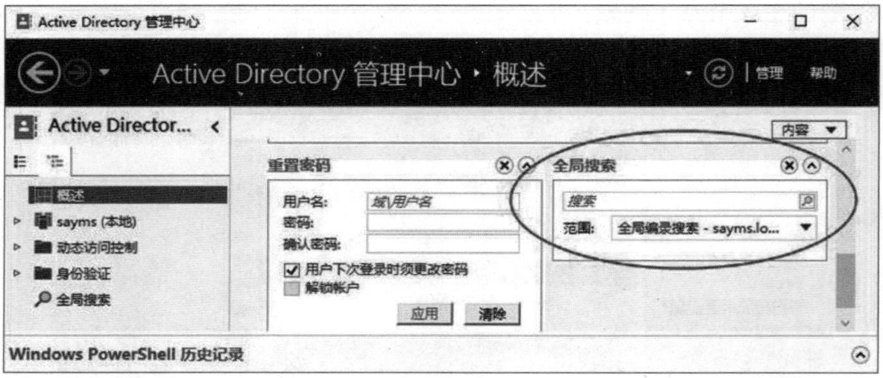

图 3-1-20

还可以进一步通过指定的条件来查找用户账户，例如要查找**业务部**内电话号码是空白的所有用户账户，则请如图3-1-21所示【单击组织单位**业务部**中的**添加标准**（若未出现**添加标准**选项，请先单击右上方的箭头符号 ˇ ）➲勾选**类型**➲单击添加按钮➲如图3-1-22所示在**类型**处选择**等于**，然后输入**用户**】。

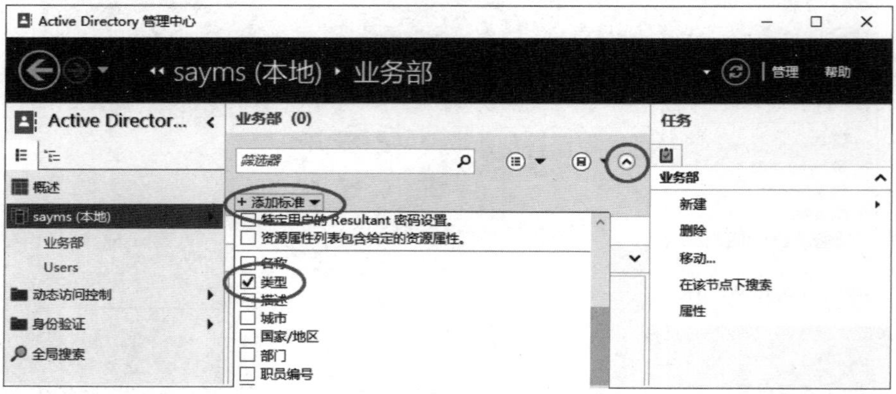

图 3-1-21

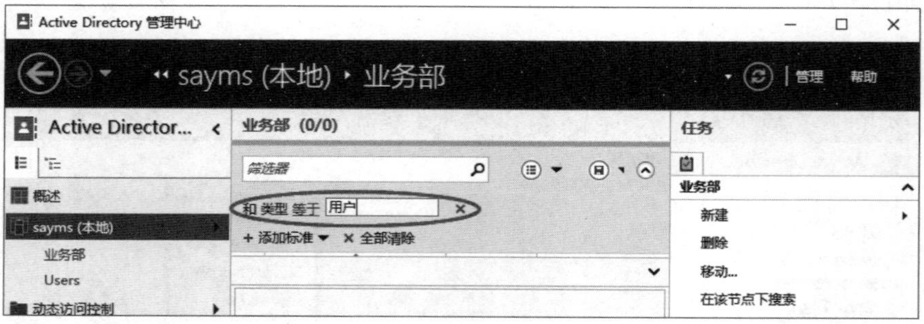

图 3-1-22

接着如图3-1-23所示【单击**添加标准**➲勾选**电话号码**➲单击添加按钮➲在图3-1-24中的**电**

话号码旁选择**为空**】，系统便会显示**业务部**内电话号码属性值是空白的所有用户账户。

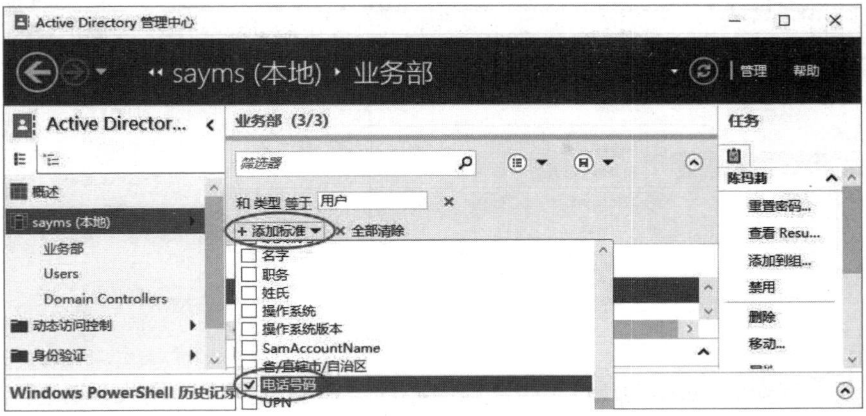

图 3-1-23

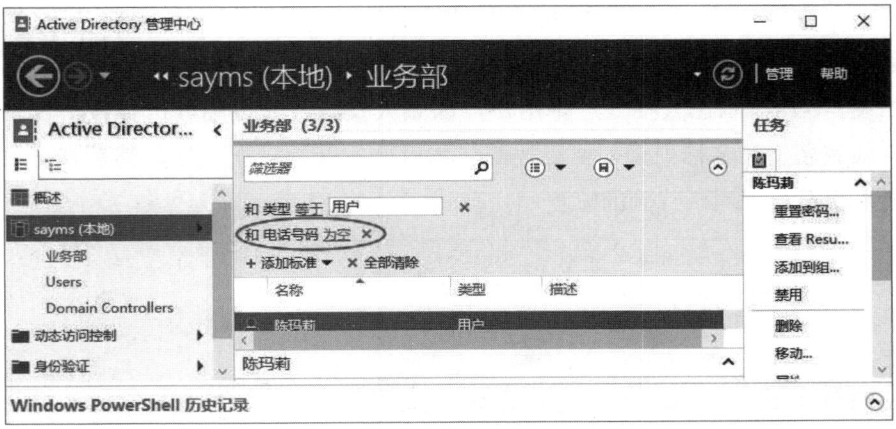

图 3-1-24

可以将所定义的查询（搜索）条件存储起来，也就是单击图3-1-25中的**保存**图标，然后为此查询命名，之后可以如图3-1-26所示通过此查询内所定义的条件来搜索。

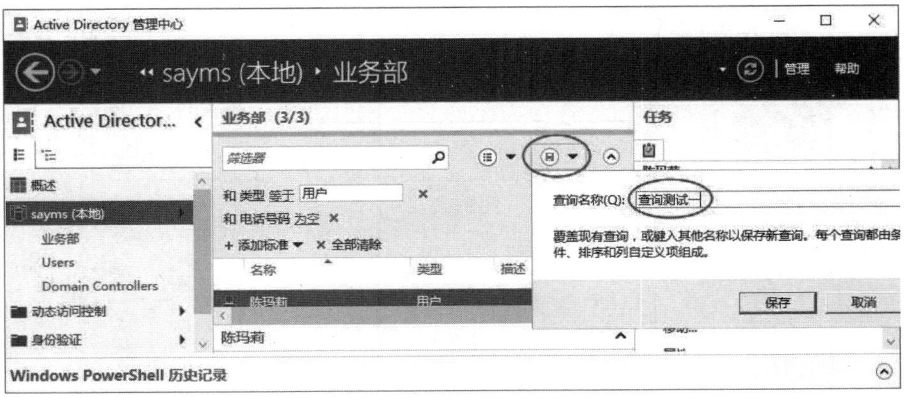

图 3-1-25

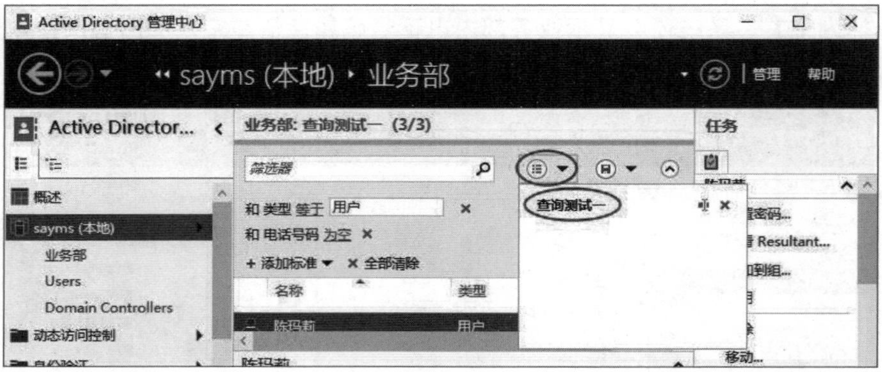

图 3-1-26

如果要在没有安装**Active Directory管理中心**的成员服务器或其他成员计算机上查找AD DS对象，以Windows 10计算机为例：可以通过【打开**文件资源管理器**（可按⊞+X键➲文件资源管理器）➲单击左下方的**网络**➲如图3-1-27所示单击上方**网络**下的**搜索Active Directory**】的方法（可能需要先启用网络发现）。

接着如图3-1-28所示在**查找**处选择**用户，联系人及组**、在**范围**处选择**整个目录**（也就是**全局编录**）或域名、在**名称**处输入要查找的名称后单击开始查找按钮，然后就可以从最下面的**查找结果**来查看与管理所找到的账户。

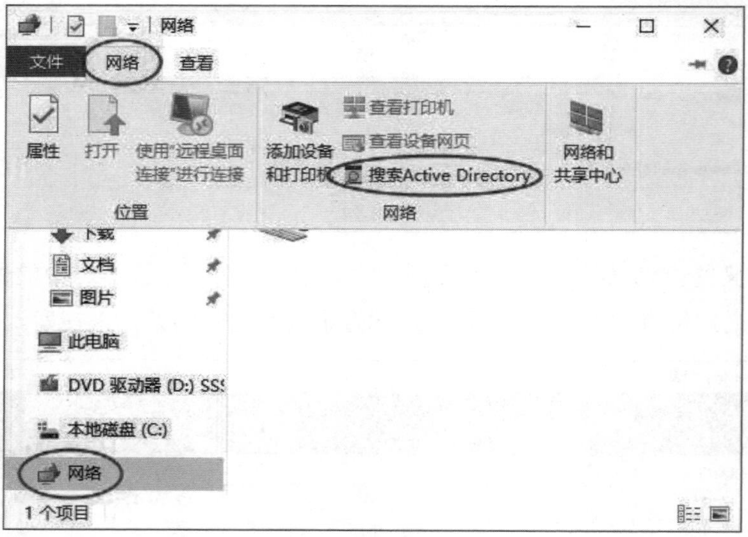

图 3-1-27

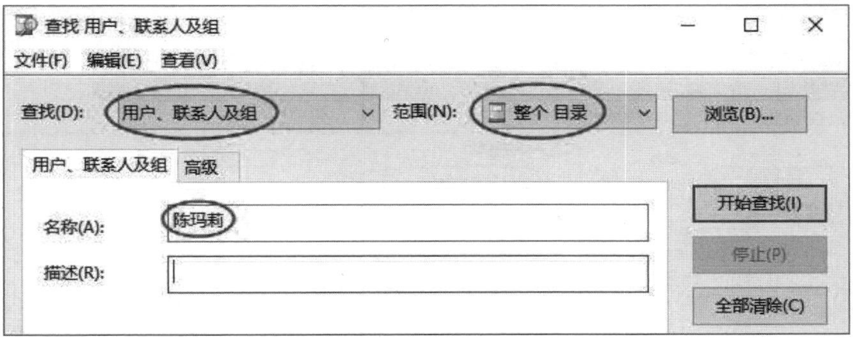

图 3-1-28

如果要进一步通过指定条件来查找用户账户，例如若要查找**业务部**内电话号码是空白的所有用户账户：【如图3-1-29所示单击**高级**选项卡➲通过**字段**来选择**用户**对象与**电话号码**属性➲**条件**选择**不存在**➲单击添加按钮➲单击开始查找按钮】，可以同时设置多个查找条件。

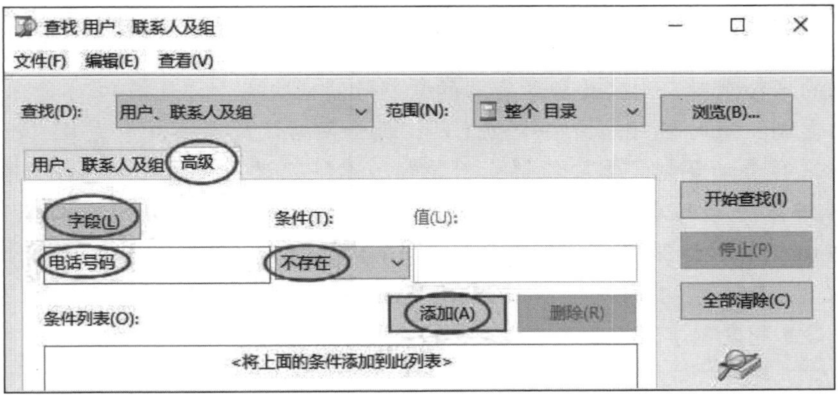

图 3-1-29

3.1.7 域控制器之间数据的复制

如果域内有多台域控制器，则当更改AD DS数据库内的数据时，例如利用**Active Directory管理中心**（或**Active Directory用户和计算机**）来添加、删除、修改用户账户或其他对象，则这些更改数据会先被存储到你所连接的域控制器，之后再自动被复制到其他域控制器。

可以如图3-1-30所示【选中域名并右击➲**更改域控制器**➲**当前域控制器**】来明确当前所连接的域控制器，例如图中的dc1.sayms.local，而此域控制器何时会将其最新的更新数据复制给其他域控制器呢？可分为以下两种情况：

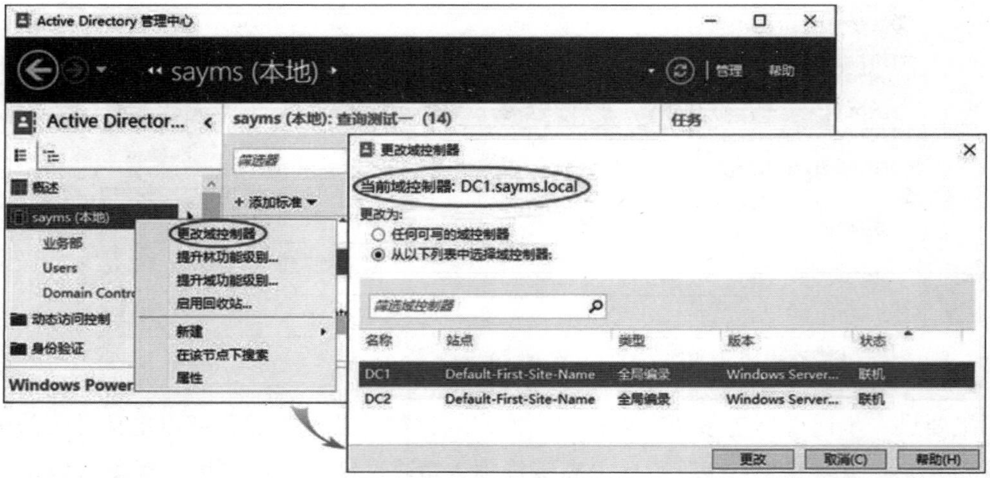

图 3-1-30

- **自动复制**：如果是同一个站点内的域控制器，则默认是15秒钟后会自动复制，因此其他域控制器可能会等15秒或更久时间就会收到这些最新的数据；如果是位于不同站点的域控制器，则需要视所定义的复制计划来决定（详见第9章）。
- **手动复制**：有时候可能需要手动复制，例如网络故障造成复制失败，而不希望等到下一次的自动复制，需要能够立刻复制。以下假设要从域控制器DC1复制到DC2。请到任意一台域控制器上【打开**服务器管理器**➲单击右上角**工具**菜单➲Active Directory站点和服务➲Sites➲Default-First-Site-Name➲Servers ➲展开标域控制器（DC2）➲如图3-1-31所示单击**NTDS Settings**➲选中右侧的来源域控制器（DC1）并右击➲立即复制】。

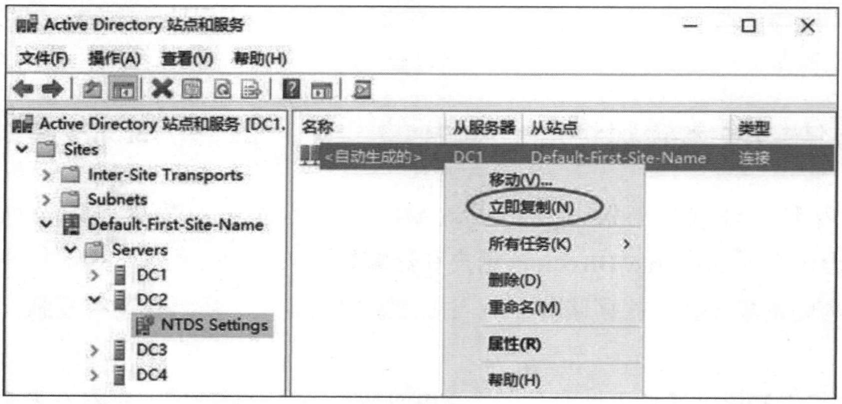

图 3-1-31

与**组策略**有关的设置会先被存储到扮演**PDC模拟器操作主机**角色的域控制器内，然后再由**PDC模拟器操作主机**复制给其他的域控制器（详见第10章）。

3.2 一次同时添加多个用户账户

如果是利用**Active Directory管理中心**（或**Active Directory用户和计算机**）的图形界面来建立大量用户账户，将花费很多时间在重复操作相同的步骤上，这时可以利用内置的工具程序**csvde.exe**、**ldifde.exe**或**dsadd.exe**等来节省建立用户账户的时间。

- **csvde.exe**：可以利用它来新建用户账户（或其他类型的对象），但不能修改或删除用户账户。请事先将用户账户数据输入到纯文本文件（text file），然后利用csvde.exe将文件内的这些用户账户一次同时导入到AD DS数据库。
- **ldifde.exe**：可以利用它来新建、删除、修改用户账户（或其他类型的对象）。请事先将用户账户数据输入到纯文本文件内，然后利用ldifde.exe将文件内的这些用户账户一次同时导入到AD DS数据库。
- **dsadd.exe**、**dsmod.exe**与**dsrm.exe**：dsadd.exe用来新建用户账户（或其他类型的对象）、dsmod.exe用来修改用户账户、dsrm.exe用来删除用户账户。需要建立批处理文件，然后利用这3个程序将要添加、修改或删除的用户账户输入到此批处理文件。

以csvde.exe与ldifde.exe这两个程序为例，请先利用可以编辑纯文本文件的程序（例如**记事本**）来将用户账户数据输入到文件内：

- 需要明确用户账户的存储路径（distinguished name，DN）。
- 需要包含对象的类型，例如user。
- 需要包含“用户SamAccountName登录”账户名。
- 应该包含“用户UPN登录”账户名。
- 可以包含用户的其他信息，例如电话号码、地址等。
- 无法设置用户的密码。由于所建立的用户账户都没有密码，因此最好在建立账户的同时将用户账户禁用。

3.2.1 利用csvde.exe新建用户账户

我们将利用**记事本**（notepad）来说明如何建立供csvde.exe使用的文件，此文件的内容类似图3-2-1所示。

图中第2行（含）以后都是要新建的每一个用户账户的属性数据，各属性数据之间利用逗号（，）隔开。第1行是用来定义第2行（含）以后相对应的每一个属性。例如第1行的第1个字段为DN（Distinguished Name），表示第2行开始每一行的第1个字段代表新对象的存储路径；又如第1行的第2个字段为objectClass，表示第2行开始每一行的第2个字段代表新对象的对象类型。

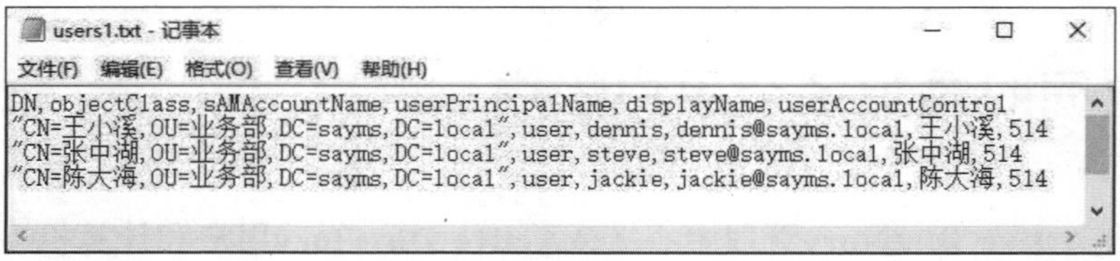

图 3-2-1

下面利用图3-2-1中的第2行数据进行说明，如表3-2-1所示。

表3-2-1

属性	值与说明
DN（distinguished name）	CN=王小溪，OU=业务部，DC=sayms，DC=local：对象的存储路径
objectClass	user：对象种类
sAMAccountName	dennis：**用户SamAccountName登录名**
userPrincipalName	dennis@sayms.local：**用户UPN登录名**
displayName	王小溪：显示名称
userAccountControl	514：表示禁用此账户（512表示启用）

文件创建好后，请打开**Windows PowerShell**，然后执行以下命令（参考图3-2-2），假设文件名为users1.txt，并且文件是位于C:\test文件夹内：

```
csvde  -i  -f  c:\test\users1.txt
```

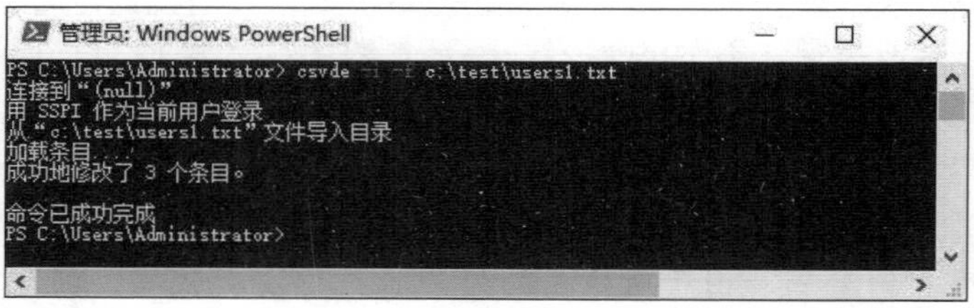

图 3-2-2

图3-2-3为执行后所建立的新账户，图中向下箭头符号表示账户已被禁用。

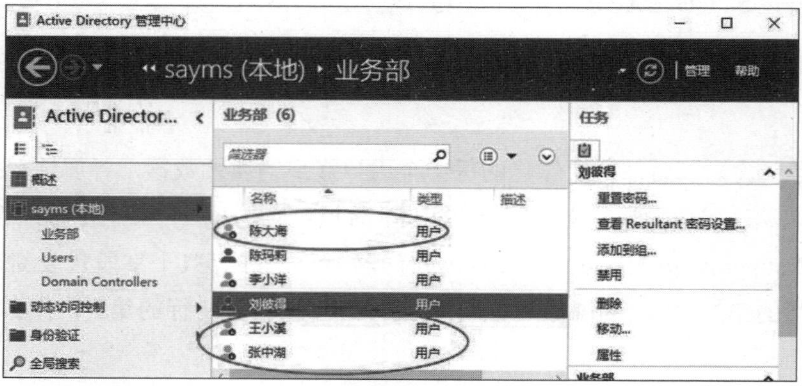

图 3-2-3

3.2.2 利用ldifde.exe新建、修改与删除用户账户

以下利用**记事本**来说明如何建立供ldifde.exe使用的文件，其内容类似于图3-2-4。

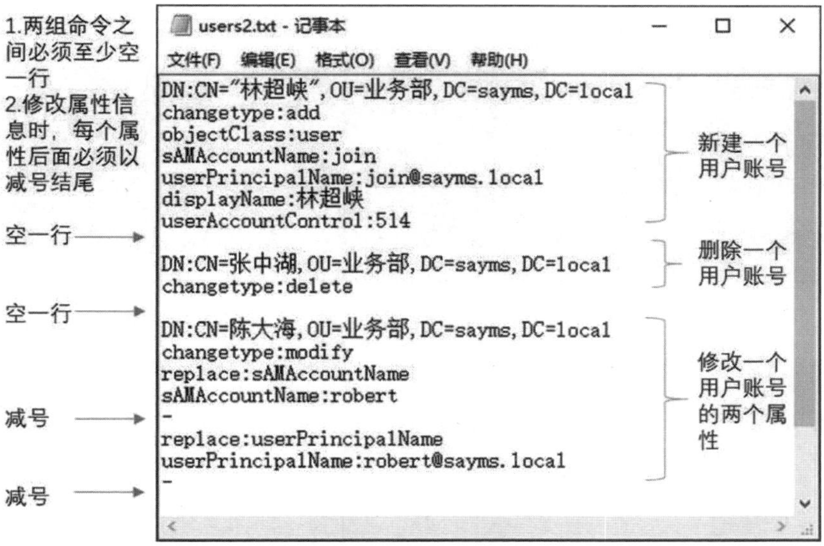

图 3-2-4

请参考图3-2-4来建立文件，如果此文件最后还要增加其他账户，请在最后一个减符号之后至少空一行后再输入数据。注意保存时需要如图3-2-5所示在**编码**处选择**Unicode**，否则在导入到AD DS数据库时会有问题（例如无法导入或产生中文字符问题）。

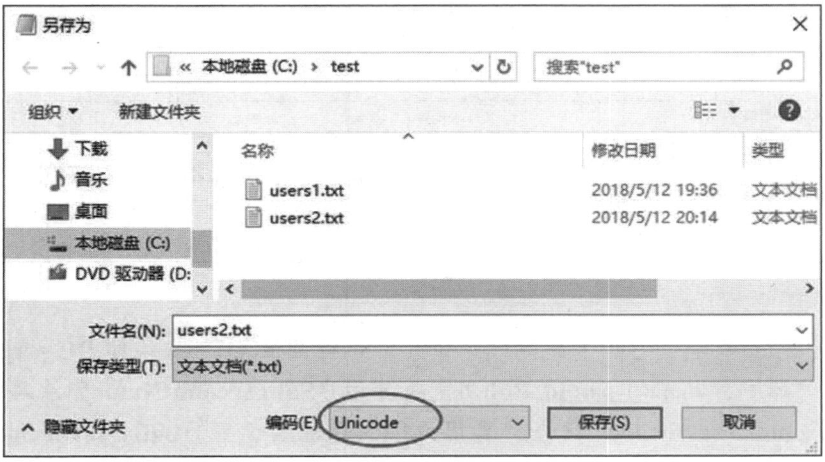

图 3-2-5

如果是在Windows 10计算机上利用**记事本**编辑，请选**UTF-16 LE**。

完成后请打开Windows PowerShell，然后执行以下命令（参考图3-2-6），假设文件名为users2.txt，并且文件是位于C:\test文件夹内：

```
ldifde  -i  -f  c:\test\users2.txt
```

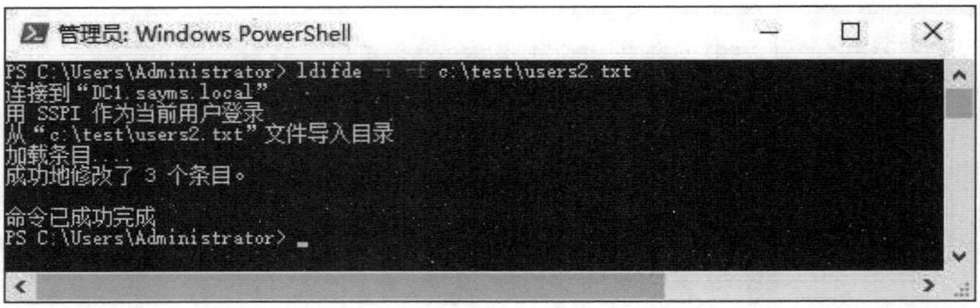
管理员: Windows PowerShell
PS C:\Users\Administrator> ldifde -i -f c:\test\users2.txt
连接到"DC1.sayms.local"
用 SSPI 作为当前用户登录
从"c:\test\users2.txt"文件导入目录
加载条目.....
成功地修改了 3 个条目。
命令已成功完成
PS C:\Users\Administrator>

图 3-2-6

如果要将数据导入到指定的域控制器，请加入**-s** 参数，例如（此范例假设是要导入到域控制器dc1.sayms.local）：

```
ldifde  -s  dc1.sayms.local  -i  -f  c:\test\users2.txt
```

> csvde与ldifde命令的详细语法可利用csvde /?与ldifde /?来查看。

3.2.3 利用dsadd.exe等程序添加、修改与删除用户账户

以下利用**记事本**来说明如何建立包含dsadd、dsmod与dsrm命令的批处理文件（batch file），以便添加、修改与删除用户账户。此文件的内容类似图3-2-7，图中针对这3个命令各列举一个范例。

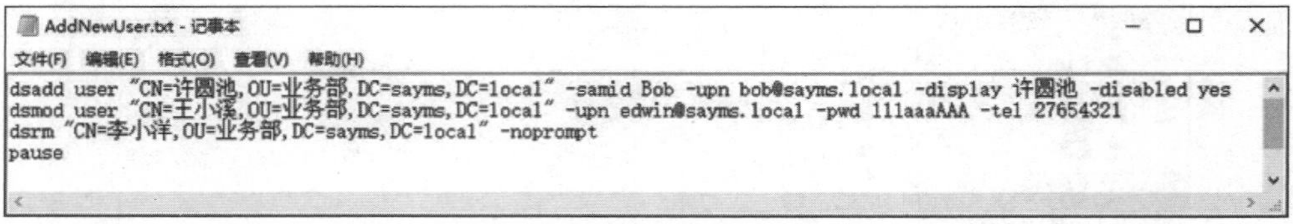
AddNewUser.txt - 记事本
文件(F) 编辑(E) 格式(O) 查看(V) 帮助(H)
dsadd user "CN=许圆池,OU=业务部,DC=sayms,DC=local" -samid Bob -upn bob@sayms.local -display 许圆池 -disabled yes
dsmod user "CN=王小溪,OU=业务部,DC=sayms,DC=local" -upn edwin@sayms.local -pwd 111aaaAAA -tel 27654321
dsrm "CN=李小洋,OU=业务部,DC=sayms,DC=local" -noprompt
pause

图 3-2-7

- 第1行dsadd命令：它用来新建一个位于**CN=许圆池,OU=业务部,DC=sayms,DC=local**的用户账户，其中的**-samid Bob**用来将其用户**SamAccountName登录名**设置为**Bob**、**-upn bob@sayms.local**用来将其**用户UPN登录名**设置为**bob@sayms.local**、**-display 许圆池**用来将其显示名称设置为**许圆池**、**-disabled yes**表示禁用此账户。
- 第2行dsmod命令：用来修改位于**CN=王小溪,OU=业务部,DC=sayms,DC=local**的用户账户，其中**-upn edwin@sayms.local**用来将其**用户UPN登录名**修改为edwin@sayms.local、**-pwd 111aaAA**用来将其密码更改为111aaAA、**-tel 27654321**用来将其电话号码更改为27654321。

- 第3行dsrm命令：用来删除位于**CN=李小洋,OU=业务部,DC=sayms,DC=local**的用户账户，其中的 **–noprompt**表示不显示删除确认的界面。
- 最后一行的pause命令是为了让输出界面暂停，以便于检查执行的结果。

请参考图3-2-7来建立文件，注意保存时因为**记事本**默认会自动附加.txt的扩展名（系统默认会隐藏扩展名），然而我们必须将其存储为扩展名是.bat或.cmd的文件，因此保存时请如图3-2-8所示在文件名前后附加双引号，例如“AddNewUser.bat”，否则其扩展名将是.txt。

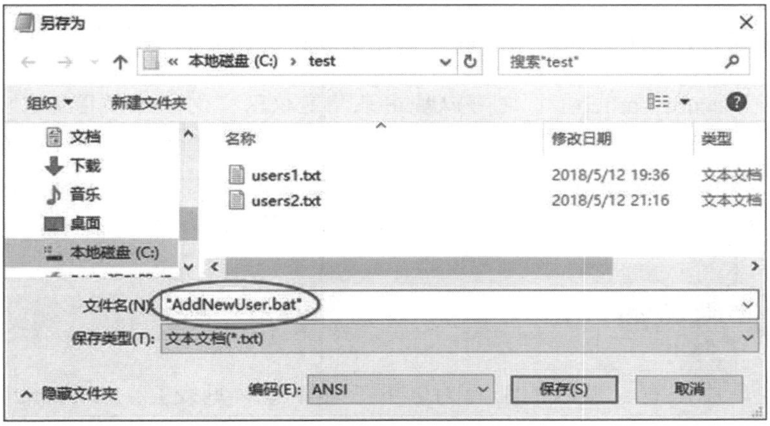
另存为
« 本地磁盘 (C:) › test
搜索"test"
组织 ▾
新建文件夹
文档
下载
音乐
桌面
本地磁盘 (C:)
名称
修改日期
类型
users1.txt
2018/5/12 19:36
文本文档
users2.txt
2018/5/12 21:16
文本文档
文件名(N):
"AddNewUser.bat"
保存类型(T):
文本文档(*.txt)
隐藏文件夹
编码(E):
ANSI
保存(S)
取消

图 3-2-8

完成后可直接在**文件资源管理器**内双击此批处理文件来执行它，此时系统会依序执行此文件内的命令，如图3-2-9所示。

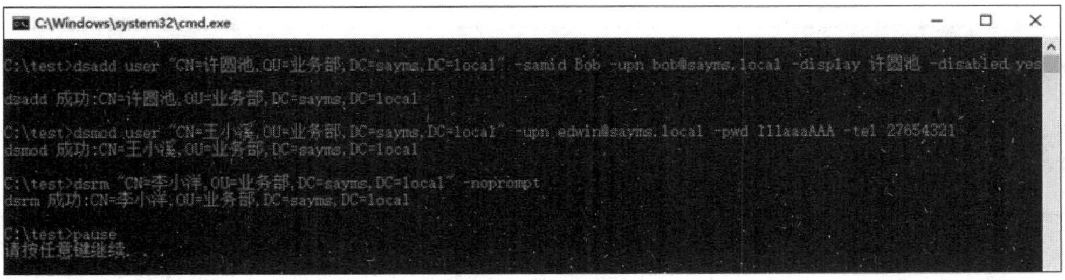
C:\Windows\system32\cmd.exe
C:\test>dsadd user "CN=许圆池,OU=业务部,DC=sayms,DC=local" -samid Bob -upn bob@sayms.local -display 许圆池 -disabled yes
dsadd 成功:CN=许圆池,OU=业务部,DC=sayms,DC=local
C:\test>dsmod user "CN=王小溪,OU=业务部,DC=sayms,DC=local" -upn edwin@sayms.local -pwd 111aaaAAA -tel 27654321
dsmod 成功:CN=王小溪,OU=业务部,DC=sayms,DC=local
C:\test>dsrm "CN=李小洋,OU=业务部,DC=sayms,DC=local" -noprompt
dsrm 成功:CN=李小洋,OU=业务部,DC=sayms,DC=local
C:\test>pause
请按任意键继续. . .

图 3-2-9

> Dsadd.exe、dsmod.exe与dsrm.exe等3个程序还有许多参数可以使用，其详细语法请利用dsadd /?、dsmod /?与dsrm /?来查看。

3.3　域组账户

如果能够有效地利用组（group）来管理用户账户，则必定能够减轻许多网络管理负担。

例如当针对**业务部**这个组设置权限后，此组内的所有用户都会自动拥有此权限，如此一来就不需要针对每一个用户来单独设置相同的权限了。

> 域组账户也都有唯一的安全标识符（security identifier，SID）。

3.3.1 域内的组的类型

AD DS的域组分为以下两种类型，并且它们之间可以相互转换：

- **安全组**（security group）：它可以被用来指定权限，例如可以指定它对文件具备**读取**的权限。它也可以被用在与安全无关的工作上，例如可以给安全组发送电子邮件。
- **发布组**（distribution group）：它被用在与安全（权限设置等）无关的工作上，例如可以给发布组发送电子邮件，但是无法给发布组分配权限。

3.3.2 组的使用范围

从组的使用范围来看，域内的组分为以下三种类型（见表3-3-1）：本地域组（domain local group）、全局组（global group）、通用组（universal group）。

表3-3-1

特性	组		
	本地域组	全局组	通用组
可包含的成员	所有域内的用户、全局组、通用组；相同域内的本地域组	相同域内的用户与全局组	所有域内的用户、全局组、通用组
可以在哪一个域内被设置权限	同一个域	所有域	所有域
组转换	可以被转换成通用组（只要原组内的成员不含本地域组即可）	可以被转换成通用组（只要原组不隶属于任何一个全局组即可）	可以被转换成域本地组；可以被换成全局组（只要原组内的成员不含通用组即可）

1. 本地域组

它主要是被用来分配其所属域内的权限，以便可以访问该域内的资源。

- 其成员可以包含任何一个域内的用户、全局组、通用组；也可以包含相同域内的域本地组；但无法包含其他域内的域本地组。
- 本地域组只能够访问该域内的资源，无法访问其他不同域内的资源；换句话说在设置权限时，只可以设置相同域内的域本地组的权限，但是无法设置其他不同域内的域本地组的权限。

2. 全局组

它主要是用来组织用户，也就是可以将多个即将被赋予相同权限的用户账户，加入到同一个全局组内。

- 全局组内的成员，只可以包含相同域内的用户与全局组。
- 全局组可以访问任何一个域内的资源，也就是说可以在任何一个域内设置全局组的权限（这个全局组可以位于任何一个域内），以便让此全局组具备权限来访问该域内的资源。

3. 通用组

它可以在所有域内被设置访问权限，以便访问所有域内的资源。

- 通用组具备“万用领域”特性，其成员可以包含域林中任何一个域内的用户、全局组、通用组。但是它无法包含任何一个域内的域本地组。
- 通用组可以访问任何一个域内的资源，也就是说可以在任何一个域内来设置通用组的权限（这个通用组可以位于任何一个域内），以便让此通用组具备权限来访问该域内的资源。

3.3.3 域组的建立与管理

1. 域组的新建、删除与重命名

新建域组时，可通过【打开**服务器管理器**➲单击右上角**工具**➲Active Directory管理中心➲展开域名➲单击容器或组织单位➲单击右侧任务窗格的**新建**➲组】的方法，然后在图3-3-1中输入组名、输入供旧版操作系统来访问的组名、选择组类型与组范围等。如果要删除组：【选中组账户并右击➲**删除**】。

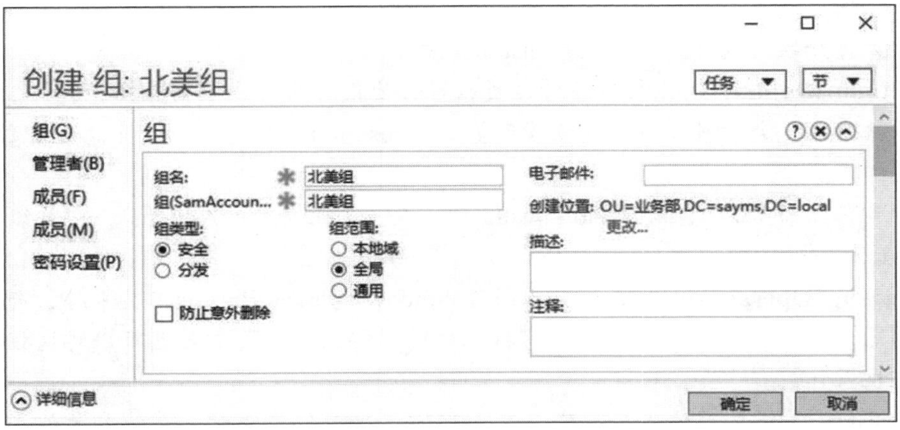

图 3-3-1

2. 添加组成员

如果要将用户、组等加入到组内，可通过【如图3-3-2所示单击**成员**右侧的添加按钮，单击高级按钮➲单击立即查找按钮➲选择要被加入的成员（按Shift或Ctrl键可同时选择多个账户）➲单击确定按钮➲……】。

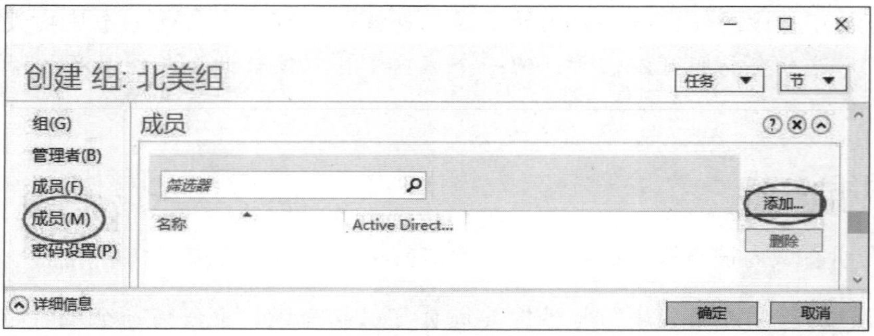

图 3-3-2

3.3.4 AD DS内置的组

AD DS有许多内置组，它们分别隶属于本地域组、全局组、通用组与特殊组。

1. 内置的本地域组

这些本地域组本身已被赋予一些权限，以便让其具备管理AD DS域的能力。只要将用户或组账户加入到这些组内，这些账户也会自动具备相同的权限。以下是Builtin容器内常用的本地域组。

- **Account Operators**：其成员默认可在容器与组织单位内添加/删除/修改用户、组与计算机账户，不过部分内置的容器例外，例如Builtin容器与Domain Controllers 组织单位，同时也不允许在部分内置的容器内新建计算机账户，例如Users。他们也无法更改大部分组的成员，例如Administrators等。
- **Administrators**：其成员具备管理员权限，他们对所有域控制器拥有最大控制权，可以执行AD DS管理工作。内置管理员Administrator就是此组的成员，而且无法将其从此组内删除。

  此组默认的成员包含了Administrator、全局组Domain Admins、通用组Enterprise Admins等。
- **Backup Operators**：其成员可以通过Windows Server Backup工具来备份与还原域控制器内的文件，不论他们是否有权限访问这些文件。其成员也可以对域控制器执行关机操作。
- **Guests**：其成员无法永久改变其桌面环境，当他们登录时，系统会为他们建立一个临时的工作环境（用户配置文件），而注销时此配置文件就会被删除。此组默认的成员为用户账户Guest与全局组Domain Guests。

- **Network Configuration Operators**：其成员可在域控制器上执行常规网络设置工作，例如修改IP地址，但不能安装、删除驱动程序与服务，也不能执行与网络服务器设置有关的工作，例如DNS与DHCP服务器的配置。
- **Performance Monitor Users**：其成员可监视域控制器的工作性能。
- **Print Operators**：其成员可以管理域控制器上的打印机，也可以对域控制器执行关机操作。
- **Remote Desktop Users**：其成员可从远程计算机通过远程桌面登录。
- **Server Operators**：其成员可以备份与还原域控制器内的文件；锁定与解锁域控制器；对域控制器上的硬盘执行格式化操作；更改域控制器的系统时间；对域控制器执行关机操作等。
- **Users**：其成员仅拥有一些基本权限，例如执行应用程序，但是他们不能修改操作系统的配置、不能更改其他用户的数据、不能对服务器关机。此组默认的成员为全局组Domain Users。

2. 内置的全局组

AD DS内置的全局组本身并没有任何的权限，但是可以将其加入到具备权限的本地域组，或另外直接为此全局组分配权限。这些内置全局组是位于容器Users内。以下列出常用的全局组：

- **Domain Admins**：域成员计算机会自动将此组加入到其本地组Administrators内，因此Domain Admins组内的每一个成员，在域内的每一台计算机上都具备管理员权限。此组默认的成员为域用户Administrator。
- **Domain Computers**：所有的域成员计算机（域控制器除外）都会被自动加入到此组内。
- **Domain Controllers**：域内的所有域控制器都会被自动加入到此组内。
- **Domain Users**：域成员计算机会自动将此组加入到其本地组Users内，因此Domain Users内的用户享有本地组Users所拥有的权限，例如拥有**允许本地登录**的权限。此组默认的成员为域用户Administrator，而以后新建的域用户账户都自动会隶属于此组。
- **Domain Guests**：域成员计算机会自动将此组加入到本地组Guests内。此组默认的成员为域用户账户Guest。

3. 内置的通用组

- **Enterprise Admins**：此组仅存在于域林的根域，其成员有权限管理域林内的所有域。此组默认的成员为域林根域内的用户Administrator。

- **Schema Admins**：此组仅存在于域林根域，其成员具备管理**架构**（schema）的权限。此组默认的成员为域林根域内的用户Administrator。

4. 内置的特殊组

除了前面所介绍的组之外，还有一些特殊组，这些特殊组的成员是无法更改的。以下列出几个常使用的特殊组：

- **Everyone**：任何一位用户都属于这个组。若Guest账户被启用，则在为Everyone组分配权限时需要小心，因为如果一位在计算机内没有账户的用户，通过网络登录计算机时，他会被自动允许利用Guest账户来连接，此时因为Guest也是隶属于Everyone组，所以他将具备Everyone所拥有的权限。
- **Authenticated Users**：任何利用有效用户账户来登录此计算机的用户，都隶属于此组。
- **Interactive**：任何在本地登录（例如按Ctrl + Alt + Delete 键登录）的用户，都隶属于此组。
- **Network**：任何通过网络来登录此计算机的用户，都隶属于此组。
- **Anonymous Logon**：任何未利用有效的常规用户账户登录的用户，都隶属于此组。Anonymous Logon默认并不隶属于Everyone组。
- **Dialup**：任何利用拨号方式连接的用户，都隶属于此组。

3.4 组的使用策略

为了让网络管理更简单，同时也为了减少以后维护的负担，因此在利用组来管理网络资源时，建议尽量采用以下的策略，尤其是大型网络：

- A、G、DL、P策略
- A、G、G、DL、P策略
- A、G、U、DL、P策略
- A、G、G、U、DL、P策略

A代表用户账户（user Account）、G代表全局组（Global group）、DL代表本地域组（Domain Local group）、U代表通用组（Universal group）、P代表权限（Permission）。

3.4.1 A、G、DL、P策略

A、G、DL、P策略就是先将用户账户（A）加入到全局组（G）、再将全局组加入到域本地组（DL）内、然后设置域本地组的权限（P），如图3-4-1所示。以此图为例来说，只要

针对图中的本地域组来设置权限，则隶属于该域本地组的全局组内的所有用户，都自动会具备该权限。

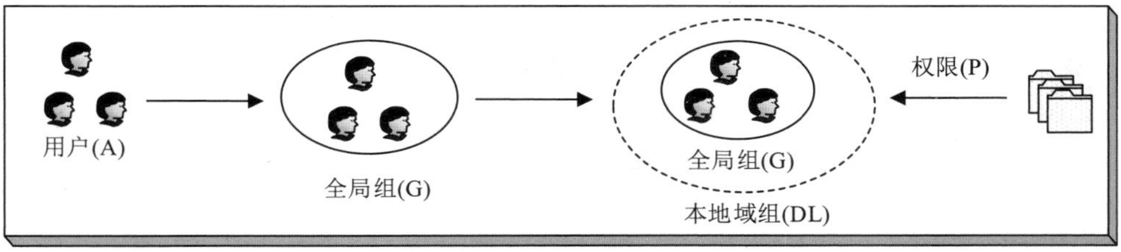

图 3-4-1

举例来说，若甲域内的用户需要访问乙域内资源，则由甲域的管理员负责在甲域建立全局组、将甲域用户账户加入到此组内；而乙域的管理员来负责在乙域建立本地域组、设置此组的权限，然后将甲域的全局组加入到此组内。之后由甲域的管理员负责维护全局组内的成员，而乙域的管理员来负责维护权限的设置，如此便可以将管理的负担分散。

3.4.2 A、G、G、DL、P策略

A、G、G、DL、P策略就是先将用户账户（A）加入到全局组（G），将此全局组加入到另一个全局组（G）内，再将此全局组加入到本地域组（DL）内，然后设置本地域组的权限（P），如图3-4-2所示。图中的全局组（G3）内包含了2个全局组（G1与G2），它们必须是同一个域内的全局组，因为全局组内只能够包含位于同一个域内的用户账户与全局组。

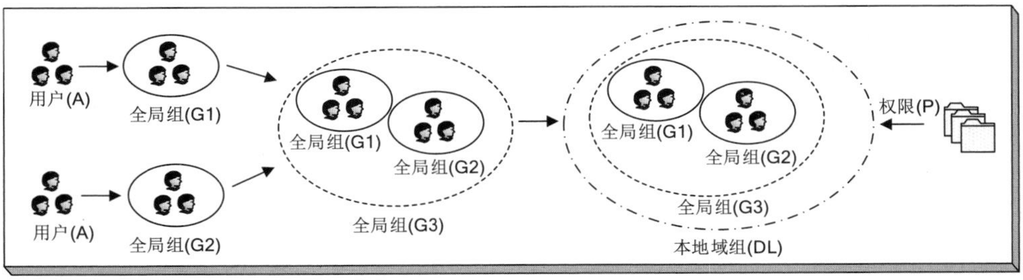

图 3-4-2

3.4.3 A、G、U、DL、P策略

如果图3-4-2中的全局组G1与G2与G3不在同一个域内，则无法采用A、G、G、DL、P策略，因为全局组（G3）内无法包含位于另一个域内的全局组，此时需要将全局组G3改为通用组，也就是需要改用A、G、U、DL、P原则（见图3-4-3），此原则是先将用户账户（A）加入到全局组（G），将此全局组加入到通用组（U）内，再将此通用组加入到本地域组（DL）内，然后设置本地域组的权限（P）。

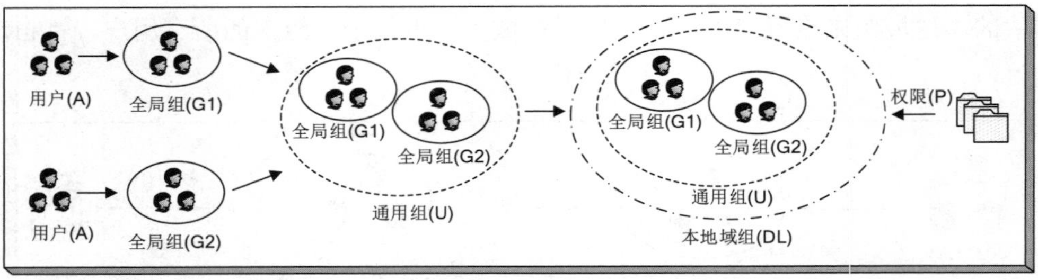

图 3-4-3

3.4.4 A、G、G、U、DL、P策略

A、G、G、U、DL、P策略与前面两种类似，在此不再赘述。

当然，也可以不遵循以上的策略来使用组，不过会存在一些缺点，例如可以：

- 直接将用户账户加入到域本地组内，然后设置此组的权限。它的缺点是无法在其他域内设置此域本地组的权限，因为本地域组只能够访问所属域内的资源。
- 直接将用户账户加入到全局组内，然后设置此组的权限。它的缺点是如果网络内包含多个域，而每个域内都有一些全局组需要对此资源具备相同权限，则需要分别为每一个全局组设置权限，这种方法比较浪费时间，会增加网络管理的负担。

第 4 章　利用组策略管理用户工作环境

通过AD DS的**组策略**（group policy）功能，可以更容易管控用户工作环境与计算机环境，减轻网络管理负担、降低网络管理成本。

- 组策略概述
- 策略设置实例演练
- 首选项设置实例演练
- 组策略的处理规则
- 利用组策略来管理计算机与用户环境
- 利用组策略限制访问可移动存储设备
- WMI筛选器
- 组策略建模与组策略结果
- 组策略的委派管理
- Starter GPO的设置与使用

4.1 组策略概述

组策略是一个能够让管理员充分管控用户工作环境的功能，通过它来确保用户拥有符合管理要求的工作环境，也可以通过它来限制用户，如此不但可以让用户拥有适当的环境，也可以减轻管理员的管理负担。

4.1.1 组策略的功能

下面列举组策略所提供的一些主要功能：

- **账户策略设置**：例如可以设置用户账户的密码长度、密码使用期限、账户锁定策略等。
- **本地策略设置**：例如审核策略的设置、用户权限的分配、安全设置等。
- **脚本设置**：例如登录与注销、启动与关机脚本的设置。
- **用户工作环境设置**：例如隐藏用户桌面上所有的图标、删除**开始**菜单中的**运行**/**搜索**/**关机**等选项、删除浏览器的部分选项、强制通过指定的代理服务器上网等。
- **软件的安装与删除**：用户登录或计算机启动时，自动为用户安装应用软件、自动修复应用软件或自动删除应用软件。
- **限制软件的运行**：通过各种不同的软件限制策略来限制域用户只能运行特定的程序。
- **文件夹的重定向**：例如改变**文件**、**开始**菜单等文件夹的存储位置。
- **限制访问“可移动存储设备”**：例如限制将文件写入到U盘。
- **其他众多的系统设置**：例如让所有的计算机都自动信任指定的CA（certificate authority）、限制安装设备驱动程序（device driver）等。

可以在AD DS中针对站点（site）、域（domain）与组织单位（OU）来设置组策略（见图4-1-1）。

组策略内包含着**计算机配置**与**用户配置**两部分：

- **计算机配置**：当计算机启动时，系统会根据**计算机配置**的内容来设置计算机的环境。举例来说，如果针对域sayms.local设置了组策略，则此组策略内的**计算机配置**就会被应用到（apply）这个域内的所有计算机。
- **用户配置**：当用户登录时，系统会根据**用户配置**的内容来设置用户的工作环境。举例来说，如果针对组织单位**业务部**设置了组策略，则其中的**用户配置**就会被应用到这个组织单位内的所有用户。

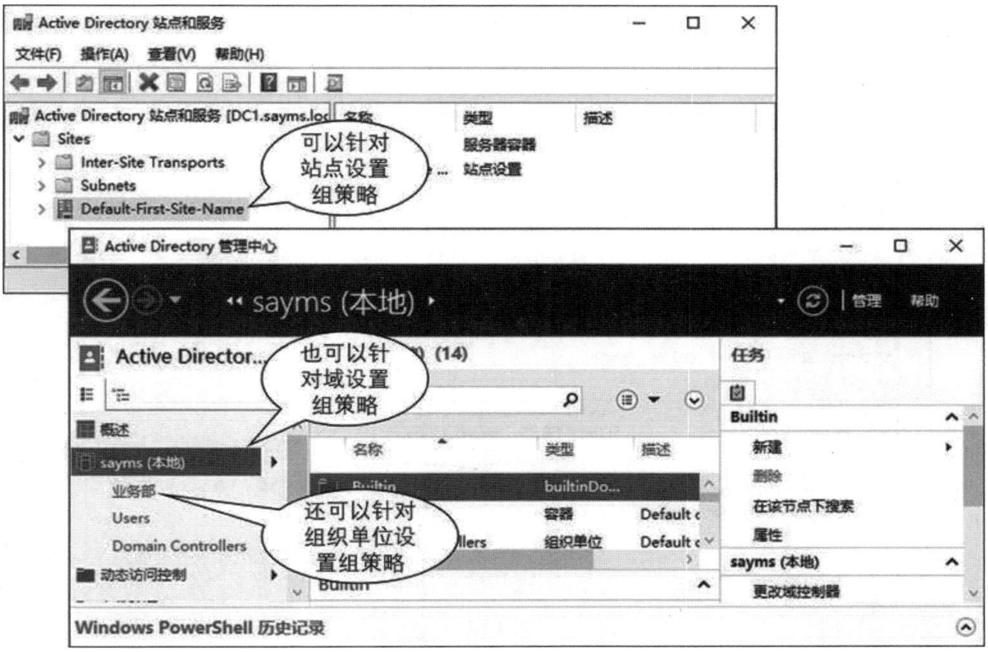

图 4-1-1

除了可以针对站点、域与组织单位来设置组策略之外，还可以在每一台计算机上设置其**本地计算机策略**（local computer policy），这个计算机策略只会应用到本地计算机与在这台计算机上登录的所有用户。

4.1.2 组策略对象

组策略是通过**组策略对象**（Group Policy Object，GPO）来设置的，只要将GPO连接（link）到指定的站点、域或组织单位，此GPO内的设置值就会影响到该站点、域或组织单位内的所有用户与计算机。

1. 内置的 GPO

AD DS域有两个内置的GPO，它们分别如下：

- **Default Domain Policy**：此GPO默认已经被连接到域，因此其设置值会被应用到整个域内的所有用户与计算机。
- **Default Domain Controller Policy**：此GPO默认已经被连接到组织单位Domain Controllers，因此其设置值会被应用到Domain Controllers内的所有用户与计算机（Domain Controllers内默认只有域控制器的计算机账户）。

可以通过【打开**服务器管理器**➲单击右上角**工具**➲组策略管理➲如图4-1-2所示】的方法

来验证Default Domain Policy与Default Domain Controller Policy GPO分别已经被连接到域sayms.local与组织单位Domain Controllers。

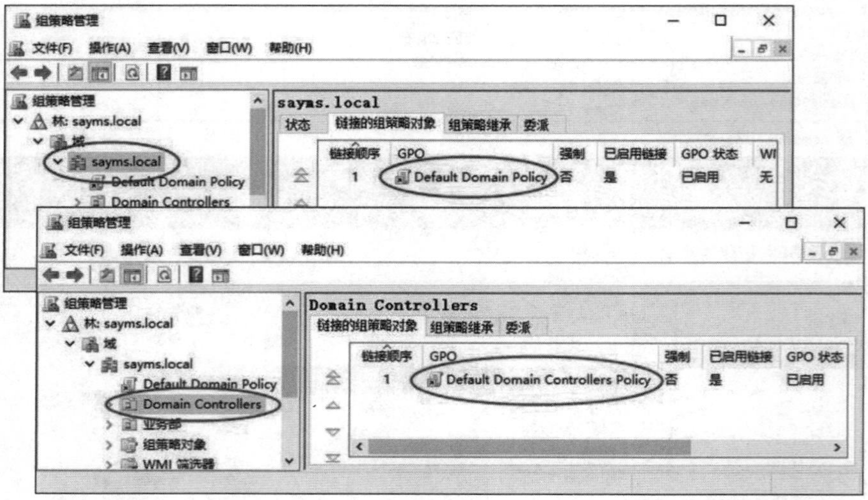

图 4-1-2

> 在尚未彻底了解组策略以前，请暂时不要随意更改Default Domain Policy或Default Domain Controller Policy这两个GPO的设置值，以免影响系统运行。

2. GPO 的内容

GPO的内容被分为GPT与GPC两部分，它们分别被存储在不同的位置：

- **GPT**（Group Policy Template）：GPT用来存储GPO设置值与相关文件，它是一个文件夹，位于域控制器的 ***%systemroot%*\SYSVOL\ sysvol*域名*\Policies** 文件夹内。系统利用GPO的GUID（Global Unique Identifier）作为GPT的文件夹名称，例如图4-1-3中的两个文件夹分别是Default Domain Controller Policy与Default Domain Policy GPO的GPT（图中的数字分别是这两个 GPO的GUID）。

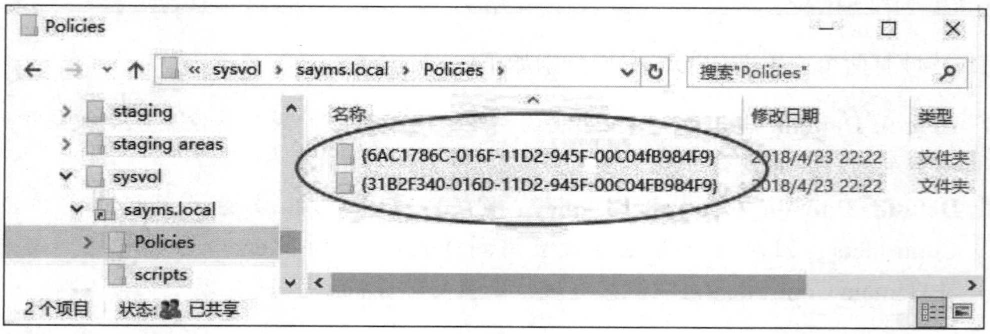

图 4-1-3

如果要查询GPO的GUID，例如要查询Default Domain Policy GPO的GUID，可以通过如图4-1-4所示【在**组策略管理**控制台中单击Default Domain Policy➲单击**详细信息**选项卡➲唯一ID】的方法。

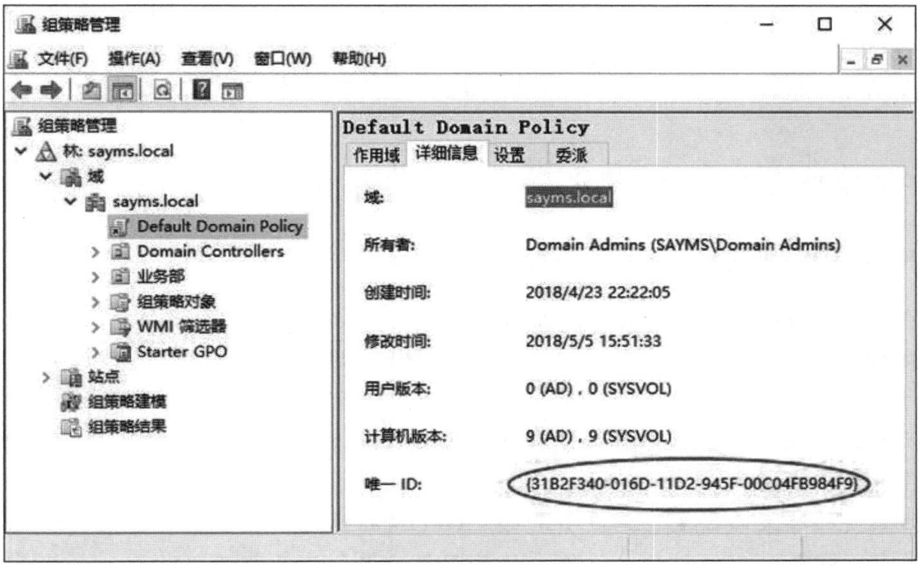

图 4-1-4

- **GPC**（Group Policy Container）：GPC存储在AD DS数据库内，它记载着此GPO的属性与版本等信息。域成员计算机可通过属性来获取GPT的存储位置，而域控制器可利用版本来判断其所拥有的GPO是否为最新版本，以便作为是否需要从其他域控制器复制最新GPO设置的依据。

  可以通过以下方法来查看GPC：【打开**服务器管理器**➲单击右上角**工具**➲Active Directory管理中心➲单击**树视图**图标➲单击域（例如sayms）➲展开**System**容器➲如图4-1-5所示单击**Policies**】。

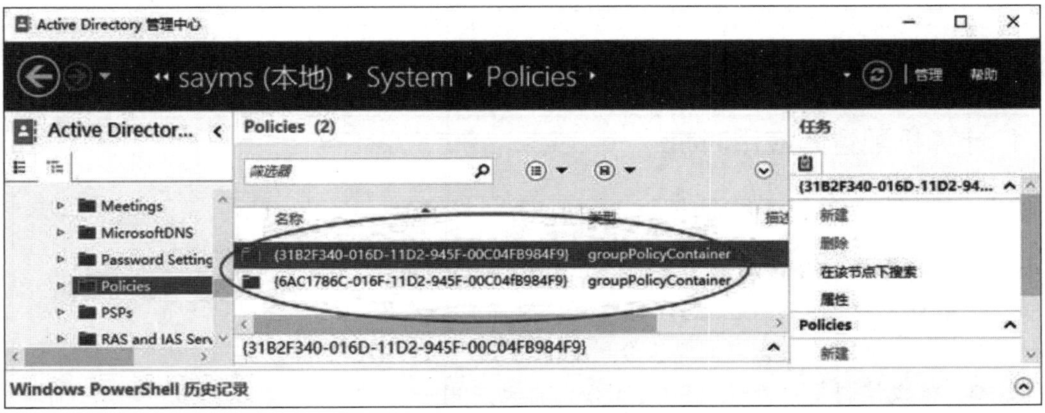

图 4-1-5

> 每台计算机还有**本地计算机策略**，可以【按⊞+R键➲输入**MMC**后单击确定按钮➲单击**文件**菜单➲添加/删除管理单元➲选择**组策略对象编辑器**➲依序单击添加、完成、确定按钮】来建立管理**本地计算机策略**的工具（或按⊞+R键➲输入**gpedit.msc**后单击确定按钮）。本地计算机策略的设置数据是被存储在本地计算机%*systemroot*%\System32\GroupPolicy文件夹内的，它是一个隐藏的文件夹。

4.1.3 策略设置与首选项设置

组策略内的设置还被区分为**策略设置**与**首选项设置**两种：

- 只有域的组策略才有**首选项设置**功能，本地计算机策略并无此功能。
- **策略设置**是强制性设置，客户端应用这些设置后就无法更改（有些设置虽然客户端可以自行更改设置值，不过下次应用策略时，仍然会被改为策略内的设置值）；然而**首选项设置**是非强制性的，客户端可自行更改设置值，因此**首选项设置**适合用于作为默认值使用。
- 如果要筛选**策略设置**，需要针对整个GPO进行筛选，例如某个GPO已经被应用到**业务部**，但是可以通过筛选设置来让其不要应用到**业务部**经理Mary，也就是整个GPO内的所有设置项目都不会被应用到Mary；然而**首选项设置**可以针对单一设置项目进行筛选。
- 如果在**策略设置**与**首选项设置**内有相同的设置项目，而且都已做了配置，但是其设置值不相同，则以**策略设置**优先。

4.1.4 组策略的应用时机

当修改了站点、域或组织单位的GPO设置值后，这些设置值并不是立刻就对其中的用户与计算机生效，而是必须等GPO设置值被应用到用户或计算机后才有效。GPO设置值内的计算机配置与用户配置的应用时机并不相同。

1. 计算机配置的应用时机

域成员计算机会在以下场合应用GPO的计算机设置值：

- 计算机开机时会自动应用。
- 如果计算机已经开机，则会每隔一段时间自动应用：
  - 域控制器：默认是每隔5分钟自动应用一次。
  - 非域控制器：默认是90~120分钟自动应用一次。
  - 不论策略设置值是否变更，都会每隔16小时自动应用一次安全设置策略。
- 手动应用：到域成员计算机上打开Windows PowerShell窗口（或**命令提示符**），执行

gpupdate /target:computer /force命令。

2. 用户配置的应用时机

域用户会在以下场合应用GPO的用户设置值：

- 用户登录时会自动应用。
- 如果用户已经登录，则默认会每隔90~120分钟之间自动应用一次，并且不论策略设置值是否更改，都会每隔16 小时自动应用一次安全设置策略。
- 手动应用：到域成员计算机上打开Windows PowerShell窗口（或**命令提示符**）、执行**gpupdate /target:user /force**命令。

> 1. 执行**gpupdate /force**会同时应用计算机与用户配置。
> 2. 部分策略设置可能需要重新启动计算机或用户重新登录才会生效，例如**软件安装策略**与**文件夹重定向策略**。

4.2　策略设置实例演练

在继续解释更高级的组策略功能之前，为了让读者有比较直观的认识，因此先分别利用两个实例来演练GPO的**计算机配置**与**用户配置**中的**策略设置**。

4.2.1　策略设置实例演练一：计算机配置

系统默认是只有某些组（例如administrators）内的用户，才有权限在扮演域控制器角色的计算机上登录，如果普通用户在域控制器上登录，屏幕上会出现类似图4-2-1所示的无法登录的警告消息，除非他们被赋予**允许本地登录**的权限。

图 4-2-1

以下假设要开放让域SAYMS内Domain Users组内的用户可以在域控制器上登录。我们将通过默认的Default Domain Controllers Policy GPO来设置，也就是要让这些用户在域控制器上拥有**允许本地登录**的权限。

> 1. 一般来说，域控制器等重要的服务器不应该开放普通用户登录权限。
> 2. 如果要在成员服务器、Windows 10等非域控制器的计算机上练习，则以下步骤可免，因为Domain Users默认已经在这些计算机上拥有**允许本地登录**的权限。

STEP 1 请到域控制器上利用域管理员身份登录。

STEP 2 打开**服务器管理器**➲单击右上角**工具**➲组策略管理。

STEP 3 如图4-2-2所示【展开到组织单位Domain Controllers➲选中右侧的Default Domain Controllers Policy并右击➲**编辑**】。

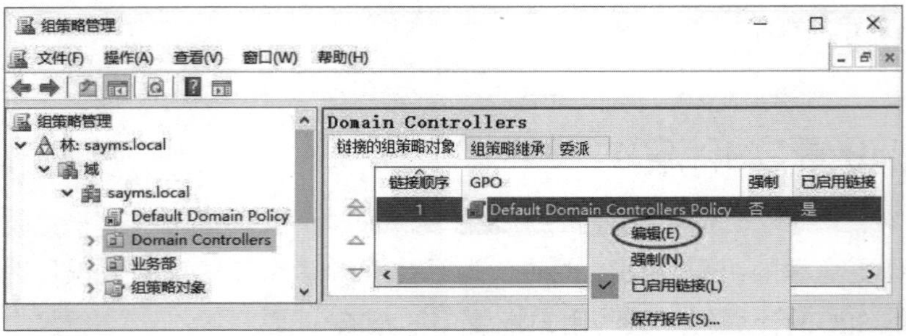

图 4-2-2

STEP 4 如图4-2-3所示【展开**计算机配置**➲策略➲Windows设置➲安全设置➲本地策略➲用户权限分配➲双击右侧的**允许本地登录**】。

图 4-2-3

STEP 5 如图4-2-4所示【单击添加用户或组按钮➲输入或选择域SAYMS内的Domain Users组➲单击两次确定按钮】。由此图中可看出默认只有Account Operators、Administrators等组才拥有**允许本地登录**的权限。

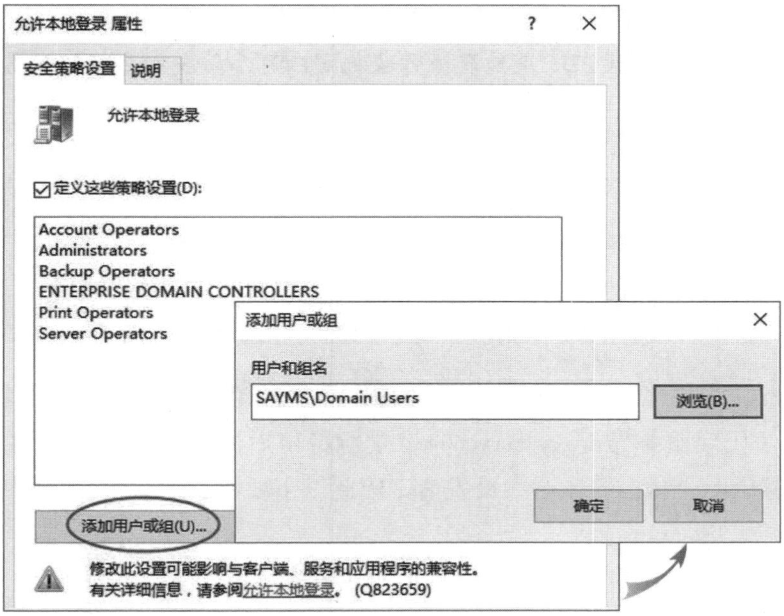

图 4-2-4

完成后，必须等这个策略应用到组织单位Domain Controllers内的域控制器后才有效（见前一小节的说明）。等应用完成后，就可以利用任何一个域用户账户到域控制器上登录，以测试**允许本地登录**功能是否正常。

如果域控制器是利用Hyper-V搭建的虚拟机，并且在**查看**处勾选**增强会话**，由于此时是采用远程桌面连接来连接虚拟机的，因此请先利用**Active Directory管理中心**（或**Active Directory用户和计算机**）将Domain Users组加入Remote Desktop Users组，并执行gpedit.msc设置Remote Desktop Users组具备**允许通过远程桌面服务登录**的权限（计算机配置➲安全设置➲本地策略➲用户权限分配➲……），否则域用户无法登录。

另外，如果域内有多台域控制器，由于策略设置默认会先被存储到扮演**PDC模拟器操作主机**角色的域控制器（默认是域中的第一台域控制器），因此需等这些策略设置被复制到其他域控制器，然后等这些策略设置值应用到这些域控制器。

可以利用【打开**服务器管理器**➲单击右上角**工具**➲Active Directory用户和计算机➲选中域名并右击➲操作主机➲**PDC**选项卡】来查看扮演**PDC模拟器操作主机**的域控制器。

系统可以利用以下两种方式来将**PDC模拟器操作主机**内的组策略设置复制到其他域控制器：

- **自动复制：PDC模拟器操作主机**默认是15秒后会自动将其复制出去，因此其他的域控制器可能需要等待15秒或更久时间才会接收到此设置值。
- **手动立即复制**：假设**PDC模拟器操作主机**是DC1，而我们要将组策略设置手动复制到域控制器DC2。请在域控制器上【打开**服务器管理器**➲单击右上角**工具**菜单➲Active Directory站点和服务➲Sites➲Default-First-Site-Name➲Servers➲展开目标域控制器（DC2）➲NTDS Settings➲选中**PDC模拟器操作主机**（DC1）并右击➲立即复制】。

4.2.2 策略设置实例演练二：用户配置

假设域sayms.local内有一个组织单位**业务部**，而且已经限定他们需要通过企业内部的代理服务器上网（代理服务器proxy server的设置留待稍后"**首选项设置**"**实例演练**二再说明），而为了避免用户私自更改这些设置值，因此以下要将其**Internet选项**中**连接**选项卡内更改Proxy的功能禁用。

由于目前并没有任何GPO被链接到组织单位**业务部**，因此我们将先建立一个链接到**业务部**的GPO，然后通过修改此GPO设置值的方式来达到目的。

STEP 1　请到域控制器上利用域管理员身份登录。

STEP 2　打开**服务器管理器**➲单击右上角**工具**➲组策略管理。

STEP 3　如图4-2-5所示【展开到组织单位**业务部**➲选中**业务部**并右击➲**在这个域中创建GPO并在此处链接**】。

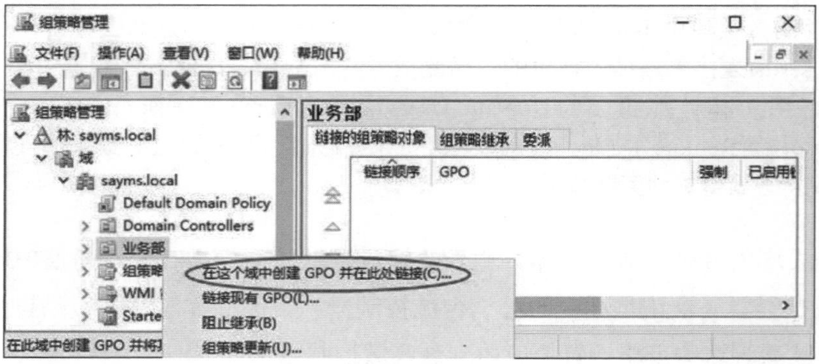

图 4-2-5

也可以先通过【选中**组策略对象**并右击➲新建】的方法来建立新GPO，然后通过【选中组织单位**业务部**并右击➲**链接现有GPO**】的方法来将上述GPO链接到组织单位**业务部**。

> 如果要备份或还原GPO：【选中组策略对象并右击➲**备份**或**从备份还原**】。

STEP 4 在图4-2-6中为此GPO命名（例如**测试用的GPO**）后单击确定按钮。

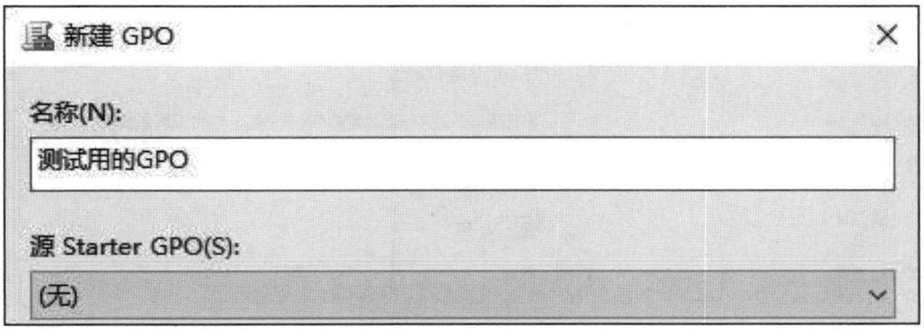

图 4-2-6

STEP 5 如图4-2-7所示选中这个新建的GPO并右击➲**编辑**。

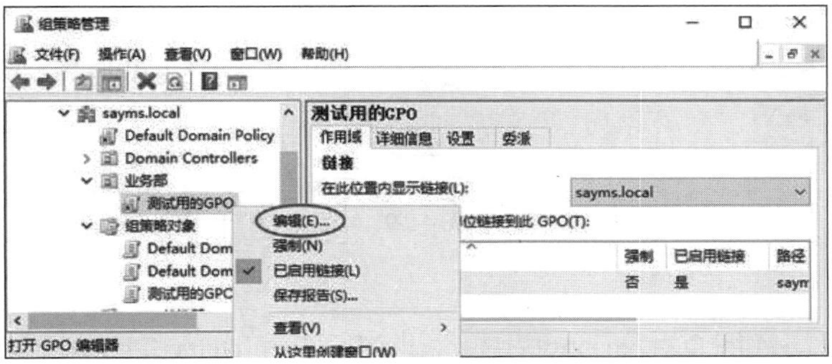

图 4-2-7

STEP 6 如图4-2-8所示【展开**用户配置**➲策略➲管理模板➲Windows组件➲Internet Explorer➲将右侧**阻止更改代理设置**改为**已启用**】。

图 4-2-8

STEP 7 利用**业务部**内的任何一个用户账户到任何一台域成员计算机上登录。

STEP 8　Windows 10客户端可以【单击左下角**开始**图标⊞➲单击**设置**图标⚙➲网络和Internet➲Proxy】来查看，如图4-2-9所示无法更改Proxy设置。

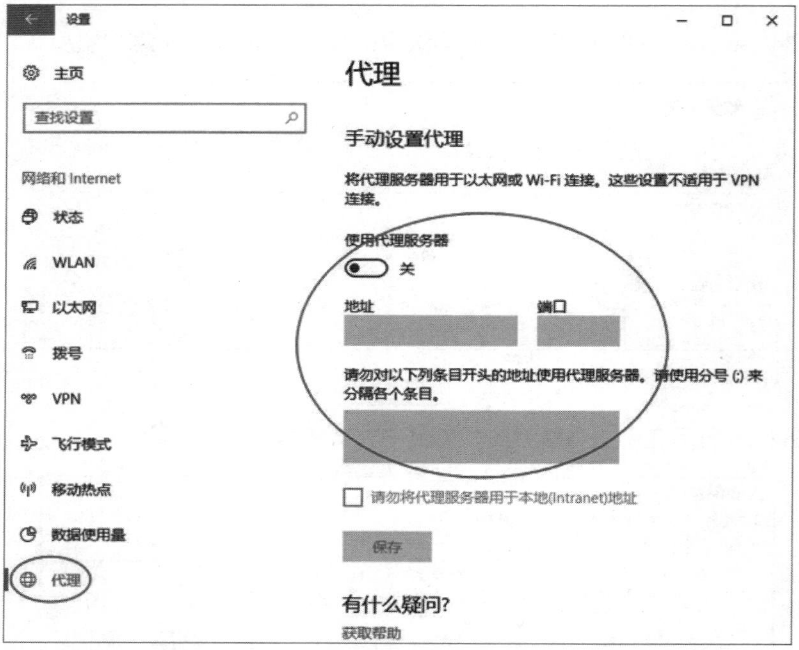

图 4-2-9

> 也可以【按⊞+R键➲输入control后按Enter键➲网络和Internet➲Internet选项➲单击**连接**选项卡下的局域网设置按钮➲代理服务器】来查看。

4.3　首选项设置实例演练

首选项设置不具有强制性，客户端可自行更改设置值，因此它适合作为默认值使用。

4.3.1　首选项设置实例演练一

我们要让位于组织单位**业务部**内的用户peter登录时，其驱动器号Z:会自动映射到\\dc1\tools共享文件夹，不过同样是位于**业务部**内的其他用户登录时不会有Z:磁盘。我们利用前面所建立的**测试用的GPO**来练习。

STEP 1　请到域控制器DC1上利用域系统管理员身份登录。

STEP 2　打开**文件资源管理器**，建立文件夹tools，并将其设置为共享文件夹（选中文件夹并右击➲授予访问权限），然后开放**读取/写入**的权限给Everyone。

STEP 3　打开**服务器管理器**➲单击右上角**工具**➲组策略管理。

STEP 4　在图4-3-1中选中组织单位**业务部**之下的**测试用的GPO**并右击➲**编辑**。

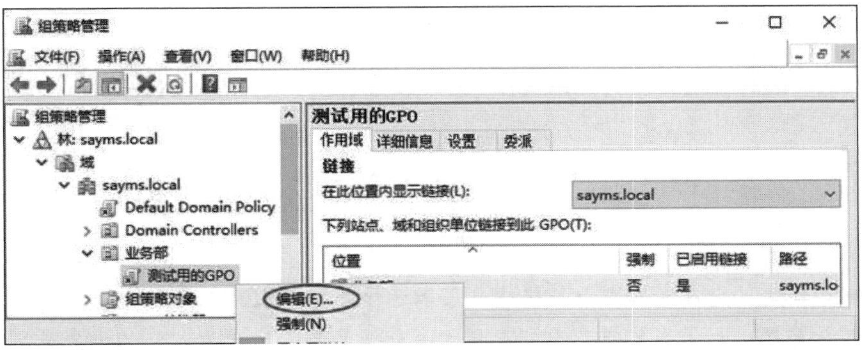

图 4-3-1

STEP 5　如图4-3-2所示展开**用户配置**➲首选项➲Windows设置➲选中**驱动器映射**扩展并右击➲**新建**➲映射驱动器。

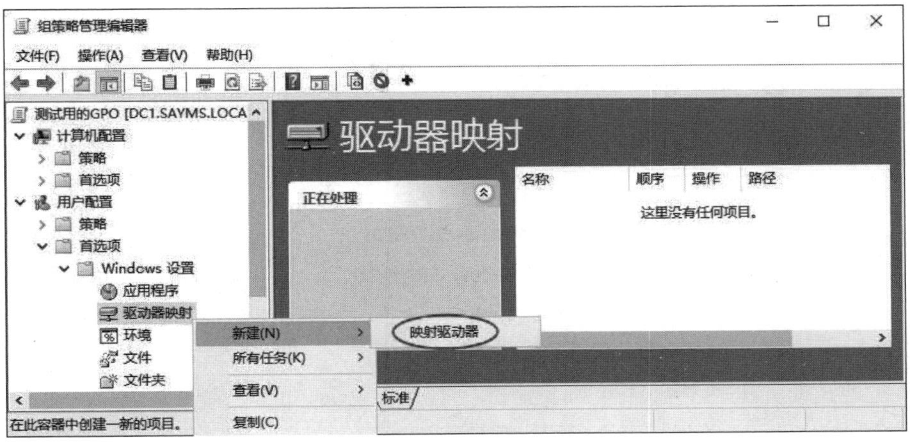

图 4-3-2

> 在Windows设置下的**应用程序**、**驱动器映射**、**环境**等被称为扩展（extension）。

STEP 6　在图4-3-3中的**操作**处选择**更新**，**位置**处输入共享文件夹路径\\dc1\ tools，使用Z:磁盘来连接此共享文件夹，勾选**重新连接**以便客户端每次登录时都会自动利用Z:磁盘来连接。其中的**操作**可以有以下的选择：

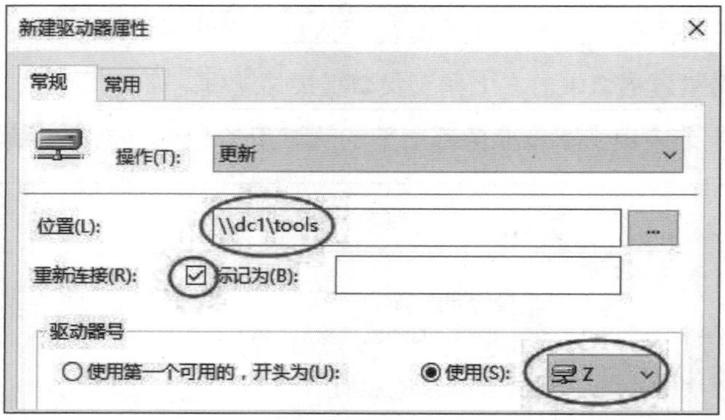

图 4-3-3

- **创建**：会在客户端计算机建立用来连接此共享文件夹的Z:磁盘。
- **替换**：如果客户端已存在Z:磁盘，则将其删除后改为此处的设置来取代。如果客户端不存在Z:磁盘，则新建。
- **更新**：修改客户端的Z:磁盘设置，例如修改客户端连接共享文件夹时所使用的用户账户与密码。如果客户端不存在Z:磁盘，则新建。此处我们选择默认的**更新**。
- **删除**：删除客户端的Z:磁盘。

STEP 7 单击图4-3-4中**常用**选项卡，如图所示进行勾选：

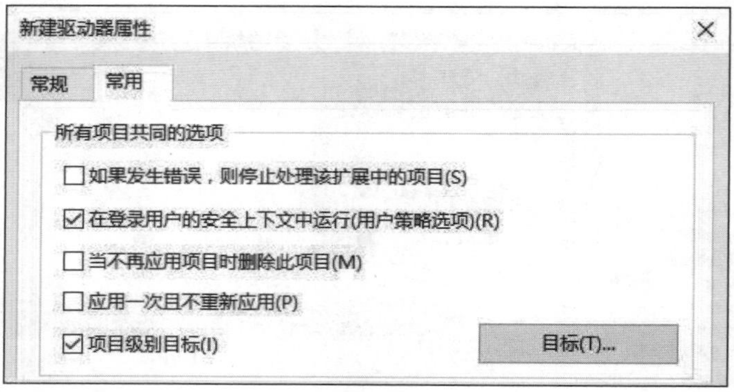

图 4-3-4

- **如果发生错误，则停止处理该扩展中的项目**：如果在**驱动器映射**扩展内有多个设置项目，则默认是当系统在处理某项目时，如果发生错误，它仍然会继续处理下一个项目，但如果勾选此选项，它就会停止，不再继续处理下一个项目。
- **在登录用户的安全上下文中运行（用户策略选项）**：客户端默认是利用本地系统账户身份来处理**首选项设置**的项目，这使得客户端只能访问可供本地计算机访问的环境变量与系统资源，而此选项可改用用户的登录身份来处理**首选项设置**的项目，如此就可访问本地计算机无权访问的资源或用户环境变量，例如此处利用网络驱动器Z:来连接网络共享文件夹\\dc1\tools，就需要勾选此选项。
- **当不再应用项目时删除此项目**：当GPO被删除后，客户端计算机内与该GPO内**策略设置**有关的设置都会被删除，然而与**首选项设置**有关的设置仍然会被保留，例如此处的网络驱动器Z:仍然会被保留。若勾选此选项，则与此**首选项设置**有关的设置会被删除。

- **应用一次且不重新应用**：客户端计算机默认会每隔90分钟重新应用GPO内的**首选项设置**，因此若用户自行变更设置，则重新应用后又会恢复为**首选项设置**内的设置值。如果用户希望能够保留自行设置的设置值，请勾选此选项，此时它只会应用一次。
- **项目级别目标**：可针对每个**首选项设置**项目来决定此项目的应用目标，例如可以选择将其只应用到特定用户或特定Windows系统。本演练只是要将设置应用到组织单位**业务部**内的特定用户peter，故需勾选此选项。

STEP 8 单击前面图4-3-4中**常用**选项卡下的目标按钮，以便将此项目的应用对象指定到用户peter，换句话说，此项目的**目标**为用户peter。

STEP 9 在图4-3-5中【单击左上角的**新建项目**➲选择**用户**➲在**用户**处浏览或选择将此项目应用到域SAYMS的用户peter后，单击确定按钮】。

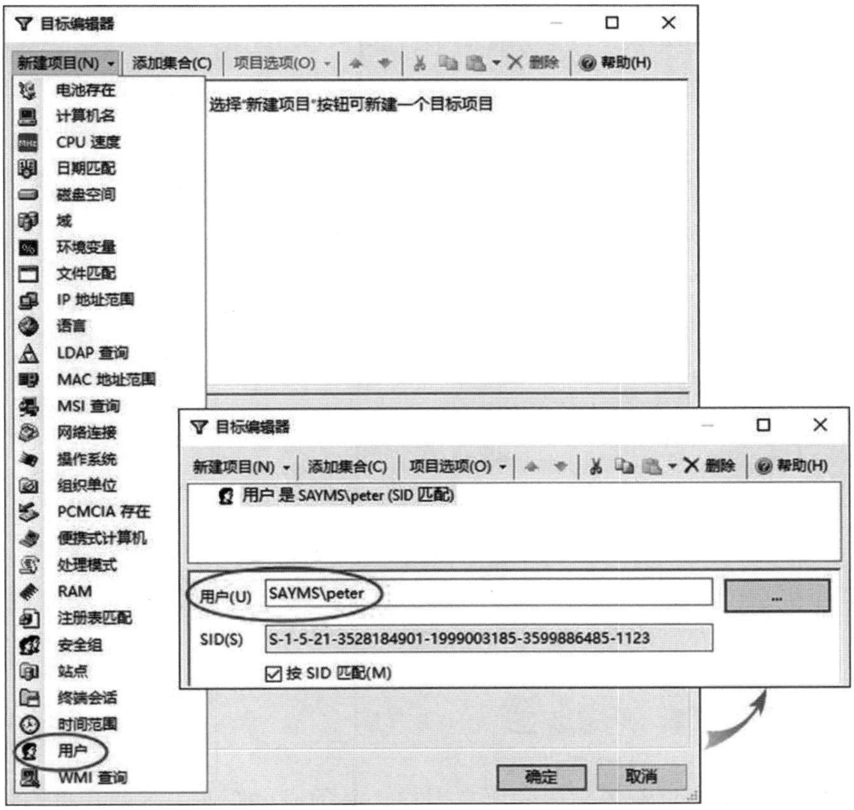

图 4-3-5

STEP 10 回到**新建驱动器属性**对话框时单击确定按钮。

STEP 11 图4-3-6右侧为刚刚新建的、利用Z:磁盘来连接\\dc1\Tools共享文件夹的设置，这样的一个设置被称为一个**项目**（item）。

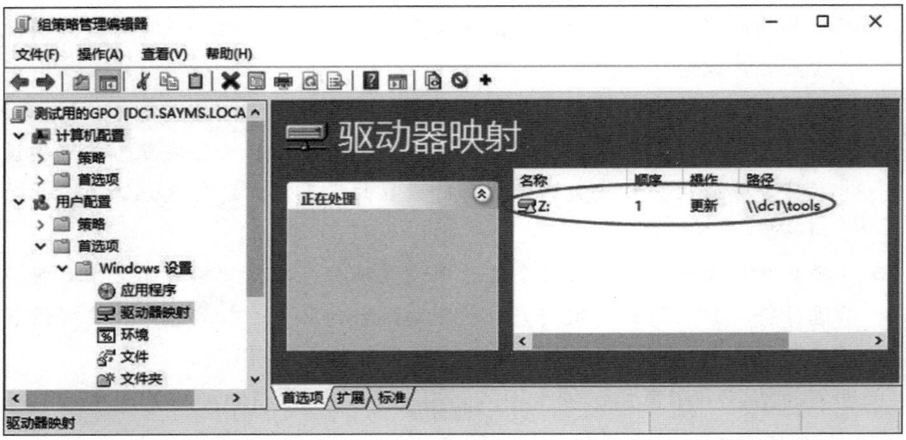

图 4-3-6

STEP 12 在任何一台域成员计算机上利用组织单位**业务部**内的用户账户Peter登录、打开**文件资源管理器**，之后将如图4-3-7所示看到其Z:磁盘已经自动连接到我们指定的共享文件夹。但是若利用组织单位**业务部**内的其他用户账户登录，就不会有Z:磁盘。

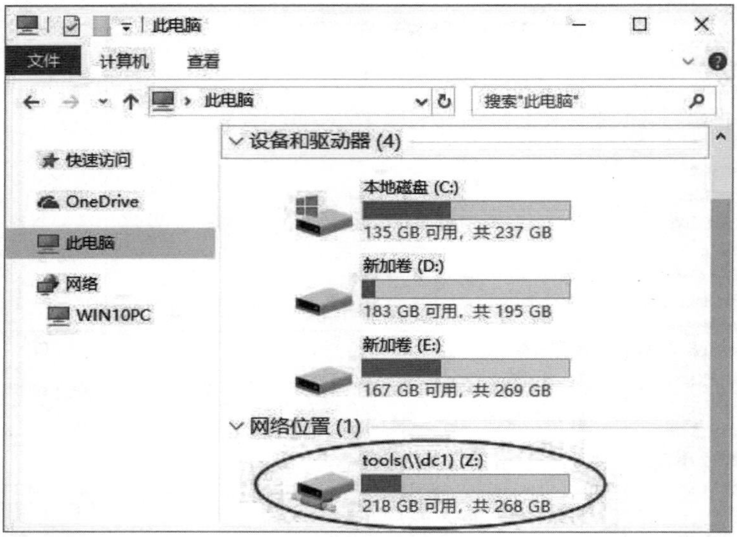

图 4-3-7

4.3.2 首选项设置实例演练二

以下假设要让组织单位**业务部**内的所有用户，必须通过企业内部的代理服务器（proxy server）上网。假设代理服务器的网址为proxy.sayms.local、端口号码为8080、客户端的浏览器为Internet Explorer 11或10（也适用于Microsoft Edge、Chrome）。我们利用前面所建立的**测试用的GPO**来练习。

STEP 1 请到域控制器DC1上利用域管理员身份登录。

STEP 2 打开**服务器管理器**➲单击右上角**工具**➲组策略管理。

STEP 3 在图4-3-8中选中组织单位**业务部**之下的**测试用的GPO**并右击➲编辑。

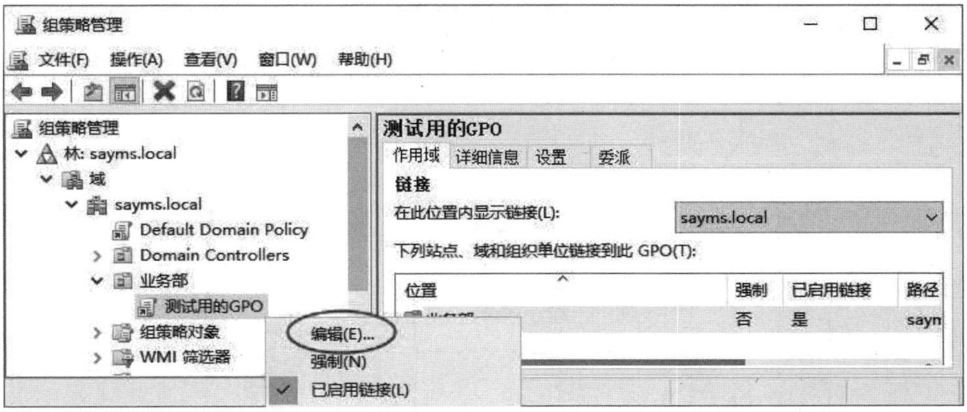

图 4-3-8

STEP 4 如图4-3-9所示展开【用户设置➲首选项➲控制面板设置➲】，然后【选中**Internet设置**并右击➲**新建**➲**Internet Explorer 10**】（也适用于Internet Explorer 11、Chrome）。

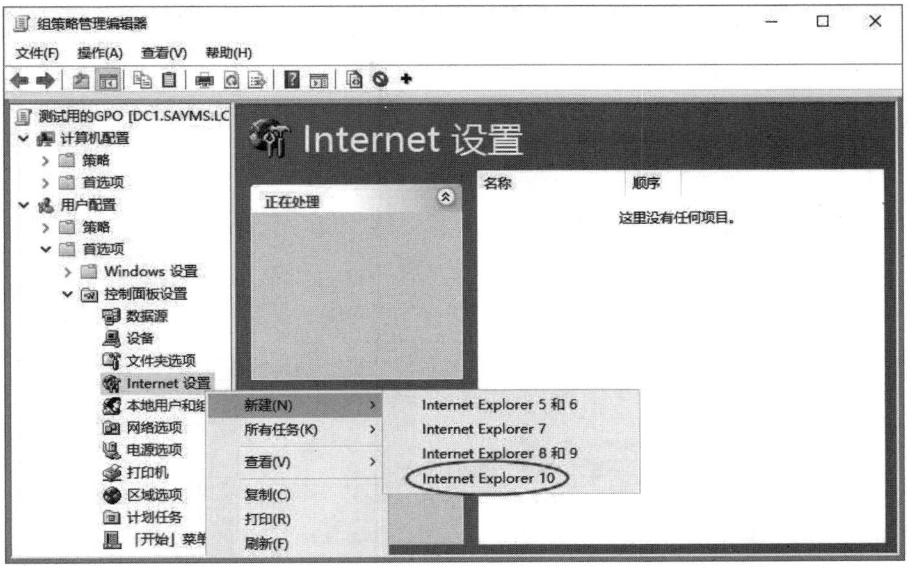

图 4-3-9

STEP 5 如图4-3-10所示单击**连接**选项卡下的局域网设置按钮。

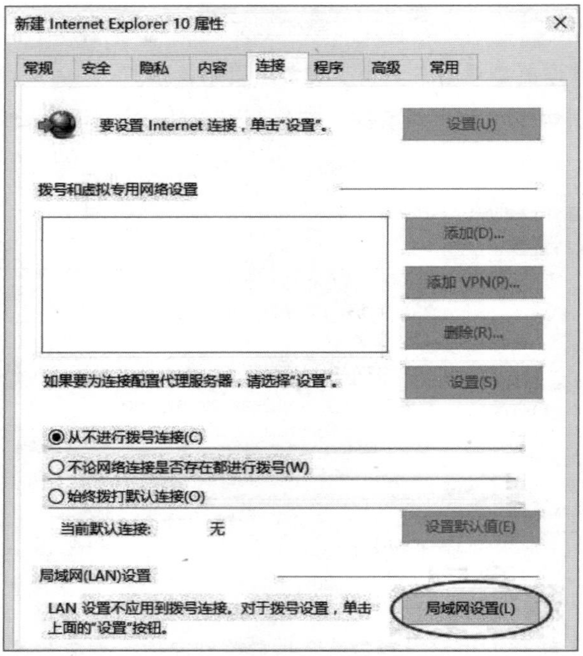

图 4-3-10

STEP 6 如图4-3-11所示勾选后输入假设的代理服务器地址proxy.sayms.local、端口8080➲按F5键➲单击两次确定按钮来结束设置】。

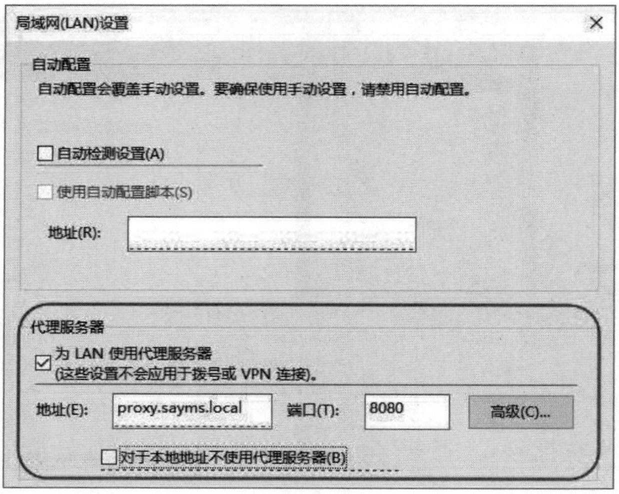

图 4-3-11

需要按F5键来启用此标签下的所有设置（设置项目下代表禁用的红色底线会转变成绿色）；按F8键可禁用此标签下的所有设置；如果要启用当前所在的项目，请按F6键、禁用请按F7键。

STEP 7 请利用**业务部**内任何一位用户账户到任何一台域成员计算机登录。

STEP 8 Windows 10系统可以通过【单击左下角**开始**图标⊞➲单击**设置**图标⚙➲网络和Internet➲如图4-3-12所示的**代理**】的方法来查看（而且无法更改这些设置，这是之前练习的策略设置的结果）。

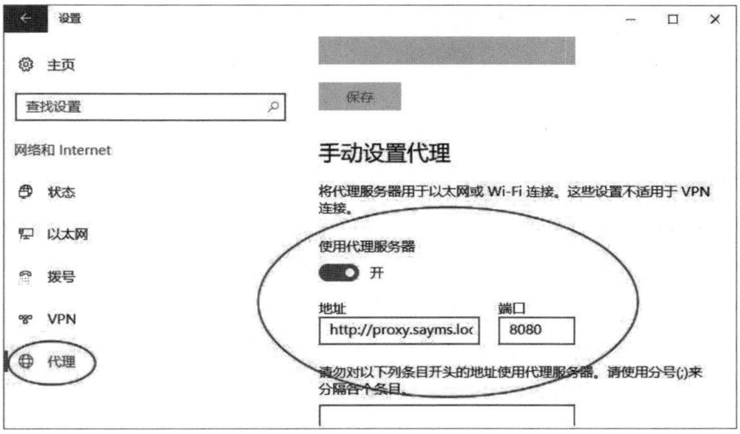

图 4-3-12

也可以通过【按Windows⊞+R键➲输入control后按Enter键➲网络和Internet➲Internet选项➲单击**连接**选项卡下的局域网设置按钮】来查看。

4.4 组策略的处理规则

域成员计算机在处理（应用）组策略时有一定的程序与规则，系统管理员必须了解它们，才能够通过组策略来充分地掌控用户与计算机的环境。

4.4.1 通用的继承与处理规则

组策略设置是有继承性的，也有一定的处理规则：

- 如果在高层父容器的某个策略被设置，但是在其下低层子容器并未配置此策略，则低层子容器会继承高层父容器的这个策略设置值。

  以图4-4-1为例，位于高层的域sayms.local的GPO内，若其**禁止访问【控制面板】和计算机设置**策略被设置为**已启用**，但位于低层的组织单位**业务部**的这个策略被设置为**未配置**，则**业务部**会继承sayms.local的设置值，也就是**业务部**的**禁止访问【控制面板】和计算机设置**策略是**已启用**。

  如果组织单位**业务部**之下还有其他子容器，并且它们的这些策略也被设置为**未配**

置，则它们也会继承这个设置值。

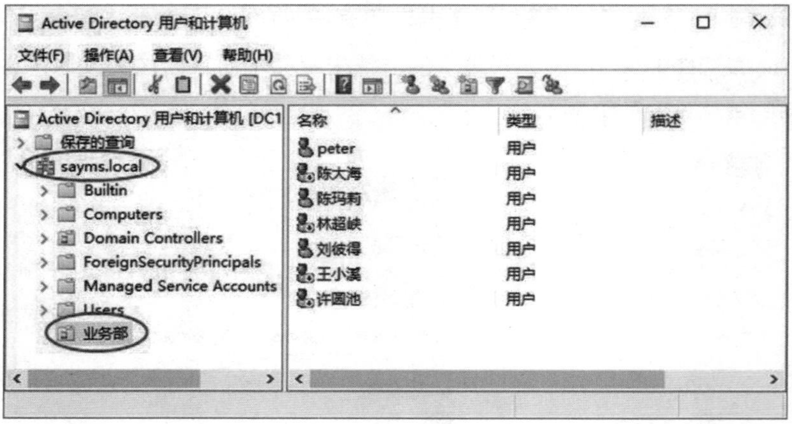

图4-4-1

- 如果在低层子容器内的某个策略被设置，则此设置值默认会覆盖由其高层父容器所继承的设置值。

  以图4-4-1为例，位于高层的域sayms.local的GPO内，如果其**禁止访问【控制面板】和计算机设置**策略被设置为**已启用**，但是位于低层的组织单位**业务部**的这个策略被设置为**已禁用**，则**业务部**会覆盖sayms.local的设置值，也就是对组织单位**业务部**来说，其**禁止访问【控制面板】和计算机设置**策略是**已禁用**。
- 组策略设置具有累加性，例如如果在组织单位**业务部**内建立了GPO，同时在站点、域内也都有GPO，则站点、域与组织单位内的所有GPO设置值都会被累加起来作为组织单位**业务部**的最后有效设置值。

  但如果站点、域与组织单位**业务部**之间的GPO设置发生冲突时，则优先级为：**组织单位的GPO**最优先、**域的GPO**次之、**站点的GPO**优先级最低。
- 如果组策略内的**计算机配置**与**用户配置**发生冲突，则以**计算机配置**优先。
- 如果将多个GPO链接到同一处，则所有这些GPO的设置都会被累加起来作为最后的有效设置值，但如果这些GPO的设置相互冲突时，则以**链接顺序**在前面的GPO设置为优先，例如图4-4-2中的**测试用的GPO**的设置优先于**防病毒软件策略**。

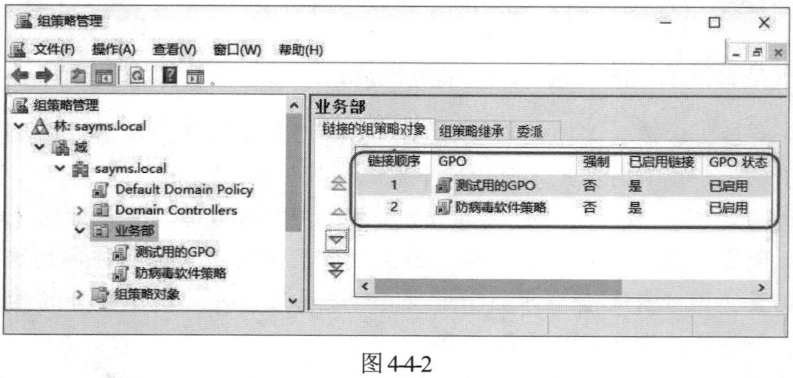

图4-4-2

> **本地计算机策略**的优先级最低，也就是说如果**本地计算机策略**内的设置值与“站点、域或组织单位”的设置相冲突时，则以站点、域或组织单位的设置优先。

4.4.2 例外的继承设置

除了通用的继承与处理规则外，还可以设置以下的例外规则。

1. 禁止继承策略

可以设置让子容器不要继承父容器，例如不让组织单位**业务部**继承域sayms.local的策略设置：请【如图4-4-3所示选中**业务部**并右击➲**阻止继承**】，此时组织单位**业务部**将直接以自己的GPO配置作为其设置值，如果其GPO内的设置为**未配置**，则采用默认值。

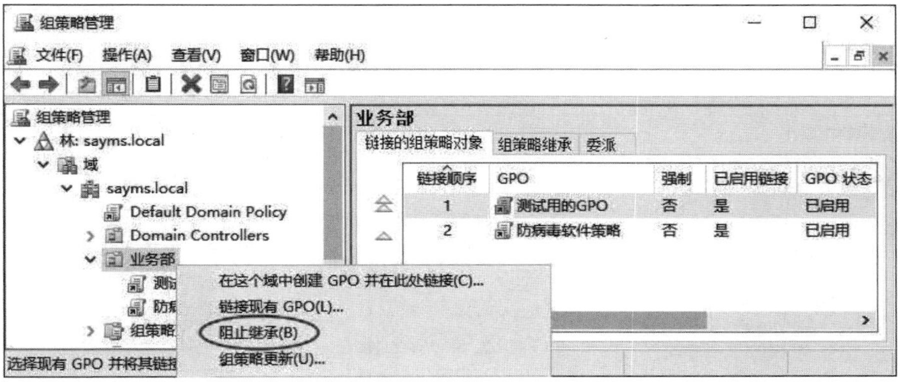

图 4-4-3

2. 强制继承策略

可以通过父容器来强制其下子容器必须继承父容器的GPO设置，不论子容器是否选用了**阻止继承**。例如若我们在图4-4-4中域sayms.local之下建立了一个GPO（**企业安全防护策略**），以便通过它来设置域内所有计算机的安全措施：【选中此策略并右击➲**强制**】来强制其下的所有组织单位都必须继承此策略。

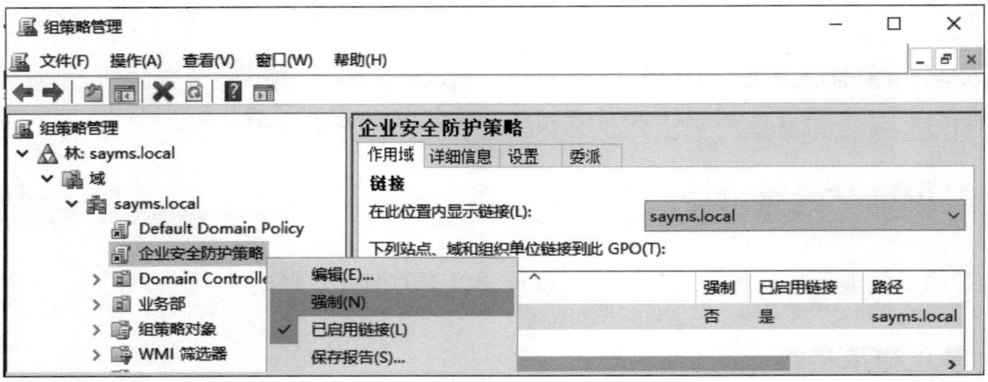

图4-4-4

3. 筛选组策略设置

以组织单位**业务部**为例，当针对此组织单位建立GPO后，此GPO的设置会被应用到这个组织单位内的所有用户与计算机，如图4-4-5所示默认是被应用到Authenticated Users组（身份经过确认的用户）。

图4-4-5

不过也可以让此GPO不要应用到特定的用户或计算机，例如此GPO对所有业务部员工的工作环境做了某些限制，但是却不想将此限制应用于业务部经理。位于组织单位内的用户与计算机，默认对该组织单位的GPO都具备**读取**与**应用组策略**权限，可以【如图4-4-6所示单击GPO（例如**测试用的GPO**）➲单击**委派**选项卡➲单击高级按钮➲选择Authenticated Users】来查看。

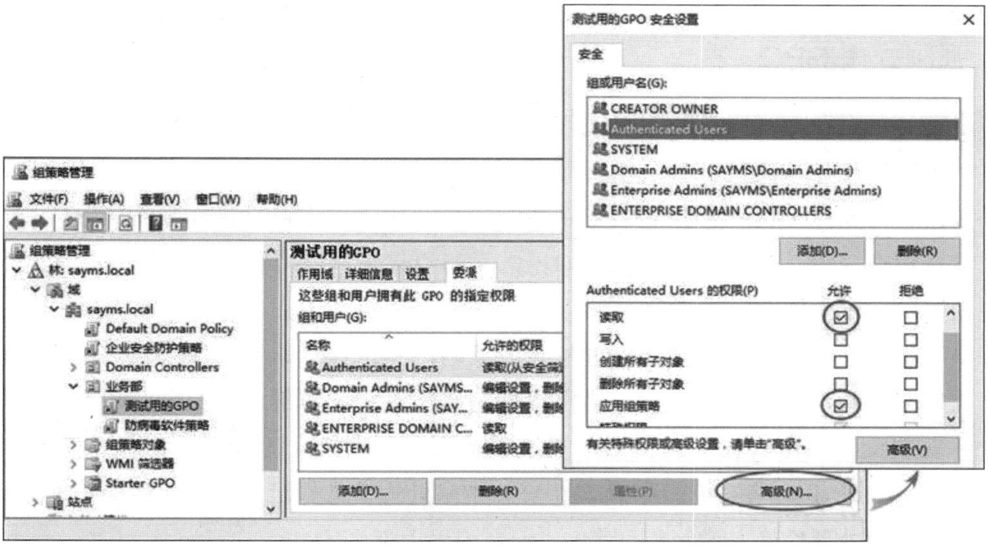

图4-4-6

如果不想将此GPO的设置应用到组织单位**业务部**内的用户Peter：【单击前面图4-4-6中的添加按钮➲选择用户Peter➲如图4-4-7所示将Peter的**应用组策略**权限设置为**拒绝**即可】。

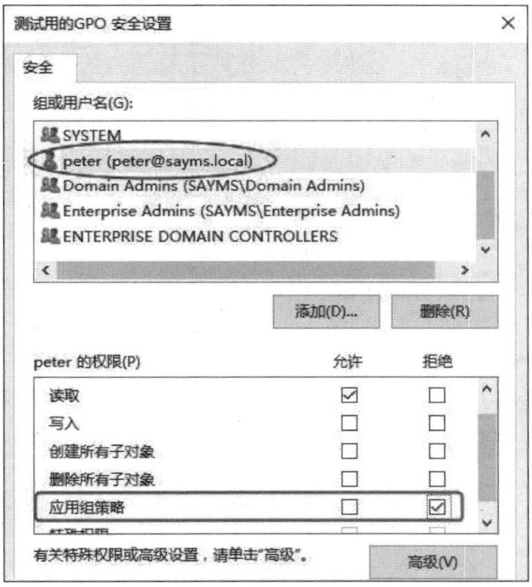

图4-4-7

4.4.3　特殊的处理设置

这些特殊处理设置包含强制处理GPO、慢速连接的GPO处理、环回处理模式与禁用GPO等。

1. 强制处理 GPO

客户端计算机在处理组策略的设置时，只会处理上次处理过后的最新变更策略，这种做法虽然可以提高处理策略的效率，但有时候却无法达到所期望的目标，例如在GPO内对用户做了某项限制，在用户因这个策略而受到限制之后，如果用户自行将此限制删除，则当下一次用户计算机在应用策略时，会因为GPO内的策略设置值并没有变更而不处理此策略，因而无法自动将用户自行更改的设置改回来。

解决方法是强制客户端一定要处理指定的策略，不论该策略设置值是否有变化。可以针对不同策略来单独设置。举例来说，假设要强制组织单位**业务部**内所有计算机必须处理（应用）**软件安装策略**：在**测试用的GPO**的设置中选用【计算机配置➲策略➲管理模板➲系统➲如图4-4-8所示双击**组策略**右侧的**配置软件安装策略处理**➲选择**已启用**➲勾选**即使尚未更改组策略对象也进行处理**➲单击确定按钮】。

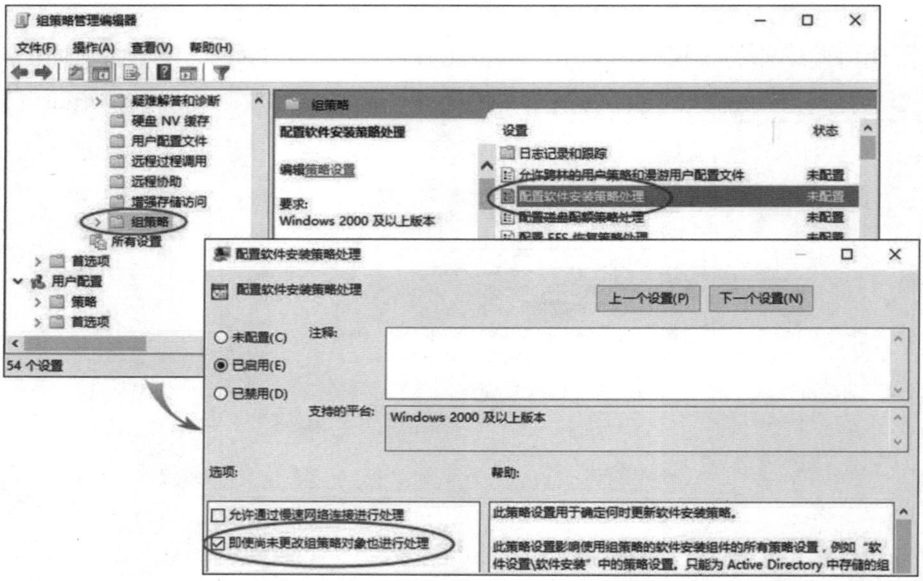

图4-4-8

> 只要策略名称最后两个字是**处理**（processing）的策略设置都可以做类似的更改。

如果要手动让计算机来强制处理（应用）所有的计算机策略或用户策略设置，可以分别执行gpupdate/target:computer/force命令或gpupdate/target:user/force命令；而gpupdate/force命令可同时强制处理计算机与用户配置。

2. 慢速连接的 GPO 处理

可以让域成员计算机自动检测其与域控制器之间的连接速度是否太慢，如果是，就不要应用位于域控制器内指定的组策略设置。除了图4-4-9中**配置注册表策略处理**与**配置安全策略处理**这两个策略之外（无论是否慢速连接都会应用），其他策略都可以设置为慢速连接不应用。

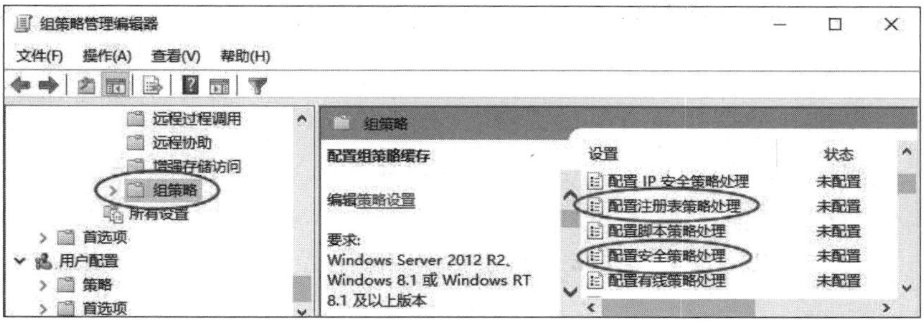

图 4-4-9

假设要求组织单位**业务部**内的每一台计算机都要自动检测是否为慢速连接：请在**测试用的GPO**的**计算机配置**窗口中，如图4-4-10所示【双击**组策略**右侧的**配置组策略慢速链接检测**➲选择**已启用**➲在**连接速度**处输入慢速连接的定义值➲单击确定按钮】，图中我们设置只要连接速度低于500 Kbps，就视为慢速。如果要禁用或未配置此策略，则默认也是将低于500 Kbps视为慢速连接。

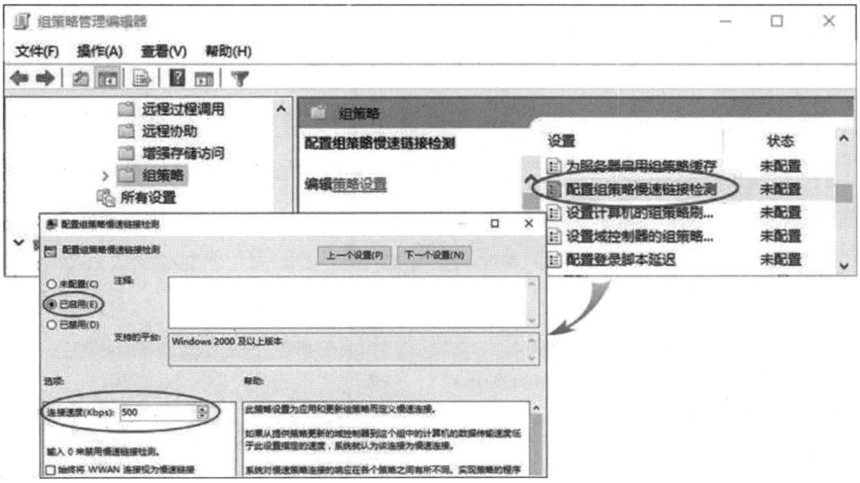

图 4-4-10

接下来假设组织单位**业务部**内的每一台计算机与域控制器之间即使是慢速连接，也需要应用**软件安装策略处理**策略，其设置方法与前面图4-4-8相同，不过此时需在前景图中勾选**允许通过慢速网络连接进行处理**。

3. 环回处理模式

一般来说，系统会根据用户或计算机账户在AD DS内的位置，决定如何将GPO设置值应用到用户或计算机。例如如果服务器SERVER1的计算机账户位于组织单位**服务器**内，此组织单位有一个名称为**服务器GPO**的GPO，而用户Jackie的用户账户位于组织单位**业务部**内，此组织单位有一个名称为**测试用的GPO**的GPO，则当用户Jackie在SERVER1上登录域时，在正常的情况下，他的用户环境是由**测试用的GPO**的**用户配置**来决定的，不过他的计算机环境是由**服务器GPO**的**计算机配置**来决定的。

然而如果在**测试用的GPO**的**用户配置**内，设置让组织单位**业务部**内的用户登录时，就自动为他们安装某个应用程序，则这些用户到任何一台域成员计算机上（包含SERVER1）登录时，系统将为他们在这台计算机内安装此应用程序，但是却不想替他们在这台重要的服务器SERVER1内安装应用程序，此时如何来解决这个问题呢？可以启用**环回处理模式**（loopback processing mode）。

如果在**服务器GPO**启用了**环回处理模式**，则不论用户账户是位于何处，只要用户是利用组织单位**服务器**内的计算机（包含服务器SERVER1）登录，则用户的工作环境可改由**服务器GPO**的**用户配置**来决定，这样Jackie到服务器SERVER1登录时，系统就不会替他安装应用程序。**环回处理模式**分为两种模式：

- **替换模式**：直接改由**服务器GPO**的用户配置来决定用户的环境，而忽略**测试用的GPO**的用户配置。
- **合并模式**：先处理**测试用的GPO**的用户配置，再处理**服务器GPO**的用户配置，如果两者发生冲突，则以**服务器GPO**的用户配置优先。

假设我们要在服务器GPO内启用环回处理模式：请在服务器GPO的计算机配置界面中【如图4-4-11所示双击**组策略**右侧的**配置用户组策略环回处理模式**➲选择**已启用**➲在**模式**处选择**替换**或**合并**】。

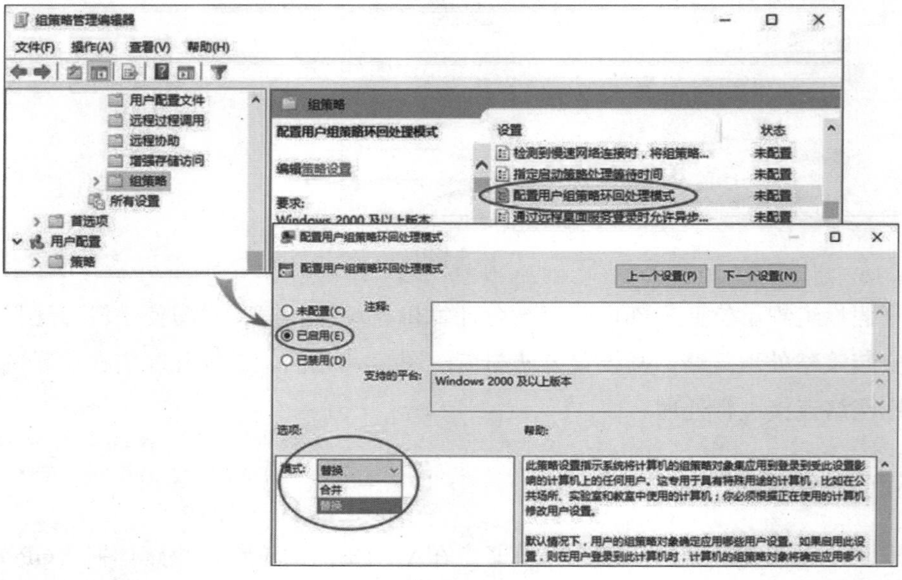

图4-4-11

4. 禁用 GPO

如果需要，可以将整个GPO禁用，或单独将GPO的**计算机配置**或**用户配置**禁用。以**测试用的GPO**为例来说明：

- 如果要将整个GPO禁用，请如图4-4-12所示选中**测试用的GPO**并右击，然后取消勾选**已启用链接**。

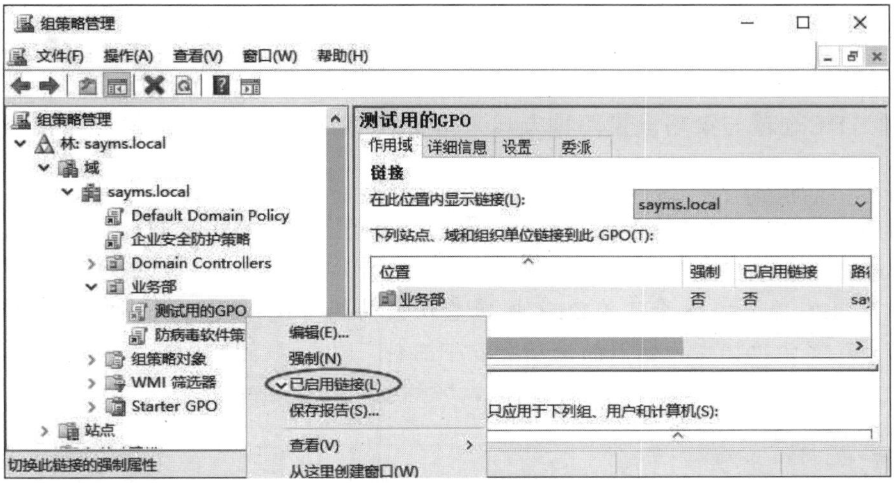

图 4-4-12

- 如果要将GPO的**计算机配置**或**用户配置**单独禁用：先进入**测试用的GPO**的编辑窗口➲如图4-4-13所示单击**测试用的GPO**➲单击上方**属性**图标➲勾选**禁用计算机配置设置**或**禁用用户配置设置**。

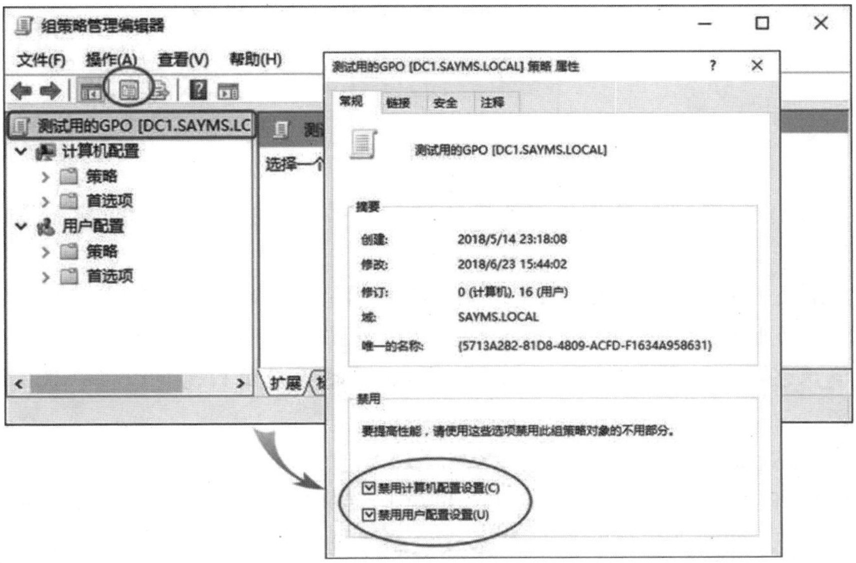

图 4-4-13

4.4.4 更改管理GPO的域控制器

当新建、修改或删除组策略设置时，这些更改默认是先被存储到扮演**PDC模拟器操作主机**角色的域控制器，然后再由它将其复制到其他域控制器，域成员计算机再通过域控制器来应用这些策略。

但如果管理员在上海，可是**PDC模拟器操作主机**却在广州，此时上海的管理员希望其针对上海员工所设置的组策略，能够直接存储到位于上海的域控制器，以便上海的用户与计算机能够通过这台域控制器来快速应用这些策略。

可以通过**DC选项**与**策略设置**两种方式来将管理GPO的域控制器从**PDC模拟器操作主机**更改为其他域控制器：

- **利用DC选项**：假设供上海分公司使用的GPO为**上海分公司专用GPO**，则请进入编辑此GPO的窗口（**组策略管理编辑器**窗口），然后如图4-4-14所示【单击**上海分公司专用GPO**➲选择**查看**菜单➲**DC选项**➲在前景图中选择要用来管理组策略的域控制器】。图中选择域控制器的选项有以下三种：

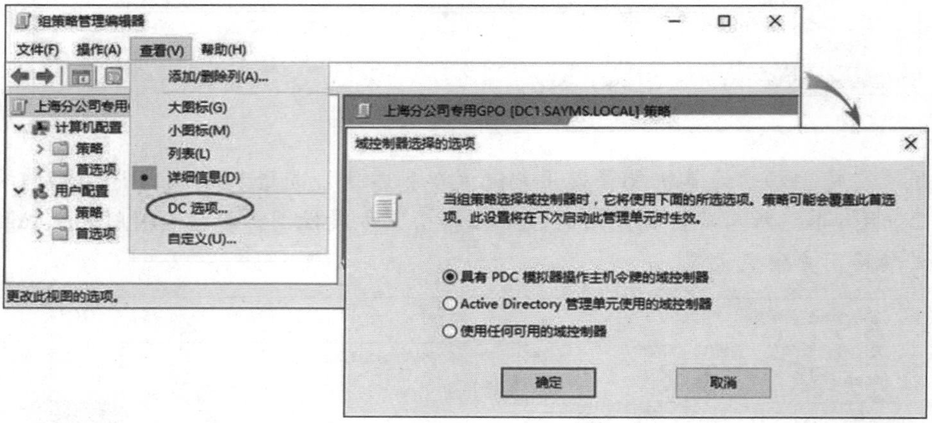

图4-4-14

  - **具有PDC 模拟器操作主机令牌的域控制器**：也就是使用PDC模拟器操作主机，这是默认值，也是建议值。
  - **Active Directory管理单元使用的域控制器**：当管理员执行组策略管理编辑器时，此组策略管理编辑器所连接的域控制器就是我们要选用的域控制器。
  - **使用任何可用的域控制器**：此选项让**组策略管理编辑器**可以任意挑选一台域控制器。

- **利用策略设置**：假设要针对上海管理员来设置。我们需要针对其用户账户所在的组织单位来设置：如图4-4-15所示进入编辑此组织单位的GPO窗口（**组策略管理编辑器**窗口）后，双击右侧的**配置组策略域控制器选择**，然后如图所示来选择域控制器，图中的选项说明同上，其中**主域控制器**就是**PDC模拟器操作主机**。

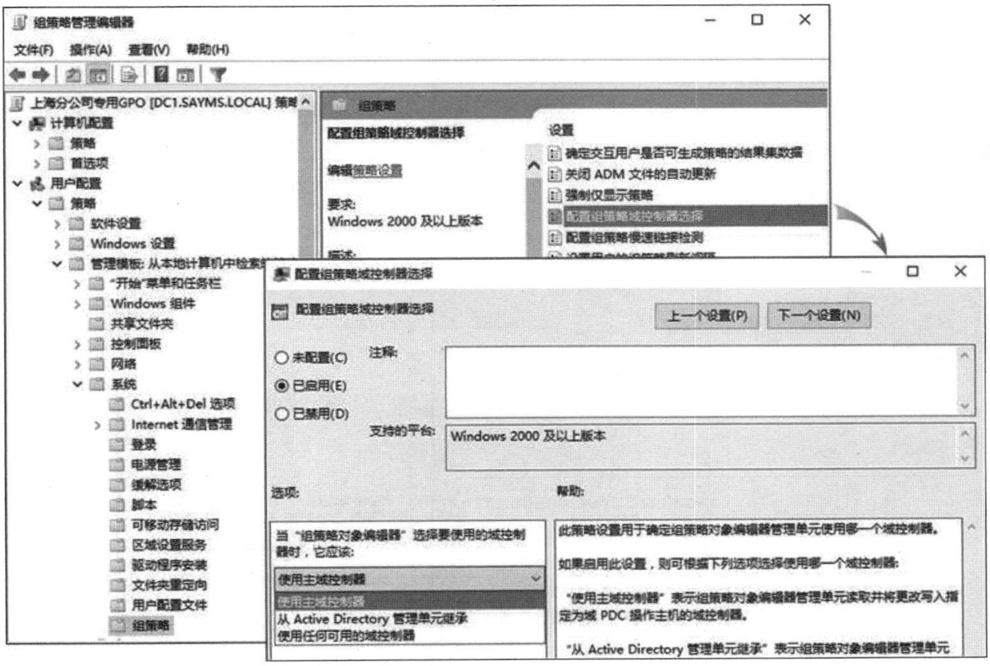

图 4-4-15

4.4.5 更改组策略的应用间隔时间

我们在前面已经介绍过域成员计算机与域控制器何时会应用组策略的设置，这些设置值是可以更改的，但建议不要将更新组策略的间隔时间设置得太短，以免增加网络负担。

1. 更改计算机配置的应用间隔时间

例如要更改组织单位**业务部**内所有计算机应用**计算机配置**的间隔时间：请在**测试用的GPO**的**计算机配置**界面中，如图4-4-16所示【双击**组策略**右侧的**设置计算机的组策略刷新间隔**➲选择**已启用**➲通过前景图来设置➲单击确定按钮】，图中设置为每隔90分钟加上0~30分钟的随机值，也就是90~120分钟应用一次。如果禁用或未配置此策略，则默认就是90~120分钟应用一次。如果应用间隔设置为0分钟，则会每隔7秒钟应用一次。

如果要更改域控制器的应用**计算机配置**的间隔时间，请针对组织单位Domain Controllers内的GPO来设置（例如Default Domain Controllers GPO），其策略名称是**设置域控制器的组策略刷新间隔**（参见图4-4-16中背景图），在双击此策略后，如图4-4-17所示可知其默认是每隔5分钟应用组策略一次。如果禁用或未配置此策略，则默认就是每隔5分钟应用一次。如果将应用间隔时间设置为0分钟，则会每隔7秒钟应用一次。

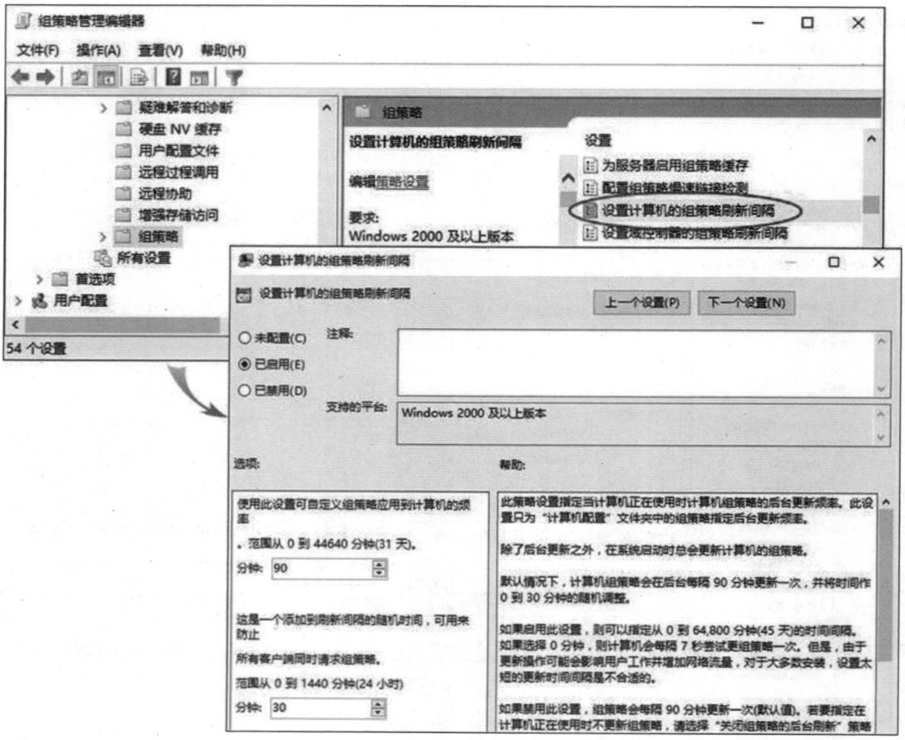

图 4-4-16

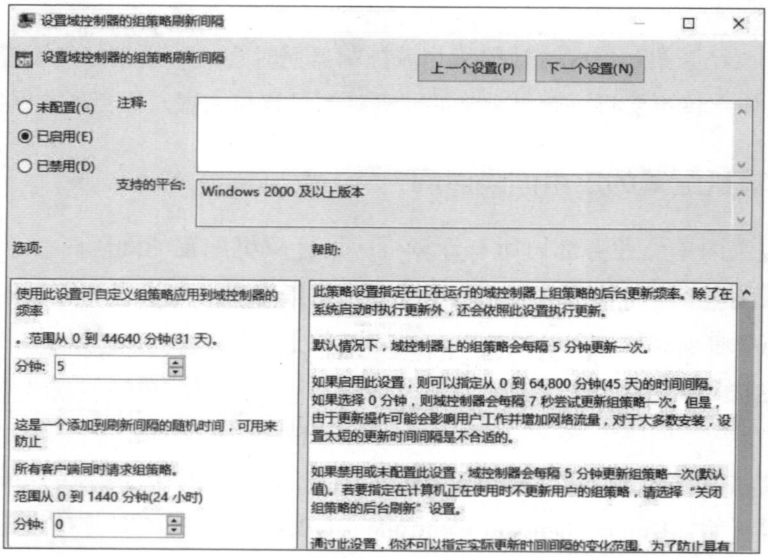

图 4-4-17

2. 更改用户配置的应用间隔时间

例如要更改组织单位**业务部**内所有用户应用**用户配置**的间隔时间，请在**测试用的GPO**的**用户配置**窗口中，通过图4-4-18中**组策略**右侧的**设置用户的组策略刷新间隔**来设置，其默认也是每隔90分钟加上0~30分钟的随机值，也就是每隔90~120分钟应用一次。如果禁用或未配置此策略，则默认就是每隔90~120分钟应用一次。如果将间隔时间设置为0，则会每隔7秒应用一次。

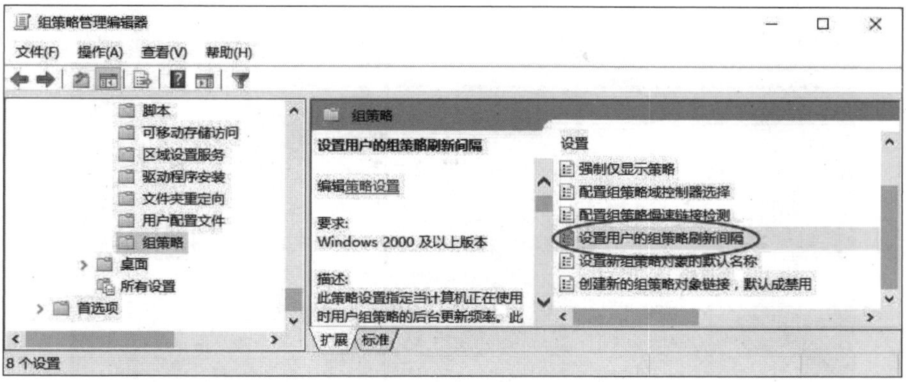

图4-4-18

4.5 利用组策略来管理计算机与用户环境

我们将通过以下几个设置来说明如何管理计算机与用户的工作环境：计算机配置的**管理模板策略**、用户配置的**管理模板策略**、**账户策略**、**用户权限分配策略**、**安全选项策略**、**登录/注销/启动/关机脚本**与**文件夹重定向**等。

4.5.1 计算机配置的管理模板策略

计算机配置的**管理模板**策略是在【**计算机配置➲策略➲管理模板**】中，此处仅列举几个设置（如果要利用Win10PC1来练习，可以通过Default Domain Policy GPO）：

- **显示关闭事件跟踪程序**：如果禁用此策略，则用户将计算机关机时，系统就不会再要求用户提供关机的理由。其设置方法为【**系统➲**双击右侧的**显示关闭事件跟踪程序**】。默认会将**关闭事件跟踪程序**显示在服务器计算机上（例如Windows Server 2019，如图4-5-1所示），而工作站计算机（例如Windows 10）不会显示。可以针对服务器、工作站或两者来设置。

图4-5-1

- **显示用户上次交互式登录的信息**：用户登录时屏幕上会显示用户上次成功、失败登录的日期与时间；自从上次登录成功后，登录失败的次数等信息（见图4-5-2）。其设置方法为【**Windows组件**➲**Windows登录选项**➲双击右侧的**在用户登录期间显示有关以前登录的信息**】。客户端计算机必须是Windows Vista以上。

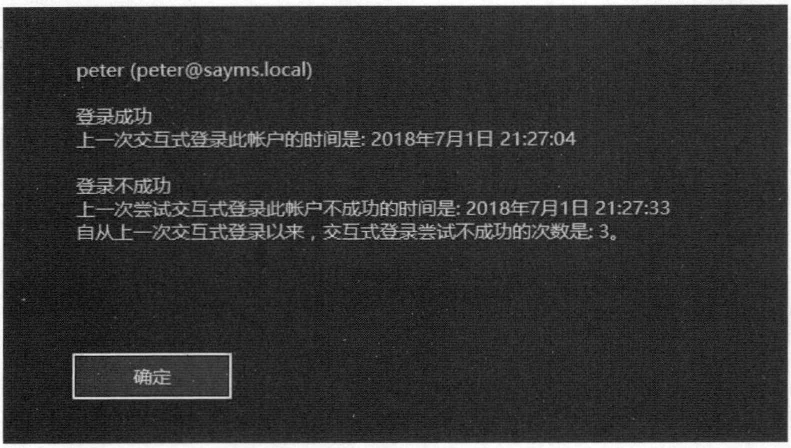

peter (peter@sayms.local)
登录成功
上一次交互式登录此帐户的时间是: 2018年7月1日 21:27:04
登录不成功
上一次尝试交互式登录此帐户不成功的时间是: 2018年7月1日 21:27:33
自从上一次交互式登录以来，交互式登录尝试不成功的次数是: 3。
确定

图4-5-2

如果域功能级别不是Windows Server 2008（含）以上，请勿启用此策略，否则用户在成员计算机登录时会有无法获取登录信息的警告界面，也无法登录。

可以通过【打开**Active Directory管理中心**➲双击用户账户➲单击**扩展**➲单击**属性编辑器**】的方法查看该用户的属性值（例如**msDS-LastSuccessfulInteractiveLogonTime**、**msDS-LastFailedInteractiveLogonTime**、**msDS-FailedInteractiveLogonCountAtLast-SuccessfulLogon**等）。

也可以使用【打开**Active Directory用户和计算机**➲单击**查看**菜单➲高级功能➲选中用户账户并右击➲属性➲单击**属性编辑器**选项卡➲从**属性**列表中查看这些属性值】。

4.5.2 用户配置的管理模板策略

我们在**策略设置实例演练二**：**用户配置**中已经练习过**管理模板**策略，此处仅说明几个常用设置，它们是在【**用户配置**➲**策略**➲**管理模板**】内（如果要练习，可通过**业务部**的**测试用的GPO**）：

- **限制用户可以或不可以执行特定的Windows应用程序**：其设置方法为【**系统**➲双击右侧的**只运行指定的Windows应用程序**或**不运行指定的Windows应用程序**】。在添加程序时，请输入该应用程序的执行文件名，例如eMule.exe。

Q 如果用户利用**文件资源管理器**更改此程序的文件名，这个策略是否就无法发挥作用了？

A 是的，不过可以利用第6章的**软件限制策略**来达到限制用户执行此程序的目的，即使其文件名被改名。

- **桌面墙纸**：指定用户登录后的桌面墙纸，而且用户无法更改。其设置方法为：【桌面➲桌面】，支持.bmp与.jpg文件。
- **禁用按Ctrl + Alt + Delete键后所出现界面中的选项**：用户按这3个键后，将无法选用界面中被禁用的按钮，例如更改密码按钮、启动任务管理器按钮、注销按钮等。其设置方法为：【**系统➲Ctrl+Alt+Delete选项**】。
- **隐藏和禁用桌面上的所有项目**：其设置方法为【**桌面➲隐藏并禁用桌面上的所有项目**】。用户登录后的传统桌面上所有项目都会被隐藏、选中桌面并右击也无作用。
- **删除“Internet选项”中的部分选项卡**：用户【按⊞+R键➲输入control后按Enter键➲**网络和Internet➲Internet选项**】（或【单击左下角**开始**图标⊞➲单击**设置**图标⚙➲**网络和Internet➲网络和共享中心➲Internet选项**】），无法使用被删除的选项卡，例如**安全**、**连接**、**高级**等选项卡。其设置方法为【**Windows组件➲Internet Explorer**➲双击右侧的**Internet控制面板**】。
- **删除开始菜单中的关机、重启、睡眠及休眠命令**：其设置方法为【[开始]菜单和任务栏➲双击右侧**删除并阻止访问“关机”“重新启动”“睡眠”和“休眠”命令**】。用户的**开始**菜单中，这些功能的图标会被删除或无法使用、按Ctrl + Alt + Delete键后也无法使用它们。

4.5.3 账户策略

可以通过账户策略来设置密码的使用规则与账户锁定方式。在设置账户策略时请特别注意以下说明：

- 针对域用户所设置的账户策略需要通过**域级别的GPO**来设置才有效，例如通过域的Default Domain Policy GPO来设置，此策略会被应用到域内所有用户。通过站点或组织单位的GPO所设置的账户策略，对域用户没有作用。

  账户策略不但会被应用到所有的域用户账户，而且会被应用到所有域成员计算机内的本地用户账户。
- 如果要针对某个组织单位（如图4-5-3中的**金融部**）来设置账户策略，则这个账户策略只会被应用到位于此组织单位的计算机（例如图中的Win10PC101、Win10PC102、Win10PC103）的本地用户账户而已，但是对位于此组织单位内的域用户账户（例如图中的**王大杰**等）却没有影响。

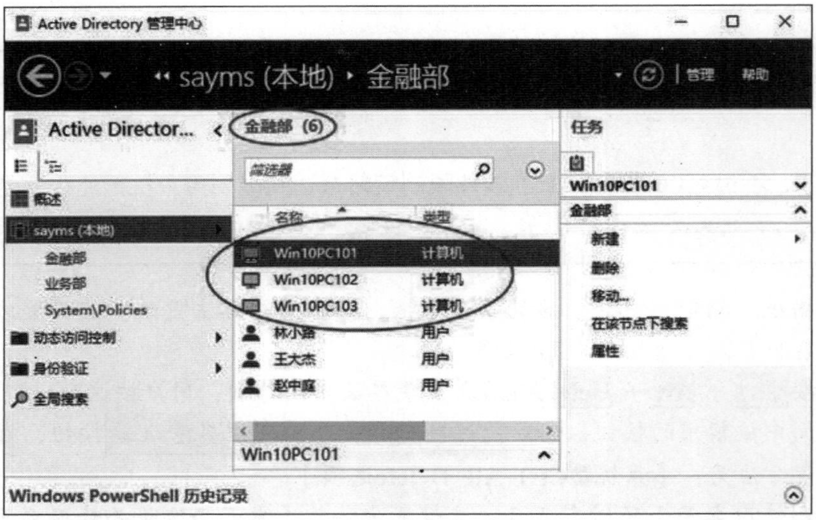

图 4-5-3

1. 如果域与组织单位都设置了账户策略，且设置有冲突时，则此组织单位内的成员计算机的本地用户账户会采用域的设置。

2. 域成员计算机也有自己的本地账户策略，不过若其设置与域/组织单位的设置发生冲突，则采用域/组织单位的设置。

要设置域账户策略，可通过【选中Default Domain Policy GPO（或其他域级别的GPO）并右击➲**编辑**➲如图4-5-4所示展开**计算机配置**➲**策略**➲**Windows设置**➲**安全设置**➲**账户策略**】的方法。

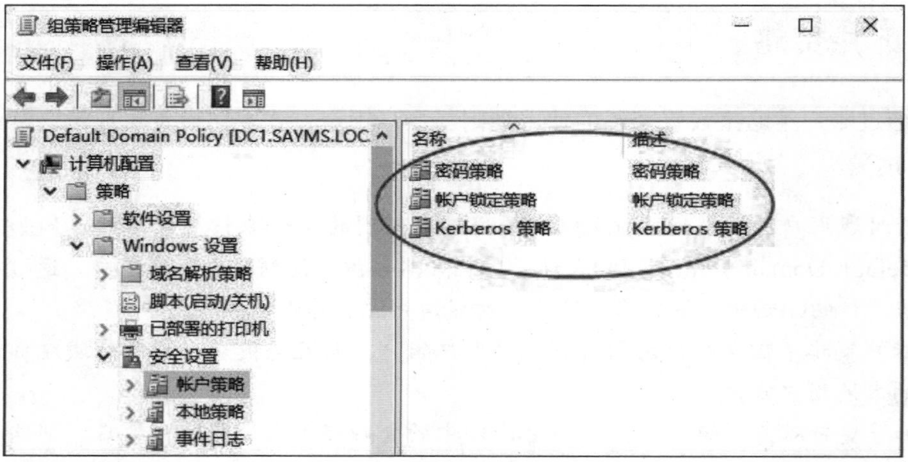

图 4-5-4

1. 密码策略

如图4-5-5所示单击**密码策略**后就可以设置以下策略：

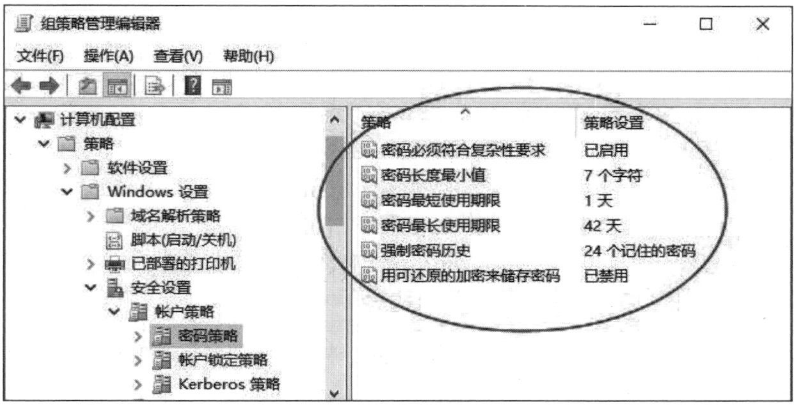

图4-5-5

- **用可还原的加密来储存密码**：如果有应用程序需要读取用户的密码，以便验证用户身份，就可以启用此功能，不过它相当于用户密码没有加密，因此不安全。默认为禁用。
- **密码必须符合复杂性要求**：如果启用此功能，则用户的密码需要：
  - 不能包含用户账户名称（指**用户SamAccountName**）或全名。
  - 长度至少要6个字符。
  - 至少需包含A～Z、a～z、0～9、非字母数字（例如!、$、#、%）等4组字符中的任意3组。

  因此123ABCdef是有效的密码，然而87654321是无效的，因为它只使用数字这一种字符。又例如若用户账户名称为mary，则123ABCmary是无效密码，因为包含用户账户名称。AD DS域与独立服务器默认是启用此策略的。
- **密码最长使用期限**：用来设置密码最长的使用期限（可为0～999天）。用户在登录时，如果密码使用期限已经到期，系统会要求用户更改密码。如果此处为0表示密码没有使用期限。AD DS域与独立服务器默认值都是42天。
- **密码最短使用期限**：用来设置用户密码的最短使用期限（可为0～998天），在期限未到前，用户不得更改密码。若此处为0表示用户可以随时更改密码。AD DS域的默认值为1，独立服务器的默认值为0。
- **强制密码历史**：用来设置是否要记录用户曾经使用过的旧密码，以便决定用户在更改密码时，是否可以重复使用旧密码。此处可被设置为：
  - 1~24：表示要保存密码历史记录。例如如果设置为5，则用户的新密码不能与前5次所使用过的旧密码相同。
  - 0：表示不保存密码历史记录，因此密码可以重复使用，也就是用户更改密码时，可以将其设置为以前曾经使用过的任何一个旧密码。

AD DS域的默认值为24，独立服务器的默认值为0。

- **密码长度最小值**：用来设置用户账户的密码最少需几个字符。此处可为0－14，若为0，表示用户账户可以没有密码。AD DS域的默认值为7，独立服务器的默认值为0。

2. 账户锁定策略

可以通过图4-5-6中的**账户锁定策略**来设置锁定用户账户的方式。

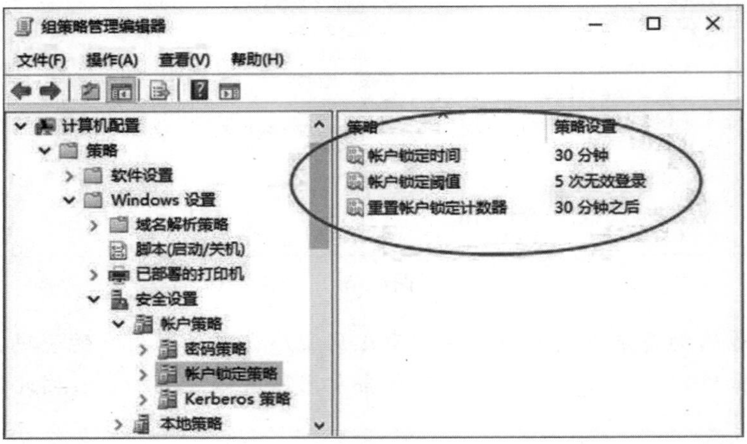

图4-5-6

- **账户锁定阈值**：可以让用户登录多次失败后（密码错误），就将该用户账户锁定，在未被解除锁定之前，用户无法再利用此账户来登录。此处用来设置登录失败次数，其值可为0～999。默认为0，表示账户永远不会被锁定。
- **账户锁定时间**：用来设置锁定账户的期限，期限过后会自动解除锁定。此处可为0～99999分钟，若为0分钟表示永久锁定，不会自动被解除锁定，此时需由管理员手动来解除锁定，也就是如图4-5-7所示单击用户账户属性的**账户**节处的**解锁账户**（账户被锁定后才会有此选项）。

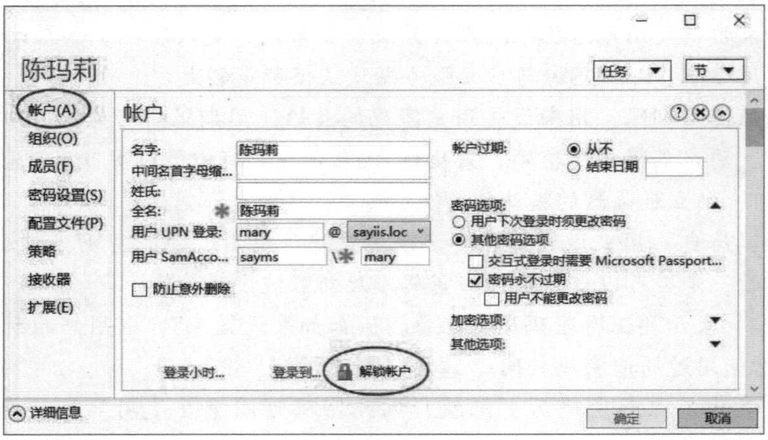

图4-5-7

- **重置账户锁定计数器**：“锁定计数器”是用来记录用户登录失败的次数，其起始值为0，如果用户登录失败，则锁定计数的值就会加1，如果登录成功，则此值会归零。如果锁定计数值等于前面所说的**账户锁定阈值**，该账户就会被锁定。在还未被锁定之前，如果用户前一次登录失败后，已经经过了此处所设置的时间，那么“锁定计数器”的值便会自动归0。

4.5.4　用户权限分配策略

可以通过图4-5-8中的**用户权限分配**来将执行特殊工作的权限分配给用户或组（此图是以Default Domain Policy GPO为例）。

图 4-5-8

如果要分配图4-5-8右侧任何一个权限给用户时：【双击该权限➲单击添加用户或组按钮➲选择用户或组】。以下列举几个常用的权限策略来说明：

- **允许本地登录**：允许用户在这台计算机前使用按Ctrl+Alt+Delete 键的方式登录。
- **拒绝本地登录**：与前一个权限刚好相反。此权限优先于前一个权限。
- **将工作站添加到域**：允许用户将计算机加入到域。

> 每一位域用户默认已经有10次将计算机加入域的机会，不过一旦拥有**将工作站添加到域**的权限后，其次数就没有限制。

- **关闭系统**：允许用户将此计算机关机。
- **从网络访问此计算机**：允许用户通过网络上其他计算机连接、访问这台计算机。
- **拒绝从网络访问此计算机**：与前一个权限相反。此权限优先于前一个权限。

- **从远程系统强制关机**：允许用户从远程计算机来将这台计算机关机。
- **备份文件和目录**：允许用户备份硬盘内的文件与文件夹。
- **还原文件和目录**：允许用户还原所备份的文件与文件夹。
- **管理审核和安全日志**：允许用户指定要审核的事件，也允许用户查询与清除安全日志。
- **更改系统时间**：允许用户更改计算机的系统日期与时间。
- **加载和卸载设备驱动程序**：允许用户加载与卸载设备的驱动程序。
- **取得文件或其他对象的所有权**：允许夺取其他用户所拥有的文件、文件夹或其他对象的所有权。

4.5.5 安全选项策略

可以通过如图4-5-9的**安全选项**方法来启用计算机的一些安全设置。图中以**测试用的GPO**为例，并列举以下几个安全选项策略：

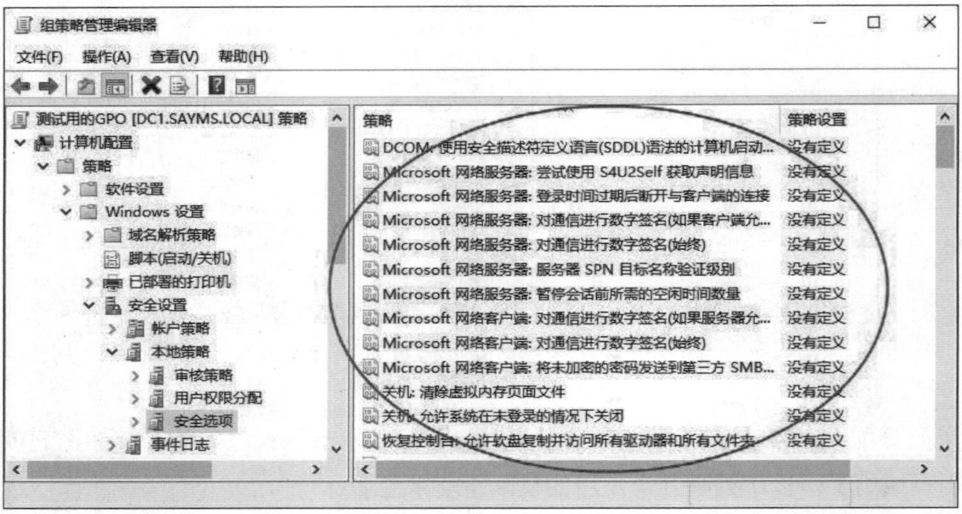

图4-5-9

- **交互式登录：无须按Ctrl+Alt+Delete键**。让登录界面不要显示类似**按Ctrl+Alt+Delete键登录**的消息（Windows 10等客户端的默认值。**交互式登录**就是在计算机前登录，而不是通过网络登录）。
- **交互式登录：不显示上次登录**。让客户端的登录界面上不要显示上一次登录者的用户名称。
- **交互式登录：提示用户在过期之前更改密码**。用来设置在用户的密码过期前几天，提示用户要更改密码。
- **交互式登录：之前登录待缓存的次数（域控制器不可用时）**。域用户登录成功后，其账户信息会被存储到用户计算机的缓存区，如果之后此计算机因故无法与域控制器连接，该用户登录时还是可以通过缓存区的账户数据来验证身份与登录。可以通过此策略来设置缓存区内账户数据的数量，默认为记录10个登录用户的账户数据。

- **交互式登录：试图登录的用户的消息标题、试图登录的用户的消息文本**。如果希望在用户计算机前，能够显示需要他看到的登录提示消息，可通过这两个选项来设置，其中一个用来设置讯息的标题文字，一个用来设置讯息的内容。
- **关机：允许系统在未登录的情况下关闭**。让登录界面的右下角能够显示关机图标，以便在不需要登录的时候可直接通过此图标对计算机关机（这是Windows 10等客户端的默认值）。

4.5.6 登录/注销、启动/关机脚本

可以让域用户登录时，其系统就自动执行**登录脚本**（script）；当用户注销时，就自动执行**注销脚本**。另外也可以让计算机在开机启动时自动执行**启动脚本**，而关机时自动执行**关机脚本**。

1. 登录脚本的设置

以下利用文件名为**logon.bat**的批处理文件来练习登录脚本。请利用**记事本**（notepad）来建立此文件，其中只有一行如下所示的命令，它会在C:\之下新建文件夹TestDir：

```
mkdir c:\TestDir
```

> 利用**记事本**（notepad）来建立此文件时，在存储文件时，请在文件名logon.bat的前后加上双引号"，否则文件名会是错误的logon.bat.txt。

以下我们利用组织单位**业务部**的**测试用的GPO**来说明。

STEP 1　打开**服务器管理器**➲单击右上角**工具**➲**组策略管理**➲展开到组织单位**业务部**➲选中**测试用的GPO**并右击➲**编辑**。

STEP 2　如图4-5-10所示【展开**用户配置**➲策略➲**Windows设置**➲**脚本（登录/注销）**➲双击右侧的**登录**➲单击显示文件按钮】。

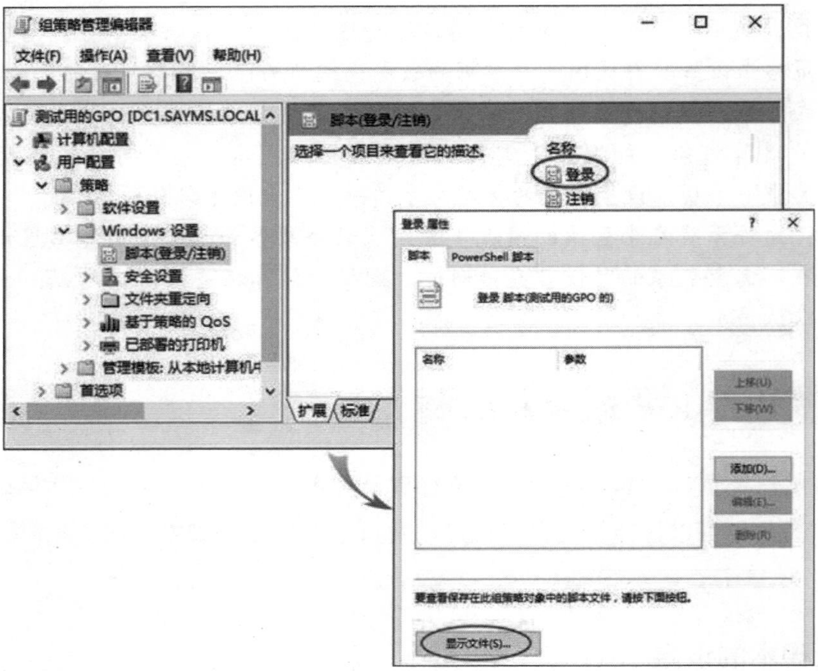

图 4-5-10

STEP 3　出现图4-5-11的窗口时，请将登录脚本文件logon.bat粘贴到窗口中的文件夹内，此文件夹是位于域控制器的SYSVOL文件夹内，其完整路径为（其中的*GUID*是**测试用的GPO**的GUID）：

%*systemroot*%\SYSVOL\sysvol*域名*\Policies\{*GUID*}\User\Scripts\Logon

图 4-5-11

STEP 4　请关闭图4-5-11所示的窗口、回到前面图4-5-10的前景图时单击添加按钮。

STEP 5　在图4-5-12中通过浏览按钮来从前面图4-5-11的文件夹内选择登录脚本文件**logon.bat**。完成后单击确定按钮。

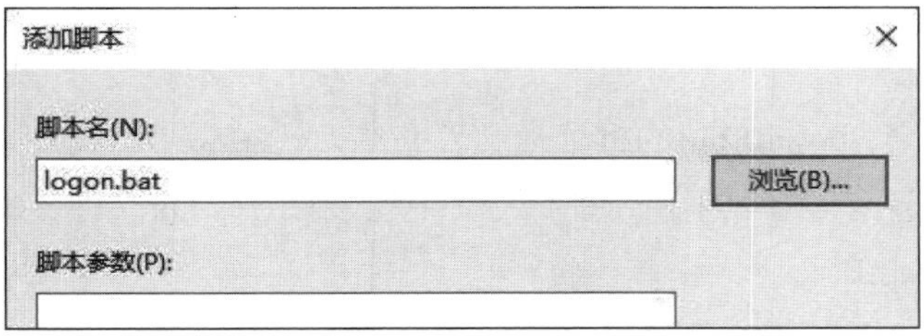

图 4-5-12

STEP 6 回到图4-5-13的对话框时单击确定按钮。

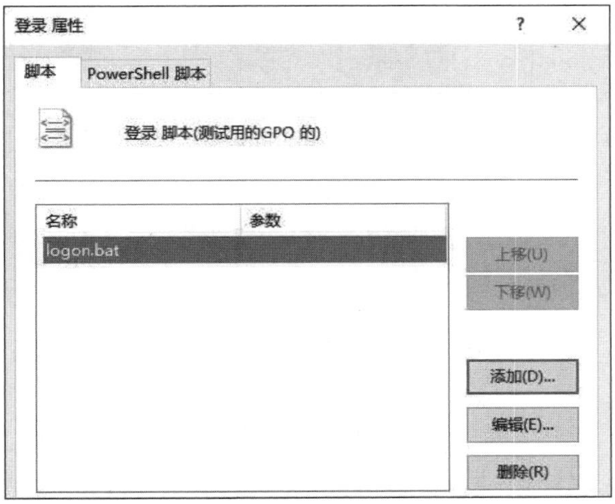

图 4-5-13

STEP 7 完成设置后，组织单位**业务部**内的所有用户登录时，系统就会自动执行登录脚本**logon.bat**，它会在C:\之下建立文件夹TestDir，请自行利用**文件资源管理器**来查看（见图4-5-14）。

图 4-5-14

如果客户端是Windows 8.1、Windows 8，可能需要等三五分钟才看得到上述登录脚本的执行结果。

2. 注销脚本的设置

以下是利用文件名为**logoff.bat**的批处理文件来练习注销脚本。请利用**记事本**（notepad）来建立此文件，其中只有一行如下所示的命令，它会将C:\TestDir文件夹删除：

```
rmdir  c:\TestDir
```

以下利用组织单位**业务部**的**测试用的GPO**来说明。

STEP 1　先将前一个登录脚本设置删除，也就是单击前面图4-5-13中的logon.bat后单击删除按钮，以免干扰验证本实验的结果。

STEP 2　以下演练的步骤与前一个登录脚本的设置类似，不再重复，不过在图4-5-10中背景图改选**注销**、文件名改为**logoff.bat**。

STEP 3　在客户端计算机【按⊞+R键➲执行gpupdate】以便立即应用上述策略的设置，或在客户端计算机上利用注销，再重新登录的方式来应用上述策略设置。

STEP 4　再注销，这时就会执行注销脚本**logoff.bat**来删除C:\TestDir，再登录后利用**文件资源管理器**来确认C:\TestDir已被删除（请先确认logon.bat已经删除，否则它又会建立此文件夹）。

3. 启动/关机脚本的设置

我们可以利用图4-5-15中组织单位**业务部**的**测试用的GPO**为例来说明，而且以图中计算机名为Win10PC1的计算机来练习启动/关机脚本。如果要练习的计算机不是位于组织单位**业务部**内，而是位于容器Computers内，则请通过域级别的GPO（例如Default Domain Policy）来练习，或将计算机账户移动到组织单位**业务部**。

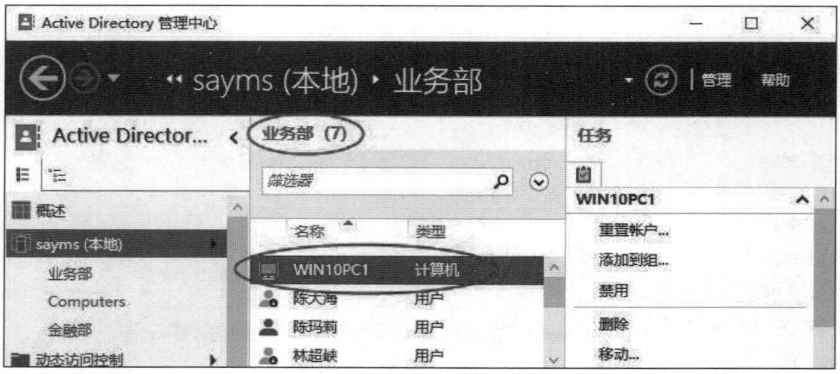

图 4-5-15

由于**启动/关机脚本**的设置步骤与前一个**登录/注销脚本**的设置类似，所以此处不再重复，不过在图4-5-16中改为通过**计算机配置**。可以直接利用前面的**登录/注销脚本**的范例文件来练习。

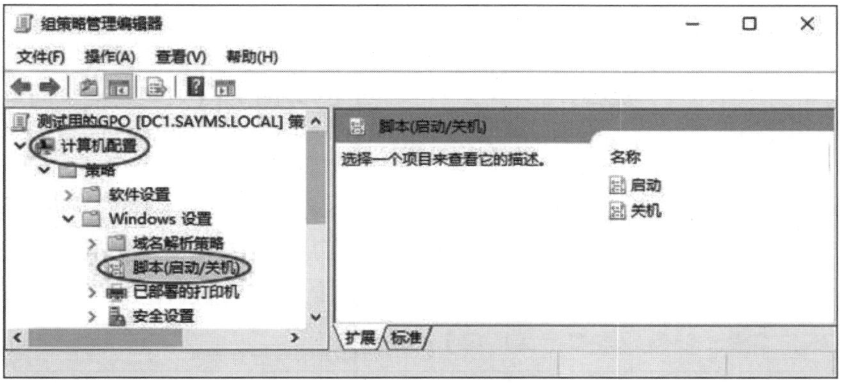

图 4-5-16

4.5.7 文件夹重定向

可以利用组策略来将用户的某些文件夹的存储位置，重定向到网络共享文件夹内，这些文件夹包含**文档**、**图片**、**音乐**等，如图4-5-17所示。

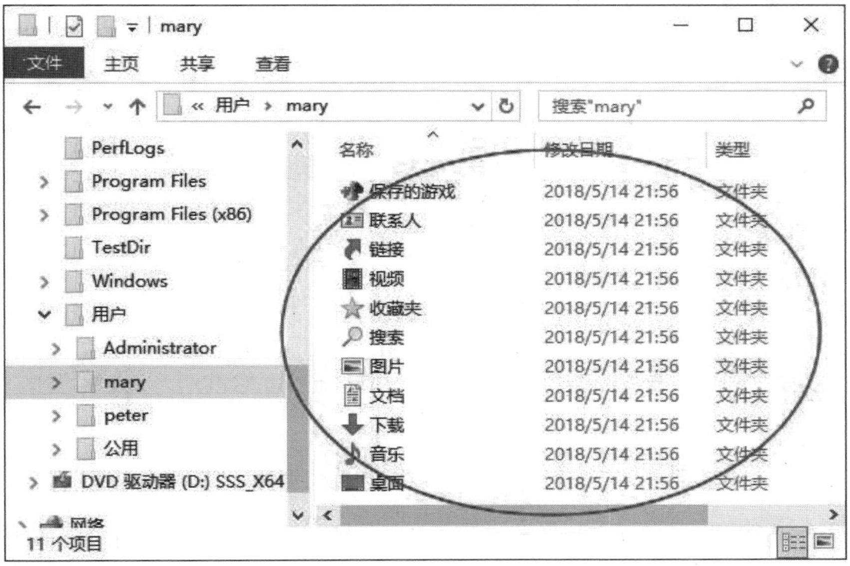

图 4-5-17

这些文件夹通常是存储在本地用户配置文件内，也就是**%SystemDrive%\用户*用户名***（或**%SystemDrive%\Users*用户名***）文件夹内，例如图4-5-17为用户mary的本地用户配置文档文件夹，因此用户换到另外一台计算机登录，就无法访问到这些文件夹，而如果能够将其存储位置改为（重定向到）网络共享文件夹，则用户到任何一台域成员计算机上登录时，都可通过此共享文件夹来访问这些文件夹内的文件。

1. 将“文档”文件夹重定向

我们利用将组织单位**业务部**内所有用户（包含mary）的**文档**文件夹重定向，来说明如何将此文件夹重定向到另一台计算机上的共享文件夹。

STEP 1　在任何一台域成员计算机上建立一个文件夹，例如我们在服务器dc1上建立文件夹C:\DocStore，然后要将组织单位**业务部**内所有用户的**文档**文件夹重定向到此目录内。

STEP 2　将此文件夹设置为**共享文件夹**、将权限**读取/写入**赋予Everyone（可通过【选中文件夹并右击➲授予访问权限➲特定用户】的方法）。

STEP 3　到域控制器上【打开**服务器管理器**➲单击右上角**工具**➲**组策略管理**➲展开到组织单位**业务部**➲选中**测试用的GPO**并右击➲**编辑**】。

STEP 4　如图4-5-18所示【展开**用户配置**➲**策略**➲**Windows设置**➲**文件夹重定向**➲选中**文档**并右击➲**属性**】。

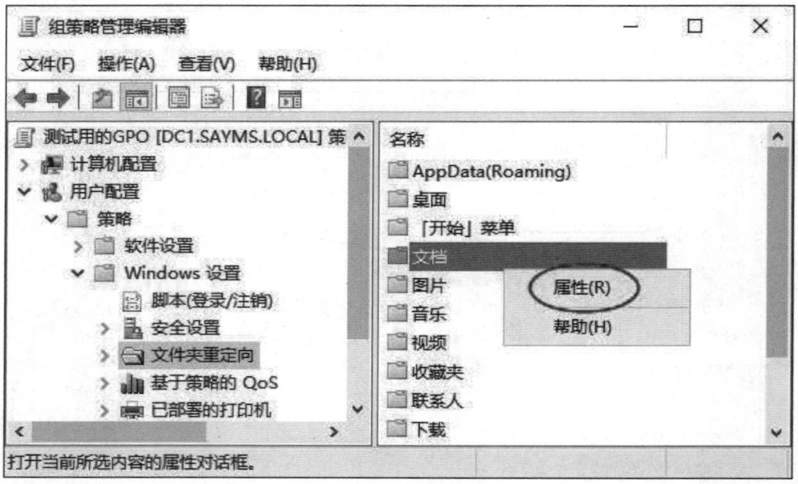

图 4-5-18

STEP 5　参照图4-5-19来设置，完成后单击**确定**按钮。图中的**根路径**指向我们所建立的共享文件夹\\dc1\DocStore，系统会在此文件夹之下自动为每一位登录的用户分别建立一个专用的文件夹，例如账户名称为mary的用户登录后，系统会自动在\\dc1\DocStore之下，建立一个名称为mary的文件夹。图中在**设置**处共有以下几种选择：

- **基本 – 将每个人的文件夹重定向到同一个位置**：它会将组织单位业务部内所有用户的文件夹都重定向。
- **高级 – 为不同的用户组指定位置**：它会将组织单位**业务部**内隶属于特定组的用户的文件夹重定向。
- **未配置**：也就是不重定向。

另外，图中的**目标文件夹位置**共有以下的选择：

- **重定向到用户的主目录**：如果用户账户内有指定主目录，则此选择可将文件夹重定向到其主目录。
- **在根目录路径下为每一用户创建一个文件夹**：如前面所述，它让每个用户各有一个专属的文件夹。
- **重定向到下列位置**：将所有用户的文件夹重定向到同一个文件夹。
- **重定向到本地用户配置文件位置**：重定向回原来的位置。

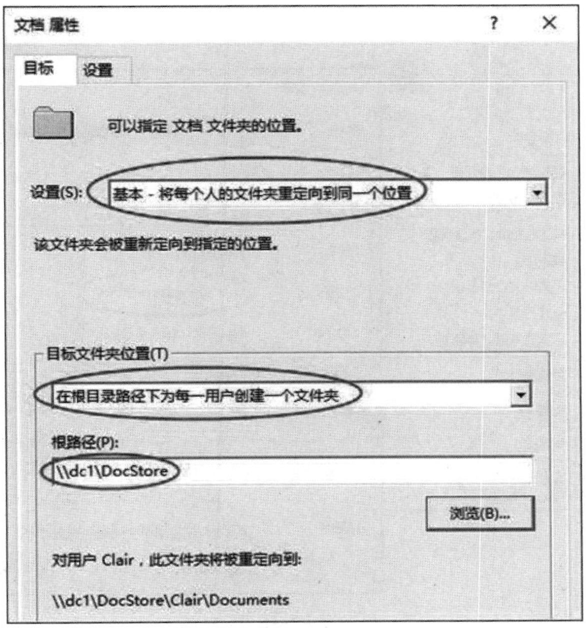

图 4-5-19

STEP 6 出现图4-5-20的对话框是在提醒我们需要另外设置，才能够将策略应用到旧版Windows系统，请直接单击是（Y）按钮继续（后面再介绍如何设置）。

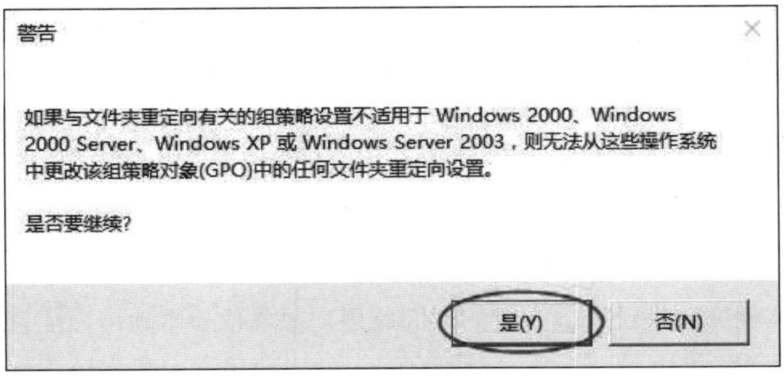

图 4-5-20

STEP 7 利用组织单位**业务部**内的任何一个用户账户到域成员计算机（以Windows 10为例）登录，以用户mary为例，mary的**文件**将被重定向到\\dc1\DocStore\mary\documents 文件夹

（也就是\\dc1\DocStore\mary\文档文件夹）。mary可以【打开**文件资源管理器**➲如图4-5-21所示选中**快速访问**或**此电脑**之下的**文档**并右击➲**属性**】来得知其**文档**文件夹是位于重定向后的新位置\\dc1\DocStore\mary。

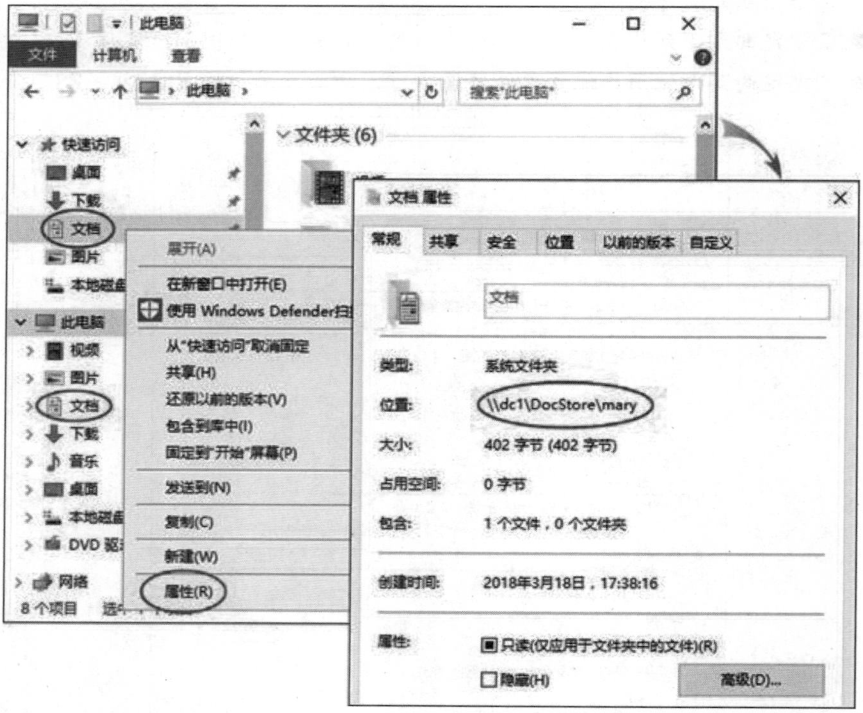

图 4-5-21

> 用户可能需要登录两次后，文件夹才会被重定向：用户登录时，系统默认并不会等待网络启动完成后再通过域控制器来验证用户，而是直接读取本地缓存的账户数据来验证用户，以便让用户快速登录。之后等网络启动完成，系统就会自动在后台应用策略。不过因为**文件夹重定向**策略与**软件安装**策略需要在登录时才有作用，因此本实验可能需要登录两次才能看到效果。如果用户第一次在此计算机登录，因缓存内没有该用户的账户数据，因此必须等网络启动完成，此时就可以取得最新的组策略设置值。
>
> 通过组策略来更改客户端默认值的方法为：【**计算机配置**➲**策略**➲**管理模板**➲**系统**➲**登录**➲**计算机启动和登录时总是等待网络**】。

由于用户的**文档**文件夹已经被重定向，因此用户原本位于本地用户配置文档文件夹内的**文档**文件夹将被删除，例如图4-5-22中为用户mary的本地用户配置文档文件夹的内容，其中已经看不到**文档**文件夹了。

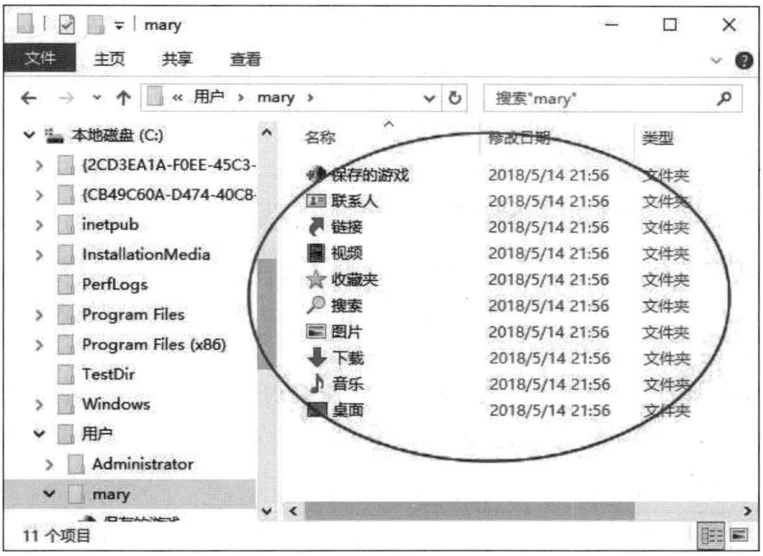

图 4-5-22

可以到共享文件夹所在的服务器dc1上，来检查此共享文件夹之下是否已经自动建立用户mary专属的文件夹，如图4-5-23所示的C:\DocStore\Mary \Documents文件夹就是mary的**文档**的新存储位置。

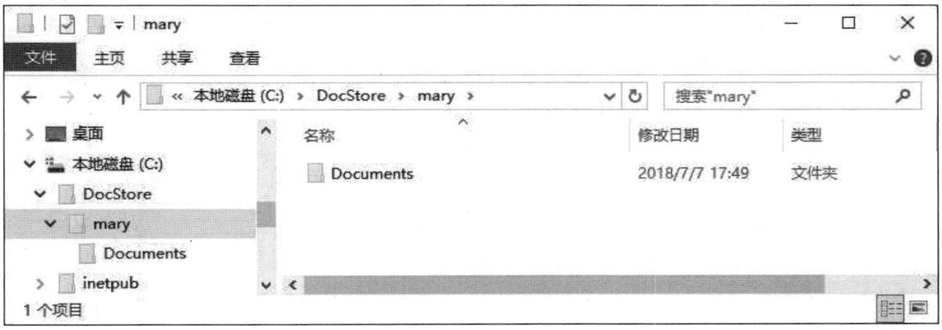

图 4-5-23

2. 文件夹重定向的好处

将用户的**文档**文件夹（或其他文件夹）重定向到网络共享文件夹后，就可以获得一系列管理优势，例如：

- 用户到网络上任何一台计算机登录域时，都可以访问到此文件夹。
- **文档**文件夹被重定向到网络服务器的共享文件夹后，其中的文件可通过信息部门的服务器定期备份工作，来让用户的文件多了一份保障。
- **文档**文件夹被重定向到服务器的网络共享文件夹后，管理员可以通过**磁盘配额**设置，来限制用户的**文档**在服务器内可使用的磁盘空间。

- **文档**文件夹默认是与操作系统在同一个磁盘内，在将其重定向到其他磁盘后，即使操作系统磁盘被格式化、重新安装，也不会影响到**文档**内的文件。

3. 文件夹重定向的其他设置值

可通过图4-5-24中的**设置**选项卡来设置以下选项（以**文档**文件夹为例）：

- **授予用户对文档的独占权限**：只有用户自己与系统对重定向后的新文件夹具备完全控制的权限，其他用户都无任何权限，管理员也没有权限。若未勾选此选项，则会继承其父文件夹的权限。
- **将文档的内容移到新位置**：它会将原文件夹内的文件移动到重定向后的新文件夹内。若未勾选此选项，则文件夹虽然会被重定向，但是原文件夹内的文件仍然会被留在原位置。

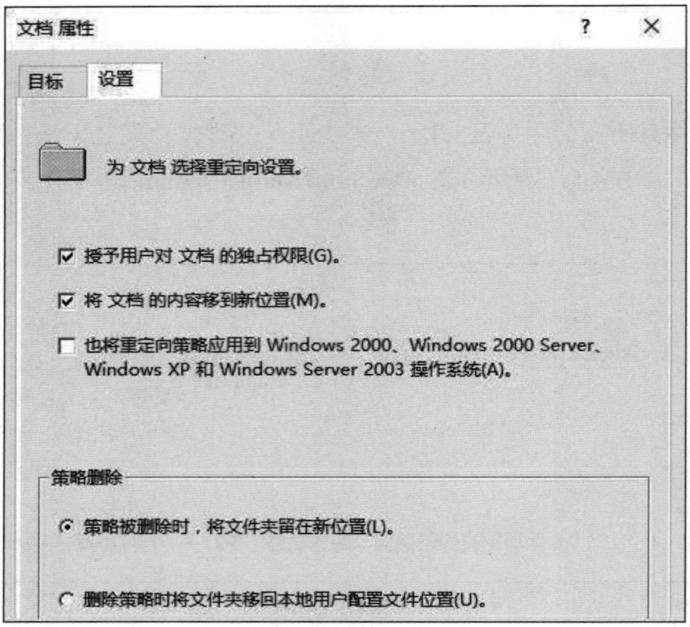

图4-5-24

- **也将重定向策略应用到Windows 2000、Windows 200 Server、Windows XP和Windows Server 2003操作系统**：重定向策略默认只会被应用到较新版的Windows系统，但勾选此选项后，便可应用到Windows 2000等旧系统。
- **策略删除**：用来设置当组策略删除后（例如GPO被删除或禁用），是否要将文件夹重定向回原来的位置，默认是不会，也就是仍然留在新文件夹。

4.6　利用组策略限制访问可移动存储设备

管理员可以利用组策略来限制用户访问**可移动存储设备**（removable storage device，例如U盘），以免企业内部员工轻易地通过这些存储设备将重要数据带离公司。

以组织单位为例，如果是针对**计算机配置**来设置这些策略，则任何域用户只要在这个组织单位内的计算机登录，就会受到限制；如果是针对**用户配置**来设置这些策略，则所有位于此组织单位内的用户到任何一台域成员计算机登录时，就会受到限制。

> 这些策略设置仅对Windows Vista（含）之后版本的Windows客户端有效。

系统提供了如图4-6-1右侧所示的策略设置（图中以**用户配置**为例）：

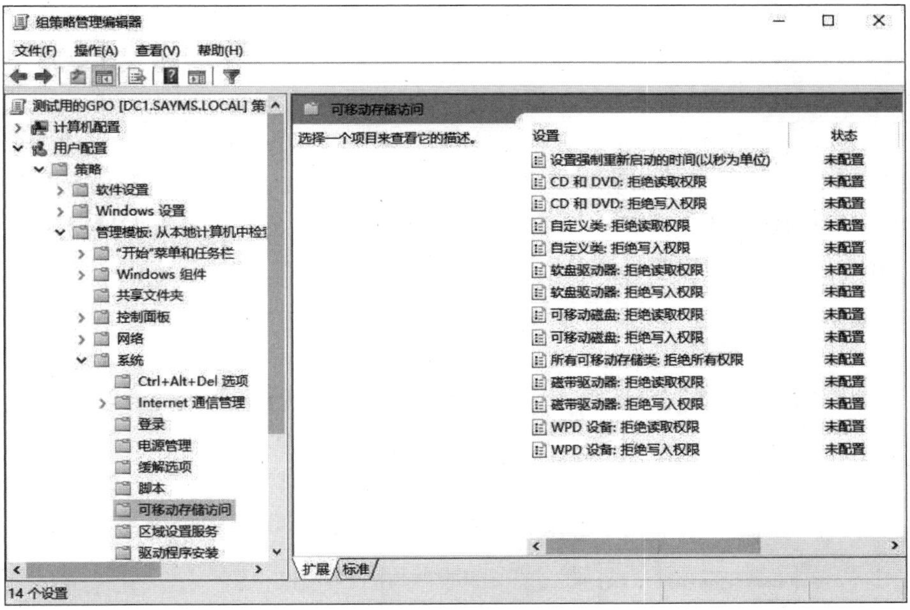

图4-6-1

- **设置强制重新启动的时间（以秒为单位）**：有些策略设置必须重新启动计算机才会应用，而如果如图4-6-2所示启用这个策略，则系统就会在图中指定的时间到达时自动重新启动计算机。

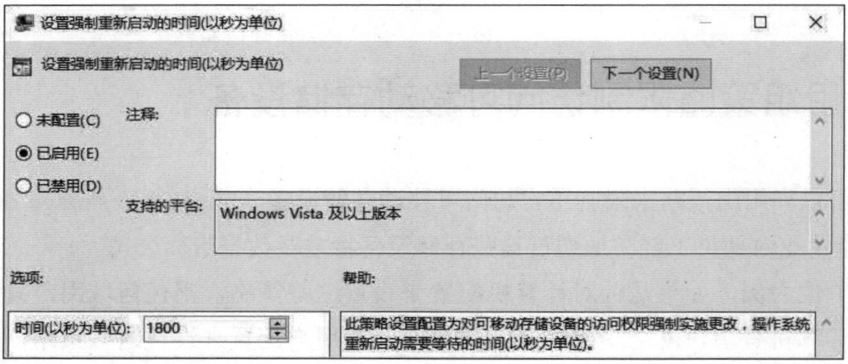

图4-6-2

- **CD和DVD：拒绝读取权限、拒绝写入权限**：拒绝用户读取或写入隶属于CD和DVD类别的设备（包含通过USB连接的设备）。
- **自定义类：拒绝读取权限、拒绝写入权限**：属于同一类型的设备会拥有相同的**设备类型**（device setup class），例如所有的光驱都是隶属于**CD ROM设备类型**，它们都是采用相同的安装与设置方式。**设备类型**代码是采用32个字符的GUID格式（也就是xxxxxxxx-xxxx-xxxx-xxxx-xxxxxxxxxxxx），可以通过**设备类型**来拒绝用户读取或写入到拥有此GUID的存储设备。

  可以通过**设备管理器**来查询设备的GIUD，以Windows 10的光驱为例：【打开**服务器管理器**➲单击右上角**工具**➲**计算机管理**➲**设备管理器**➲如图4-6-3所示展开右侧的**DVD/CD-ROM驱动器**➲双击驱动器设备➲单击前景图中的**详细信息**选项卡➲在**属性**列表中选择**类 GUID**➲从**值**字段可得知其GUID】。

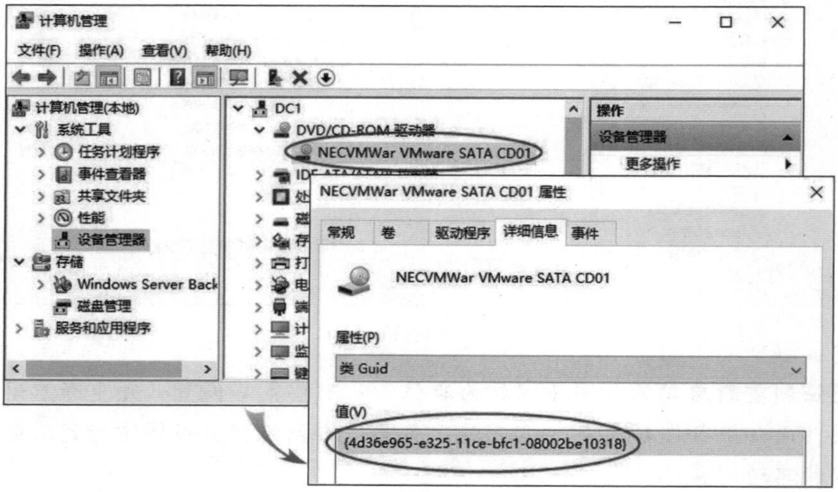

图4-6-3

接下来利用组策略来拒绝用户读取或写入到拥有此GUID的设备，假设要拒绝用户读取此存储设备：【双击前面图4-6-1右侧的**自定义类：拒绝读取权限**➲如图4-6-4所示选择**已启用**➲单击显示按钮➲输入此设备的GUID后单击确定按钮】，注意GUID前后需要附加大括号{}。

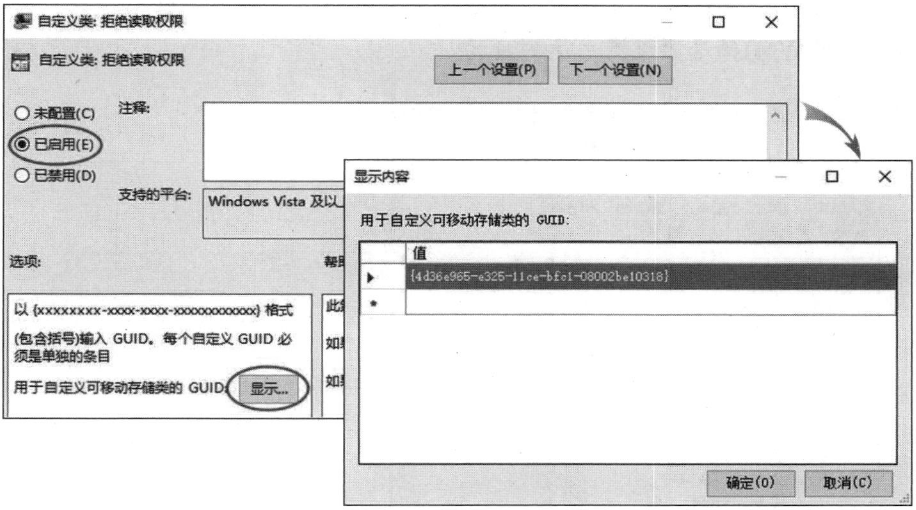

图4-6-4

- **软盘驱动器：拒绝读取权限、拒绝写入权限**：拒绝用户读取或写入隶属于软盘驱动器类别的设备（包含通过USB连接的设备）。
- **可移动磁盘：拒绝读取权限、拒绝写入权限**：拒绝用户读取或写入隶属于可移动磁盘类别的设备，例如U盘或外接式USB硬盘。
- **所有可移动存储类：拒绝所有权限**：拒绝用户访问所有的可移动存储设备，此策略设置的优先权高于其他策略，因此如果启用此策略，则不论其他策略设置如何，都会拒绝用户读取与写入到可移动存储设备。如果禁用或未配置此策略，则用户是否可以读取或写入到可移动存储设备，需要根据其他策略的设置而定。
- **磁带驱动器：拒绝读取权限、拒绝写入权限**：拒绝用户读取或写入隶属于磁带机类别的设备（包含通过USB连接的设备）。
- **WPD设备：拒绝读取权限、拒绝写入权限**：拒绝用户读取或写入属于WPD（Windows Portable Device）的设备，例如移动电话、媒体播放器、CE等设备。

4.7 WMI筛选器

我们知道如果将GPO链接到组织单位后，该GPO的设置值默认会被应用到此组织单位内的所有用户与计算机，如果要改变这个默认值，可以有以下两种选择：

- 通过前面介绍的**筛选组策略设置**中的**委派**选项卡来选择要应用此GPO的用户或计算机。
- 通过本节所介绍的**WMI筛选器**来设置。

举例来说，假设已经在组织单位**业务部**内建立**测试用的GPO**，并通过它来让此组织单位内的计算机自动安装指定的软件（后面章节会介绍），不过却只想让64位的Windows 10计算机安装此软件，其他操作系统的计算机并不需要安装，此时可以通过以下的**WMI筛选器**设置来达到目的。

STEP 1　如图4-7-1所示【选中**WMI**筛选器并右击➲**新建**】。

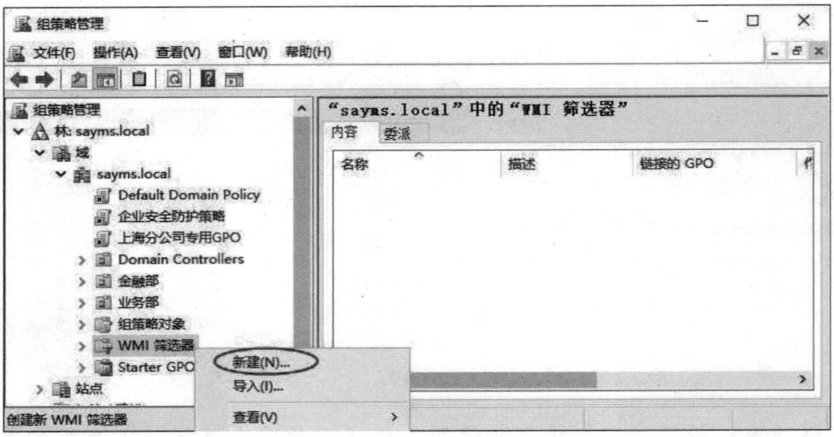

图 4-7-1

STEP 2　在图4-7-2中的**名称**与**描述**字段分别输入适当的文字说明后单击添加按钮。图中将名称设置为**Windows 10（64位）专用的筛选器**。

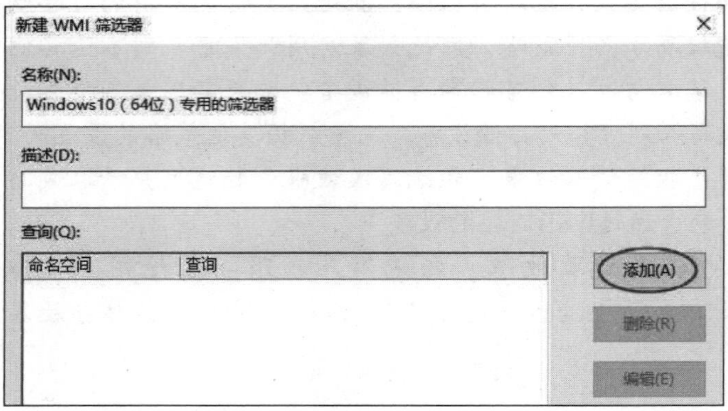

图 4-7-2

STEP 3　在图4-7-3中的**命名空间**处选用默认的**root/CIMv2**，然后在**查询**处输入以下的查询命令（后述）后单击确定按钮：

```
Select * from Win32_OperatingSystem where Version like "10.0%"
and ProductType = "1"
```

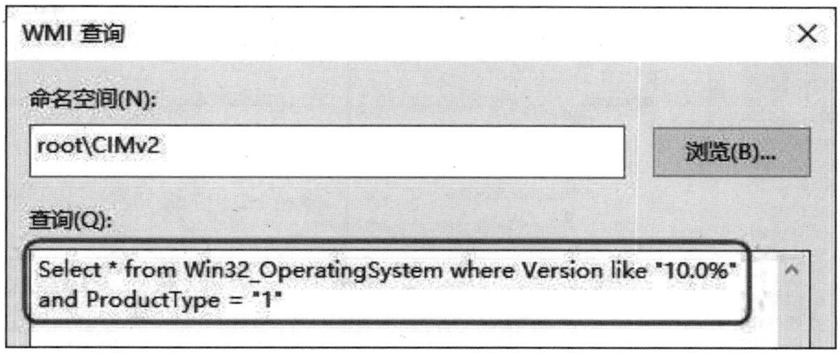

图 4-7-3

STEP 4 重复在前面的图4-7-2单击添加按钮，然后如图4-7-4所示在**查询**处输入以下的查询命令（后述）后按单击两次确定按钮，此命令用来选择64位的系统：

```
Select  *  from  Win32_Processor  where  AddressWidth="64"
```

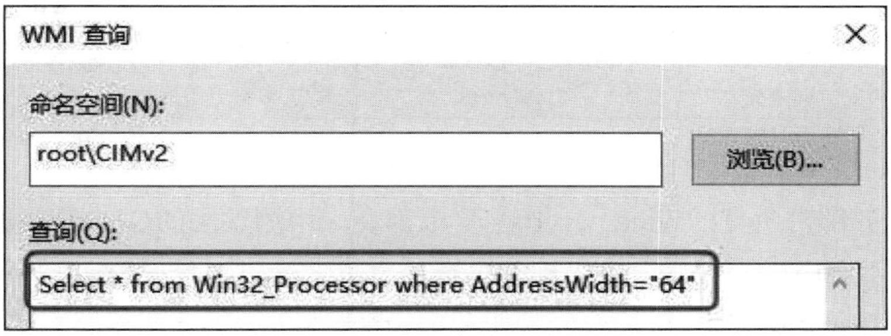

图 4-7-4

STEP 5 在图4-7-5中单击保存按钮。

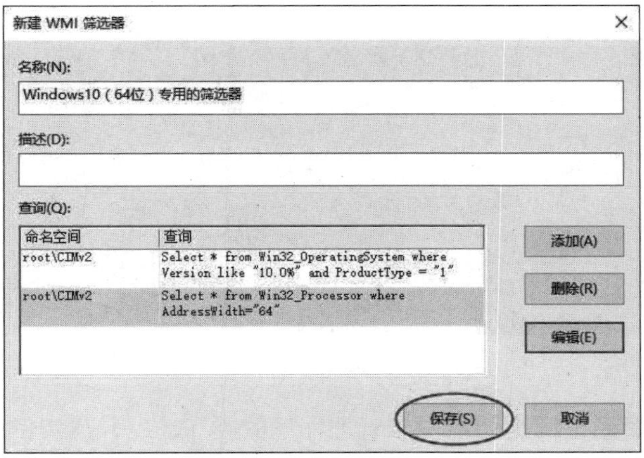

图 4-7-5

STEP 6 在图4-7-6中**测试用的GPO**右下方的**WMI筛选**处选择刚才所建立的**Windows 10（64位）专用的筛选器**。

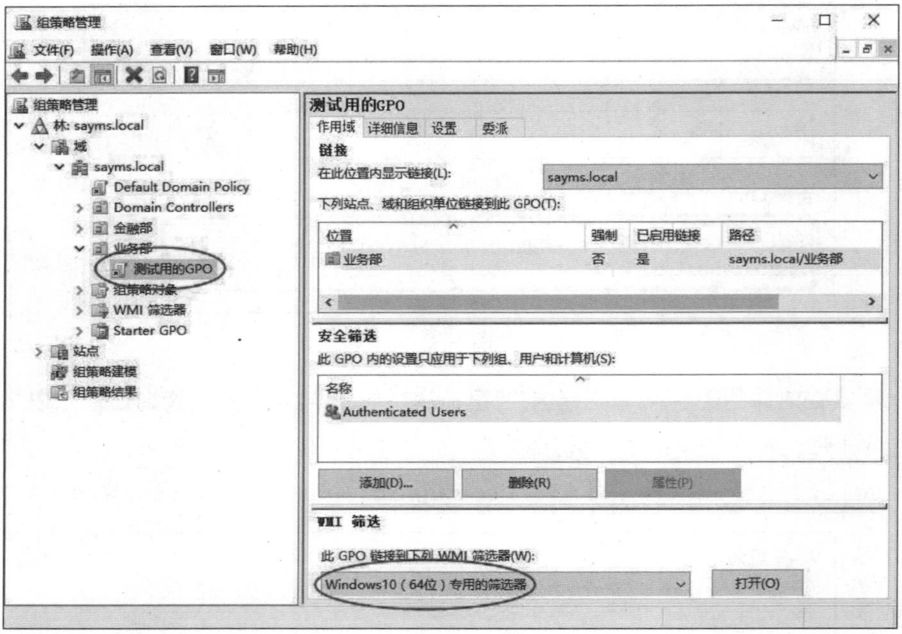

图 4-7-6

组织单位**业务部**内所有的Windows 10客户端都会应用**测试用的GPO**策略设置，但是其他Windows系统并不会应用此策略。可以到客户端计算机上通过执行**gpresult /r**命令来查看应用了哪些GPO，如图4-7-7所示为在一台位于**业务部**内的Windows 8.1客户端上利用**gpresult /r**命令所看到的结果，因为**测试用的GPO**搭配了**Windows 10（64位）专用的筛选器**，因此Windows 8.1计算机并不会应用此策略（被WMI筛选器拒绝）。

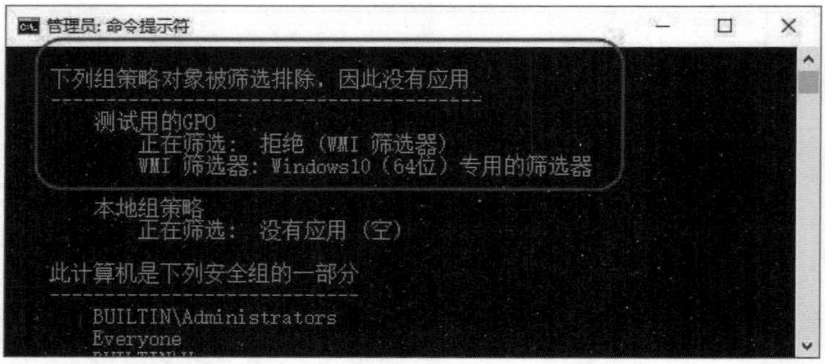

图 4-7-7

前面图4-7-3中的**命名空间**是一组用来管理环境的类（class）与实例（instance）的集合，系统内包含着各种不同的命名空间，以便于通过其中的类与实例来控制各种不同的环境，例如命名空间**CIMv2**内所包含的是与Windows环境有关的类与实例。

图4-7-3中的**查询**字段内需要输入WMI 查询语言（WQL）来执行筛选工作，其中的**Version like**后面的数字所代表的意义如表4-7-1所示。

表4-7-1

Windows版本	Version
Windows 10、Windows Server 2016与Windows Server 2019	10.0
Windows 8.1与Windows Server 2012 R2	6.3
Windows 8与Windows Server 2012	6.2
Windows 7与Windows Server 2008 R2	6.1
Windows Vista 与Windows Server 2008	6.0
Windows Server 2003	5.2
Windows XP	5.1

而ProductType右侧的数字所代表的意义如表4-7-2所示。

表4-7-2

ProductType	所代表的意义
1	客户端级别的操作系统，例如Windows 10、Windows 8.1
2	服务器级别的操作系统并且是域控制器
3	服务器级别的操作系统、但不是域控制器

综合以上两个表格的说明后，我们在表4-7-3中列举几个WQL示例命令。

表4-7-3

要筛选的系统	可用的WQL命令示例
Windows 10（64位与32位）	select * from Win32_OperatingSystem where Version like "10.0%" and ProductType="1"
Windows 10（64位）	select * from Win32_OperatingSystem where Version like "10.0%" and ProductType="1" select * from Win32_Processor where AddressWidth="64"
Windows 10（32位）	select * from Win32_OperatingSystem where Version like "10.0%" and ProductType="1" select * from Win32_Processor where AddressWidth="32"
Windows 8.1（64位与32位）	select * from Win32_OperatingSystem where Version like "6.3%" and ProductType="1"
Windows 8.1（64位）	select * from Win32_OperatingSystem where Version like "6.3%" and ProductType="1" select * from Win32_Processor where AddressWidth="64"
Windows 8.1（32位）	select * from Win32_OperatingSystem where Version like "6.3%" and ProductType="1" select * from Win32_Processor where AddressWidth="32"
Windows Server 2019域控制器	select * from Win32_OperatingSystem where Caption like "%Windows Server 2019%" and ProductType="2"
Windows Server 2019成员服务器	select * from Win32_OperatingSystem where Caption like "%Windows Server 2019%" and ProductType="3"

（续表）

要筛选的系统	可用的WQL命令示例
Windows Server 2016域控制器	select * from Win32_OperatingSystem where Version like "10.0%" and ProductType="2"
Windows Server 2016成员服务器	select * from Win32_OperatingSystem where Version like "10.0%" and ProductType="3"
Windows 10 、 Windows Server 2016与Windows Server 2019	select * from Win32_OperatingSystem where Version like "10.0%"
Windows Server 2012 R2域控制器	select * from Win32_OperatingSystem where Version like "6.3%" and ProductType="2"
Windows Server 2012 R2成员服务器	select * from Win32_OperatingSystem where Version like "6.3%" and ProductType="3"
Windows 8.1 与 Windows Server 2012 R2	select * from Win32_OperatingSystem where Version like "6.3%"
Windows 8	select * from Win32_OperatingSystem where Version like "6.2%" and ProductType="1"
Windows 7	select * from Win32_OperatingSystem where Version like "6.1%" and ProductType="1"
Windows Vista	select * from Win32_OperatingSystem where Version like "6.0%" and ProductType="1"
Windows Server 2012 R2 与 Windows Server 2012成员服务器	select * from Win32_OperatingSystem where（Version like "6.3%" or Version like "6.2%"）and ProductType="3"
Windows 8.1 、 Windows 8 、 Windows 7、Windows Vista	select * from Win32_OperatingSystem where Version like "6.%" and ProductType="1"
Windows 8.1 、 Windows Server 2012 R2成员服务器	select * from Win32_OperatingSystem where Version like "6.3%" and ProductType<>"2"
Windows XP	select * from Win32_OperatingSystem where Version like "5.1%"
Windows XP Service Pack 3	select * from Win32_OperatingSystem where Version like "5.1%" and ServicePackMajorVersion=3
Windows XP Service Pack 2（含）以上	select * from Win32_OperatingSystem where Version like "5.1%" and ServicePackMajorVersion>=2

4.8 组策略建模与组策略结果

可以通过**组策略建模**（Group Policy Modeling）来针对用户或计算机模拟可能的情况，例如某用户账户当前是位于甲组织单位内、某计算机账户目前是位于乙容器内，而我们想要知道未来如果该用户或计算机账户被移动到其他容器时，该用户到此计算机上登录后，其用户或计算机策略的设置值。另外，在当前的环境之下，如果想要知道用户在某台计算机登录之后，其用户与计算机配置的设置值，可通过**组策略结果**（Group Policy Result）来提供这些信息。

1. 组策略建模

我们将利用图4-8-1的环境来练习**组策略建模**。图中用户账户**陈玛莉**（mary）与计算机账户Win10PC1目前都是位于组织单位**业务部**内，而如果未来用户账户**陈玛莉**（mary）与计算机账户Win10PC1都被移动到组织单位**金融部**，此时如果用户**陈玛莉**（mary）到计算机Win10PC1上登录，其用户与计算机策略设置值可以通过**组策略建模**来事先模拟。

图 4-8-1

STEP 1　在图4-8-2中【选中**组策略建模**并右击➲组策略建模向导】。

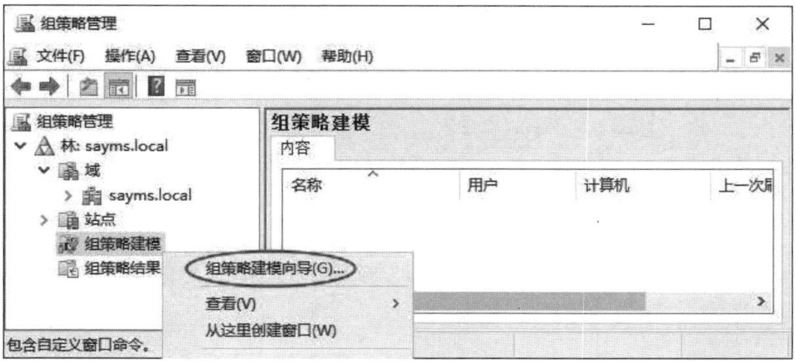

图 4-8-2

STEP 2　出现**欢迎使用组策略建模向导**对话框时单击 下一步 按钮。

STEP 3　由于需要指定一台至少是Windows Server 2003域控制器来执行模拟工作，因此请通过图4-8-3来选择域控制器，图中我们让系统自行挑选。

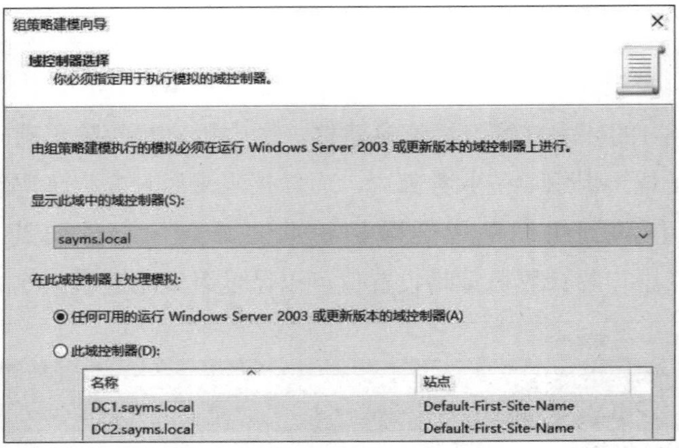

图 4-8-3

STEP 4　在图4-8-4中分别选择要练习的用户账户mary与计算机账户Win10PC1后单击下一步按钮。

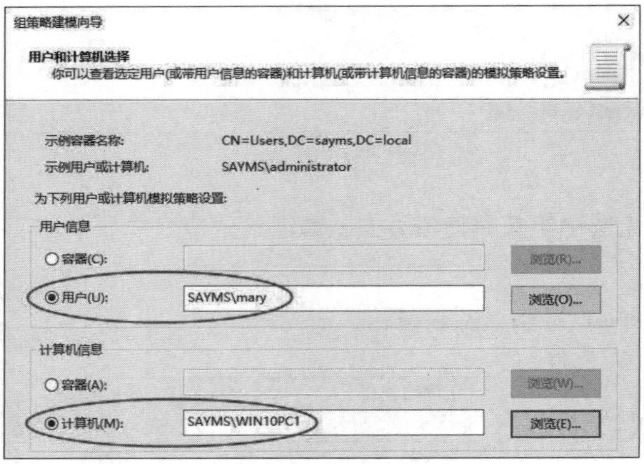

图 4-8-4

STEP 5　在图4-8-5中选择慢速网络连接是否要处理策略、是否要采用环回处理模式等。完成后单击下一步按钮。

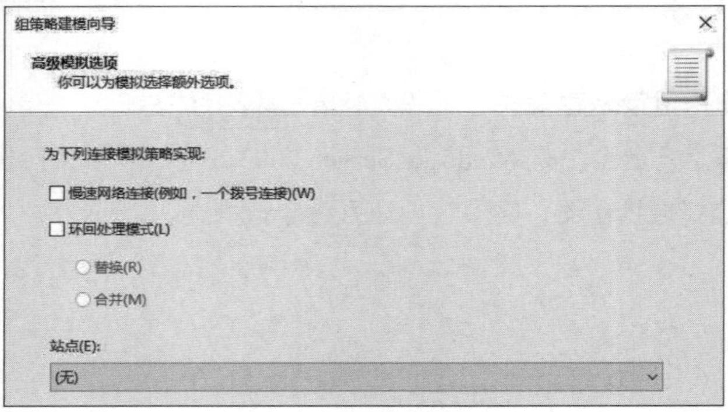

图 4-8-5

STEP 6　由图4-8-6的背景图中可知用户账户（陈玛莉，mary）与计算机账户（Win10PC1）目前都是位于组织单位**业务部**，请通过浏览按钮来将其模拟到未来的位置，也就是前景图中的组织单位**金融部**。单击下一步按钮。

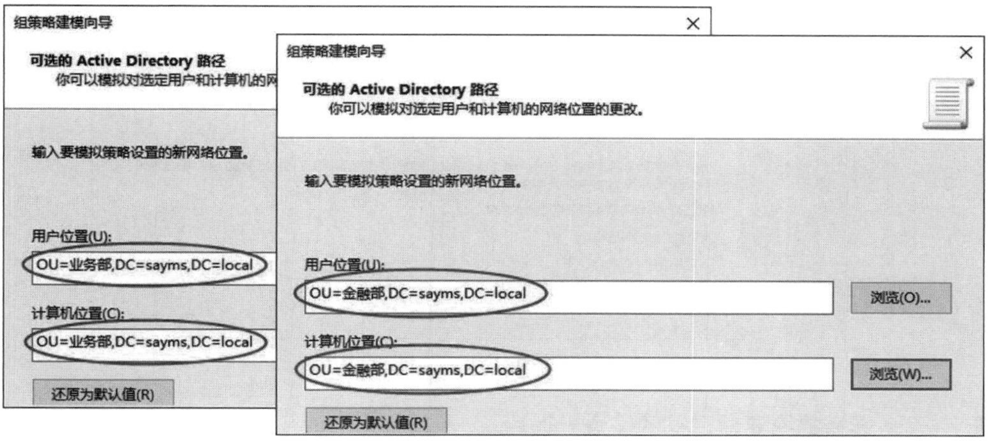

图 4-8-6

STEP 7　在图4-8-7中的背景与前景图会分别显示用户与计算机账户目前所隶属的组，如果需要，可以通过单击添加按钮来模拟他们未来会隶属的组。图中两个界面我们都直接单击下一步按钮。

图 4-8-7

STEP 8　在图4-8-8中的背景与前景图会分别显示用户与计算机账户目前所应用的**WMI筛选器**，有需要，可通过单击添加按钮来模拟他们未来会应用的**WMI筛选器**。图中两个对话框我们都直接单击下一步按钮。

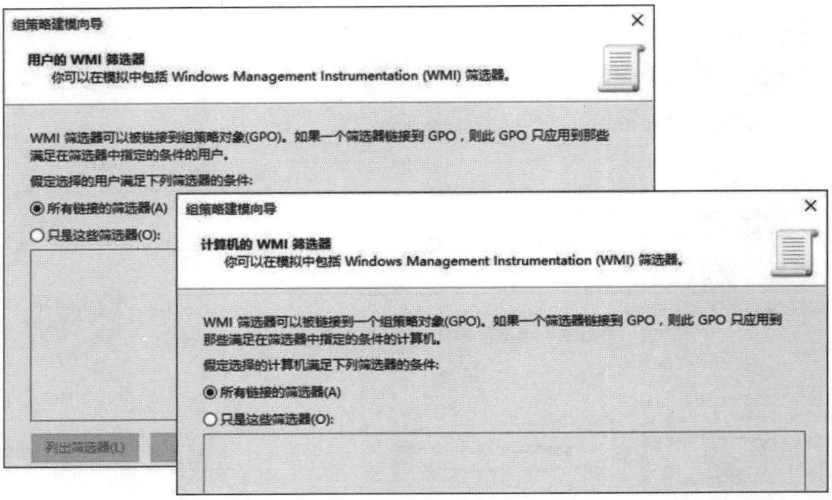

图 4-8-8

STEP 9　确认**选择的摘要**对话框的设置无误后单击下一步按钮。

STEP 10　出现**正在完成组策略建模向导**对话框时单击完成按钮。

STEP 11　完成后，通过图4-8-9右侧3个标签来查看模拟的结果。

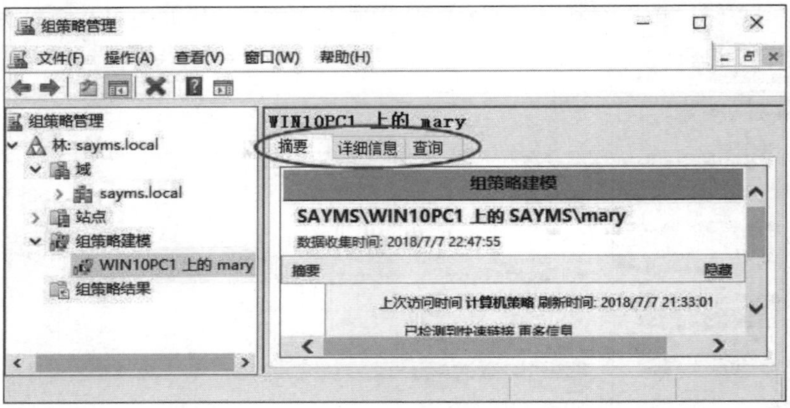

图 4-8-9

2. 组策略结果

我们将利用图4-8-10的环境来练习**组策略结果**。我们想要知道图中用户账户**陈玛莉**（mary）到计算机Win10PC1登录后的用户与计算机策略的设置值。

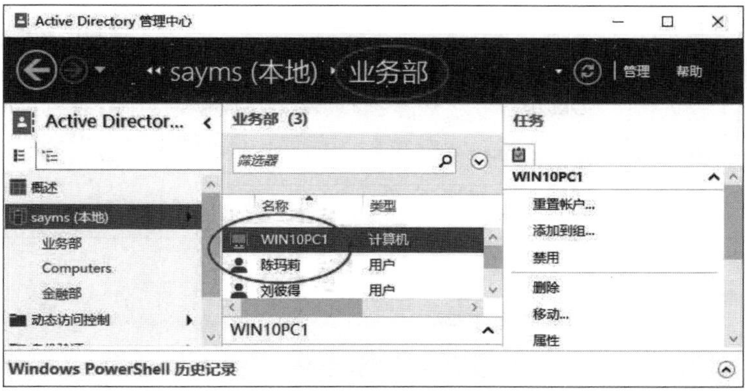

图 4-8-10

STEP **1** 如果用户**陈玛莉**（mary）未在计算机Win10PC1登录，请先登录。

STEP **2** 请到域控制器上以域管理员身份登录、执行**组策略管理**，如图4-8-11所示【选中**组策略结果**并右击➲**组策略结果向导**】。

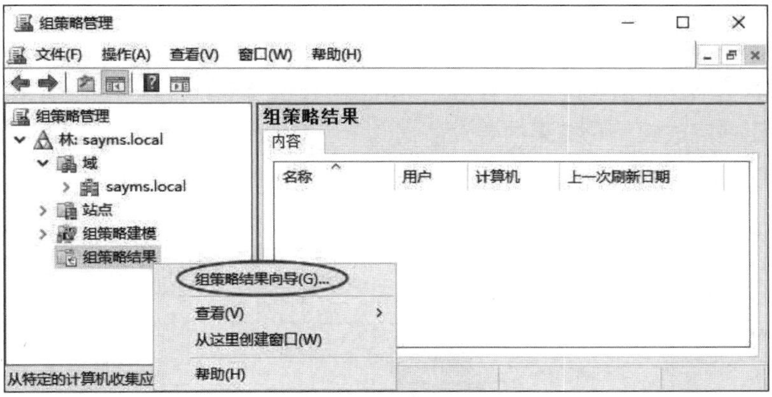

图 4-8-11

STEP **3** 出现**欢迎使用组策略结果向导**对话框时单击下一步按钮。

STEP **4** 在图4-8-12中选择要查看的域成员计算机Win10PC1后单击下一步按钮。

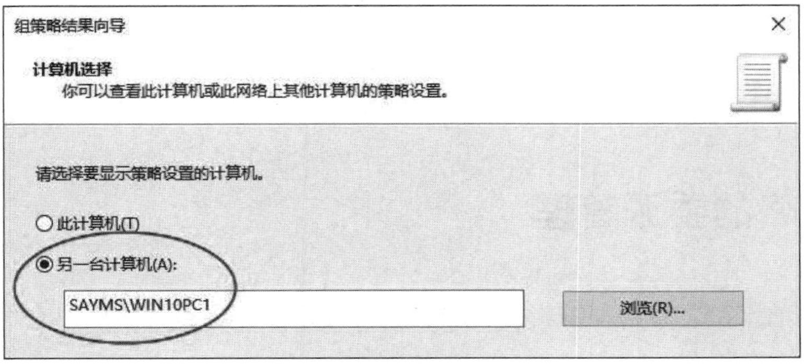

图 4-8-12

先将此域成员Win10PC1的**Windows防火墙**关闭，否则无法连接此计算机。

STEP 5 在图4-8-13中选择域用户mary（**陈玛莉**）后单击下一步按钮。只有当前登录的用户与曾经登录过的用户账户可以被选择。

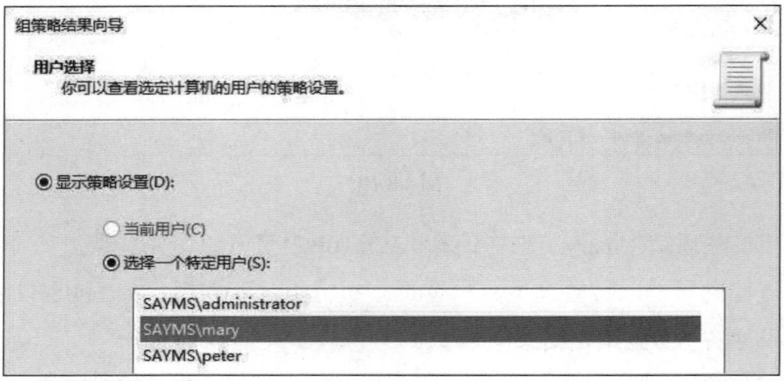

图 4-8-13

STEP 6 确认**选项的摘要**对话框中的设置无误后单击下一步按钮。

STEP 7 出现**正在完成组策略结果向导**对话框时单击完成按钮。

STEP 8 通过图4-8-14右侧3个选项卡来查看结果。

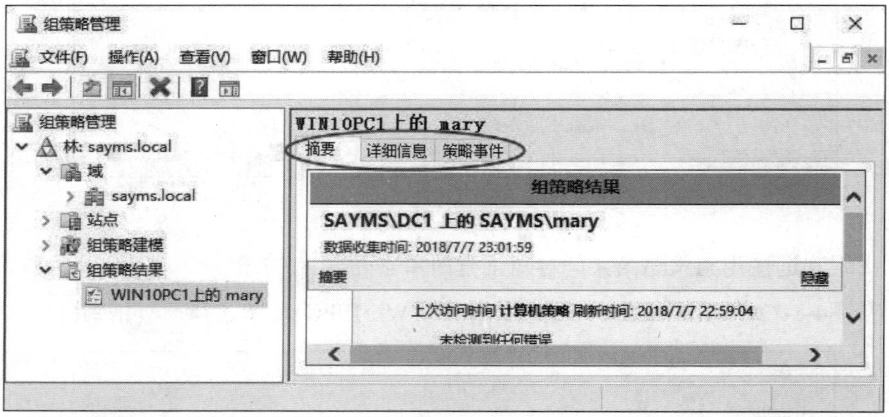

图 4-8-14

4.9 组策略的委派管理

可以将GPO的连接、新建与编辑等管理工作，分别委派给不同的用户来负责，以分散与减轻管理员的管理负担。

4.9.1 站点、域或组织单位的GPO连接委派

可以将链接GPO到站点、域或组织单位的工作委派给不同的用户来执行，以组织单位**业务部**为例，可以如图4-9-1所示单击组织单位**业务部**后，通过**委派**选项卡来将链接GPO到此组织单位的工作委派给用户，由图中可知默认是Administrators、Domain Admins或Enterprise Admins等组内的用户才拥有此权限。还可以通过窗口中的**权限**下拉列表来设置**执行组策略建模分析**与**读取组策略结果数据**这两个权限。

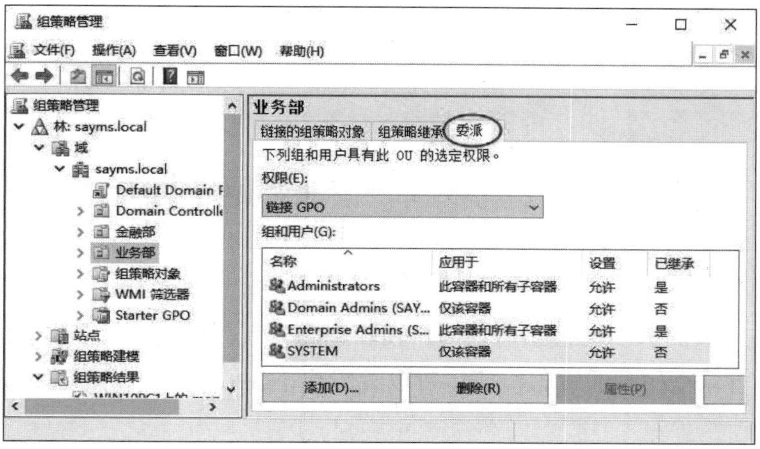

图 4-9-1

4.9.2 编辑GPO的委派

默认是Administrators、Domain Admins或Enterprise Admins组内的用户才有权限编辑GPO，如图4-9-2所示为**测试用的GPO**的默认权限列表，可以通过此界面来赋予其他用户权限，这些权限包含**读取**、**编辑设置**与**编辑设置**、**删除**、**修改安全性**等3种。

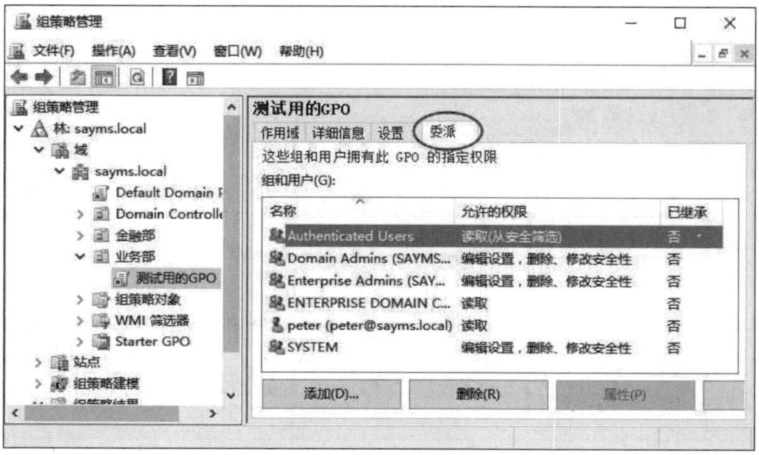

图 4-9-2

1. 新建 GPO 的委派

默认是Domain Admins与Group Policy Creator Owners组内的用户才有权限新建GPO（见图4-9-3），也可以通过此窗口来将此权限赋予其他用户。

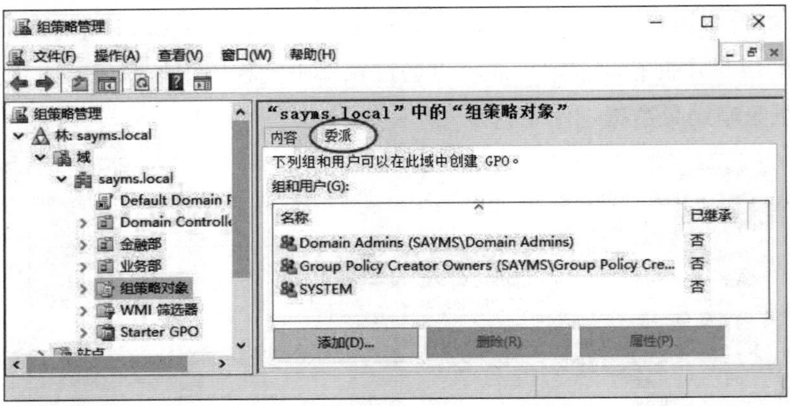

图 4-9-3

Group Policy Creator Owners组内的用户在新建GPO后，他就是这个GPO的所有者，因此他对这个GPO拥有完全控制的权限，所以可以编辑这个GPO的内容，不过却无权利编辑其他的GPO。

2. WMI 筛选器的委派

系统默认是Domain Admins与Enterprise Admins组内的用户才有权限在域内建立新的WMI筛选器，并且可以修改所有的WMI筛选器，如图4-9-4中的**完全控制**权限。而Administrators与Group Policy Creator Owners组内的用户也可以建立新的WMI筛选器与修改其自行建立的WMI筛选器，不过却不能修改其他用户所建立的WMI筛选器，如图4-9-4中的**CreatorOwner**权限。也可以通过此窗口来将权限赋予其他用户。

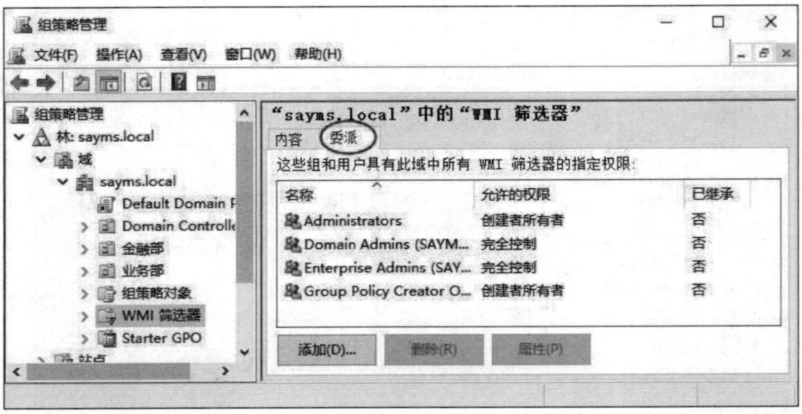

图 4-9-4

Group Policy Creator Owners组内的用户，在新建WMI筛选器后，他就是此WMI筛选器的所有者，因此他对此WMI筛选器拥有完全控制的权限，所以可以编辑此WMI筛选器的内容，不过却无权限编辑其他的WMI筛选器。

4.10 Starter GPO的设置与使用

Starter GPO内仅包含**管理模板**的策略设置，可以将经常会用到的**管理模板**策略设置值建立到**Starter GPO**内。以后在建立常规GPO时，就可以直接将**Starter GPO**内的设置值导入到这个常规GPO内，如此便可以节省建立常规GPO的时间。建立**Starter GPO**的步骤如下所示：

STEP 1　如图4-10-1所示【选中**Starter GPO**并右击➲**新建**】。

> 可以不需要单击窗口右侧的创建Starter GPO文件夹，因为在建立第1个**Starter GPO**时，它也会自动建立此文件夹，此文件夹的名称是StarterGPOs，位于域控制器的sysvol共享文件夹之下。

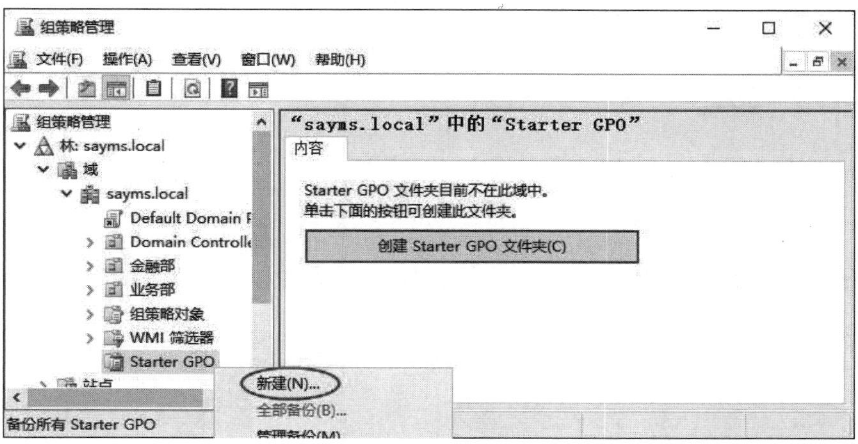

图 4-10-1

STEP 2　在图4-10-2中为此**Starter GPO**设置名称与输入注释后单击确定按钮。

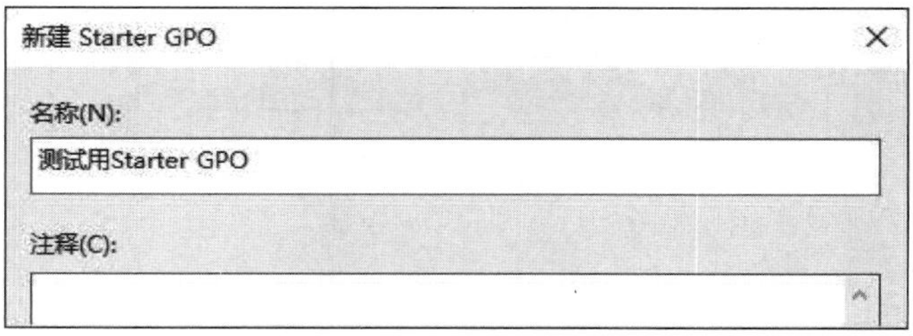

图 4-10-2

STEP 3　在图4-10-3中【选中此**Starter** GPO并右击➲**编辑**】。

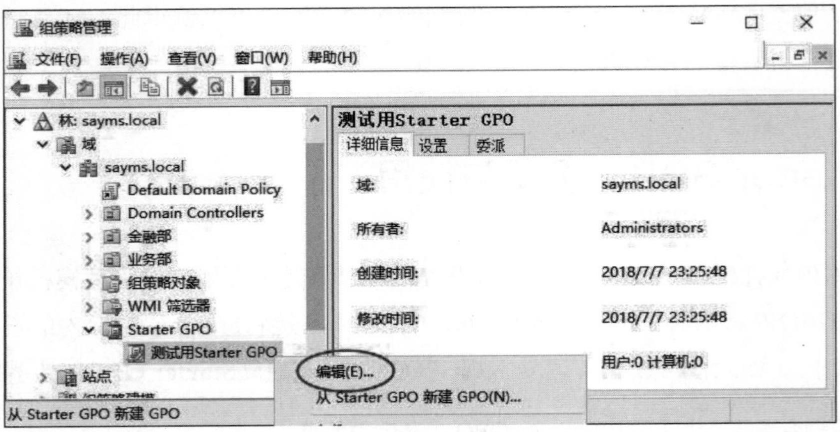

图 4-10-3

STEP 4　通过图4-10-4来编辑计算机与用户配置的**管理模板**策略。

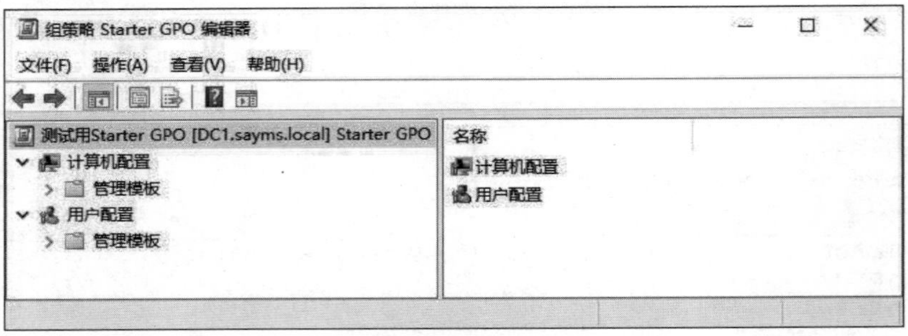

图 4-10-4

完成**Starter GPO**的建立与编辑后，以后在新建常规GPO时，就可以如图4-10-5所示选择从这个**Starter GPO**来导入其**管理模板**的设置值。

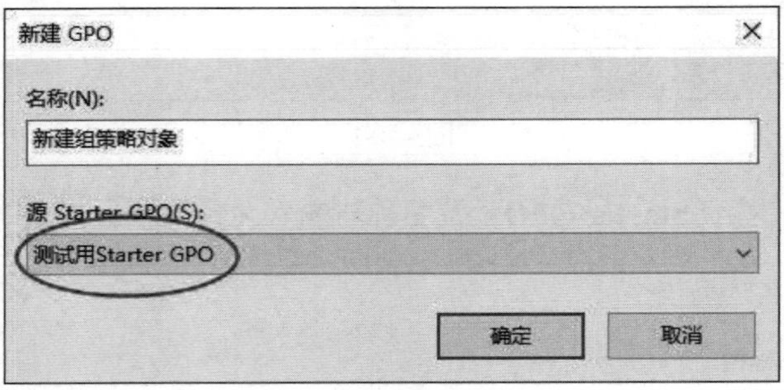

图 4-10-5

第5章　利用组策略部署软件

我们可以通过AD DS组策略为企业内部用户与计算机部署（deploy）软件，也就是自动为这些用户与计算机安装、维护与删除软件。

- 软件部署概述
- 将软件发布给用户
- 将软件分配给用户或计算机
- 将软件升级
- 部署Adobe Acrobat

5.1 软件部署概述

可以通过组策略来将软件部署给域用户与计算机，也就是域用户登录或成员计算机启动时会自动安装或很容易安装被部署的软件，而软件部署分为**分配**（assign）与**发布**（publish）两种。一般来说，这些软件需要是Windows Installer Package（也称为**MSI应用程序**），其中包含着扩展名为.msi的安装文件。

> 也可以部署扩展名为.zap（因限制很多且不实用，因此不在本书的讨论范围）或.msp的软件，或是将安装文件为.exe的软件封装成为.msi的Windows Installer Package（可使用EMCO MSI Package Builder等软件）。

5.1.1 将软件分配给用户

将一个软件通过组策略分配给域用户后，用户在任何一台域成员计算机登录时，这个软件会被**通告**（advertised）给该用户，但此软件并没有被安装，而是会设置与此软件有关的部分信息而已，例如可能会在**开始**窗口中自动建立该软件的快捷方式（需要根据该软件是否支持此功能而定）。

用户通过单击该软件在**开始**窗口（或**开始**菜单）中的快捷方式后，就可以安装此软件。用户也可以通过**控制面板**来安装此软件，以Windows 10客户端为例，其安装方法为【单击左下角**开始**图标⊞➲单击**设置**图标⚙➲单击**应用**➲单击最下方或最右侧的**应用和功能**➲单击**从网络安装程序**】或【按⊞+R键➲输入control后按Enter键➲单击**程序**处的**获得程序**】。

5.1.2 将软件分配给计算机

将一个软件通过组策略分配给域成员计算机后，这些计算机启动时就会自动安装这个软件（完整或部分安装，根据软件而定），而且任何用户登录都可以使用此软件。用户登录后，就可以通过桌面或**开始**窗口中的快捷方式来使用此软件。

5.1.3 将软件发布给用户

将一个软件通过组策略发布给域用户后，此软件并不会自动被安装到用户的计算机内，不过用户可以通过**控制面板**来安装此软件，以Windows 10客户端为例，其安装方法为【单击左下角**开始**图标⊞➲单击**设置**图标⚙➲单击**应用**➲单击最下方或最右侧的**应用和功能**➲单击从

网络安装程序】或【按⊞+R键➲输入control后按Enter键➲单击**程序**处的**获取程序**】。

> 只可以给计算机分配软件，无法给计算机发布软件。

5.1.4 自动修复软件

被发布或分配的软件可以具备自动修复的功能（根据软件而定），也就是客户端在安装完成后，在使用过程中，如果此软件程序内有关键性的文件损坏、丢失或不小心被用户删除，则在用户执行此软件时，其系统会自动检测到此不正常现象，并重新安装这些文件。

5.1.5 删除软件

一个被发布或分配的软件，在客户端将其安装完成后，如果不想再让用户使用此软件，可在组策略内从已发布或已分配的软件列表中将此软件删除，并设置让客户端下次应用此策略时（例如用户登录或计算机启动时），自动将这个软件从客户端计算机中删除。

5.2 将软件发布给用户

以下沿用前几章的组织单位**业务部**中的**测试用的GPO**来练习将**MSI应用程序**（Windows Installer Package）发布给**业务部**内的用户，并让用户通过**控制面板**来安装此软件。如果还没有建立组织单位**业务部**与**测试用的GPO**，请先利用**Active Directory管理中心**（或**Active Directory用户和计算机**）与**组策略管理**来建立，并在**业务部**内新建数个用来练习的用户账户。

5.2.1 发布软件

以下步骤将先建立**软件发布点**（software distribution point，也就是用来存储**MSI应用程序**的共享文件夹），接着设置软件默认的存储位置，最后将软件发布给用户。以下将利用免费的文字编辑软件AkelPad来练习，请自行上网下载。

STEP 1 请在域中的任何一台服务器内（假设为dc1）建立一个用来作为**软件发布点**的文件夹，例如C:\Packages，它将用来存储**MSI应用程序**（Windows Installer Package），例如我们要用来练习的软件为**AkelPad 4.4.3**版。

STEP 2 通过【选中此文件夹并右击➲**授予访问权限**➲**特定用户**】的方法，来将此文件夹设置为**共享文件夹**、赋予Everyone**读取**权限。

STEP 3　在此共享文件夹内建立用来存储**AkelPad 4.4.3**的子文件夹，然后将**AkelPad 4.4.3**复制到此文件夹内，如图5-2-1所示。

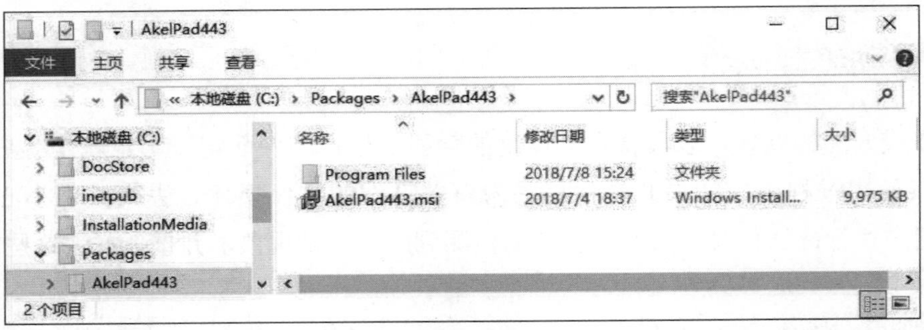

图 5-2-1

STEP 4　接着设置软件默认的存储位置：在域控制器上【打开**服务器管理器**➲单击右上角**工具**➲**组策略管理**➲展开到组织单位**业务部**➲选中**测试用的GPO**并右击➲**编辑**➲在图5-2-2中展开**用户配置**➲**策略**➲**软件设置**➲单击上方的**属性**图标】。

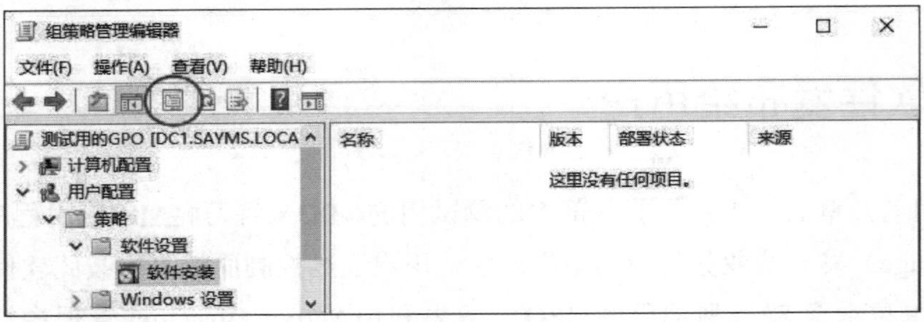

图 5-2-2

STEP 5　在图5-2-3中的**默认程序数据包位置**处输入软件的存储位置，注意必须是UNC网络路径，例如\\dc1\Packages（不是本地路径，例如不是C:\Packages）。完成后单击**确定**按钮。

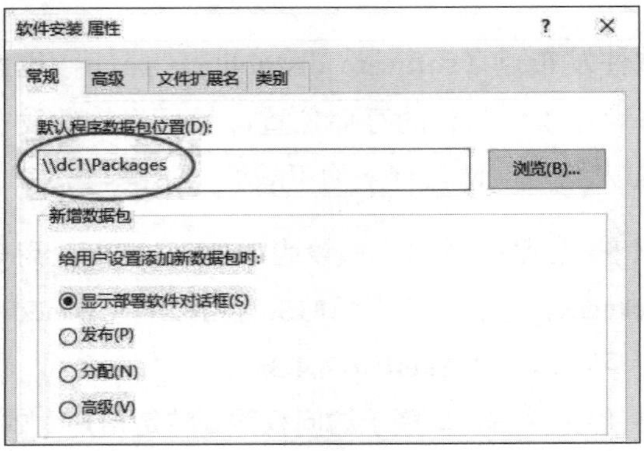

图 5-2-3

STEP 6 如图5-2-4所示【选中**软件安装**并右击➲**新建**➲**数据包**】。

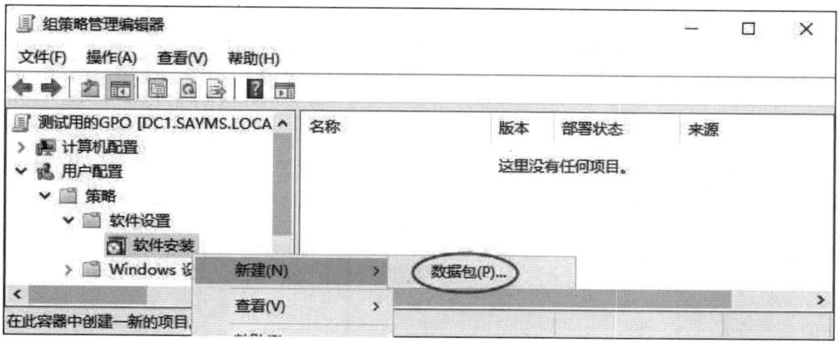

图 5-2-4

STEP 7 在图5-2-5中选择**AkelPad 4.4.3**版的**AkelPad443.msi**（扩展名.msi默认会被隐藏），然后单击打开按钮。

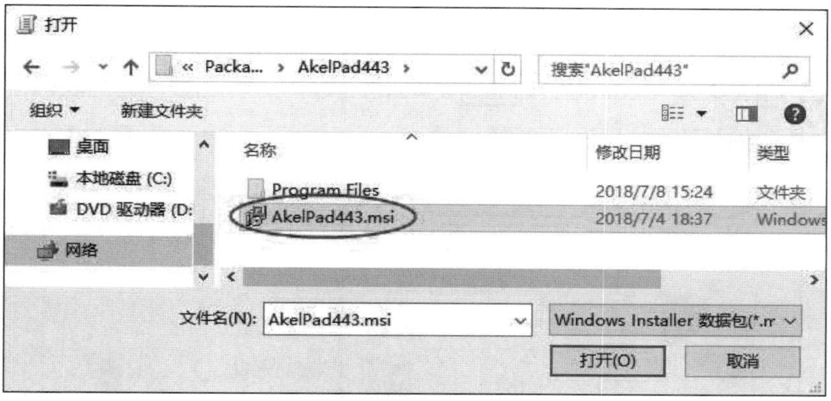

图 5-2-5

STEP 8 在图5-2-6中选择**已发布**，然后单击确定按钮。

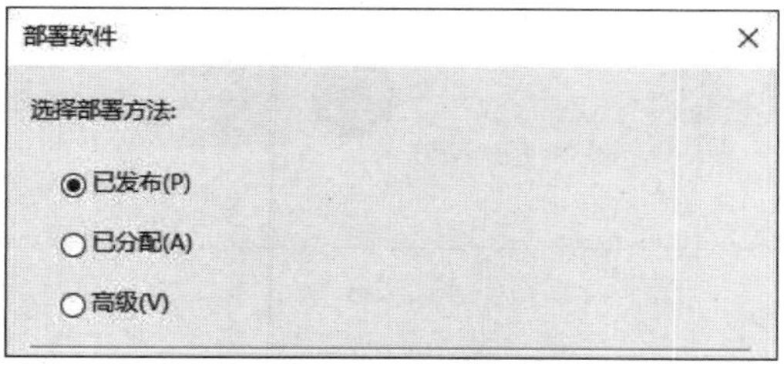

图 5-2-6

STEP 9 由图5-2-7右侧可知**AkelPad 4.4.3**已被发布成功。

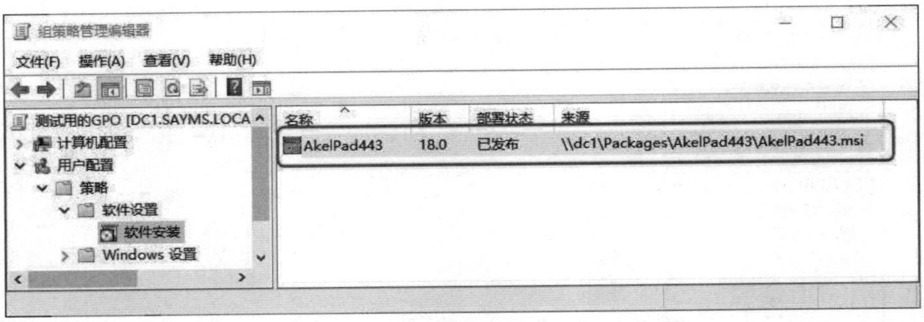

图 5-2-7

5.2.2 客户端安装被发布的软件

我们将到域成员计算机上通过**控制面板**来安装上述被发布的软件。

STEP 1 请到任何一台域成员计算机上利用组织单位**业务部**中的用户账户（例如mary）登录域，假设此计算机为Windows 10。

STEP 2 按⊞+R键➲输入control后按Enter键➲如图5-2-8所示单击**程序**处的**获得程序**。

图 5-2-8

STEP 3 选择图5-2-9中已发布的软件**AkelPad443**后单击上方的**安装**。

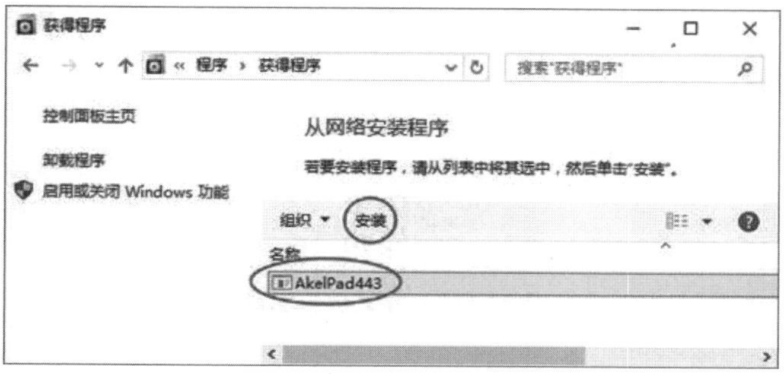

图 5-2-9

STEP 4 完成后【单击左下角**开始**图标⊞➲如图5-2-10所示可看到AkelPad的相关快捷方式】。试着运行此程序（AkelPad）来测试此程序是否正常。

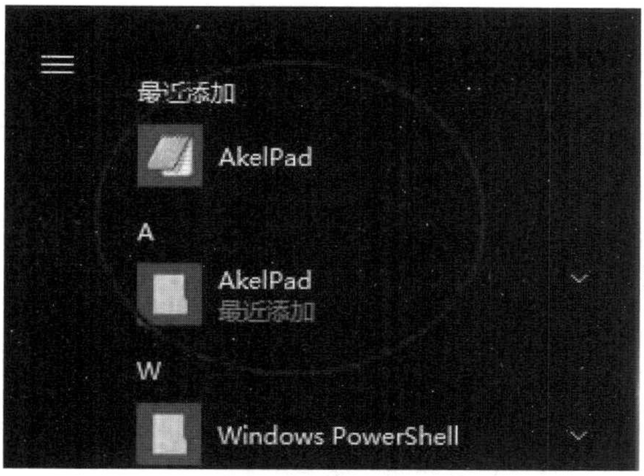

图 5-2-10

5.2.3 测试自动修复软件的功能

我们要将安装好的软件**AkelPad 4.4.3**的某个文件夹删除，以便测试当系统发现此文件夹丢失时，是否会自动重新安装此文件夹与其中的文件。当前登录的用户仍然是用户mary。以下假设客户端为Windows 10。

STEP 1 打开**文件资源管理器**➲删除图5-2-11中C:\Program Files（x86）\AkelPad下的\AkelFiles文件夹。

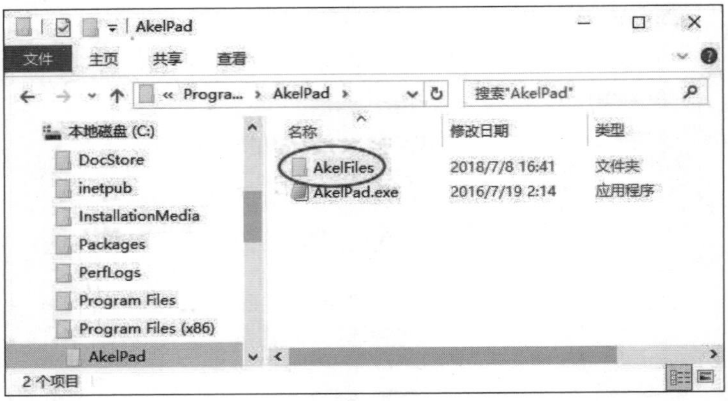

图 5-2-11

> 此AkelPAd程序为32位版本，客户端为64位的Windows 10。如果客户端的Windows系统为32位，它是被安装在C:\Program Files\AkelPad。

STEP 2　由于当前登录的用户mary并没有权限删除此文件夹，因此请在图5-2-12中输入系统管理员的账户与密码后单击是按钮来将其删除。

图 5-2-12

STEP 3　接下来再执行AkelPad来测试自动修复功能：【单击左下角**开始**图标⊞➲单击AkelPad应用程序】，此时因为系统检测到AkelFiles文件夹已丢失，因此会自动重新再安装此文件夹与其中的文件。

5.2.4 取消已发布的软件

如果要取消已经被发布的软件，请如图5-2-13所示【选中该软件并右击➲**所有任务**➲**删除**】，然后可以有以下两种选择：

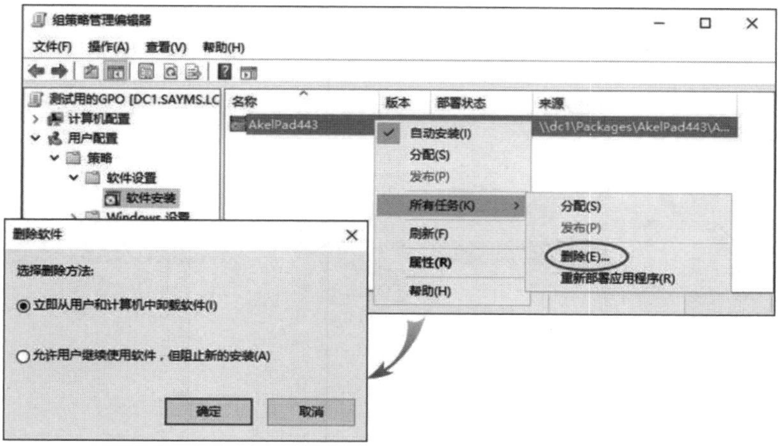

图 5-2-13

- **立即从用户和计算机中卸载软件**：当用户下次登录时或计算机启动时，此软件就会自动被卸载。
- **允许用户继续使用软件，但阻止新的安装**：用户已经安装的软件不会被删除，可以继续使用它，不过新用户登录时，就不会有此软件可供安装与使用了。

5.3 将软件分配给用户或计算机

将软件分配给用户或计算机的步骤，与前一小节将软件发布给用户类似，本节仅列出两者的差异。

5.3.1 分配给用户

可以将软件分配给整个域或某个组织单位内的用户，其详细的操作步骤请参照前一节，不过需要如图5-3-1所示改为选择**已分配**。

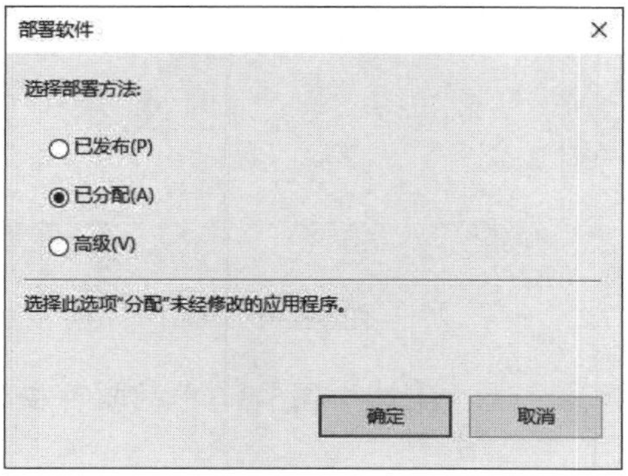

图 5-3-1

也可以将一个已经发布的软件直接改为**已分配**：如图5-3-2所示【选中此软件并右击➲**分配**】。

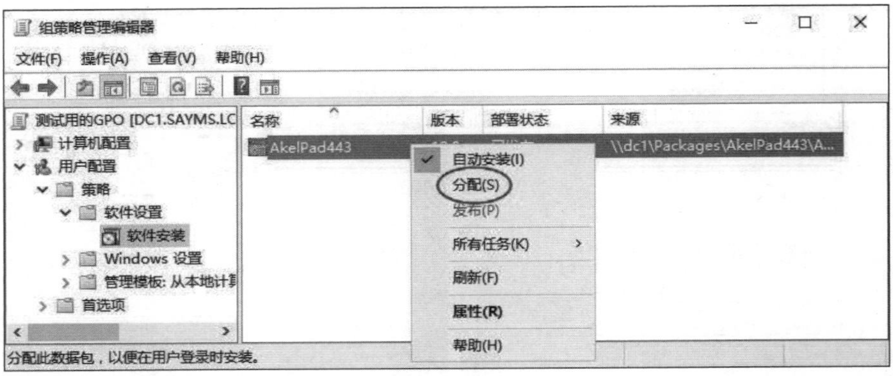

图 5-3-2

被分配此软件的用户，当他们登录后，系统就会建立该软件的快捷方式、将相关扩展名与此软件之间建立起关联关系（根据软件而定），不过此软件事实上并还没有真正地被安装完成，此时只要用户运行此软件的快捷方式，系统就会自动安装此软件。用户也可以通过【单击左下角**开始**图标⊞➲单击**设置**图标⚙➲单击**应用**➲单击最下方或最右方的**程序和功能**➲单击**从网络安装程序**】或【按⊞+R键➲输入control后按Enter键➲单击**程序**处的**获取程序**】。

5.3.2 分配给计算机

将软件分配给整个域或组织单位内的计算机后，这些计算机在启动时就会自动安装此软件。分配的步骤与前一节相同，不过请注意以下几点事项：

- 如图5-3-3所示通过**计算机配置**来设置，而不是**用户配置**。

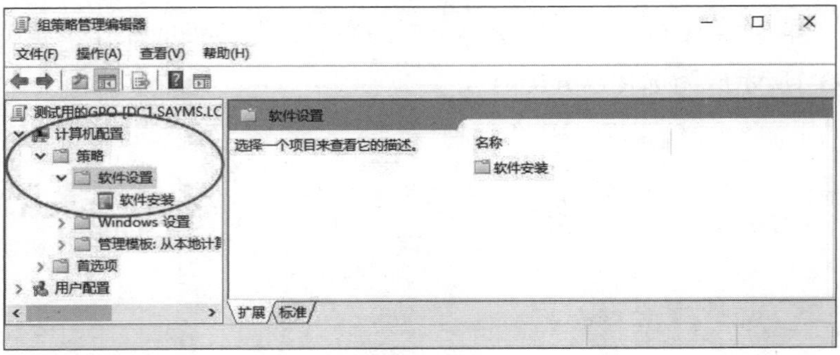

图 5-3-3

- 请设置软件默认的存储位置：【选中图5-3-3中的**软件安装**并右击➲**属性**➲**默认程序数据包位置**】。
- 在图5-3-4中选择**已分配**。由图可看出只可以**分配**给计算机，无法**发布**给计算机。

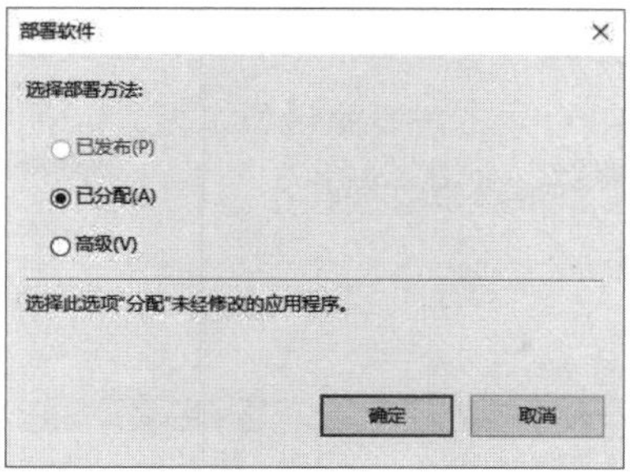

图 5-3-4

5.4 将软件升级

我们可以通过软件部署的方式来将旧版软件升级，而升级的方式有以下两种：

- **强制升级**：不论是发布或分配新版的软件，原来旧版的软件可能都会被自动升级，不过最初此新版软件并未被完全安装（例如仅会建立快捷方式），用户需要运行此程序的快捷方式或需要运行此软件时，系统才会开始完整地安装这个新版本的软件。如果未自动升级，则需要通过**控制面板**来安装这个新版本的软件。
- **选择性升级**：不论是发布或分配新版的软件，原来旧版的软件都不会被自动升级，用户必须通过**控制面板**来安装这个新版本的软件。

> 如果是**强制升级**，则用户在**控制面板**内无法选用原来的旧版软件。分配给计算机的软件，只能选择**强制升级**。

以下说明如何部署新版本软件（假设是**AkelPad 4.8.5**），以便将用户的旧版本软件（假设是**AkelPad 4.4.3**）升级，同时假设是要针对组织单位**业务部**内的用户，而且是通过**测试用的GPO**来练习。

STEP 1　将新版软件拷贝到软件发布点内，如图5-4-1所示的**AkelPad485**文件夹。

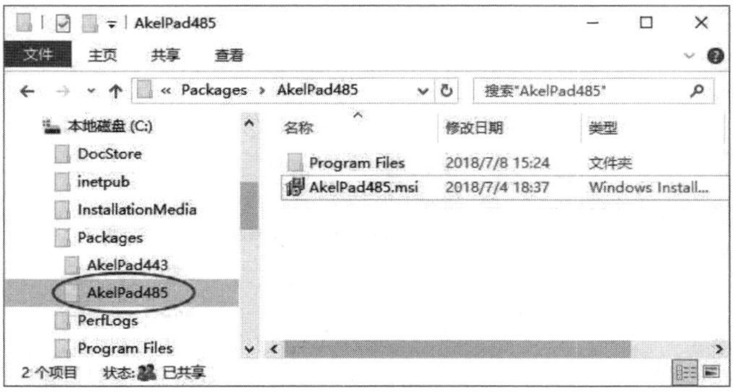

图 5-4-1

STEP 2 到域控制器【打开**服务器管理器**➲单击右上角**工具**➲组策略管理➲展开到组织单位业务部➲选中**测试用的GPO**并右击➲**编辑**➲如图5-4-2所示展开到**用户配置**下的**软件设置**➲选中**软件安装**并右击➲**新建**➲**数据包**】。

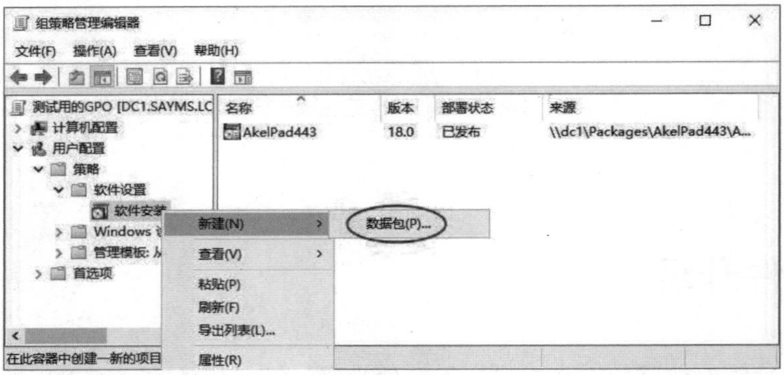

图 5-4-2

STEP 3 在图5-4-3中选择新版本的**MSI应用程序**，也就是**AkelPad485.msi**（扩展名.msi默认会被隐藏），然后单击打开按钮。

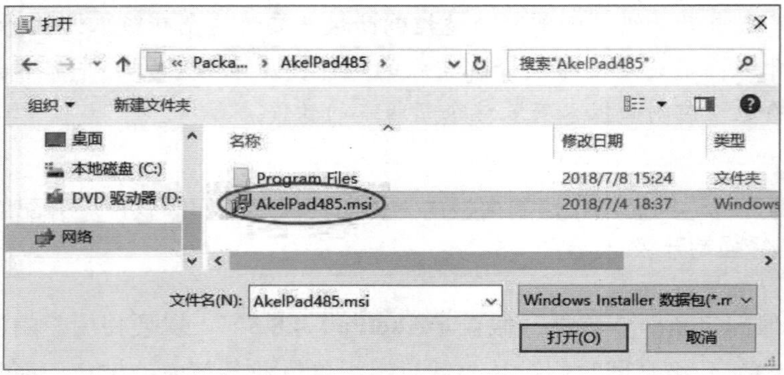

图 5-4-3

STEP 4 在图5-4-4中选择**高级**后单击确定按钮。

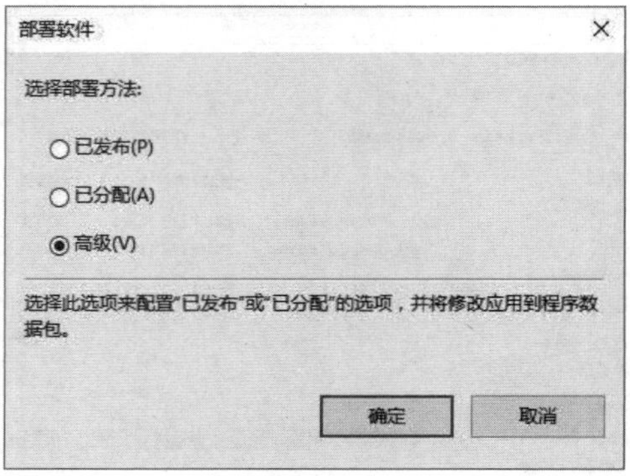

图 5-4-4

STEP 5　在图5-4-5中单击**升级**选项卡，如果要强制升级，请勾选**现有程序包所需的升级**，否则直接单击添加按钮即可。

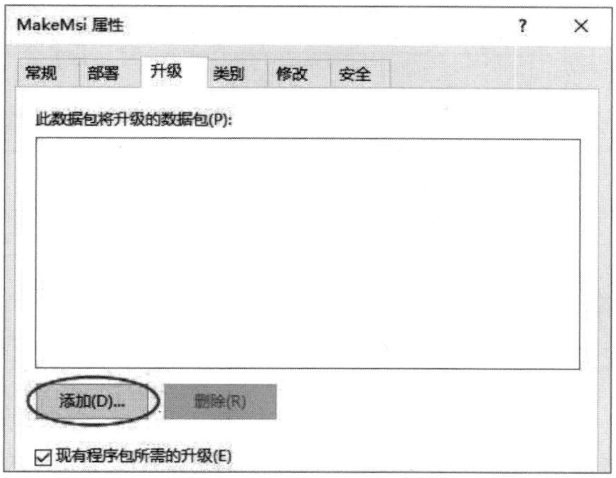

图 5-4-5

STEP 6　在图5-4-6中选择要被升级的旧版软件**AkelPad443**后单击确定按钮。

在图中也可以选择将其他GPO所部署的旧软件升级。另外，还可以通过画面最下方来选择先移除旧版软件，再安装新版软件，或是直接将旧版软件升级。

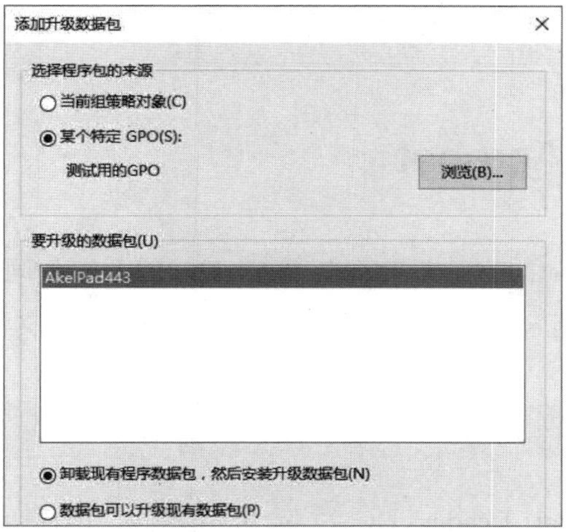

图 5-4-6

STEP 7　回到前一个对话框时单击确定按钮。

STEP 8　图5-4-7为完成后的窗口，其中**AkelPad485**左侧的图中向上的箭头，表示它是用来升级的软件。

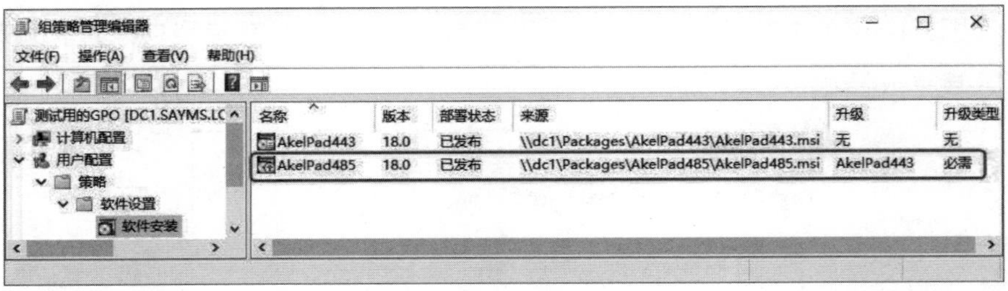

图 5-4-7

> 从右侧的**升级**与**升级类型**字段也可知道它是用来对**AkelPad443**强制升级的，不过默认并不会显示这两个字段，你必须通过【单击上方的**查看**菜单➲添加/删除字段】的方法来添加这两个字段。

STEP 9 由于我们是选择强制升级，故当用户应用策略后（例如登录或重新启动计算机）：【单击左下角**开始**图标⊞➲单击AkelPad应用程序】时，系统会自动将**AkelPad 4.4.3**升级为**AkelPad 4.8.5**。

> 所部署的软件，若厂商之后有.msi或.msp的更新程序，可以尝试将新的.msi复制到软件发布点，或是利用执行msiexec.exe程序来将.msp文件更新到软件发布点，最后【选中该软件并右击➲**所有任务**➲**重新部署应用程序**】，客户端执行该软件时可能就会自动安装更新程序，但是也可能客户端需要先自行卸载该软件后才会重新安装。

5.5 部署Adobe Acrobat

由于部署Adobe Acrobat的方法与前面部署AkelPad的方法相同，因此以下仅做关键性步骤的说明，同时利用此范例来说明如何部署扩展名是.msp的更新文件。

5.5.1 部署基础版

以下以Adobe Acrobat Reader DC为例来说明，请先到Adobe的FTP服务器ftp://ftp.adobe.com/pub/adobe/reader/win下载基础版（base version）的Adobe Acrobat Reader DC安装文件（.msi），此处假设所下载的文件为AcroRdrDC1500720033_zh_CN.msi，并且我们将所下载的文件存储到C:\Download文件夹。接着请利用以下命令来获取此.msi内的文件：

```
msiexec  /a  C:\Download\AcroRdrDC1500720033_zh_CN.msi
```

将获取到的文件存储到任一文件夹内（假设是如图5-5-1所示的C:\ Extract）。

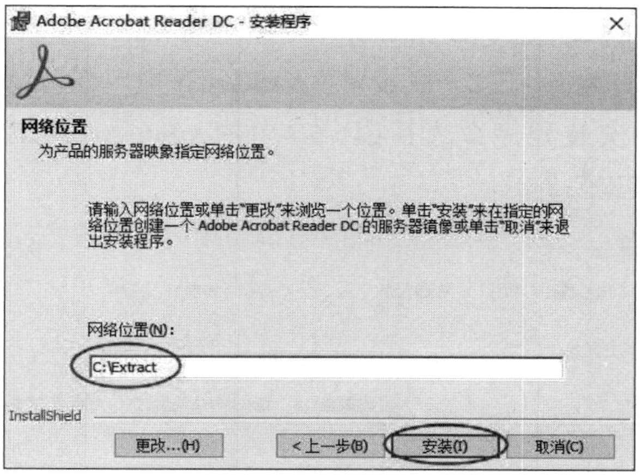

图 5-5-1

然后将整个Extract文件夹内的文件复制到软件发布点，例如复制到C:\Packages\Adobe文件夹内，如图5-5-2所示。

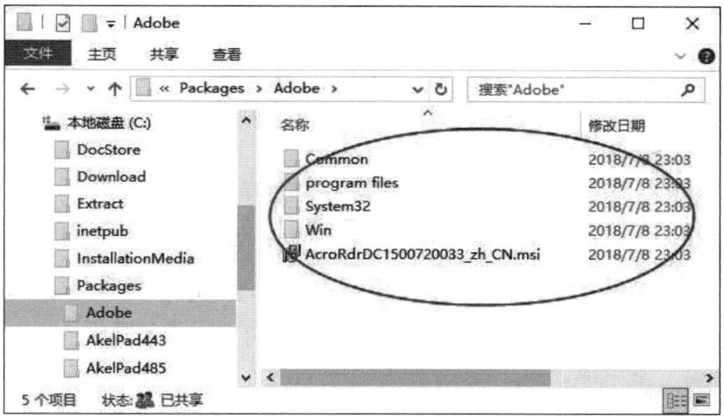

图 5-5-2

接着部署软件发布点\\dc1\Packages\Adobe内的程序AcroRdrDC1500720033_zh_CN.msi，图5-5-3为完成部署后的窗口（假设是发布给组织单位**业务部**内的用户，而且是通过**测试用的GPO**来练习）。

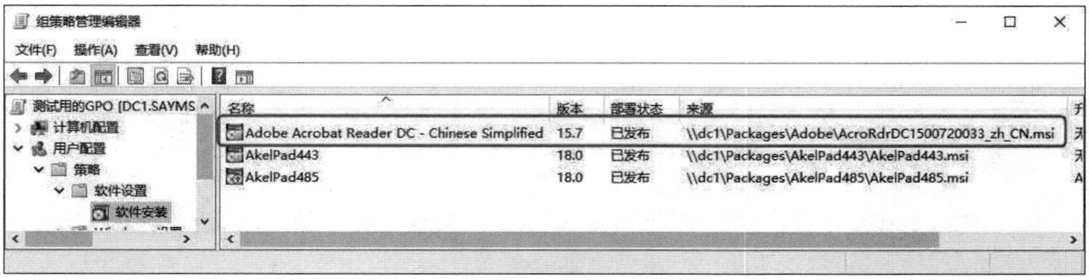

图 5-5-3

最后到客户端来安装此被部署的AdobeAcrobatReader DC 1500720033版：请到任何一台

域成员计算机上利用组织单位**业务部**中的用户账户（例如mary）重新登录域以便应用策略设置，然后【单击左下角**开始**图标⊞➲单击**设置**图标⚙➲单击**应用**➲单击最下方或最右方的**程序和功能**➲单击**从网络安装程序**➲选择图5-5-4中的**AdobeAcrobatReader DC – Chinese Simplified**后单击上方的**安装**】。

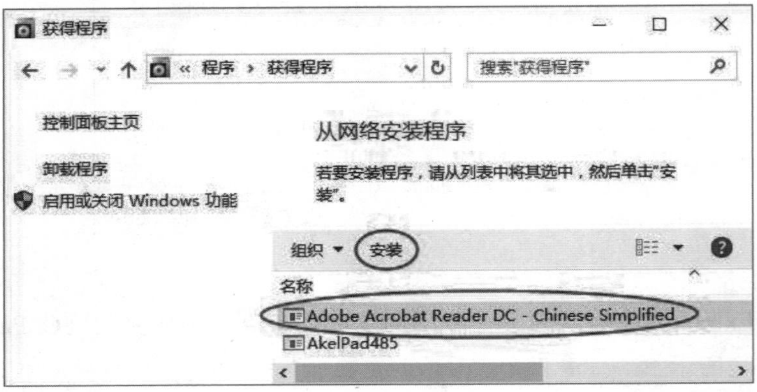

图 5-5-4

5.5.2 部署更新程序

如果有Acrobat Reader更新文件，会以扩展名为.msp的文件发布。以下练习如何将.msp文件集成到基础版的Adobe Acrobat Reader DC安装文件（.msi）内，并部署此包含更新程序的自定义.msi安装文件。我们可以利用msiexec.exe程序来将.msp文件集成到.msi文件，其语法如下：

```
msiexec  /p  .msp文件的路径与文件名   /a  .msi文件的路径与文件名
```

STEP 1 请到Adobe的FTP 服务器下载新版的.msp更新文件，假设我们所下载的文件为AcroRdrDCUpd1901220036.msp，并将其存储在C:\Download文件夹内，此时请执行以下命令来更新前面所叙述的C:\Extract中的文件（见图5-5-5）：

```
msiexec  /p C:\Download\AcroRdrDCUpd1901220036.msp.msp
              /a C:\Extract\AcroRdrDC1500720033_zh_CN.msi
```

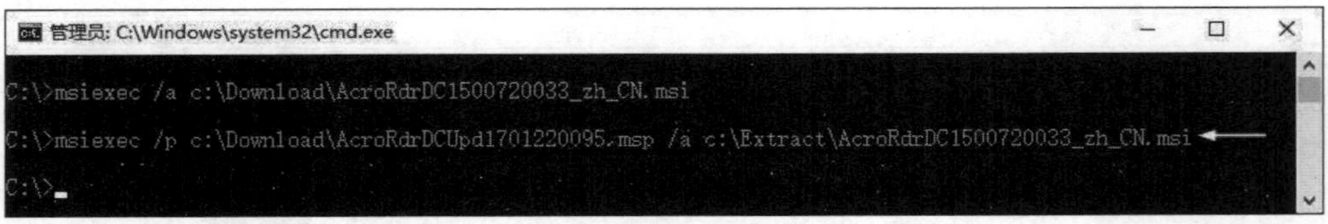

图 5-5-5

STEP 2 将已经更新过的整个Extract文件夹内的文件复制到软件发布点，假设是复制到C:\Packages\AdobeUpdate文件夹内（见图5-5-6）。

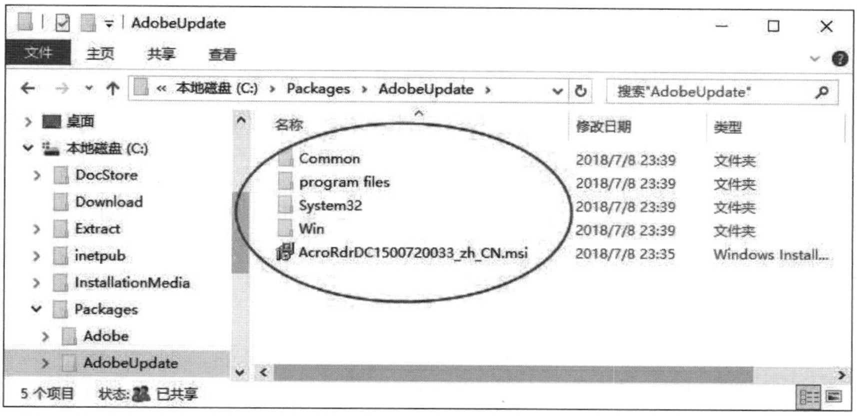

图 5-5-6

STEP 3　请部署上述文件夹内.msi程序。在部署时，请如图5-5-7所示选择**高级**。

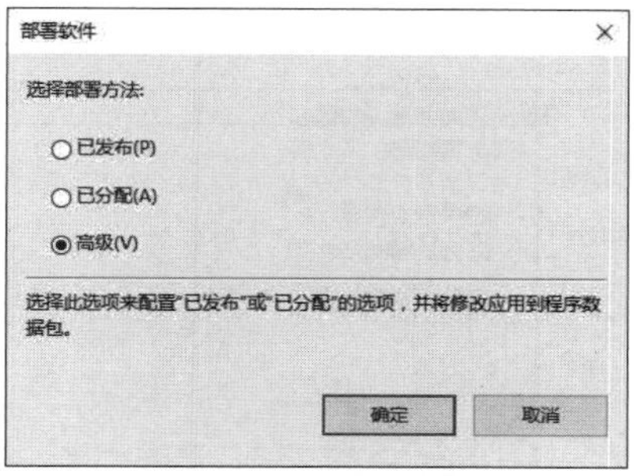

图 5-5-7

STEP 4　在图5-5-8中设置此更新版软件的名称。

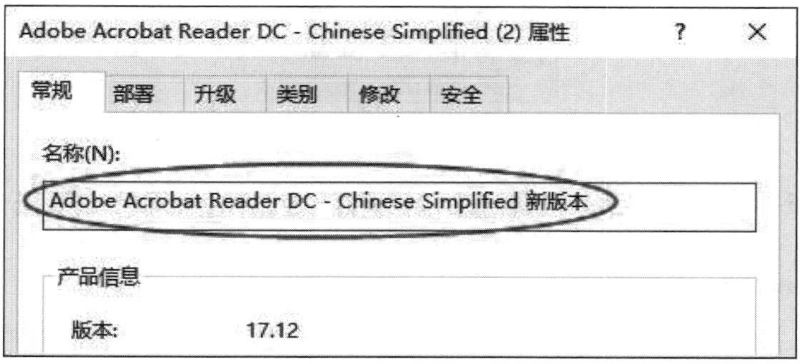

图 5-5-8

STEP 5　我们部署此新版软件程序的目的，是要用来更新客户端已经安装的旧版本软件，但是此版本的Acrobat Reader无法采用升级方式，只能将旧版本的卸载，再重新安装新版本。因此我们需先如图5-5-9所示在**升级**选项卡之下，将图中采用升级方式的默认项目删除。

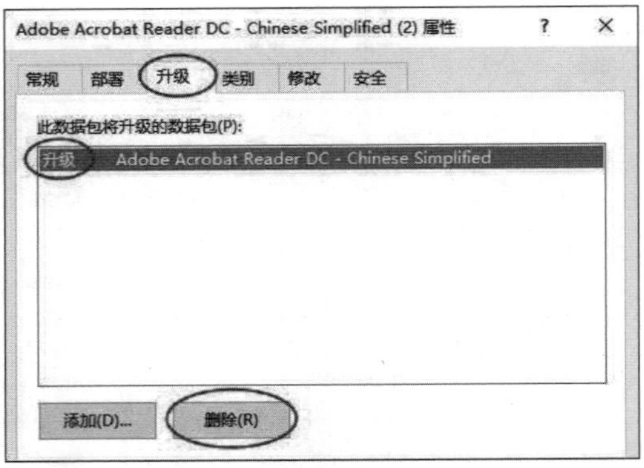

图 5-5-9

STEP 6 接着如图5-5-10所示继续单击**升级**选项卡下的添加按钮（假设我们也勾选**现存程序包所需的升级**）➲选择旧版的Adobe Acrobat Reader DC➲确认是选择卸载**现有程序数据包，然后安装升级数据包**➲……。

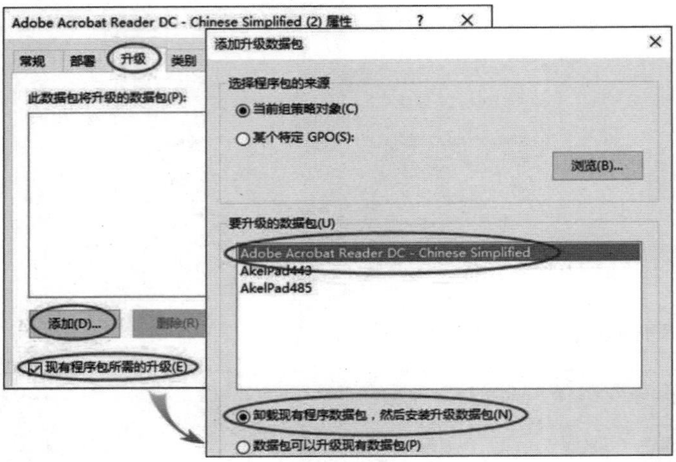

图 5-5-10

STEP 7 如图5-5-11所示为完成后的窗口。

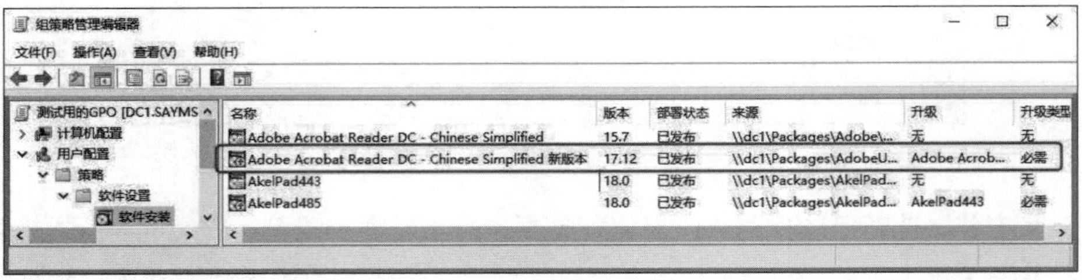

图 5-5-11

STEP 8 到客户端来安装此被部署的新版Acrobat Reader DC：先重新登录以便应用策略设置，然后【单击左下角**开始**图标➲单击**设置**图标➲单击**应用**➲单击最下方或最右侧的**程**

序和功能➲**单击从网络安装程序**➲选择图5-5-12中的**AdobeAcrobatReader DC – Chinese Simplified新版本**后单击上方的**安装**】，系统会先卸载旧版本，再安装新版本。

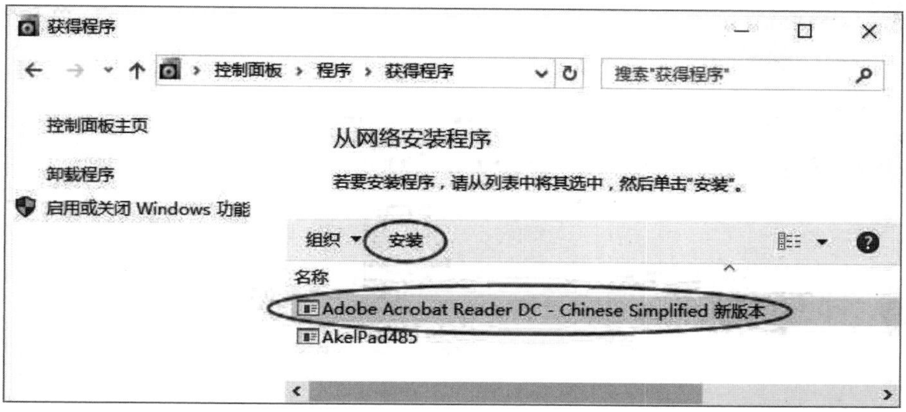

图 5-5-12

6

第 6 章　限制软件的运行

我们可以通过**软件限制策略**（Software Restriction Policy，SRP）所提供的多种规则，来限制或允许用户可以执行的应用程序。

- 软件限制策略概述
- 启用软件限制策略

6.1　软件限制策略概述

我们在4.5节内介绍过如何利用文件名来限制用户可以或不可以执行特定的应用程序，然而如果用户有权修改文件名，就可以突破此限制，此时我们仍然可以通过本章的**软件限制策略**来进行有效管控。此策略的安全级别分为以下三种：

- **不受限**：所有登录的用户都可以运行指定的程序（只要用户拥有适当的访问权限，例如NTFS权限）。
- **不允许**：不论用户对程序文件的访问权限如何，都不允许运行程序。
- **基本用户**：允许以普通用户的权限（users组的权限）来运行程序。

系统默认的安全级别是所有程序都**不受限**，也就是只要用户对所要运行的程序文件拥有适当的访问权限，他就可以运行此程序。不过可以通过**哈希规则**、**证书规则**、**路径规则**与**网络区域规则**等4 种规则来建立例外的安全级别，以便拒绝用户执行特定的应用程序。

6.1.1　哈希规则

哈希（hash）是根据程序的文件内容所计算出来的一连串字节，不同程序有着不同的哈希值，所以系统可用它来辨识程序。在为某个程序建立**哈希规则**，并利用它限制用户不允许运行此程序时，系统就会为该程序建立哈希值。当用户要运行此程序时，其Windows系统就会比对自行算出来的哈希值是否与软件限制策略中的哈希值相同，如果相同，表示它就是被限制的程序，会被拒绝运行。

即使此程序的文件名被修改或被移动到其他位置，也不会改变其哈希值，因此仍然会受到哈希规则的约束。

> 如果用户计算机端的程序文件内容被修改（例如感染计算机病毒），此时因为用户的计算机所算出的哈希值，并不会与哈希规则中的哈希值相同，因此不会认为它是受限制的程序，不会拒绝此程序的执行。

6.1.2　证书规则

软件发行公司可以利用证书（certificate）来为其所开发的应用程序签名，而软件限制策略可以通过此证书来识别程序，也就是说可以建立**证书规则**来识别利用此证书所签名的应用程序，以便允许或拒绝用户运行此程序。

6.1.3 路径规则

可以通过**路径规则**来允许或拒绝用户执行位于某个文件夹内的程序。由于是根据路径来识别程序，因此，当程序被移动到其他文件夹，此程序将不会再受到路径规则的约束。

除了文件夹路径外，也可以通过**注册表**（registry）路径来限制，例如开放用户可以执行在登录中所指定的文件夹内的程序。

6.1.4 网络区域规则

可以利用网络区域规则来允许或拒绝用户执行位于某个区域内的程序，这些区域包含**本地计算机**、**Internet**、**本地Intranet**、**受信任的站点**与**受限制的站点**。

除了本地计算机与Internet之外，可以设置其他三个区域内所包含的计算机或网站：【单击左下角**开始**图标➲单击**设置**图标➲**网络和Internet**➲**网络和共享中心**➲**Internet选项**➲单击图6-1-1中的**安全**选项卡➲选择要设置的区域后单击站点按钮】。

> 网络区域规则适用于扩展名为.msi的Windows Installer Package。

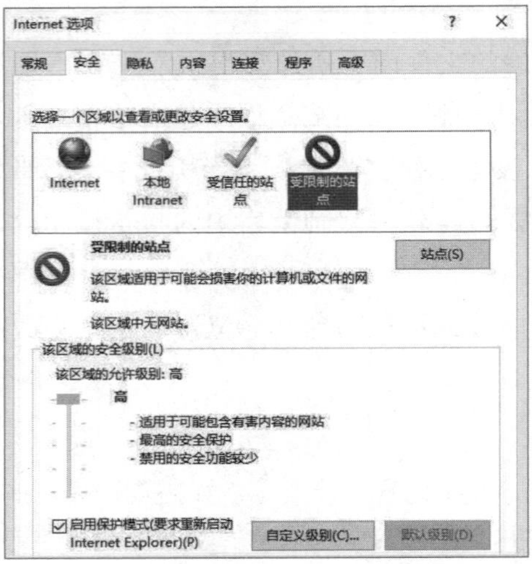

图 6-1-1

6.1.5 规则的优先级

如果同一个程序同时适用于不同软件的限制规则，此时这些规则的优先级由高到低为：哈希规则、证书规则、路径规则、网络区域规则。

例如针对某个程序设置了哈希规则，并且设置其安全级别为**不受限**，然而同时针对此程序所在的文件夹设置路径规则，并且设置其安全级别为**不允许**，此时因为哈希规则的优先级高于路径规则，故用户仍然可以执行此程序。

6.2 启用软件限制策略

可以通过本地计算机、站点、域与组织单位等四个不同地方来设置软件限制策略。以下将利用前几章所使用的组织单位**业务部**内的**测试用的GPO**来练习软件限制策略（如果尚未建立此组织单位与GPO，请先建立）：请到域控制器上【打开**服务器管理器**➲单击右上角**工具**➲组策略管理➲展开到组织单位**业务部**➲选中**测试用的GPO**并右击➲**编辑**➲在图6-2-1中展开**用户配置**➲**策略**➲**Windows设置**➲**安全设置**➲选中**软件限制策略**并右击➲**创建软件限制策略**】。

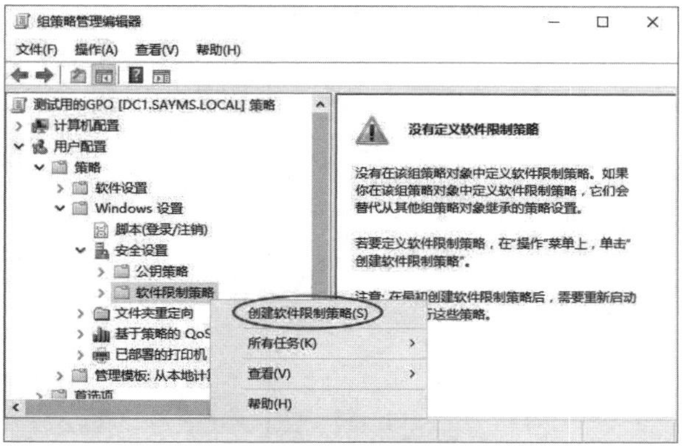

图 6-2-1

接着单击图6-2-2中的**安全级别**，从右侧**不受限**前面的打勾符号可知默认安全级别是所有程序都**不受限**，也就是只要用户对想要运行的程序文件拥有适当访问权限，就可以运行该程序。

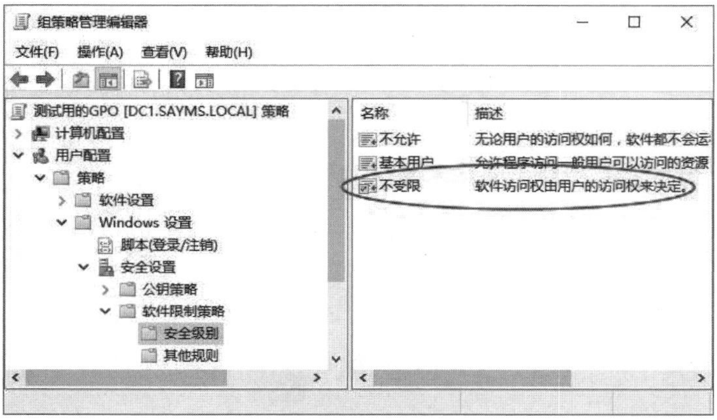

图 6-2-2

6.2.1 建立哈希规则

如果要利用哈希规则来限制用户不能安装号称**网络剪刀手**的Netcut，则其步骤如下所示（假设为Netcut 3.0版、其安装文件为Netcut.exe）：

STEP 1 我们将到域控制器上设置，因此请先将Netcut 3.0的安装文件Netcut.exe复制到此计算机上。

STEP 2 如图6-2-3所示【选中**其他规则**并右击➲**新建哈希规则**➲单击浏览按钮】。

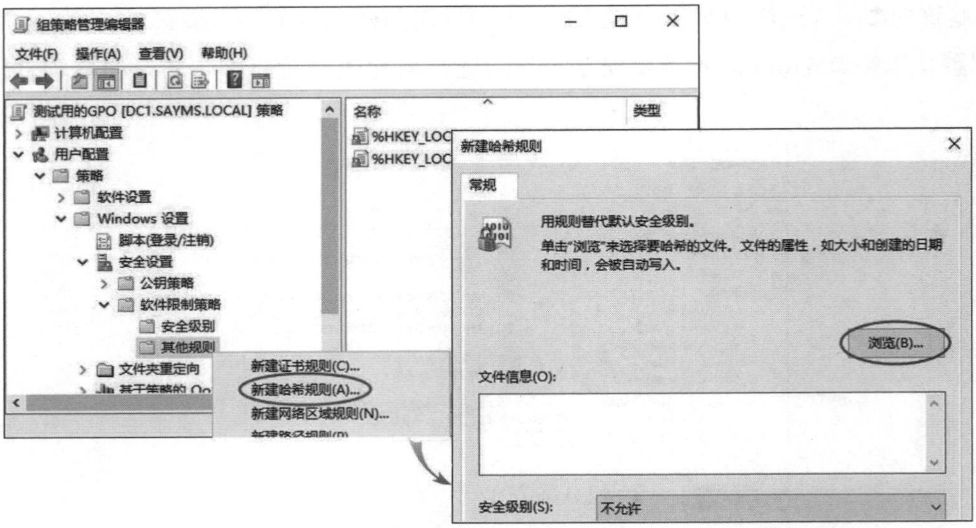

图 6-2-3

STEP 3 在图6-2-4中浏览到Netcut 3.0安装文件Netcut.exe，单击打开按钮。

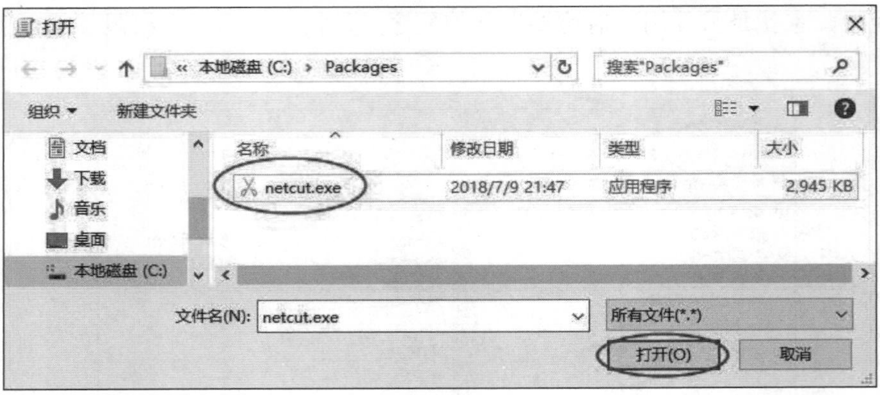

图 6-2-4

STEP 4 在图6-2-5中选择**不允许**安全级别后，单击确定按钮。

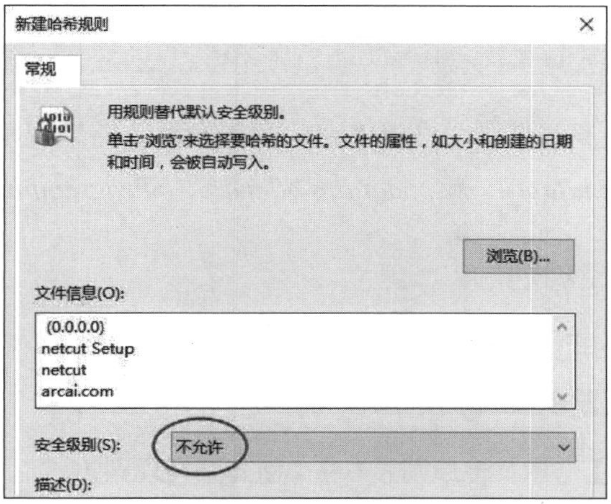

图 6-2-5

STEP 5　图6-2-6所示为完成后的窗口。

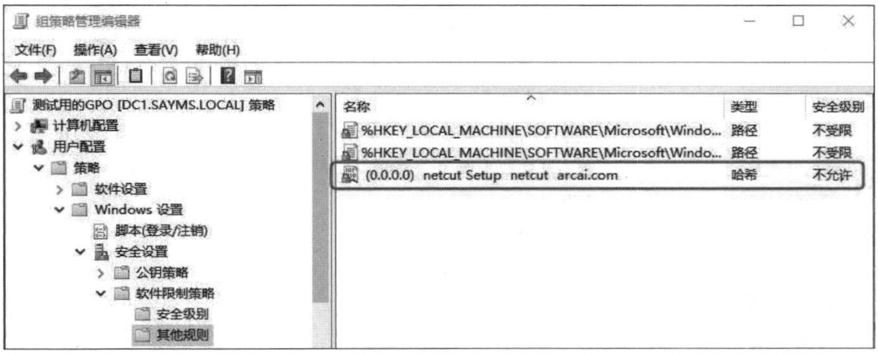

图 6-2-6

位于组织单位**业务部**内的用户应用此策略后，在执行Netcut 3.0的安装文件Netcut.exe时会被拒绝，并且会出现图6-2-7警告对话框（以Windows 10为例）。

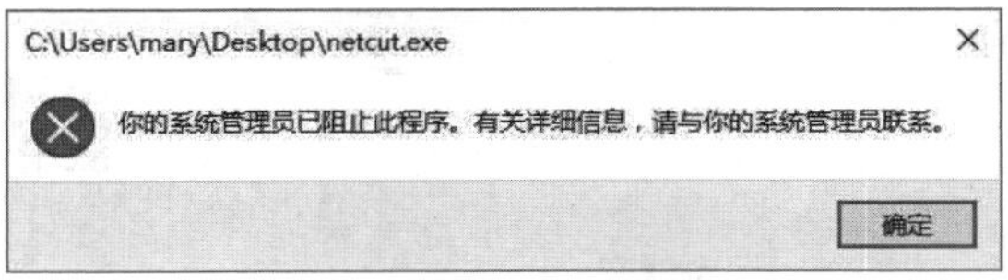

图 6-2-7

1. 如果出现要求输入账号与密码对话框，可能是策略尚未应用到用户。
2. 不同版本的Netcut，其安装文件的哈希值也都不相同，因此如果要禁止用户安装其他版本Netcut，需要再针对它们建立哈希规则。
3. 为了加强拦截效果，建议也禁止用户执行Netcut可执行文件，例如如果可执行文件为Netcut.exe，则针对此文件建立哈希规则来禁止用户执行此程序。

6.2.2　建立路径规则

路径规则分为文件夹路径规则与注册表路径规则两种。路径规则中可以使用环境变量，例如%*Userprofile*%、%*SystemRoot*%、%*Appdata*%、%*Temp*%、%*Programfiles*%等。

1. 建立文件夹路径规则

举例来说，如果要利用文件夹路径规则来限制用户不能运行位于\\dc1\SystemTools共享文件夹内所有程序，则其设置步骤如下所示：

STEP 1　如图6-2-8所示【选中**其他原则**并右击➲**新建路径规则**】。

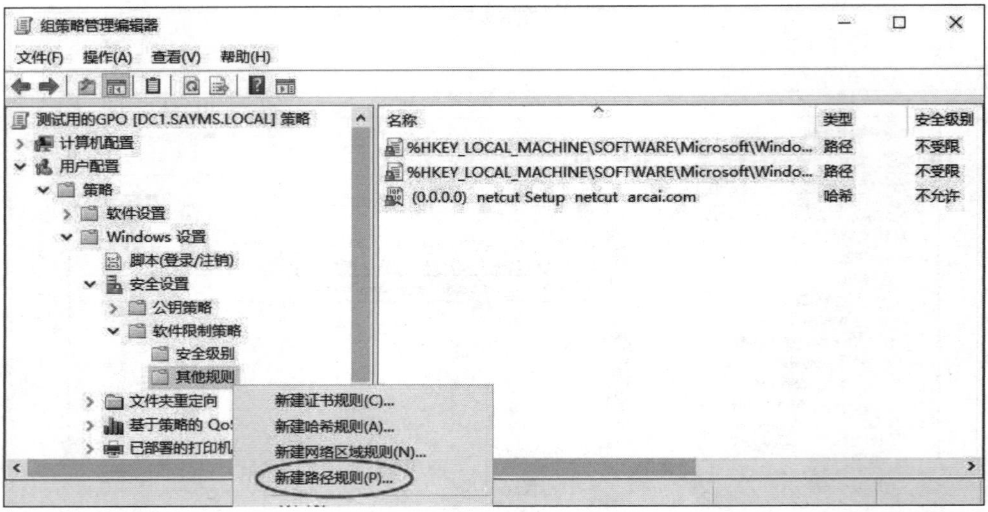

图 6-2-8

STEP 2　如图6-2-9所示来输入或浏览路径、**安全级别**选择**不允许**，单击确定按钮。

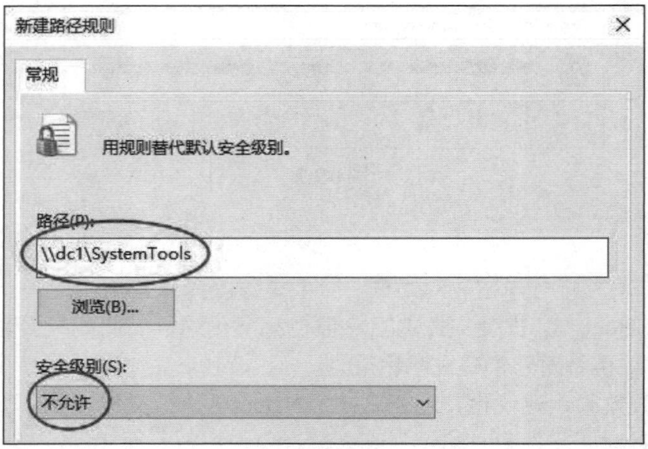

图 6-2-9

> 如果只是要限制用户执行此路径内某个程序，请输入此程序的文件名，例如要限制的程序为netcut.exe，请输入\\dc1\SystemTools\netcut.exe；如果不论此程序位于何处，均要禁止用户执行，则只要输入程序名netcut.exe即可。

STEP 3　图6-2-10为完成后的窗口。

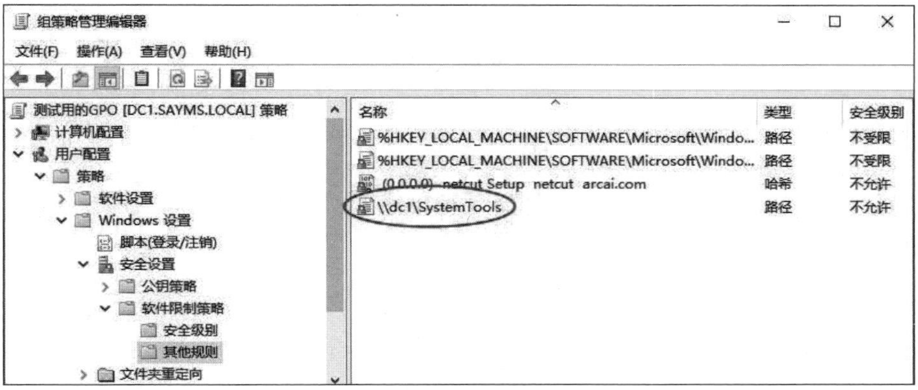

图 6-2-10

2. 建立注册表路径规则

也可以通过**注册表**（registry）路径来开放或禁止用户执行路径内的程序，由图6-2-11中可以看出系统已经内置了两个注册表路径。

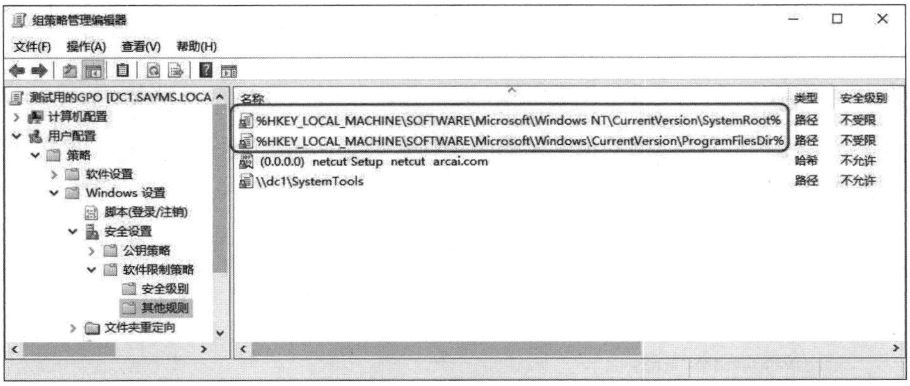

图 6-2-11

其中第一个注册表路径是要开放用户可以执行位于以下注册表路径内的程序：

`HKEY_LOCAL_MACHINE\SOFTWARE\Microsoft\Windows NT\CurrentVersion\SystemRoot`

我们可以利用注册表编辑器（REGEDIT.EXE）查看其所映射到的文件夹，如图6-2-12所示为C:\Windows，也就是说用户可以执行位于文件夹C:\Windows内的所有程序。

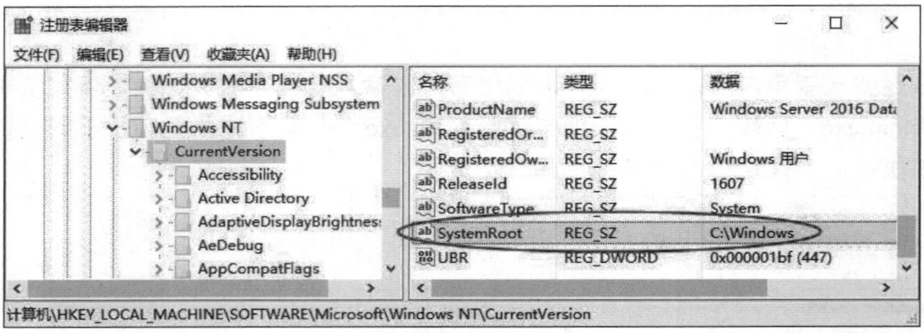

图 6-2-12

如果要编辑或新建注册表路径规则，记住在路径前后要附加%符号，例如：

%HKEY_LOCAL_MACHINE\SOFTWARE\Microsoft\WindowsNT\CurrentVersion\SystemRoot%

6.2.3 建立证书规则

由于客户端计算机默认并未启用证书规则，因此这些计算机在执行扩展名为.exe的可执行文件时，并不会处理与证书有关的事宜。以下我们将先启用客户端的证书规则，然后再来建立证书规则。

1. 启用客户端的证书规则

证书规则的启用是通过组策略来设置的，以下假设是要针对组织单位**业务部**内的计算机来启用证书规则，而且是通过**测试用的GPO**来设置。

请到域控制器上：【打开**服务器管理器**➲单击右上角**工具**➲**组策略管理**➲展开到组织单位**业务部**➲选中**测试用的GPO**并右击➲**编辑**➲在图6-2-13中展开**计算机配置**➲**策略**➲**Windows设置**➲**安全设置**➲**本地策略**➲**安全选项**➲将右侧的**系统设置：将Windows可执行文件中的证书规则用于软件限制策略**设置为**已启用**】。完成后，位于此组织单位**业务部**内的计算机在应用策略后就具备通过证书来限制程序运行的功能。

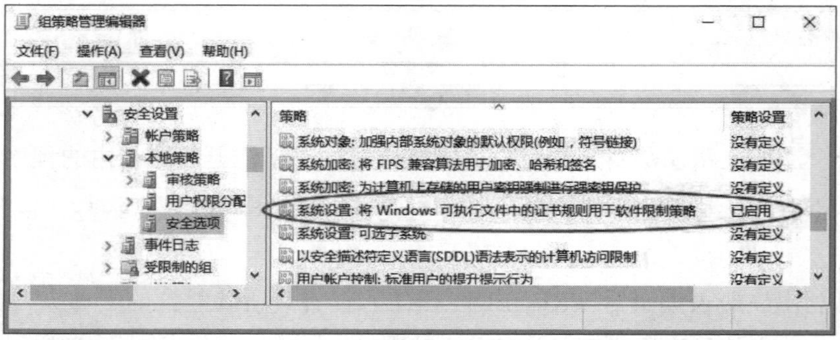

图 6-2-13

如果要启用本地计算机的证书规则：执行GPEDIT.MSC➲**计算机配置**➲**Windows设置...**（以下与前述域组策略路径相同），若此设置与域组策略设置发生冲突时，则以域组策略的设置优先。

也可以通过以下方法来启用客户端的证书规则：在图6-2-14中展开**计算机配置**➲**策略**➲**Windows设置**➲**安全设置**➲**软件限制策略**➲双击右侧的**强制**➲选择**强制证书规则**。

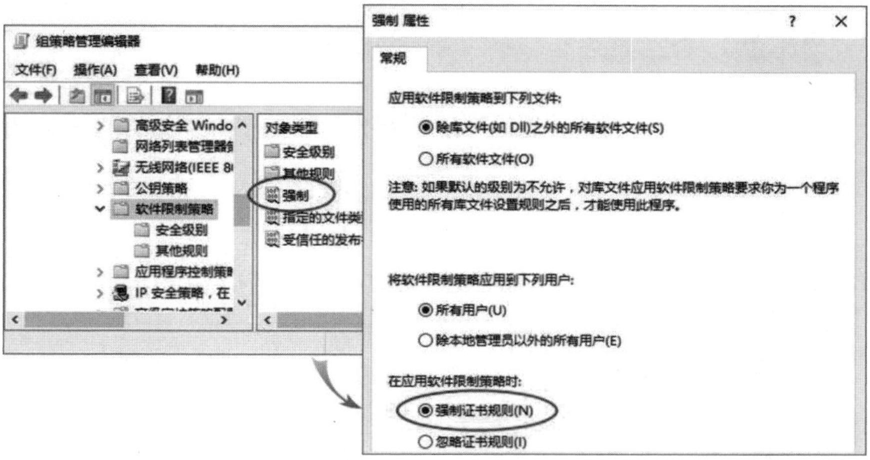

图 6-2-14

2. 建立证书规则

以下假设在组织单位**业务部**内默认的安全等级是**不允许**，也就是此组织单位内的用户无法执行所有程序，但只要程序是经过Sayms公司所申请的**代码签名证书**签名，该程序就可以运行，假设此证书的证书文件为SaymsCert.cer。

可以通过自行搭建的CA来练习，其步骤为：搭建CA（例如独立根CA）、在此CA计算机上利用浏览器来向此CA申请**代码签名证书**（记住勾选**将密钥标记为可导出**）、下载与安装证书、将证书导出保存（通过【单击左下角**开始**图标⊞➲单击**设置**图标⚙➲**网络和Internet**➲**网络和共享中心**➲**Internet选项**➲**属性**➲**证书**➲**选择证书**➲**导出**】的方法）。CA与证书的说明可参考《**Windows Server 2019系统与网站配置指南**》这本书。

STEP 1　选中图6-2-15中的**其他规则**并右击➲**新建证书规则**➲单击**浏览**按钮。

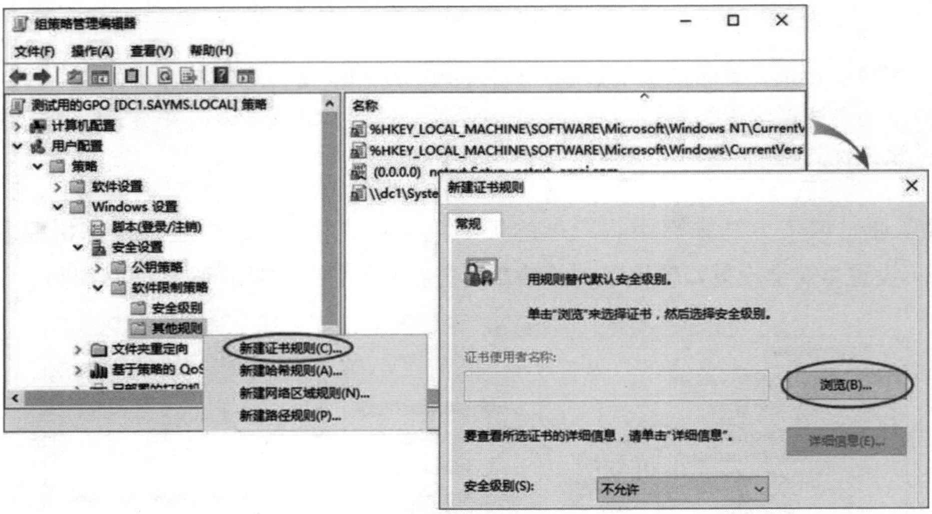

图 6-2-15

STEP 2 在图6-2-16中浏览到证书文件SaymsCert.cer后单击**打开**按钮。

图 6-2-16

STEP 3 在图6-2-17中选择**不受限**后单击**确定**按钮。

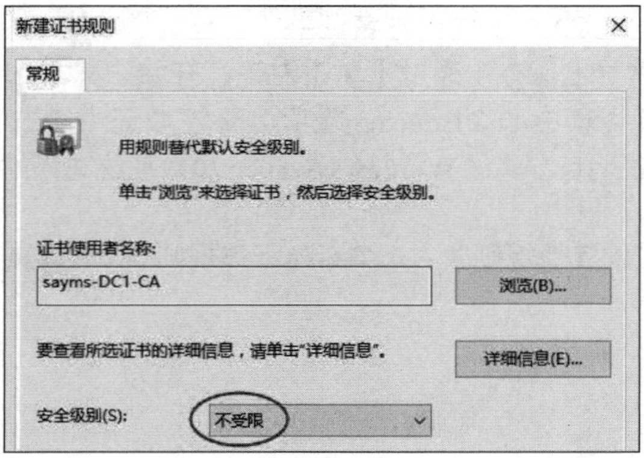

图 6-2-17

STEP **4** 图6-2-18为完成后的窗口。位于组织单位**业务部**内的用户应用此策略后，在执行所有经过Sayms证书签名的程序时，都会被允许。

图 6-2-18

6.2.4 建立网络区域规则

可以利用**网络区域规则**来允许或拒绝用户执行位于某个区域内的程序，这些区域包含**本地计算机**、**Internet**、**本地Intranet**、**受信任的站点与受限制的站点**。

建立网络区域规则的方法与其他规则很类似，也就是如图6-2-19所示【选中**其他规则**并右击➲**新建网络区域规则**➲从**网络区域**处选择区域➲选择安全级别】，图中表示只要是位于**受限制的站点**内的程序都不允许运行。图6-2-20为完成后的窗口。

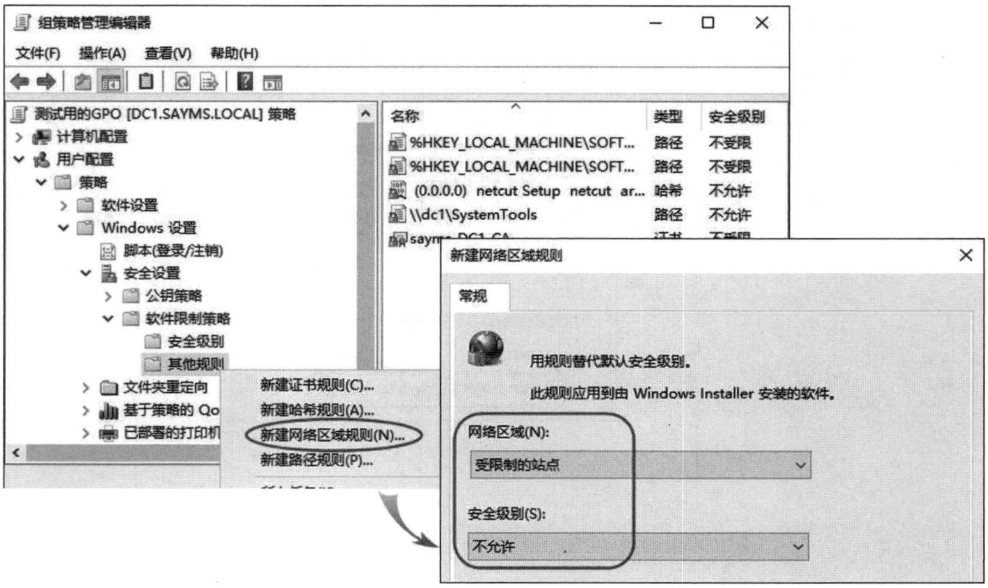

图 6-2-19

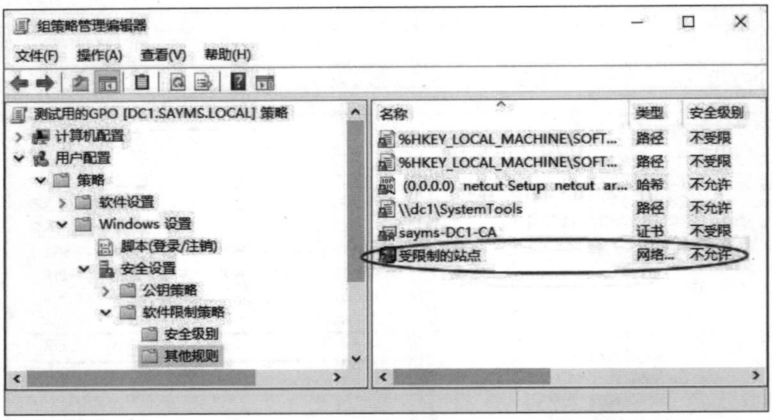

图 6-2-20

6.2.5　不要将软件限制策略应用到本地管理员

如果不想将软件限制策略应用到本地管理员组（Administrators），可以如图6-2-21所示【双击**软件限制策略**右侧的**强制**➲在**将软件限制策略应用到下列用户**处选择**除本地管理员以外的所有用户**➲单击确定按钮】。

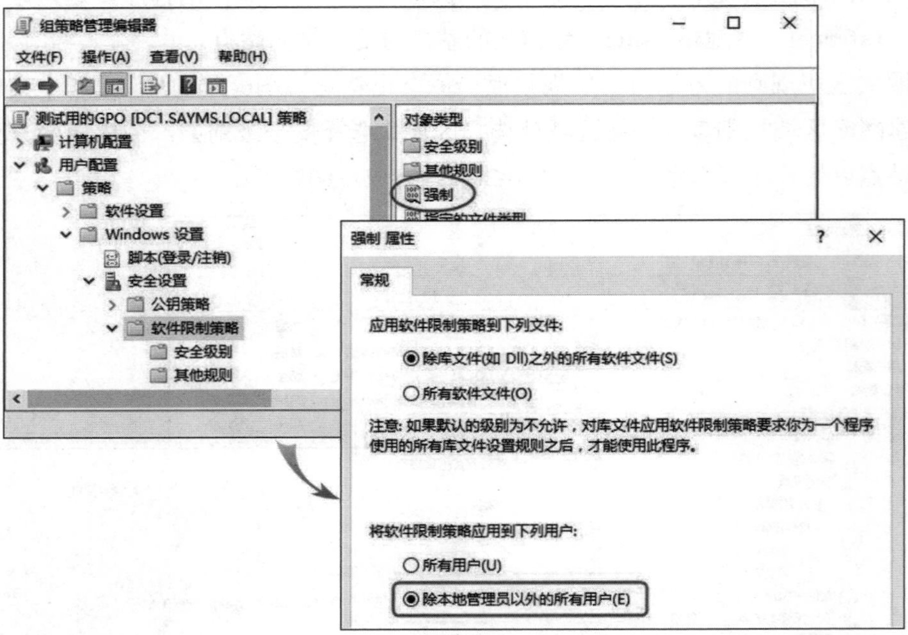

图 6-2-21

7

第 7 章　建立域树与域林

我们在第2章已经介绍过如何建立单一域的网络环境，而本章将更进一步介绍如何建立完整的**域树**（domain tree）与**域林**（forest）。

- 建立第一个域
- 建立子域
- 建立域林中的第二个域树
- 删除子域与域树
- 更改域控制器的计算机名

7.1 建立第一个域

在开始建立域树与域林之前，如果对**Active Directory域服务**（AD DS）的概念还不是很清楚，请先参考第1章的说明。以下利用图7-1-1中的域林来说明，此域林内包含左右两个域树：

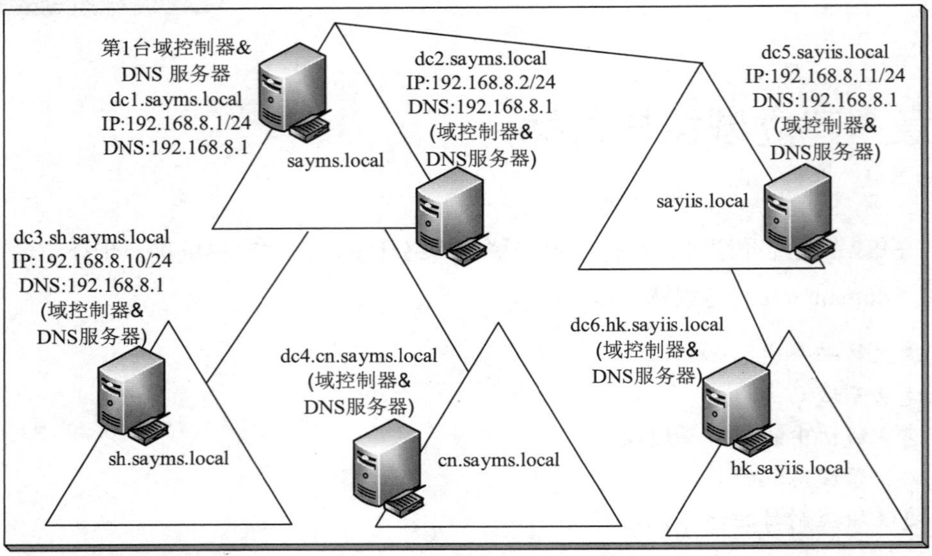

图 7-1-1

- **左边的域树**：它是这个域林内的第一个域树，其根域的域名为sayms.local。根域之下有两个子域，分别是sh.sayms.local与cn.sayms.local。域林名称是以第一个域树的根域名称来命名，所以这个域林的名称就是sayms.local。
- **右边的域树**：它是这个域林内的第二个域树，其根域的域名为sayiis.local。根域之下有一个子域hk.sayiis.local。

建立域之前的准备工作与如何建立图中第一个域sayms.local的方法，都已经在第2章内介绍过了。本章仅介绍如何来建立子域（例如图中的sh.sayms.local）与第二个域树（例如图右边的sayiis.local）。

7.2 建立子域

以下通过将前面图7-1-1中dc3.sh.sayms.local升级为域控制器的方式来建立子域sh.sayms.local，这台服务器可以是独立服务器或隶属于其他域的现有成员服务器。请先确定前面图7-1-1中的根域sayms.local已经建立完成。

STEP 1 请先在图7-1-1左下角的服务器dc3.sh.sayms.local上安装Windows Server 2019、将其计算机名设置为dc3、IPv4地址等依照图所示来设置（图中采用TCP/IPv4）。注意将计算机名称设置为dc3即可，等升级为域控制器后，就会自动改为dc3.sh.sayms.local。

STEP 2 打开服务器管理器、单击仪表板处的添加角色和功能。

STEP 3 持续单击下一步按钮，直到图7-2-1中勾选**Active Directory域服务**，单击添加功能按钮。

图 7-2-1

STEP 4 持续单击下一步按钮，直到**确认安装选项**对话框时单击安装按钮。

STEP 5 图7-2-2为完成安装后的对话框，请单击**将此服务器提升为域控制器**。

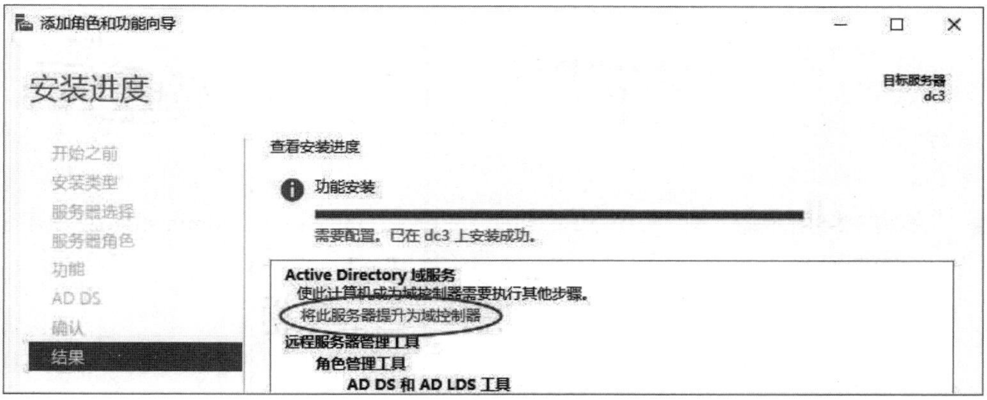

图 7-2-2

如果在图7-2-2中已单击关闭按钮，则之后要将其升级为域控制器，请如图7-2-3所示单击**服务器管理器**上方旗帜符号，单击**将此服务器提升为域控制器**。

图 7-2-3

STEP 6　如图7-2-4所示选择**将新域添加到现有林**、域类型选择**子域**、输入父域名sayms.local、新域名为sh后单击更改按钮。

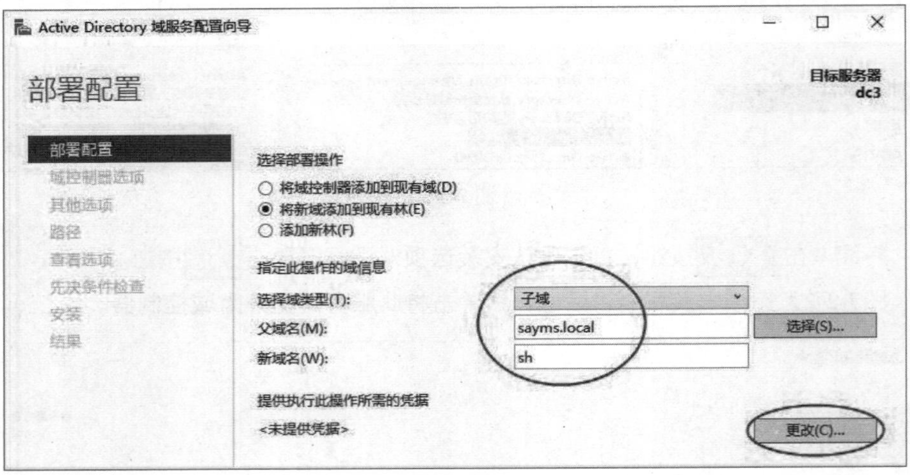

图 7-2-4

STEP 7　如图7-2-5所示输入有权限添加子域的用户账户（例如sayms\administrator）与密码后单击确定按钮。回前一个对话框后单击下一步按钮。

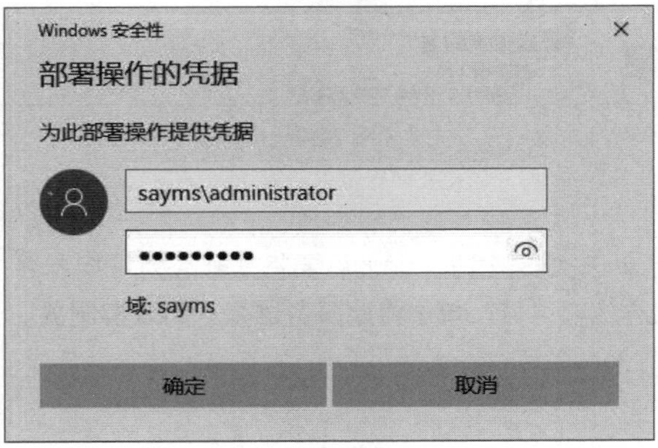

图 7-2-5

仅域林根域sayms.local中的组Enterprise Admins的成员才有权限建立子域。

STEP 8 完成图7-2-6中的设置后单击下一步按钮：

- 选择域功能级别：此处假设选择默认的Windows Server 2016。
- 默认会直接在此服务器上安装DNS服务器。
- 默认会扮演**全局编录**服务器的角色。
- 新域的第一台域控制器不能是**只读域控制器**（RODC）。
- 选择新域控制器所在的AD DS站点，目前只有一个默认的站点Default-First-Site-Name可供选择。
- 设置**目录服务还原模式**的管理员密码。

图 7-2-6

密码默认需要至少7个字符，并且不能包含用户账户名（指**用户SamAccountName**）或全名，还有至少要包含A～Z、a～z、0～9、非字母数字（例如!、$、#、%）等4组字符中的3组，例如123abcABC为有效密码，而1234567为无效密码。

STEP 9 出现图7-2-7的对话框时直接单击下一步按钮。

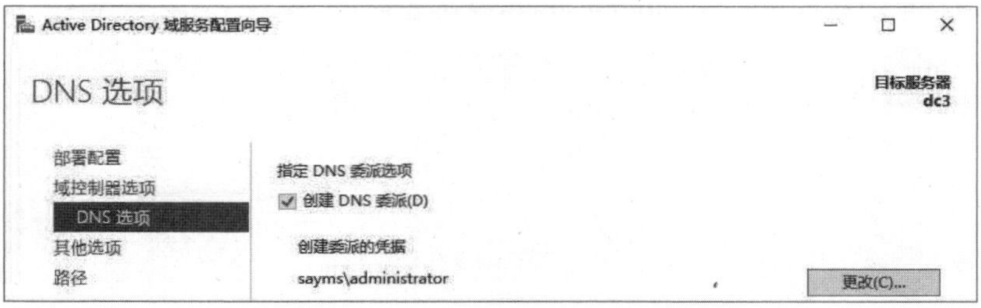

图 7-2-7

STEP 10 在图7-2-8单击下一步按钮。图中安装向导会为此子域设置一个NetBIOS格式的域名（不分大小写），客户端也可以利用此NetBIOS名称来访问此域的资源。默认NetBIOS域名为DNS域名中第一个句点左边的文字，例如DNS名称为sh.sayms.local，则NetBIOS名称为SH。

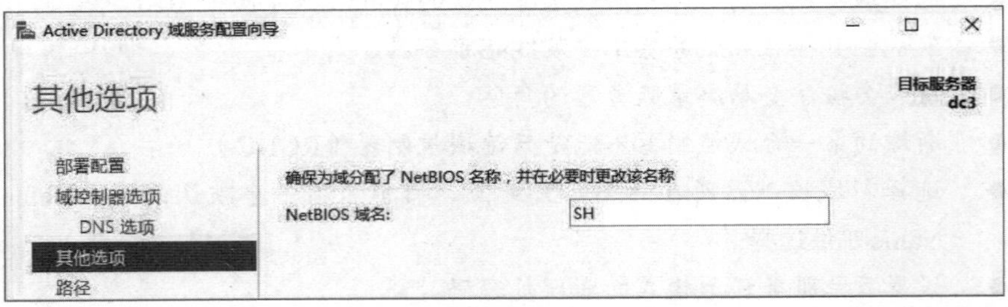

图 7-2-8

STEP 11 在图7-2-9中可直接单击下一步按钮：

- **数据库文件夹**：用来存储AD DS数据库。
- **日志文档文件夹**：用来存储AD DS的日志记录，此日志文件可被用来修复AD DS数据库。
- **SYSVOL文件夹**：用来存储域共享文件（例如组策略相关的文件）。

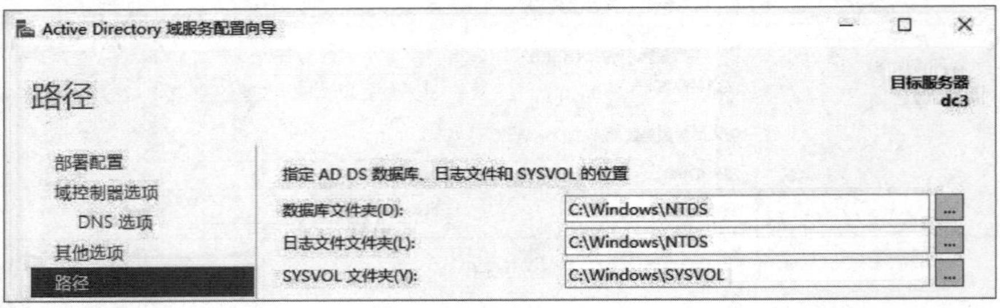

图 7-2-9

STEP 12 在**查看选项**对话框中，确认选项无误后单击下一步按钮。

STEP 13 在图7-2-10所示的对话框中，如果顺利通过检查，就直接单击安装按钮，否则请根据对话框提示先排除问题。

STEP 14 安装完成后会自动重启计算机。可以在此域控制器上利用子域管理员sh\administrator或域林根域管理员sayms\administrator身份登录。

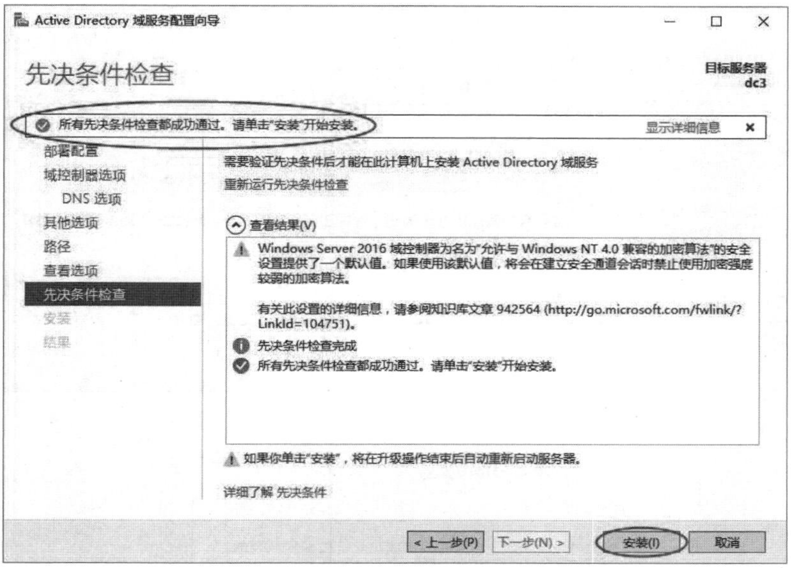

图 7-2-10

完成域控制器的安装后，因为它是此域中的第一台域控制器，因此原本这台计算机内的本地用户账户会被移动到此域的AD DS数据库内。这台域控制器内同时也安装了DNS服务器，其中会自动建立如图7-2-11所示的区域sh.sayms.local，它被用来提供此区域的查询服务。

图 7-2-11

同时这台DNS服务器会将“非sh.sayms.local域”（包含sayms.local）的查询请求，通过**转发器**转发给sayms.local的DNS服务器dc1.sayms.local（192.168.8.1）来处理，可以通过以下方法来查看此设置【如图7-2-12所示单击服务器DC3➲单击上方**属性**图标➲如前景图所示的**转发器**选项卡】。

另外，此服务器的**首选DNS服务器**会如图7-2-13所示被改为指向自己（127.0.0.1）、**备用DNS服务器**指向sayms.local的DNS服务器dc1.sayms.local（192.168.8.1）。

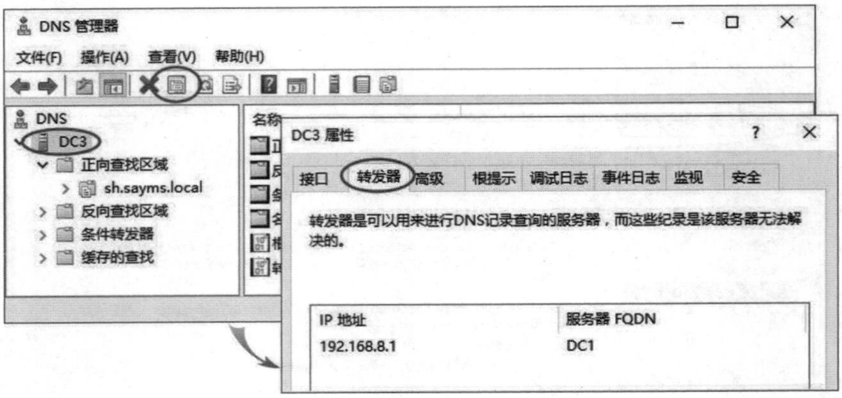

图 7-2-12

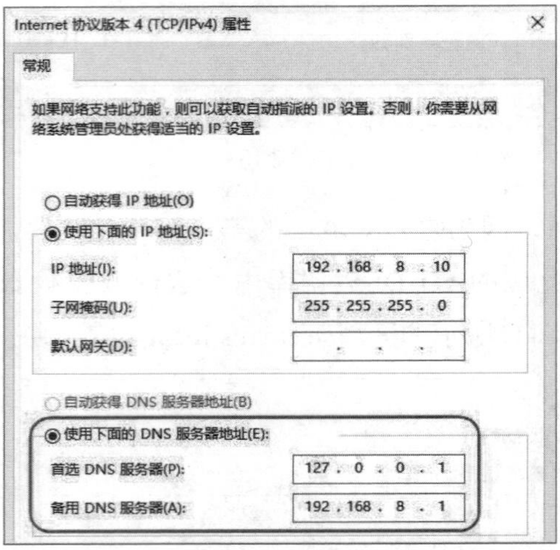

图 7-2-13

同时在sayms.local的DNS服务器dc1.sayms.local内也会自动在区域sayms.local之下建立如图7-2-14所示的委派域（sh）与名称服务器记录（NS），以便当它接收到查询sh.sayms.local的请求时，可将其转发给服务器dc3.tw.sayms.local来处理。

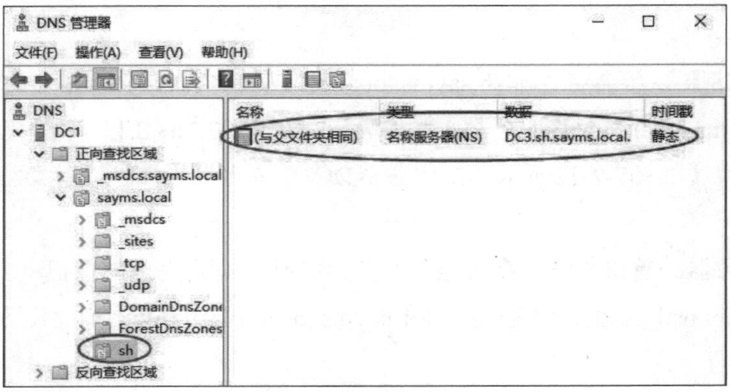

图 7-2-14

Q 根域sayms.local的用户是否可以在子域sh.sayms.local的成员计算机上登录?子域sh.sayms.local的用户是否可以在根域sayms.local的成员计算机上登录?

A 都可以。任何域的所有用户，默认都可在同一个域林的其他域的成员计算机上登录，但域控制器除外，默认只有隶属于Enterprise Admins组（位于域林根域sayms.local内）的用户才有权限在所有域内的域控制器上登录。每个域的管理员（Domain Admins），虽然可以在所属域的域控制器上登录，但是却无法在其他域的域控制器上登录，除非另外被赋予**允许本地登录**的权限。

7.3 建立域林中的第二个域树

在现有**域林**中新建第二个（或更多个）**域树**的方法为：先建立此域树中的第一个域，而建立第一个域的方法是通过建立第一台域控制器的方式来实现的。

假设要新建如图7-3-1右边所示的域sayiis.local，由于这是该域树中的第一个域，所以它是这个新域树的根域。我们要将sayiis.local域树加入到域林sayms.local中（sayms.local是第一个域树的根域的域名，也是整个域林的林名称）。

以下将通过建立图7-3-1中域控制器dc5.sayiis.local的方式来建立第二个域树。

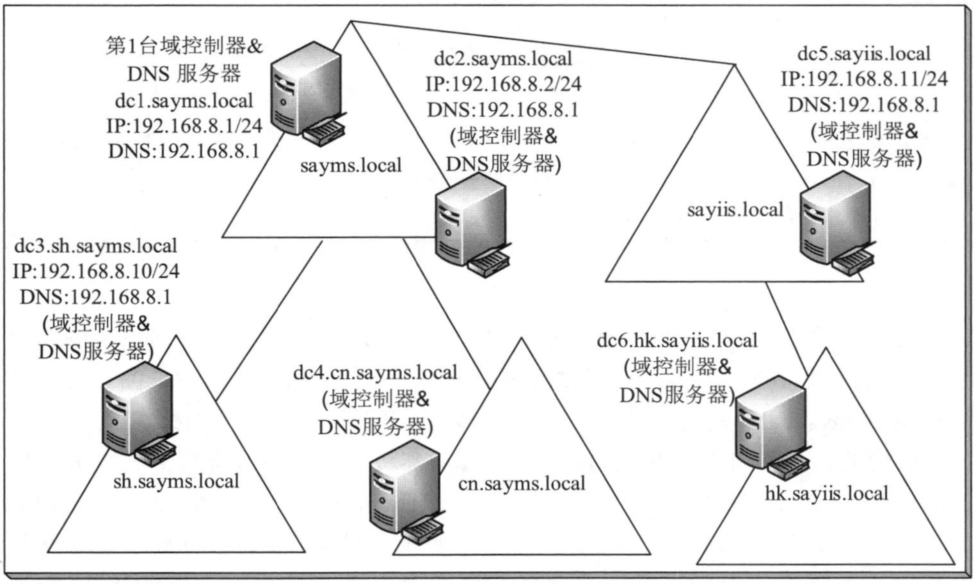

图 7-3-1

7.3.1 选择适当的DNS架构

如果要将sayiis.local域树加入到域林sayms.local中，就必须在建立域控制器dc5.sayiis.local时能够通过DNS服务器来找到域林中的**域命名操作主机**（domain naming operations master），否则无法建立域sayiis.local。**域命名操作主机**默认是由域林中第一台域控制器所扮演的（详见第10章），以图7-3-1来说，它就是dc1.sayms.local。

还有在DNS服务器内必须有一个名称为sayiis.local的**主要查找区域**，以便让域sayiis.local的域控制器能够将自己注册到此区域内。域sayiis.local与sayms.local可以使用同一台DNS服务器，也可以各自使用不同的DNS服务器：

- **使用同一台DNS服务器**：请在这台DNS服务器内另外建立一个名称为sayiis.local的主要区域，并启用动态更新功能。此时这台DNS服务器内同时拥有sayms.local与sayiis.local两个区域，如此sayms.local与sayiis.local的成员计算机都可以通过这台DNS服务器来找到对方。
- **使用不同的DNS服务器，并通过区域传送来复制记录**：请在这台DNS服务器（见图7-3-2右半部）内建立一个名称为sayiis.local的主要区域，并启用动态更新功能，还需要在这台DNS服务器内另外建立一个名称为sayms.local的辅助区域，此区域内的记录需要通过**区域传送**从域sayms.local的DNS服务器（图7-3-2左半部）复制过来，它让域sayiis.local的成员计算机可以找到域sayms.local的成员计算机。

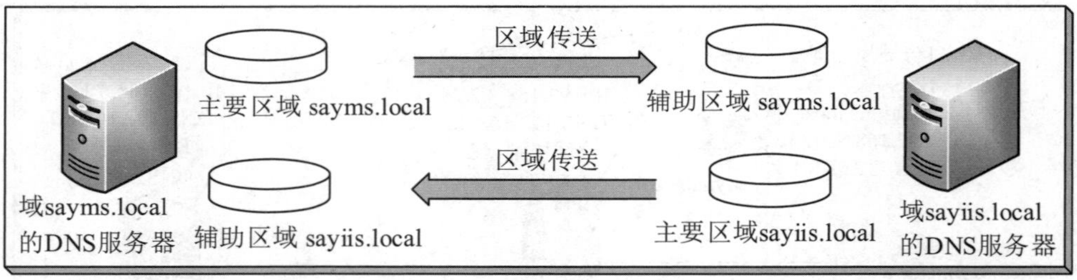

图 7-3-2

同时也需要在域sayms.local的DNS服务器内另外建立一个名称为sayiis.local的辅助区域，此区域内的记录也需要通过**区域传送**从域sayiis.local的DNS服务器复制过来，它让域sayms.local的成员计算机可以找到域sayiis.local的成员计算机。

- **其他情况**：我们前面所搭建的sayms.local域环境是将DNS服务器直接安装到域控制器上，因此其中会自动建立一个DNS区域sayms.local（如图7-3-3中左边的Active Directory集成区域sayms.local），接下来当要安装sayiis.local的第一台域控制器时，其默认也会在这台服务器上安装DNS服务器，并自动建立一个DNS区域sayiis.local（如图7-3-3中右边的Active Directory集成区域sayiis.local），而且还会自动设置转发器来将其他区域（包含sayms.local）的查询请求转发给图中左边的DNS服务器，因此sayiis.local的成员计算机可以通过右边的DNS服务器来同时查询sayms.local与

sayiis.local区域的成员计算机。

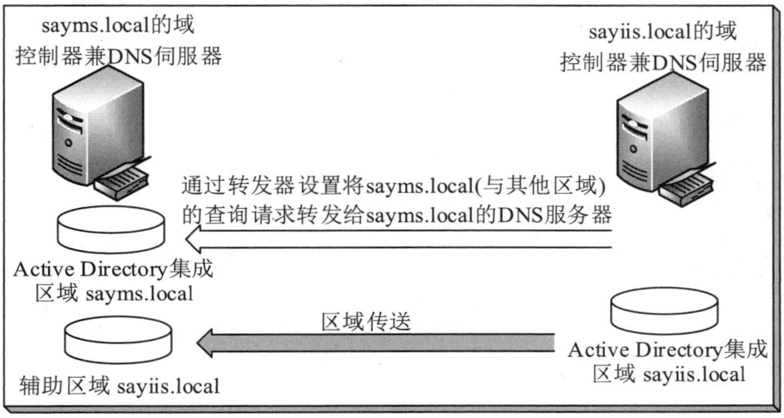

图 7-3-3

不过还必须在左边的DNS服务器内自行建立一个sayiis.local辅助区域，此区域内的记录需要通过**区域传送**从右边的DNS服务器复制过来，它让域sayms.local的成员计算机可以找到域sayiis.local的成员计算机。

> 也可以在左边的DNS服务器内，通过**条件转发器**只将sayiis.local的查询转发给右边的DNS服务器，如此就可以不需要建立辅助区域sayiis.local，也不需区域传送。注意由于右边的DNS服务器已经使用**转发器**设置将sayiis.local之外的所有其他区域的查询，转发给左边的DNS服务器，因此左边DNS服务器请使用**条件转发器**，而不要使用普通的**转发器**，否则除了sayms.local与sayiis.local两个区域之外，其他区域的查询将会在这两台DNS服务器之间循环。

7.3.2 建立第二个域树

以下采用图7-3-3的DNS架构来建立域林中第二个域树sayiis.local，并且是通过将图7-3-1中dc5.sayiis.local升级为域控制器的方式来建立此域树，这台服务器可以是独立服务器或隶属于其他域的现有成员服务器。

STEP 1 请先在图7-3-1右上角的服务器dc5.sayiis.local上安装Windows Server 2019、将其计算机名称设置为dc5、IPv4地址等依照图所示来设置（图中采用TCP/IPv4）。注意将计算机名称设置为dc5即可，等升级为域控制器后，它就会自动被改为dc5.sayiis.local。还有**首选DNS服务器**的IP地址请指定到192.168.8.1，以便通过它来找到域林中的**域命名操作主机**（也就是第一台域控制器dc1），等dc5升级为域控制器与安装DNS服务器后，系统会自动将其**首选DNS服务器**的IP地址改为自己（127.0.0.1）。

STEP 2 打开**服务器管理器**、单击**仪表板**处的**添加角色和功能**。

STEP 3　持续单击下一步按钮，直到图7-3-4中勾选**Active Directory域服务**，单击添加功能按钮。

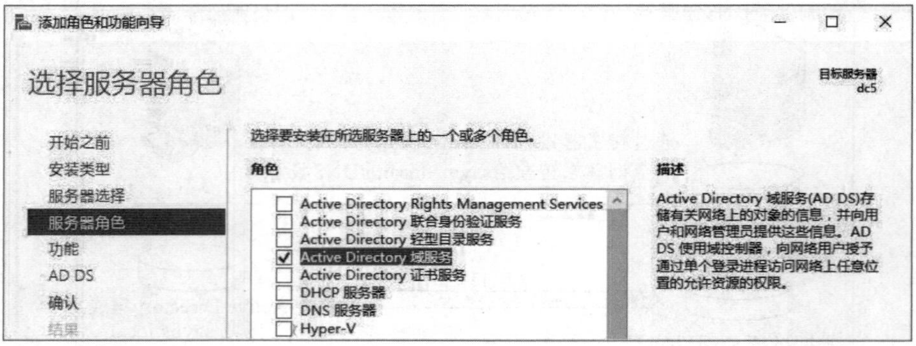

图 7-3-4

STEP 4　持续单击下一步按钮，直到**确认安装选项**对话框时单击安装按钮。

STEP 5　图7-3-5为完成安装后的窗口，请单击**将此服务器提升为域控制器**。

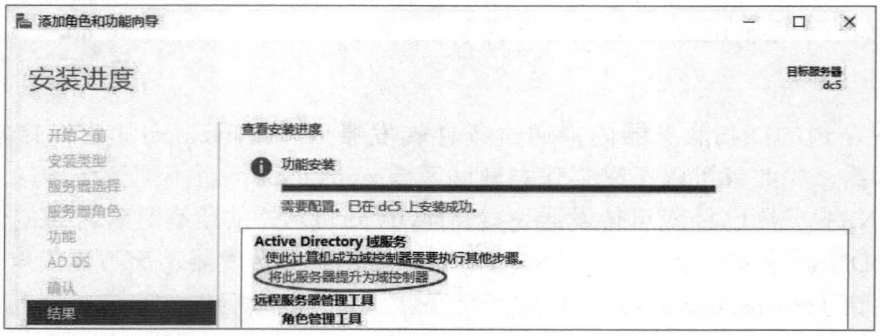

图 7-3-5

STEP 6　如图7-3-6所示选择**将新域添加到现有林**、域类型选择**树域**、输入要加入的域林名sayms.local、输入新**域树**的域名sayiis.local后单击更改按钮。

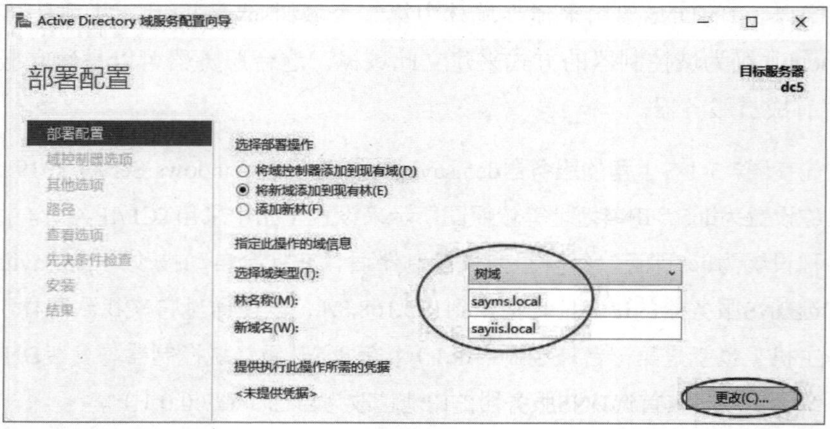

图 7-3-6

STEP 7 如图7-3-7所示输入有权限添加域树的用户账户（例如sayms\administrator）与密码后单击确定按钮。返回前一个对话框后单击下一步按钮。

图 7-3-7

只有域林根域sayms.local内的组Enterprise Admins的成员才有权限建立域树。

STEP 8 完成图7-3-8中的设置后单击下一步按钮：

- 选择域功能级别：此处假设选择默认的Windows Server 2016。
- 默认会直接在此服务器上安装DNS服务器。
- 默认会扮演**全局编录**服务器的角色。
- 新域的第一台域控制器不能是**只读域控制器**（RODC）。
- 选择新域控制器所在的AD DS站点，目前只有一个默认的站点Default-First-Site-Name可供选择。
- 设置**目录服务还原模式**的管理员密码（需要符合复杂性要求）。

图 7-3-8

STEP 9 出现如图7-3-9所示的对话框表示安装向导找不到父域，因而无法设置父域将查询sayiis.local的工作委派给这台DNS服务器，然而此sayiis.local为根域，它并不需要通过父域来委派，因此直接单击下一步按钮即可。

图 7-3-9

STEP 10 在图7-3-10中单击下一步按钮。图中安装向导会为此子域设置一个NetBIOS格式的域名（不区分大小写），客户端也可以利用此NetBIOS名称来访问此域的资源。默认NetBIOS域名为DNS域名中第一个句点左边的文字，例如DNS名称为sayiis.local，则NetBIOS名称为SAYIIS。

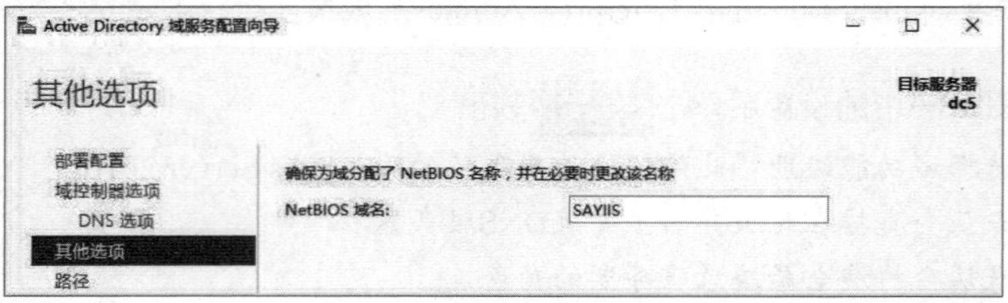

图 7-3-10

STEP 11 在图7-3-11中可以直接单击下一步按钮。

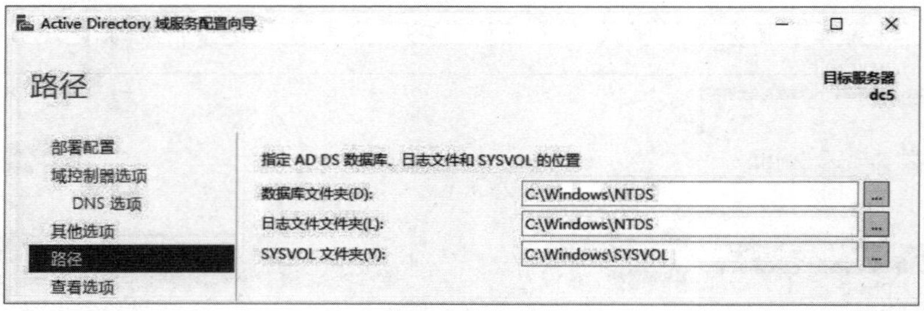

图 7-3-11

STEP 12 在**查看选项**对话框中，确认选项无误后单击下一步按钮。

STEP 13 在图7-3-12所示的对话框中，如果顺利通过检查，就直接单击安装按钮，否则请根据对话框提示先排除问题。

> 除了sayms.local的dc1之外，sh.sayms.local的dc3也必须在线，否则无法将跨域的信息（例如架构目录分区、配置目录分区）复制给所有域，因而无法建立sayiis.local域与树目录。

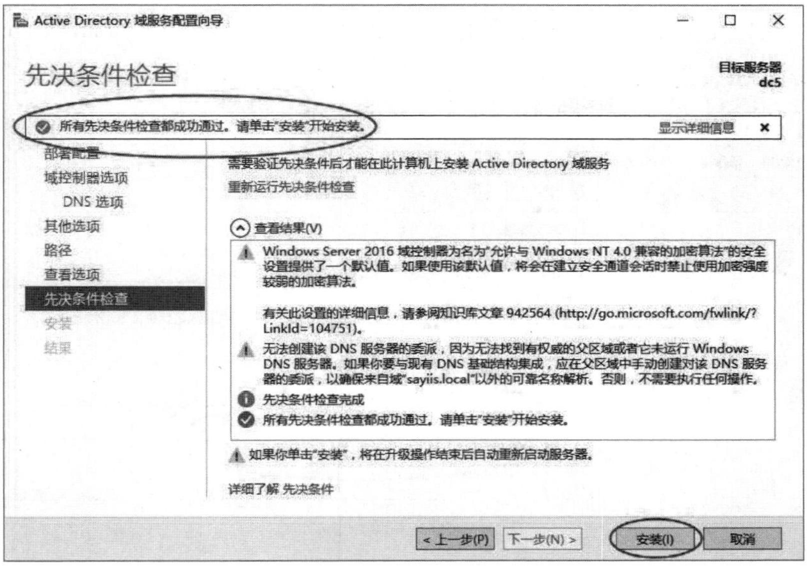

图 7-3-12

STEP 14　安装完成后会自动重新启动计算机。可在此域控制器上利用域sayiis.local的管理员sayiis\administrator或域林根域管理员sayms\ administrator身份登录。

完成域控制器的安装后，因为它是此域中的第一台域控制器，因此原本此计算机内的本地用户账户会被移动到AD DS数据库。它同时也安装了DNS服务器，其中会自动建立如图7-3-13所示的区域sayiis.local，用来提供此区域的查询服务。

图 7-3-13

此DNS服务器会将“非sayiis.local”的所有其他区域（包含sayms.local）的查询要求通过**转发器**转发给sayms.local的DNS服务器（IP地址为192.168.8.1），可以在DNS管理控制台内通过【如图7-3-14所示单击服务器DC5➲单击上方**属性**图标➲如前景图所示的**转发器**选项卡来查看此设置】。

这台服务器的**首选DNS服务器**的IP地址会如图7-3-15所示被自动改为指向自己

（127.0.0.1），而原本位于**首选DNS服务器**的IP地址（192.168.8.1）会被改设置在**备用DNS服务器**。

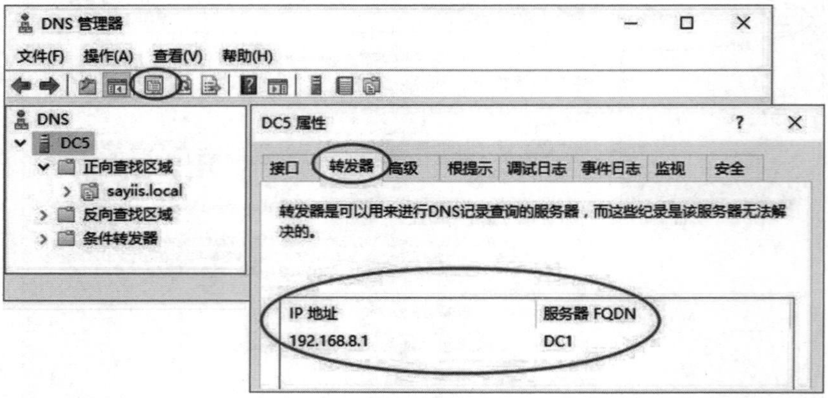

图 7-3-14

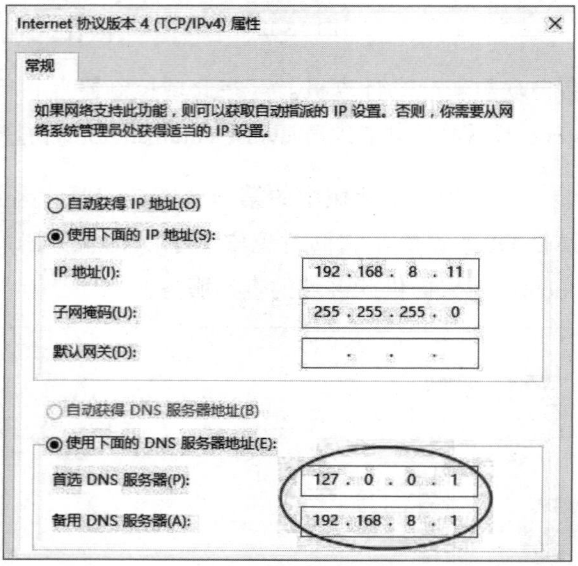

图 7-3-15

我们等一下要到DNS服务器dc1.sayms.local内建立一个辅助区域sayiis.local，以便让域sayms.local的成员计算机可以查找到域sayiis.local的成员计算机。此区域内的记录将通过**区域传送**从dc5.sayiis.local复制过来，不过我们需要先在dc5.sayiis.local内设置，允许此区域内的记录可以**区域传送**给dc1.sayms.local（192.168.8.1），如图7-3-16所示【单击区域sayiis.local➲单击上方**属性**图标➲如前景图所示通过**区域传送**选项卡来设置】。

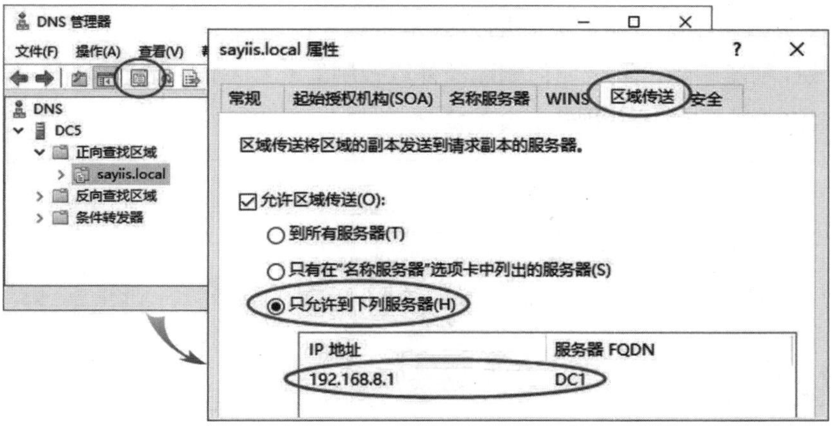

图 7-3-16

接下来到dc1.sayms.local这台DNS服务器上新建正向辅助区域sayiis.local（选中**正向查找区域**并右击➲新建区域➲……），并选择从192.168.8.11（dc5.sayiis.local）来执行**区域传送**操作，也就是其**主服务器**是192.168.8.11（dc5.sayiis.local），图7-3-17为完成后的窗口，界面右侧的记录是从dc5.sayiis.local通过**区域传送**发送过来的。

图 7-3-17

1. 若区域sayiis.local前出现红色X符号，请先确认dc5.sayiis.local已允许区域传送给dc1.sayms.local，然后【选中sayiis.local区域并右击➲选择**从主服务器传输**或**从主服务器传送区域的新副本**】（可能需要按F5键来刷新窗口）。

2. 如果要建立图7-3-1中sayiis.local之下子域hk.sayiis.local，请将dc6.hk.sayiis.local的**首选DNS服务器**指定到dc5.sayiis.local（192.168.8.11）。

7.4 删除子域与域树

我们将利用图7-4-1中左下角的域sh.sayms.local来说明如何删除子域、同时利用右边的域

sayiis.local来说明如何删除域树。删除的方式是将域中的最后一台域控制器降级，也就是将AD DS 从该域控制器删除。至于如何删除额外域控制器dc2.sayms.local与域林根域sayms.local的说明已经在第2章介绍过了，此处不再重复。

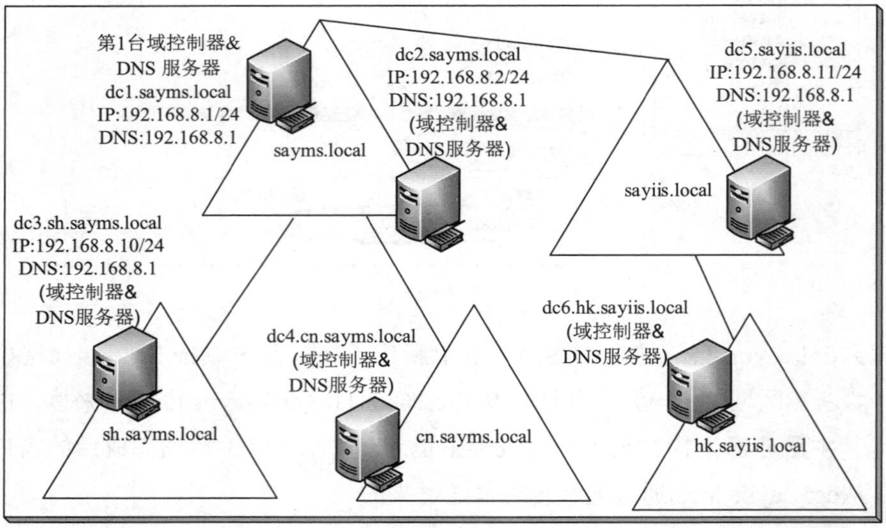

图 7-4-1

你必须是Enterprise Admins组内的用户才有权限删除子域或域树。由于删除子域与域树的步骤类似，因此以下利用删除子域sh.sayms.local为例来说明，而且假设图中的dc3.sh.sayms.local是这个域中的最后一台域控制器。

STEP 1 到域控制器dc3.tw.sayms.local上利用sayms\Administrator身份（Enterprise Admins组的成员）登录➲打开**服务器管理器**➲选择图7-4-2中**管理**菜单下的**删除角色和功能**。

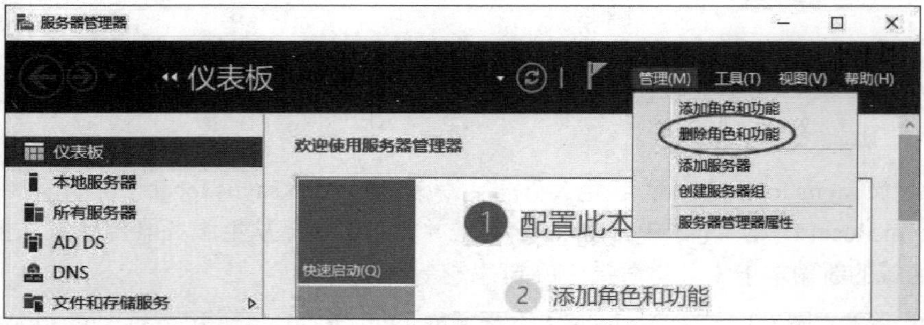

图 7-4-2

STEP 2 持续单击下一步按钮，直到出现图7-4-3的对话框时，取消勾选**Active Directory域服务**，单击删除功能按钮。

图 7-4-3

STEP 3 出现图7-4-4的对话框时，单击**将此域控制器降级**。

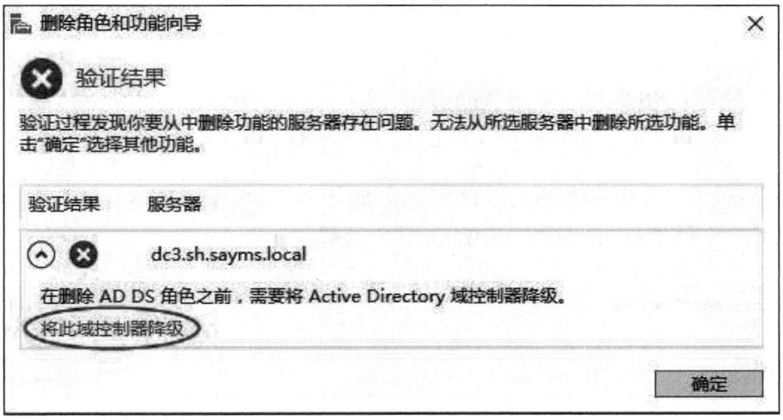

图 7-4-4

STEP 4 请在图7-4-5中勾选**域中的最后一个域控制器**（因dc3是此域的最后一台域控制器）。由于当前登录的用户为sayms\Administrator，他有权删除此域控制器，因此请单击下一步按钮，否则还需单击更改按钮来输入另一个账户与密码。

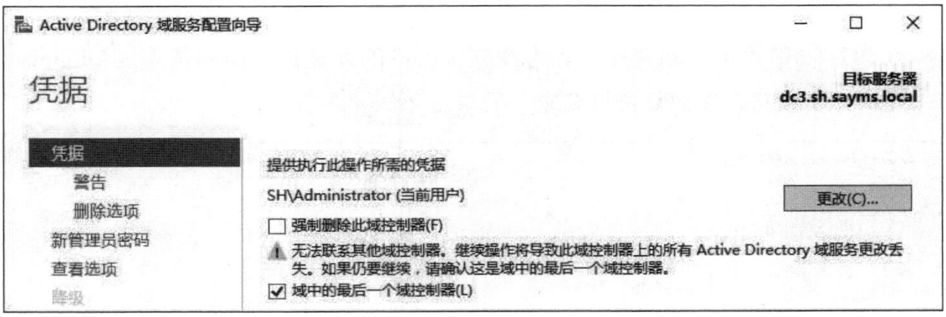

图 7-4-5

如果因故无法删除此域控制器，可以勾选图中的**强制删除此域控制器**。

STEP 5 在图7-4-6中勾选**继续删除**后单击下一步按钮。

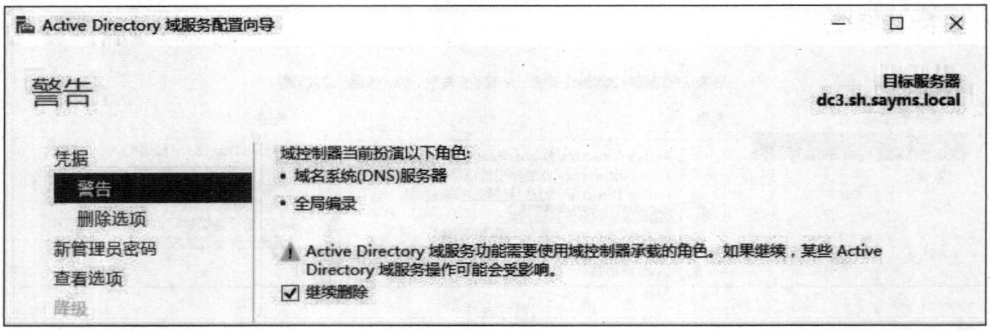

图 7-4-6

STEP 6 出现图7-4-7的对话框时，可如图所示来勾选。由于图中选择了将DNS区域删除，因此也请将父域（sayms.local）内的DNS子区域（sh，参见前面图7-2-14）一起删除，也就是勾选**删除DNS委派**。单击下一步按钮。

> 如果没有权限删除父域的DNS委派区域，请通过单击更改按钮来输入Enterprise Admins内的用户账户（例如sayms\Administrator）与密码。

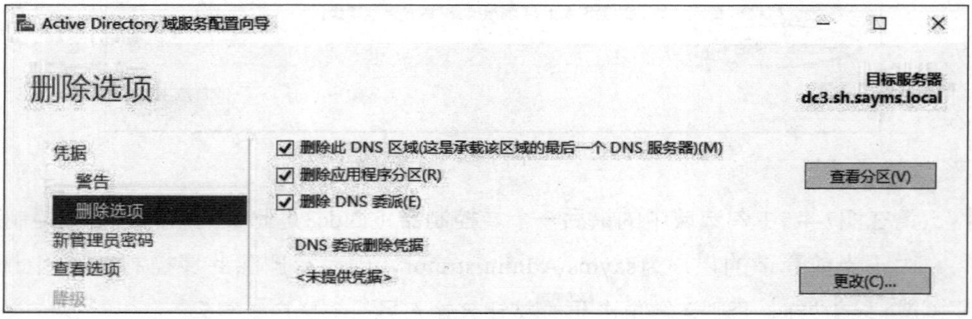

图 7-4-7

STEP 7 在图7-4-8中为这台即将被降级为独立服务器的计算机，设置其本地Administrator的新密码（需要符合密码复杂性要求）后单击下一步按钮。

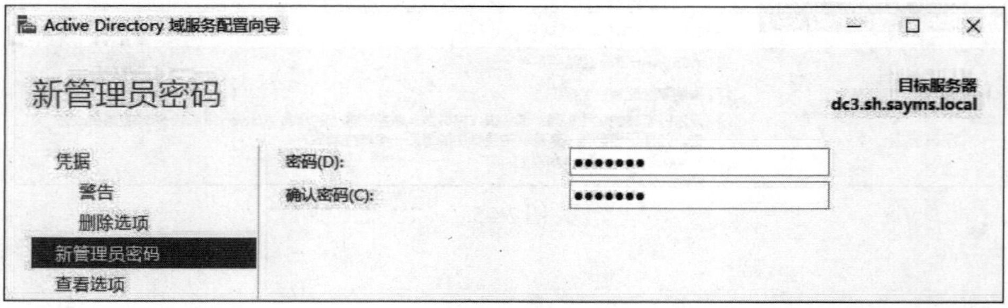

图 7-4-8

STEP 8 在**查看选项**对话框中，确认选项无误后单击降级按钮。

STEP 9 完成后会自动重新启动计算机，请重新登录。

> 虽然此服务器已经不再是域控制器了，不过其**Active Directory域服务**组件仍然存在，并没有被删除，因此若之后要再将其升级为域控制器，请单击**服务器管理器**上方旗帜符号、单击**将此服务器提升为域控制器**（可参考图7-2-3）。以下我们将继续执行删除**Active Directory域服务**组件的步骤。

STEP 10 在服务器管理器中单击管理菜单下的删除角色和功能。

STEP 11 持续单击下一步按钮，直到出现图7-4-9的对话框时，取消勾选**Active Directory域服务**，单击删除功能按钮。

图 7-4-9

STEP 12 返回到**删除服务器角色**对话框时，确认**Active Directory域服务**已经被取消勾选（也可以一起取消勾选**DNS服务器**）后单击下一步按钮。

STEP 13 出现**删除功能**对话框时，单击下一步按钮。

STEP 14 在**确认删除选项**对话框中单击删除按钮。

STEP 15 完成后，重新启动计算机。

7.5 更改域控制器的计算机名

如果因为公司组织更改或为了让管理工作更加方便，而需要更改域控制器的计算机名称，可以使用Netdom.exe程序。至少是隶属于Domain Admins组内的用户，才有权限更改域控制器的计算机名。以下示例假设要将域控制器dc5.sayiis.local改名为dc5x.sayiis.local。

STEP 1 到dc5.sayiis.local以管理员sayiis\Administrator的身份登录➲单击左下角**开始**图标⊞➲**Windows PowerShell**➲执行以下命令（参见图7-5-1）：

```
netdom computername dc5.sayiis.local /add:dc5x.sayiis.local
```

其中dc5.sayiis.local（主要计算机名）为目前的旧计算机名、而dc5x.sayiis.local为新计算机名，它们都必须是FQDN。上述命令会为这台计算机另外添加DNS计算机名称dc5x.sayiis.local（与NetBIOS计算机名DC5X），并更新此计算机账户在AD DS中的SPN（service principal name）属性，也就是在这个SPN属性内同时拥有当前的旧计算机名称与新计算机名。注意新计算机名与旧计算机名的后缀需要相同，例如都是sayiis.local。

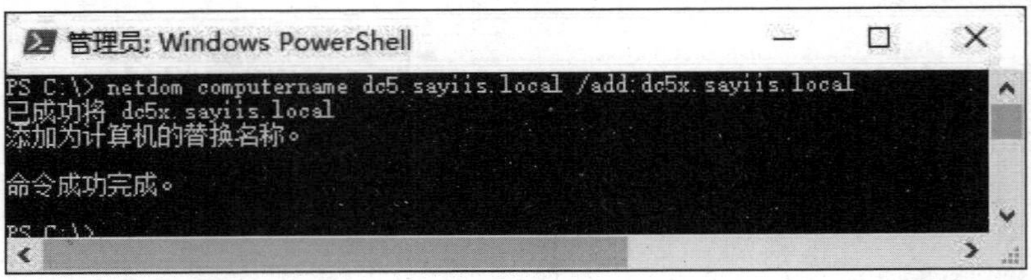

图 7-5-1

SPN（service principal name）是一个包含多重设置值（multivalue）的名称，它是根据DNS主机名来建立的。SPN用来代表某台计算机所支持的服务，其他计算机可以通过SPN来与这台计算机的服务通信。

STEP 2 可以通过以下方法查看在AD DS内新添加的信息：【按⊞+R键➲执行ADSIEDIT.MSC➲选中**ADSI编辑器**并右击➲lianjiedao ➲直接单击确定按钮（采用**默认命令上下文**）➲如图7-5-2背景图所示展开到**CN=DC5**➲单击上方属性图标➲从前景图可看到另外新增了计算机名DC5X与dc5x.sayiis.local】。

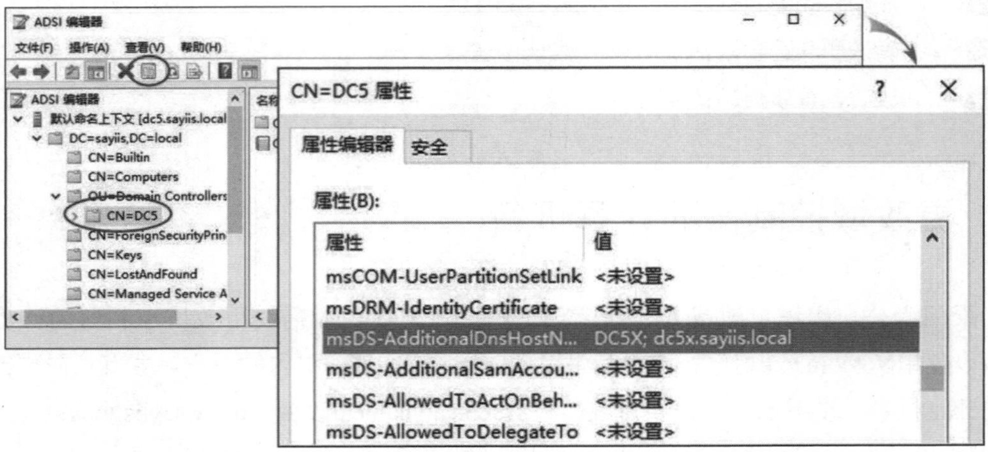

图 7-5-2

STEP 3 如图7-5-3背景图所示继续往下浏览到属性servicePrincipalName，双击它后可从前景图看到在SPN属性内新增了与新计算机名有关的属性值。

图 7-5-3

STEP 4 上述命令也会在DNS服务器内注册新计算机名的记录，如图7-5-4所示。

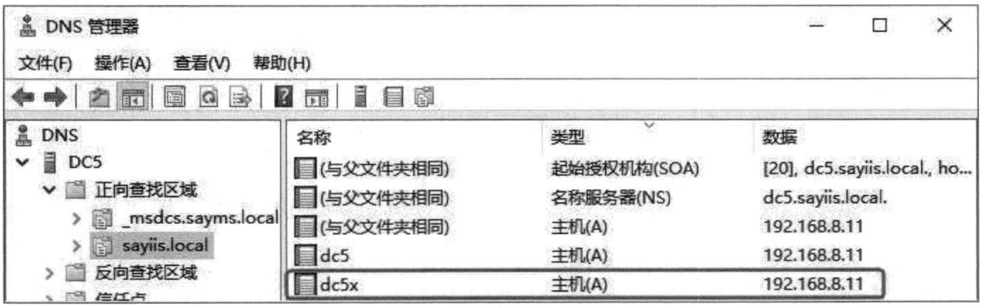

图 7-5-4

STEP 5 请等候一段足够的时间，以便让SPN属性复制到此域内的所有域控制器，而且管辖此域的所有DNS服务器都接收到新记录后，再继续以下删除旧计算机名称的步骤，否则有些客户端通过DNS服务器所查询到的计算机名可能是旧的，同时其他域控制器可能仍然是通过旧计算机名来与这台域控制器通信，因此如果先执行以下删除旧计算机名称步骤，则它们利用旧计算机名来与这台域控制器沟通时会失败，因为旧计算机名已经被删除，因而会找不到这台域控制器。

STEP 6 执行以下命令（见图7-5-5）：

```
netdom computername dc5.sayiis.local/makeprimary:dc5x.sayiis.local
```

此命令会将新计算机名dc5x.sayiis.local设置为主要计算机名。

STEP 7 重新启动计算机。

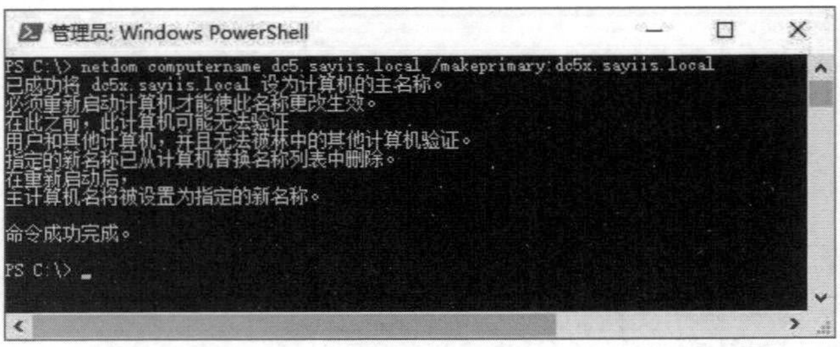
管理员: Windows PowerShell
PS C:\> netdom computername dc5.sayiis.local /makeprimary:dc5x.sayiis.local
已成功将 dc5x.sayiis.local 设为计算机的主名称。
必须重新启动计算机才能使此名称更改生效。
在此之前，此计算机可能无法验证
用户和其他计算机，并且无法被林中的其他计算机验证。
指定的新名称已从计算机替换名称列表中删除。
在重新启动后，
主计算机名将被设置为指定的新名称。
命令成功完成。
PS C:\>

图 7-5-5

STEP 8　以管理员身份到dc5.sayiis.local登录➲单击左下角**开始**图标⊞➲Windows PowerShell➲执行以下命令：

```
netdom computername dc5x.sayiis.local/remove:dc5.sayiis.local
```

此命令会将当前的旧计算机名删除（见图7-5-6），在删除此计算机名之前，客户端计算机可以同时通过新、旧计算机名来找到这台域控制器。

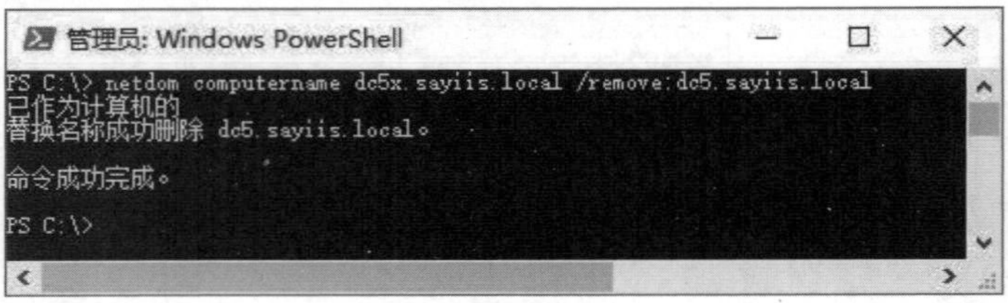
管理员: Windows PowerShell
PS C:\> netdom computername dc5x.sayiis.local /remove:dc5.sayiis.local
已作为计算机的
替换名称成功删除 dc5.sayiis.local。
命令成功完成。
PS C:\>

图 7-5-6

虽然你也可以直接通过【打开**服务器管理器**➲单击**本地服务器**➲单击**计算机名**处的计算机名称dc5➲如图7-5-7所示单击更改按钮】的方法来更改计算机名，然而这种方法会将当前的旧计算机名直接删除，换成新计算机名，也就是新旧计算机名不会并存一段时间。这个计算机账户的新SPN属性与新DNS记录，会延迟一段时间后才复制到其他域控制器与DNS服务器，因而在这段时间内，有些客户端在通过这些DNS服务器或域控制器来查找这台域控制器时，仍然会使用旧计算机名，但是因为旧计算机名已经被删除，因此会找不到这台域控制器，因此建议你还是采用**netdom**命令来更改域控制器的计算机名。

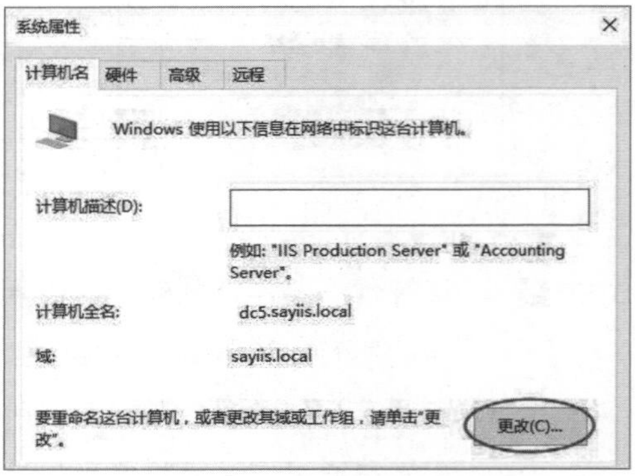
系统属性
计算机名
硬件
高级
远程
Windows 使用以下信息在网络中标识这台计算机。
计算机描述(D):
例如: "IIS Production Server" 或 "Accounting Server"。
计算机全名:
dc5.sayiis.local
域:
sayiis.local
要重命名这台计算机，或者更改其域或工作组，请单击"更改"。
更改(C)...

图 7-5-7

> 也可以利用Rendom.exe等相关命令来更改域名，不过步骤较烦琐，如果需要，请参考微软网站上的说明文件。

第 8 章　管理域与林信任

两个域之间具备信任关系后，双方的用户便可以访问对方域内的资源、利用对方域的成员计算机登录。

- 域与林信任概述
- 建立快捷方式信任
- 建立林信任
- 建立外部信任
- 管理与删除信任

8.1 域与林信任概述

信任（trust）是两个域之间沟通的桥梁，两个域相互信任之后，双方的用户就可以访问对方域内的资源、利用对方域的成员计算机登录。

8.1.1 信任域与受信任域

以图8-1-1来说，当A域**信任**B域后：

- A域被称为**信任域**、B域被称为**受信任域**。
- B域的用户只要具备适当的权限，就可以访问A域内的资源，例如文件、打印机等，因此A域被称为**资源域**（resources domain），而B域被称为**账户域**（accounts domain）。
- B域的用户可以到A域的成员计算机上登录。

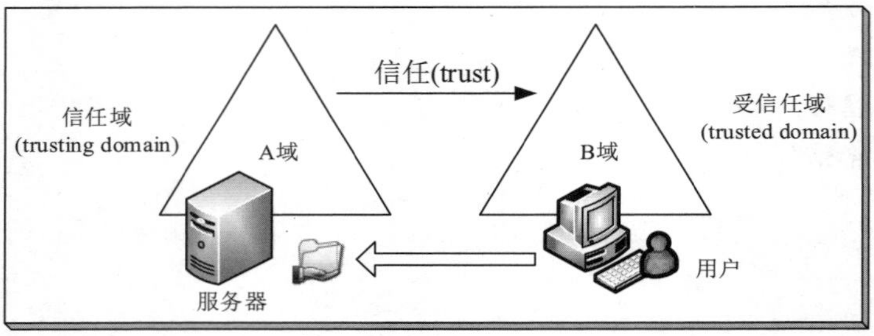

图 8-1-1

A域的用户不能访问B域内资源，也不能到B域的成员计算机上登录，除非B域也信任A域。

- 图中的信任关系是**A域信任B域**的**单向信任**（one-way trust），如果B域也同时信任A域，则我们将其称为**双向信任**（two-way trust），此时双方都可以访问对方的资源，也可以利用对方的成员计算机登录。

8.1.2 跨域访问资源的流程

当用户在某台计算机登录时，系统必须验证用户身份，而在验证身份的过程中，除了需要确认用户名与密码无误外，系统还会为用户建立一个**access token**（访问令牌），其中包含着该用户账户的SID（Security Identifier）、用户所隶属的所有组的SID等数据。用户取得这个access token后，当他要访问本地计算机内的资源时（例如文件），就会出示access token，而系统会根据access token内的SID数据来决定用户拥有何种权限。

负责验证用户身份的服务是Local Security Authority（LSA），而验证用户身份的方法分为Kerberos与NTLM两种。

同理，当用户连接网络上其他计算机时，这台计算机也会为该用户建立一个access token，而当用户要访问此网络计算机内的资源时（例如共享文件夹），就会出示access token，这台网络计算机就会根据access token内的SID数据来决定用户拥有何种访问权限。

由于access token是在登录（本地登录或网络登录）时建立的，因此如果是在用户登录成功之后，才将用户加入到组，此时该access token内并没有包含这个组的SID，因此用户也不会具备该组所拥有的权限。用户必须注销再重新登录，以便重新建立一个包含这个组SID的access token。

图 8-1-2 为一个域树，图中父域（sayms.local）与两个子域（sh.sayms.local 与 cn.sayms.local）之间有着双向信任关系。我们利用此图来解释域信任与用户身份验证之间的关系，而且是要通过**子域cc.sayms.local信任根域sayms.local**、**根域sayms.local信任子域ss.sayms.local**这条信任路径（trust path），来解释当位于子域sh.sayms.local内的用户George要访问另外一个子域cc.sayms.local内的资源时，系统是如何来验证用户身份与如何来建立access token。

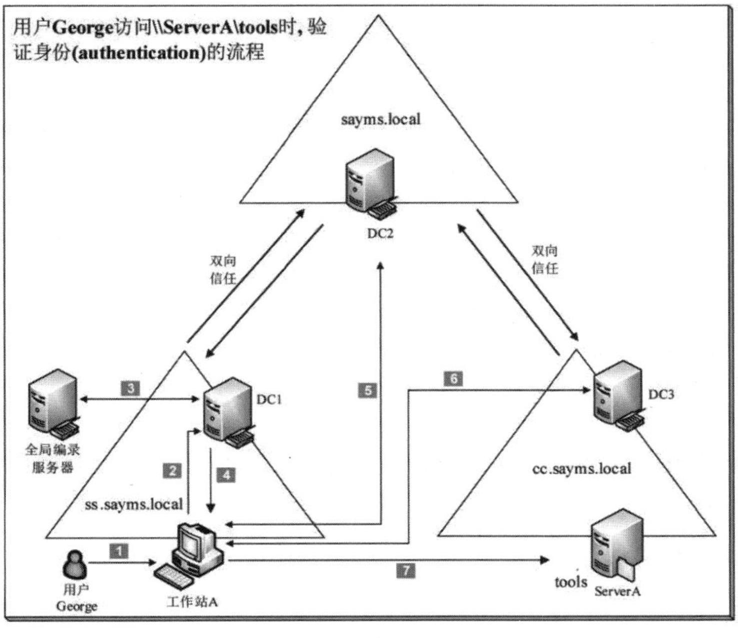

图 8-1-2

图中George是子域sh.sayms.local的用户，而ServerA位于另一个子域cn.sayms.local内，当George要访问共享文件夹\\ServerA\tools时，George的计算机需要先取得一个用来与ServerA通信的**service ticket**（服务票证）。George的计算机取得service ticket并与ServerA通信成功后，ServerA会发放一个access token给George，以便让George利用这个access token来访问位于ServerA内的资源。以下详细说明其流程（请参照图8-1-2中的数字）：

（1）George利用所属域sh.sayms.local内的用户账户登录。

当George在客户端A登录时，会由其所属域的域控制器DC1来负责验证George的用户名与密码，同时发放一个Ticket-Granting-Ticket（TGT，索票凭证）给George，以便让George利用TGT来索取一个用来与ServerA沟通的service ticket。用户George登录成功后，开始访问共享文件夹\\ServerA\tools的流程。

> 可以将TGT视为**通行证**，用户必须拥有TGT后才能索取service ticket。

（2）客户端A开始向所属域内扮演Key Distribution Center（KDC）角色的域控制器DC1，索取一个用来与服务器ServerA通信的service ticket。

（3）域控制器DC1检查其数据库后，发现ServerA并不在它的域内（sh.sayms.local），因此转向全局编录服务器来查询ServerA是位于哪一个域内。

全局编录服务器根据其AD DS数据库的记录，得知服务器ServerA是位于子域cn.sayms.local内，就将此信息通知域控制器DC1。

（4）域控制器DC1得知ServerA是位于域cn.sayms.local后，它会根据信任路径，通知客户端A去找信任域sayms.local的域控制器DC2。

（5）客户端A向域sayms.local的域控制器DC2查询域cn.sayms.local的域控制器。域控制器DC2通知客户端A去找域控制器DC3。

（6）客户端A向域控制器DC3索取一个能够与ServerA通讯的service ticket。域控制器DC3发放service ticket给客户端A。

（7）客户端A取得service ticket后，它会将service ticket发送给ServerA。ServerA读取service ticket内的用户身份数据后，会根据这些数据来建立access token，然后将access token发送给用户George。

从上面的流程可知，当用户要访问另外一个域内的资源时，系统会根据信任路径，依序与每一个域内的域控制器确认后，才能够取得access token，并依据access token 内的SID数据来决定用户拥有何种权限。

8.1.3 信任的种类

总共有6种类型的信任关系，如表8-1-1所示，其中前面两种是在新建域时，由系统自动建立的，其他4种必须自行手动建立。

表8-1-1

信任类型名称	传递性	单向或双向
父一子（Parent-Child）	是	双向
树一根目录（Tree-Root）	是	双向
快捷方式（Shortcut）	是（部分）	单向或双向
林（Forest）	是（部分）	单向或双向
外部（External）	否	单向或双向
领域（Realm）	是或否	单向或双向

1. 父一子信任

同一个域树中，父域与子域之间的信任关系称为**父一子信任**，例如图8-1-3中的sayms.local与ss.sayms.local之间、sayms.local与cc.sayms.local之间、sayiis.local与hh.sayiis.local之间，这个信任关系是自动建立的，也就是说当在域树内新建一个子域后，此子域就会自动信任其上一层的父域，同时父域也会自动信任这个新的子域，而且此信任关系具备**双向可传递性**（相关说明可参考第1章）。

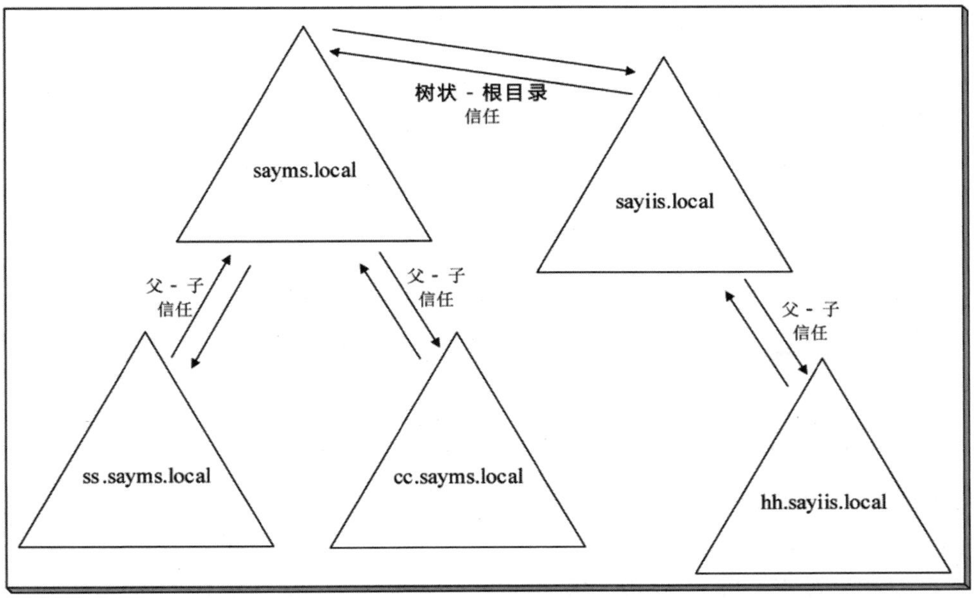

图 8-1-3

2. 树状一根目录信任

同一个林中，林根域（forest root domain，例如图8-1-3中的sayms.local）与其他域树的根域（tree root domain，例如图中的sayiis.local）之间的信任关系被称为**树状一根目录信任**。

此信任关系是自动建立的，也就是说当在现有林中新建一个域树后，**林根域**与这个新**域树根域**之间会自动相互信任对方，而且这些信任关系具备**双向可传递性**，因此双方的所有域之间都会自动双向信任。

3. 快捷方式信任

快捷方式信任可以缩短验证用户身份的时间。例如如果图8-1-4中域cc.sayms.local 内的用户经常需要访问域hh.sayiis.local内的资源，如果按照常规验证用户身份所走的信任路径，就必须浪费时间经过域sayiis.local与sayms.local，然后传递给cc.sayms.local的域控制器来验证，此时如果我们在域cc.sayms.local与hh.sayiis.local之间建立一个**快捷方式信任**，也就是让域hh.sayiis.local直接信任cc.sayms.local，则域hh.sayiis.local的域控制器在验证域cc.sayms.local的用户身份时，就可以跳过域sayiis.local与sayms.local，也就是直接传递给域cc.sayms.local的域控制器来验证，如此便可有效节约验证时间。

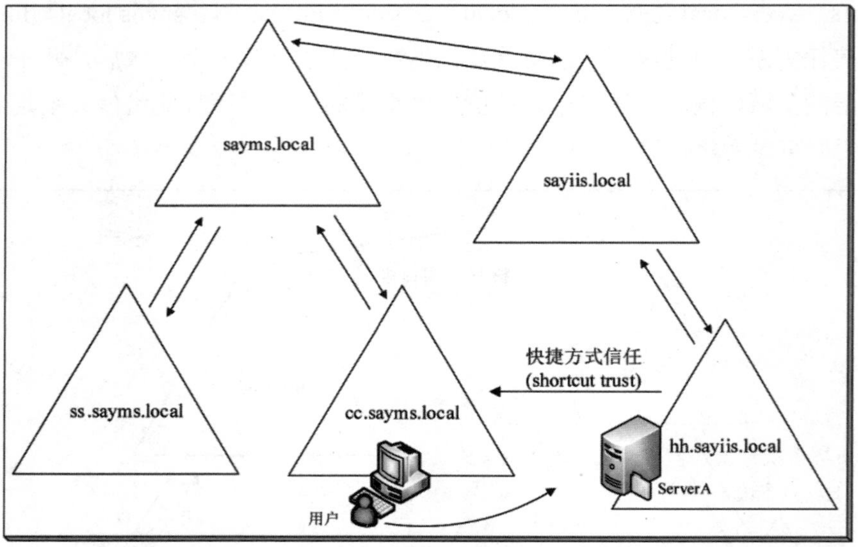

图 8-1-4

可以自行决定要建立单向或双向快捷方式信任，例如上图中的**快捷方式信任**是单向的，也就是**域hh.sayiis.local信任域cc.sayms.local**，它让域cc.sayms.local的用户在访问域hk.sayiis.local内的资源时，可以走**快捷方式信任**的路径来验证用户的身份。由于是单向快捷方式信任，因此反过来域hh.sayiis.local的用户在访问域cc.sayms.local内的资源时，却无法走这个**快捷方式信任**的路径，除非域cc.sayms.local也**快捷方式信任**域hh.sayiis.local。

快捷方式信任仅有部分可传递性，也就是它只会向下扩展，不会向上延伸，以图8-1-5为例，图中在D域建立一个**快捷方式信任**到F域，这个快捷方式信任会自动向下扩展到G域，因此D域的域控制器在验证G域的用户身份时，可以走【D域→F域→G域】的快捷方式路径。然而D域的域控制器在验证E域的用户身份时，仍然需要走【D域→A域→E域】的路径，也就是通过**父－子**信任【D域→A域】与**树状－根目录**信任【A域→E域】的路径。

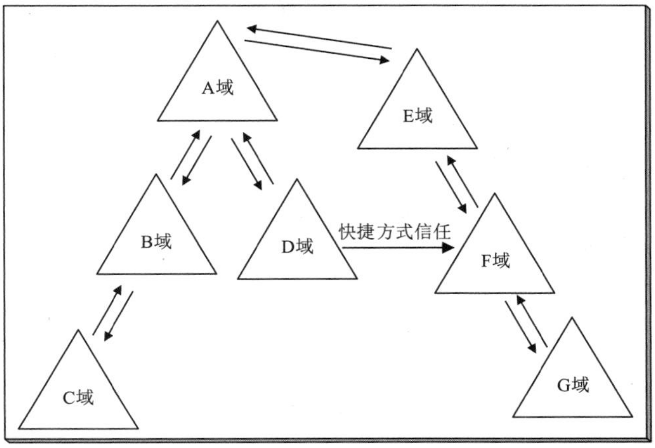

图 8-1-5

4. 林信任

两个林之间可以通过**林信任**来建立信任关系，以便让不同林内的用户可以相互访问对方的资源。可以自行决定要建立单向或双向的信任关系，例如图8-1-6中我们在两个林sayms.local与say365.local之间建立了双向信任关系，由于**林信任**具备**双向可传递性**的特点，因此会让两个林中的所有域之间都相互信任，也就是说所有域内的用户都可以访问其他域内的资源，不论此域是位于哪一个林内。

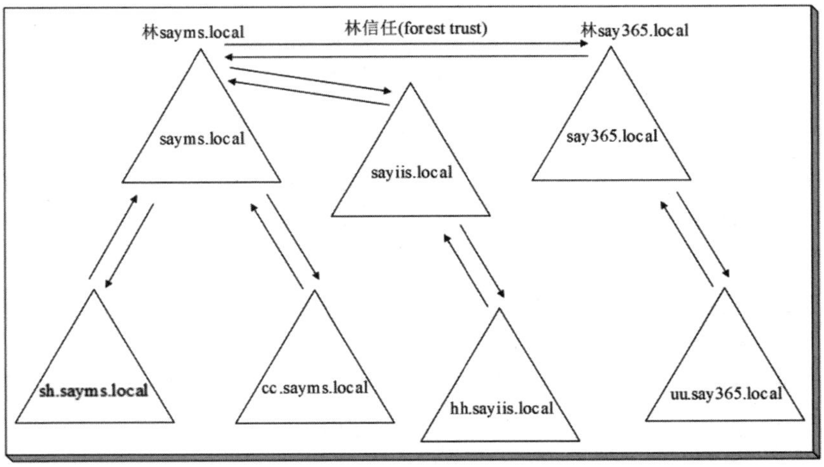

图 8-1-6

林信任仅有部分可传递性，也就是说两个林之间的**林信任**关系并无法自动的扩展到其他第3个林，例如虽然在林A与林B之间建立了**林信任**，同时也在林B与林C之间建立了**林信任**，但是林A与林C之间并不会自动有信任关系。

5. 外部信任

分别位于两个林内的域之间可以通过**外部信任**来建立信任关系。可以自行决定要建立单向或双向信任关系，例如图8-1-7中两个林sayms.local与sayexg.local之间原本并没有信任关系，但是我们在域sayiis.local与域sayexg.local之间建立了双向的**外部信任**关系。由于**外部信任**并不具备**传递性**，因此图中除了sayiis.local与sayexg.local之间外，其他例如sayiis.local与uu.sayexg.local、hh.sayiis.local与uu.sayexg.local等之间并不具备信任关系。

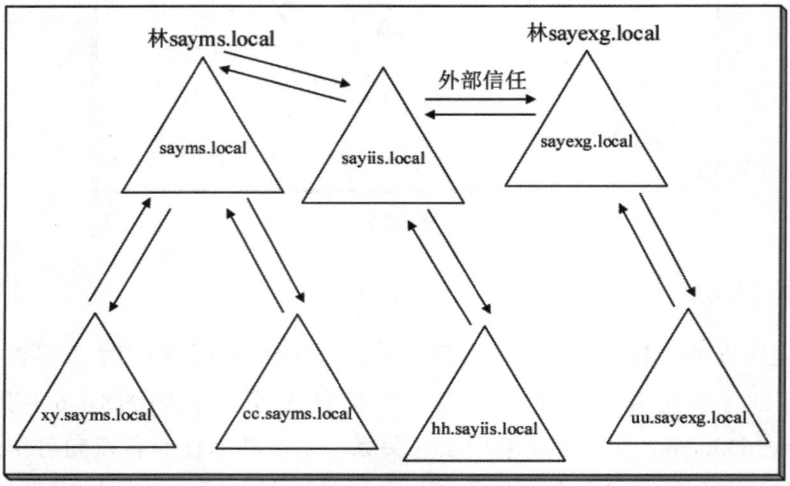

图8-1-7

6. 领域信任

AD DS域可以与**非Windows系统**（例如UNIX）的Kerberos领域之间建立信任关系，这个信任关系称为**领域信任**。这种跨平台的信任关系，让AD DS域能够与其他Kerberos系统相互通讯。**领域信任**可以是单向或双向，而且可以从**可传递性**切换到**不可传递性**，也可以从**不可传递性**切换到**可传递性**。

8.1.4 建立信任前的注意事项

前面6种信任关系中，**父－子信任**是在新建子域时自动建立的，而**树状－根目录信任**则是在新建域树时自动建立的，其他的四种信任关系必须手动建立。请先了解以下事项，以减少在建立信任关系时的问题：

- 建立信任就是在建立两个不同域之间的沟通桥梁，从域管理的角度来看，两个域各需要有一个拥有适当权限的用户，在各自域中分别进行一些设置，以完成双方域之间信任关系的建立工作。其中**信任域**一方的管理员，需要为此信任关系建立一个**传出信任**（outgoing trust）；而**受信任域**一方的管理员，则需要为此信任关系建立一个**传入信任**（incoming trust）。**传出信任**与**传入信任**可视为此信任关系的两个端点。
- 以建立图8-1-8中**A域信任B域**的单向信任来说，我们需在A域建立一个**传出信任**，相对的也需在B域建立一个**传入信任**。也就是说在A域建立一个**传出到**B域的信任，同时相对的也需在B域建立一个让A域**传入**的信任。

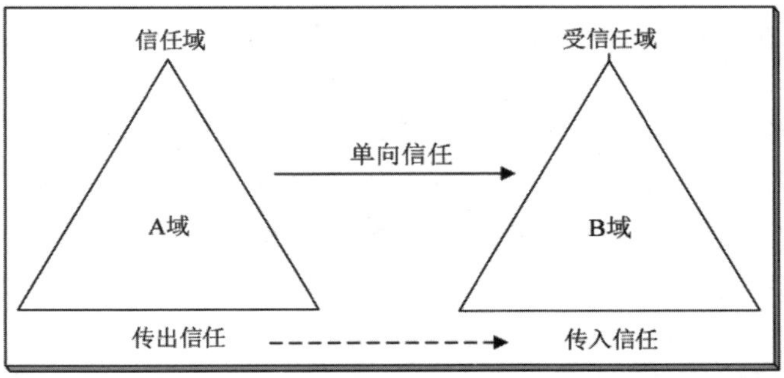

图 8-1-8

在利用**新建信任向导**来建立图中的单向信任关系时，可以选择先单独建立A域的**传出信任**，然后另外单独建立B域的**传入信任**；或是选择同时建立A域的**传出信任**与B域的**传入信任**：

- 如果是分别单独建立这两个信任，则需要在A域的**传出信任**与B域的**传入信任**设置相同的信任密码。
- 如果是同时建立这两个信任，则在信任过程中并不需要设置信任密码，但需要在这两个域都拥有适当权限，默认是Domain Admins或Enterprise Admins组的成员拥有此权限。

- 以建立图8-1-9的**A域信任B域，同时B域也信任A域**的双向信任来说，我们必须在A域同时建立**传出信任**与**传入信任**，其中的**传出信任**是用来信任B域，而**传入信任**是要让B域可以来信任A域。与此相对，也必须在B域建立**传入信任**与**传出信任**。

在利用**新建信任向导**来建立图中的双向信任关系时，可以单独先建立A域的**传出信任**与**传入信任**，然后另外单独建立B域的**传入信任**与**传出信任**；或选择同时建立A域与B域的**传入信任、传出信任**：

- 如果是分别单独建立A域与B域的**传出信任、传入信任**，则需要在A域与B域设置相同的信任密码。
- 如果是同时建立A域与B域的**传出信任、传入信任**，则在信任过程中并不需要设置信任密码，但需要在这两个域都拥有适当的权限，默认是Domain Admins或Enterprise Admins组的成员拥有此权限。

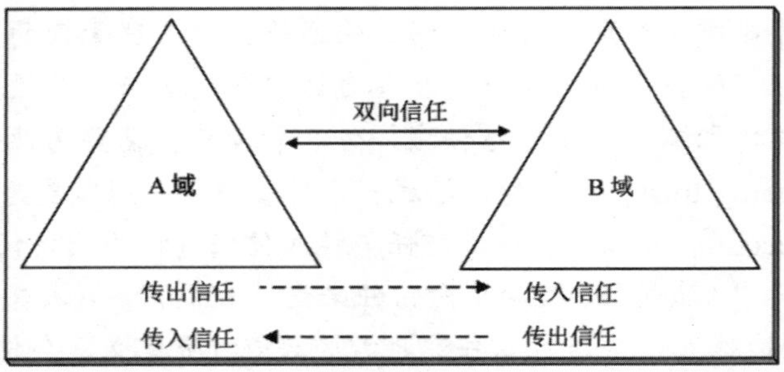

图 8-1-9

- 两个域之间在建立信任关系时，相互之间可以利用DNS名称或NetBIOS名称来指定对方的域名：
  - 如果是利用DNS域名，则相互之间需要通过DNS服务器来查询对方的域控制器。
  - 如果是利用NetBIOS域名，则可以通过广播（或WINS服务器）来查询。但是广播消息无法跨越到另外一个网络，因此如果通过广播来查询，则两个域的域控制器必须位于同一个网络内（如果是通过WINS服务器，则两个域的域控制器可不需在同一个网络内）。
- 除了利用**新建信任向导**来建立两个域或林之间的信任外，也可以利用**netdom trust**命令来新建、删除或管理信任关系。

8.2 建立快捷方式信任

以下利用建立图8-2-1中域hh.sayiis.local信任域cc.sayms.local的单向快捷方式信任来说明。请务必先参考8.1节**建立信任前的注意事项**的说明后，再继续以下的步骤。

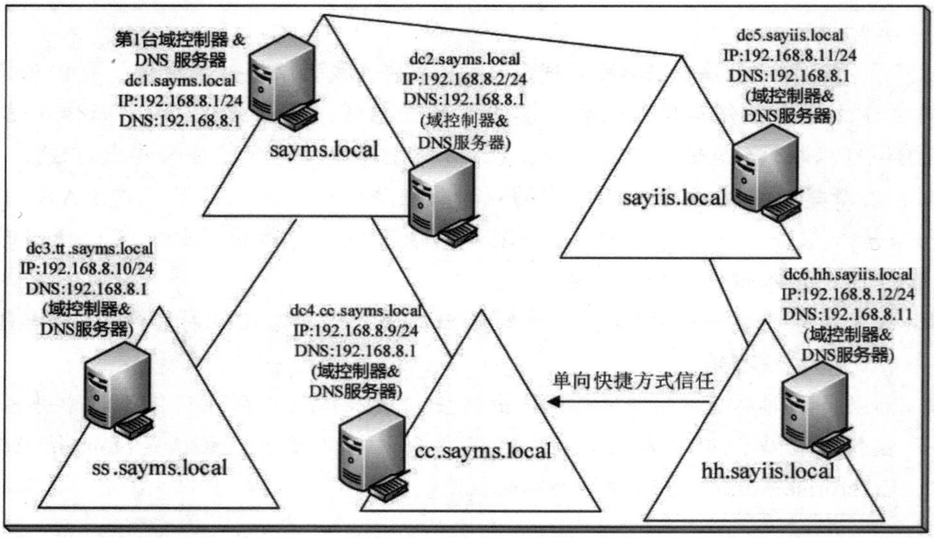

图 8-2-1

我们将图重新简化为图8-2-2，图中我们必须在域hh.sayiis.local建立一个**传出信任**，相对的也必须在域cc.sayms.local建立一个**传入信任**。我们以同时建立域hk.sayiis.local的**传出信任**与域cc.sayms.local的**传入信任**为例来说明。

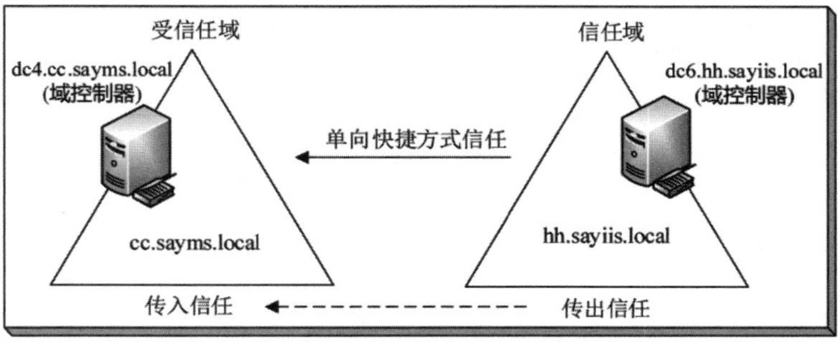

图 8-2-2

STEP 1　以下假设是要在左边受信任域cc.sayms.local的域控制器dc4.cc.sayms.local 上，利用Domain Admins（cc.sayms.local）或Enterprise Admins（sayms.local）组内的用户登录与建立信任。

STEP 2　打开**服务器管理器**➲单击右上角**工具**➲Active Directory域和信任关系。

STEP 3　如图8-2-3所示【单击域cc.sayms.local➲单击上方**属性**图标】。

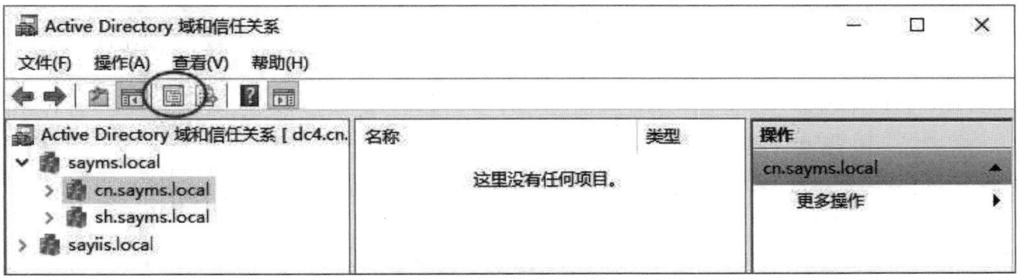

图 8-2-3

STEP 4　选择图8-2-4中的**信任**选项卡，单击新建信任按钮。

> 由图中的上半段可看出域cn.sayms.local已经信任其父域sayms.local；同时从下半段可看出，域cc.sayms.local也已经被其父域sayms.local所信任。也就是说域cc.sayms.local与其父域sayms.local之间已经自动有双向信任关系，它就是**父－子信任**。

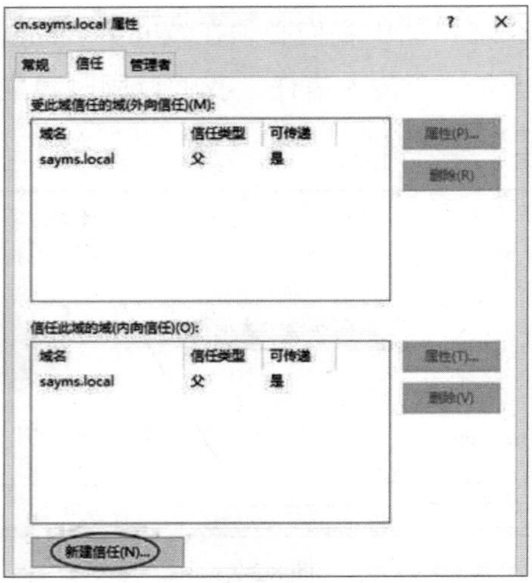

图 8-2-4

STEP 5　出现**欢迎使用新建信任向导**对话框时单击下一步按钮。

STEP 6　在图8-2-5中输入对方域的DNS域名hh.sayiis.local（或NetBIOS域名HK）。完成后单击下一步按钮。

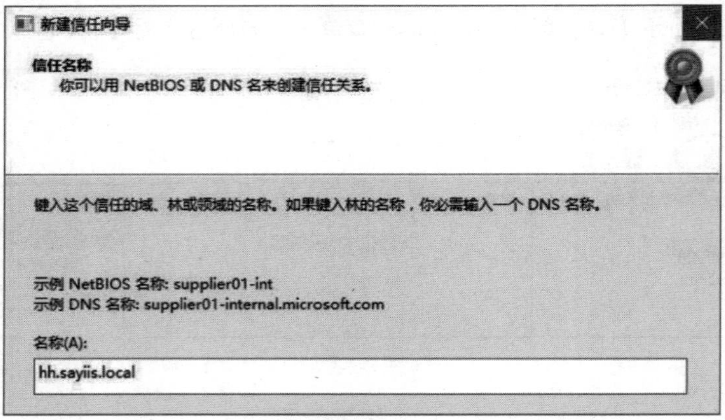

图 8-2-5

STEP 7　在图8-2-6中选择**单向：内传**，表示我们要建立前面图8-2-2的单向快捷方式信任中左方域cc.sayms.local的**传入信任**。完成后单击下一步按钮。

STEP 8　在图8-2-7中选择**此域和指定的域**，也就是除了要建立图8-2-2中左侧域cc.sayms.local的**传入信任**之外，同时也要建立右侧域hh.sayiis.local的**传出信任**。完成后单击下一步按钮。

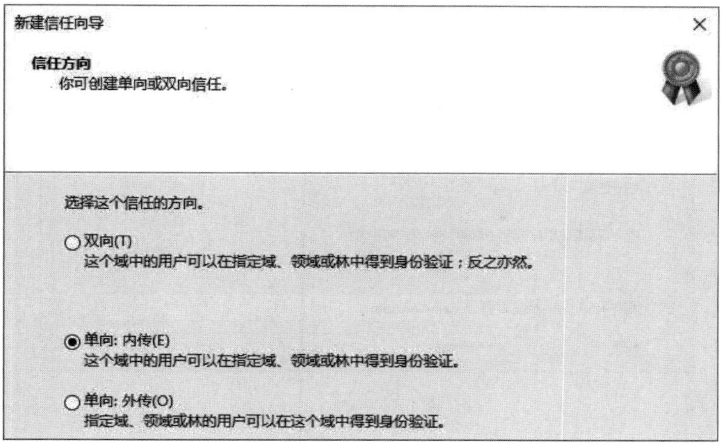
新建信任向导
信任方向
你可创建单向或双向信任。
选择这个信任的方向。
双向(T)
这个域中的用户可以在指定域、领域或林中得到身份验证；反之亦然。
单向: 内传(E)
这个域中的用户可以在指定域、领域或林中得到身份验证。
单向: 外传(O)
指定域、领域或林的用户可以在这个域中得到身份验证。

图 8-2-6

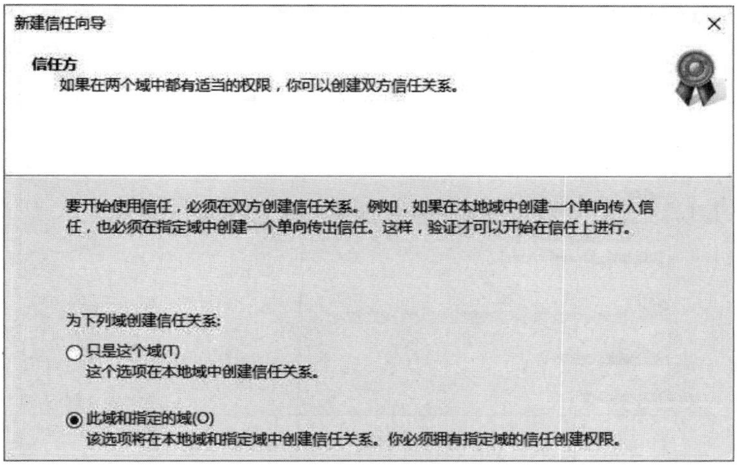
新建信任向导
信任方
如果在两个域中都有适当的权限，你可以创建双方信任关系。
要开始使用信任，必须在双方创建信任关系。例如，如果在本地域中创建一个单向传入信任，也必须在指定域中创建一个单向传出信任。这样，验证才可以开始在信任上进行。
为下列域创建信任关系:
只是这个域(T)
这个选项在本地域中创建信任关系。
此域和指定的域(O)
该选项将在本地域和指定域中创建信任关系。你必须拥有指定域的信任创建权限。

图 8-2-7

如果选择**只是这个域**，则必须事后另外再针对域hh.sayiis.local建立一个连出到域cc.sayms.local的**传出信任**。

STEP 9 在图8-2-8中输入对方域（hh.sayiis.local）的Domain Admins组内的用户名与密码（图中使用hh\Administrator），或sayms.local内Enterprise Admins组内的用户名与密码。完成后单击下一步按钮。

如果要输入Enterprise Admins组内的用户账户，请在用户名称之前输入林根域的域名，例如sayms\administrator或sayms.local\ administrator，其中的sayms为林根域的NetBIOS域名，而sayms.local为其DNS域名。

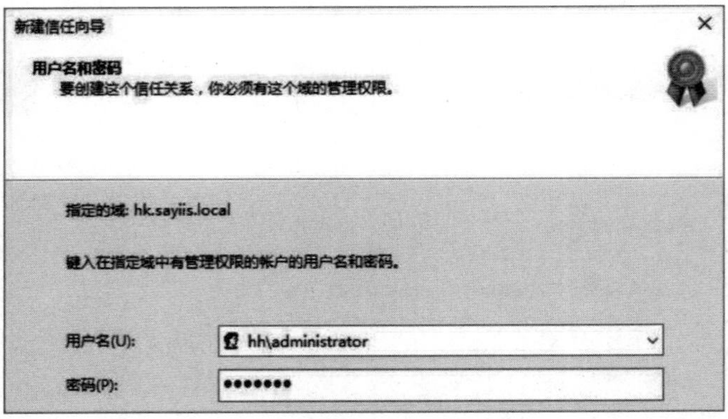
新建信任向导
用户名和密码
要创建这个信任关系，你必须有这个域的管理权限。
指定的域: hk.sayiis.local
键入在指定域中有管理权限的帐户的用户名和密码。
用户名(U):
hh\administrator
密码(P):

图 8-2-8

STEP **10** 在图8-2-9中单击下一步按钮。

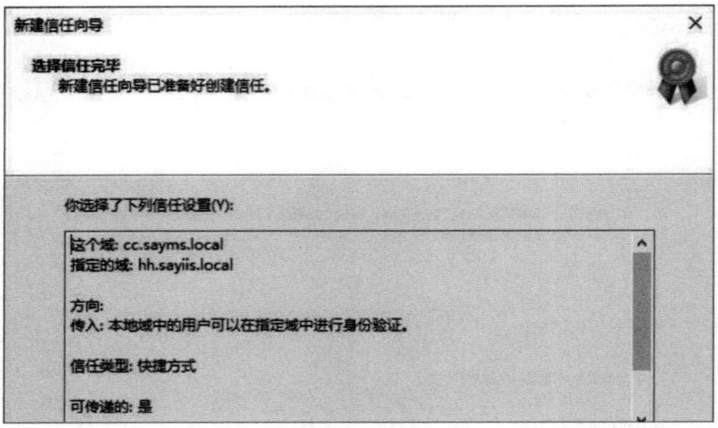
新建信任向导
选择信任完毕
新建信任向导已准备好创建信任。
你选择了下列信任设置(Y):
这个域: cc.sayms.local
指定的域: hh.sayiis.local
方向:
传入: 本地域中的用户可以在指定域中进行身份验证。
信任类型: 快捷方式
可传递的: 是

图 8-2-9

STEP **11** 在图8-2-10中单击下一步按钮。

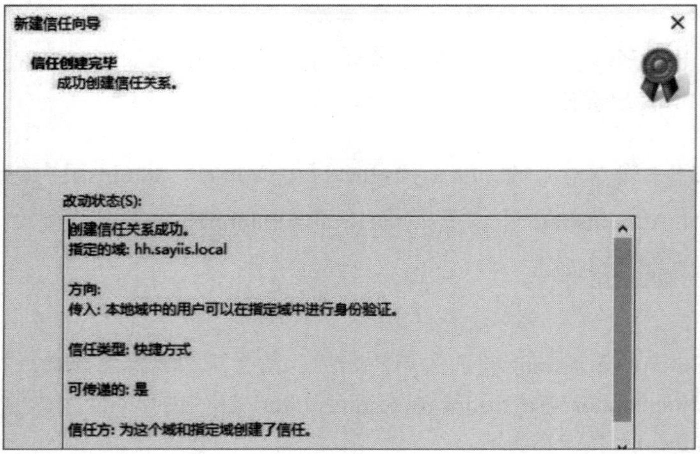
新建信任向导
信任创建完毕
成功创建信任关系。
改动状态(S):
创建信任关系成功。
指定的域: hh.sayiis.local
方向:
传入: 本地域中的用户可以在指定域中进行身份验证。
信任类型: 快捷方式
可传递的: 是
信任方: 为这个域和指定域创建了信任。

图 8-2-10

STEP 12 可以在图8-2-11中选择**是，确认传入信任**，以便确认cc.sayms.local的**传入信任**与hh.sayiis.local的**传出信任**两者是否都已经建立成功，也就是要确认此**单向快捷方式信任**是否已经建立成功。

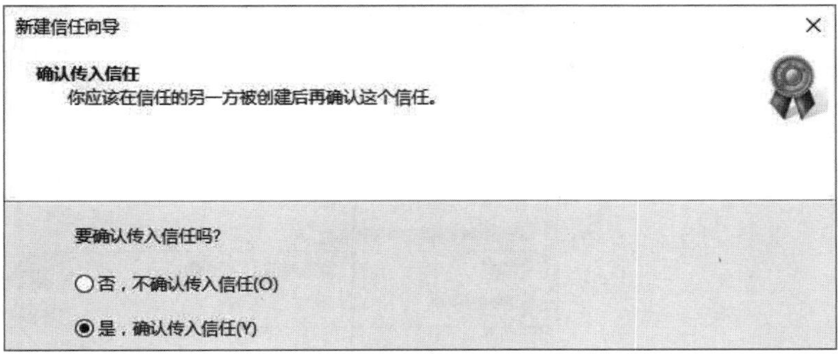

图 8-2-11

如果分别单独建立域cc.sayms.local的**传入信任**与hh.sayiis.local的**传出信任**，请确认这两个信任关系都已建立完成后，再选择**是，确认传入信任**。

STEP 13 出现**完成新建信任向导**对话框时单击完成按钮。

图8-2-12为完成建立单向快捷方式信任后的界面，表示在域cc.sayms.local中有一个从域hh.sayiis.local来的**传入信任**，也就是说域cc.sayms.local是被域hk.sayiis.local信任的**受信任域**。

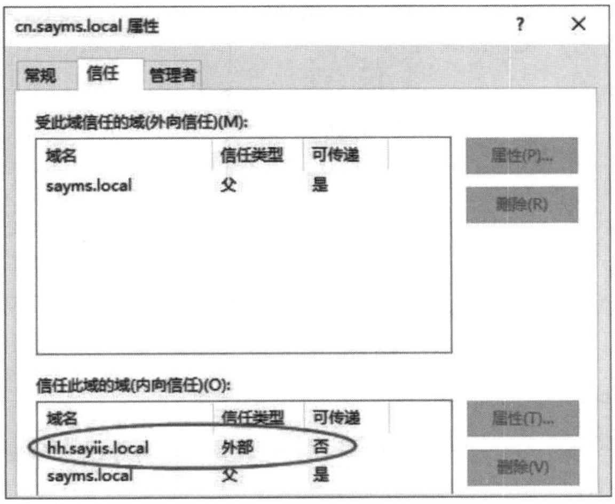

图 8-2-12

同时在域hh.sayiis.local中也会有一个连到域cc.sayms.local的**传出信任**，也就是说域hh.sayiis.local是域cc.sayms.local的**信任域**，可以通过【如图8-2-13所示单击sayiis.local之下的域hh.sayiis.local➲单击上方**属性**图标➲单击**信任**选项卡】的方法来查看此设置。

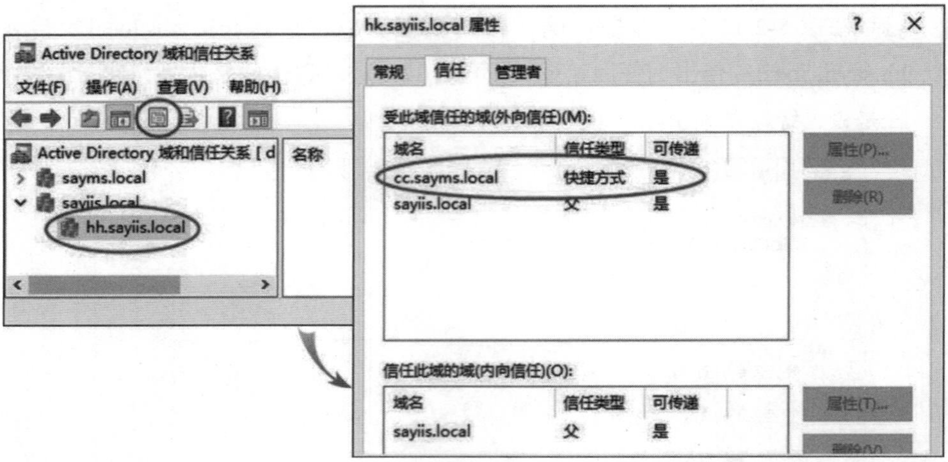

图 8-2-13

8.3 建立林信任

以下利用建立图8-3-1中林sayms.local与林say365.local之间的双向**林信任**来说明。

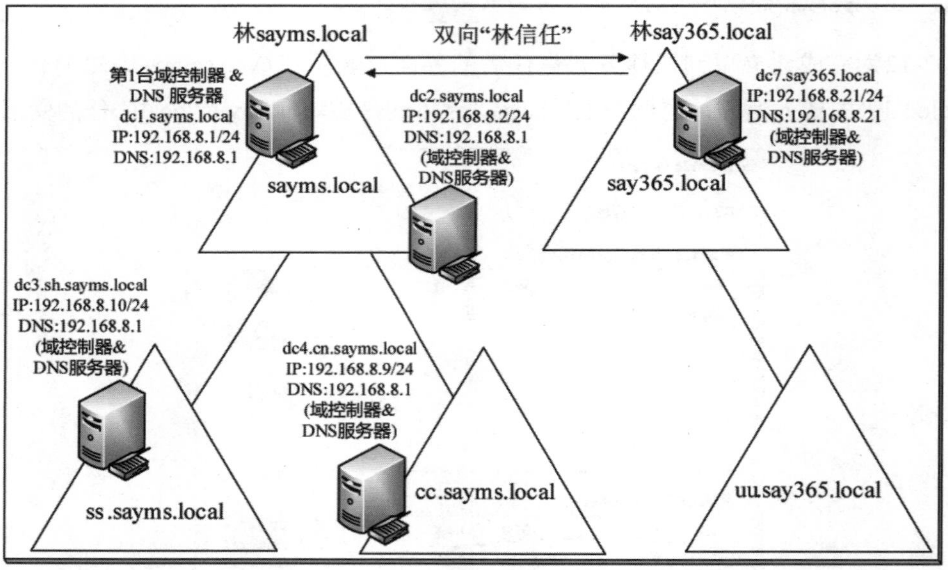

图 8-3-1

我们将图重新简化为图8-3-2，图中需要在林根域sayms.local建立**传出信任**与**传入信任**，相对的也需要在林根域say365.local建立**传入信任**与**传出信任**。

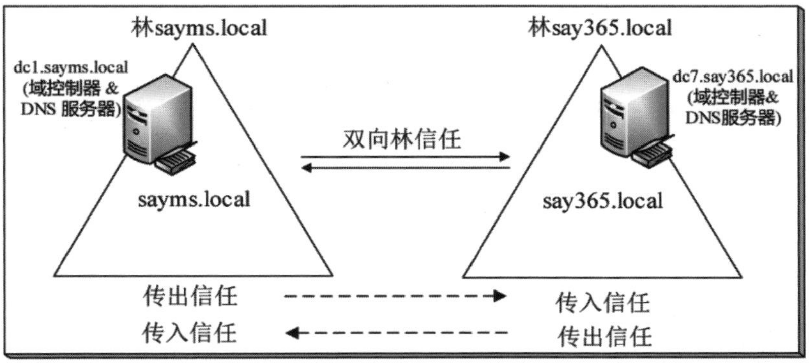

图 8-3-2

8.3.1　建立林信任前的注意事项

在建立**林信任**之前，请先注意以下事项：

- 请务必先了解8.1节**建立信任前的注意事项**的内容。
- 两个林之间需要通过DNS服务器来找到对方林根域的域控制器。以图8-3-2为例，必须确定在域sayms.local中可以通过DNS服务器找到域say365.local的域控制器，同时在域say365.local中也可以通过DNS服务器找到域sayms.local的域控制器：
  - 如果两个林根域使用同一台DNS服务器，也就是此DNS服务器内同时有sayms.local与say365.local区域，则双方都可以通过此DNS服务器来找到对方的域控制器。
  - 如果两个林根域不是使用同一台DNS服务器，则可以通过**条件转发器**（conditional forwarder）来达到目的，例如在sayms.local的DNS服务器中指定将say365.local的查询请求，转发给say365.local的DNS服务器（参见图8-3-3，图中假设域say365.local的DNS服务器IP地址为192.168.8.21），同时也请在say365.local的DNS服务器中指定将sayms.local的查询请求，转发给sayms.local的DNS服务器（192.168.8.1）。

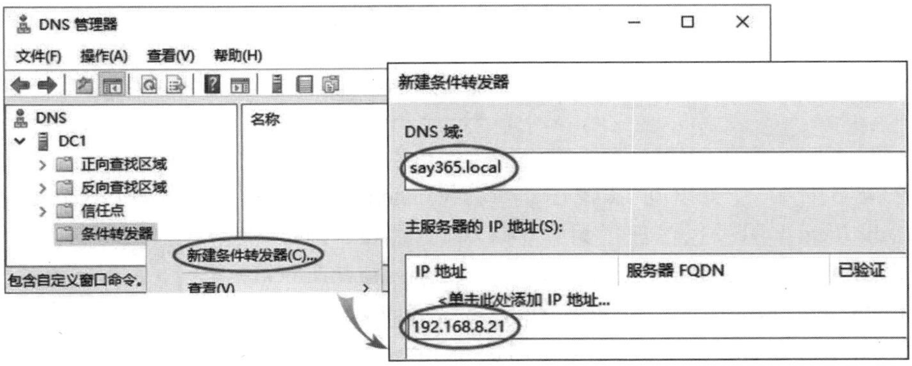

图 8-3-3

以下练习采用这种方式，因此请先完成**条件转发器**的设置，再分别到sayms.local与say365.local的域控制器上，利用ping对方区域内主机名的方式来测试**条件转发器**的功能是否正常。

- 如果两个林根域不是使用同一台DNS服务器，则还可以通过**辅助区域**来达成目的，例如在sayms.local的DNS服务器建立一个名称为say365.local的辅助区域，其数据是从say365.local的DNS服务器通过**区域传送**复制过来的；同时也在say365.local的DNS服务器建立一个名称为sayms.local的辅助区域，其数据是从sayms.local的DNS服务器通过**区域传送**复制过来。

8.3.2 开始建立林信任

我们将在林sayms.local与say365.local之间建立一个双向的**林信任**，也就是说我们将为林sayms.local建立**传出信任**与**传入信任**，同时也为林say365.local建立相对的**传入信任**与**传出信任**。请先确认前述DNS服务器的设置已经完成。

STEP 1　以下假设是要在图8-3-2中左边林根域sayms.local的域控制器上dc1.sayms.local，利用Domain Admins或Enterprise Admins组内的用户登录与建立信任。

STEP 2　打开**服务器管理器**➲单击右上角**工具**➲**Active Directory域和信任关系**。

STEP 3　如图8-3-4所示【单击域sayms.local➲单击上方**属性**图标】。

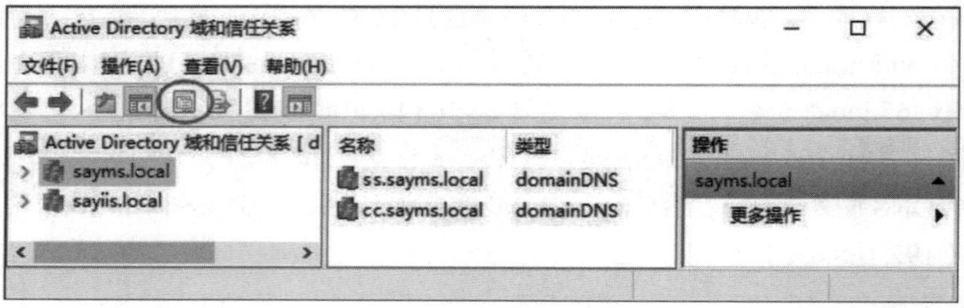

图 8-3-4

STEP 4　选择图8-3-5中的**信任**选项卡，单击新建信任按钮。

从图8-3-5的中上半段可以看出，域sayms.local已经信任其子域cc.sayms.local与sh.sayms.local，同时也信任了另一个域树的根域sayiis.local；从图中的下半段可以看出，域sayms.local已经被其子域cc.sayms.local与ss.sayms.local所信任，同时也被另一个域树的根域sayiis.local所信任。也就是说，域sayms.local与其子域之间已经自动有双向**父－子信任**关系。还有域sayms.local与域树sayiis.local之间也已经自动有双向**树状－根目录信任**关系。

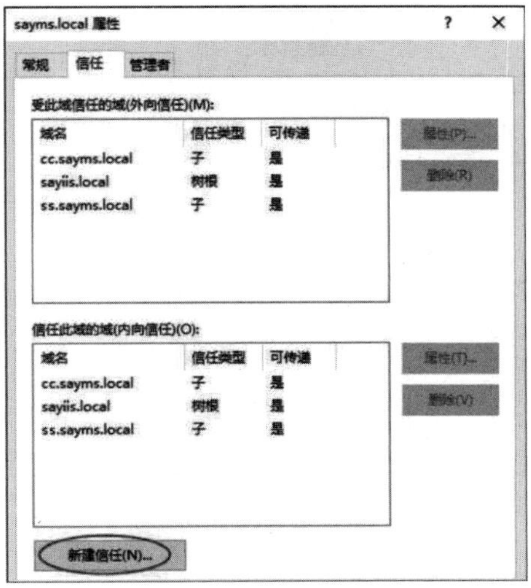
sayms.local 属性
常规
信任
管理者
受此域信任的域(外向信任)(M):
域名
信任类型
可传递
cc.sayms.local
子
是
sayiis.local
树根
是
ss.sayms.local
子
是
信任此域的域(内向信任)(O):
新建信任(N)...

图 8-3-5

STEP 5 在如图8-3-6所示中单击下一步按钮。图中支持的信任关系包含了我们需要的林信任（图中最下方的**另一个林**）。

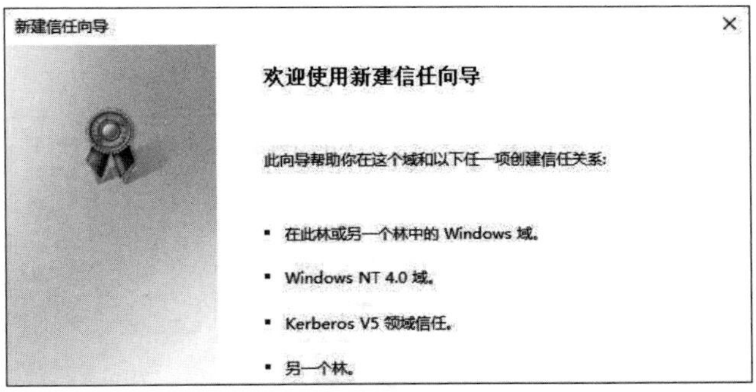
新建信任向导
欢迎使用新建信任向导
此向导帮助你在这个域和以下任一项创建信任关系:
在此林或另一个林中的 Windows 域。
Windows NT 4.0 域。
Kerberos V5 领域信任。
另一个林。

图 8-3-6

STEP 6 在如图8-3-7所示中输入对方域的DNS域名say365.local（或NetBIOS域名SAY365）后单击下一步按钮。

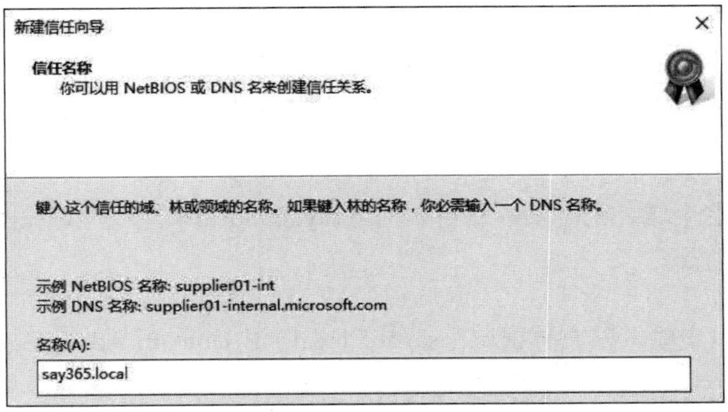
新建信任向导
信任名称
你可以用 NetBIOS 或 DNS 名来创建信任关系。
键入这个信任的域、林或领域的名称。如果键入林的名称，你必需输入一个 DNS 名称。
示例 NetBIOS 名称: supplier01-int
示例 DNS 名称: supplier01-internal.microsoft.com
名称(A):
say365.local

图 8-3-7

STEP 7　在图8-3-8中选择**林信任**后单击下一步按钮。

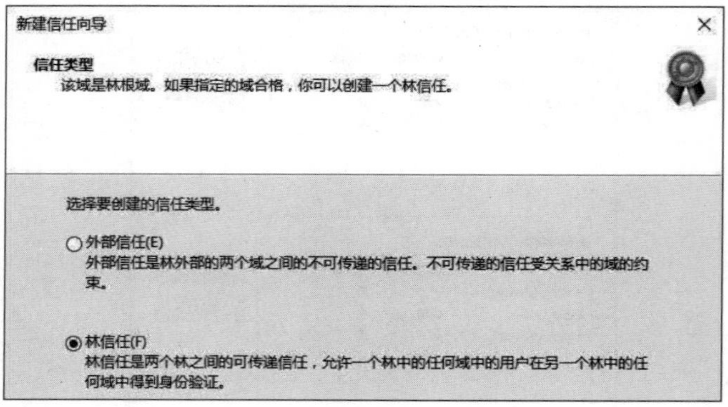
新建信任向导
信任类型
该域是林根域。如果指定的域合格，你可以创建一个林信任。
选择要创建的信任类型。
外部信任(E)
外部信任是林外部的两个域之间的不可传递的信任。不可传递的信任受关系中的域的约束。
林信任(F)
林信任是两个林之间的可传递信任，允许一个林中的任何域中的用户在另一个林中的任何域中得到身份验证。

图 8-3-8

> 如果图中选择**外部信任**，也可以让sayms.local与say365.local之间建立信任关系，不过它不具备**传递性**，然而本练习的**林信任**有**传递性**。

STEP 8　在图8-3-9中选择**双向**后单击下一步按钮，表示我们要同时建立图8-3-2中左侧域sayms.local的**传出信任**与**传入信任**。

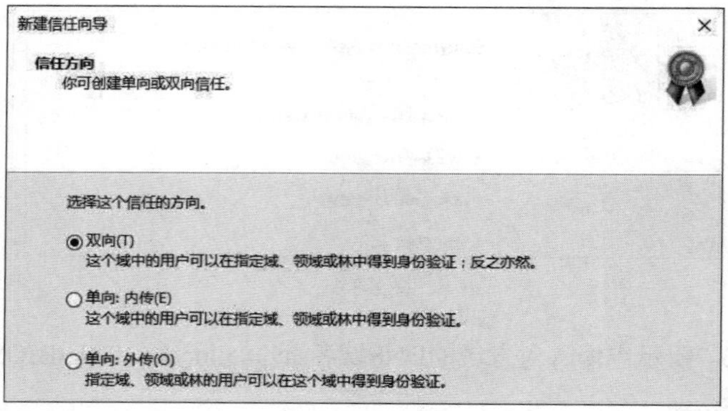
新建信任向导
信任方向
你可创建单向或双向信任。
选择这个信任的方向。
双向(T)
这个域中的用户可以在指定域、领域或林中得到身份验证；反之亦然。
单向: 内传(E)
这个域中的用户可以在指定域、领域或林中得到身份验证。
单向: 外传(O)
指定域、领域或林的用户可以在这个域中得到身份验证。

图 8-3-9

STEP 9　在图8-3-10中选择**此域和指定的域**，也就是除了要建立图8-3-2左侧域sayms.local的**传出信任**与**传入信任**之外，同时也要建立右侧域say365.local的**传入信任**与**传出信任**。

> 如果选择**只是这个域**，则必须事后再针对域say365.local来建立与域sayms.local之间的**传入信任**与**传出信任**。

STEP 10　在图8-3-11中输入对方林根域（say365.local）内Domain Admins或Enterprise Admins组的用户名与密码后单击下一步按钮。

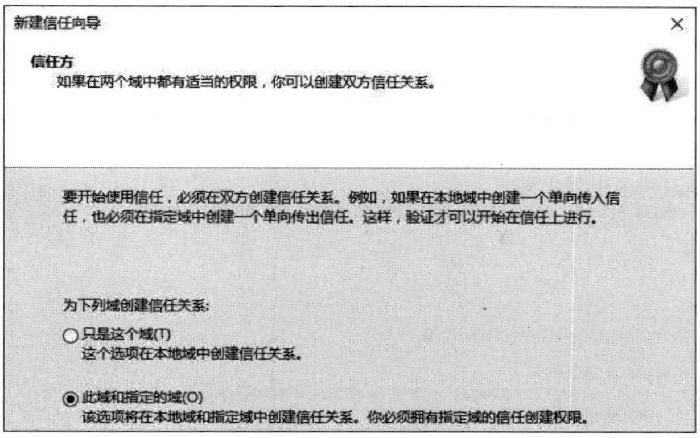
新建信任向导
信任方
如果在两个域中都有适当的权限，你可以创建双方信任关系。
要开始使用信任，必须在双方创建信任关系。例如，如果在本地域中创建一个单向传入信任，也必须在指定域中创建一个单向传出信任。这样，验证才可以开始在信任上进行。
为下列域创建信任关系:
只是这个域(T)
这个选项在本地域中创建信任关系。
此域和指定的域(O)
该选项将在本地域和指定域中创建信任关系。你必须拥有指定域的信任创建权限。

图 8-3-10

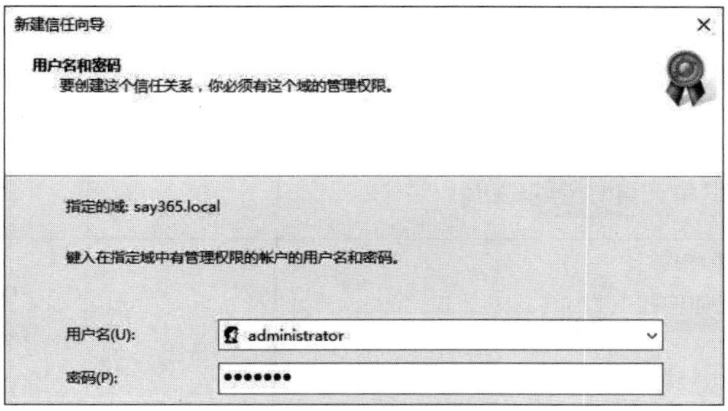
新建信任向导
用户名和密码
要创建这个信任关系，你必须有这个域的管理权限。
指定的域: say365.local
键入在指定域中有管理权限的帐户的用户名和密码。
用户名(U):
administrator
密码(P):

图 8-3-11

STEP 11 图8-3-12选择如何验证另一个林（say365.local）的用户身份：

- **全林性身份验证**：表示要验证另一个林内（say365.local）所有用户的身份。用户只要验证成功，就可以在本林内（sayms.local）访问他们拥有权限的资源。
- **选择性身份验证**：此时另一个林内只有被选择的用户（或组）才会被验证身份，其他用户会被拒绝。被选择的用户只要验证成功，就可以在本林内访问他们拥有权限的资源。选择用户的方法后述。

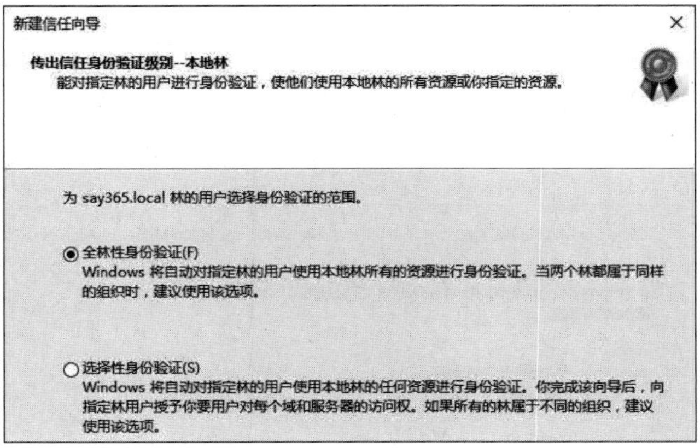
新建信任向导
传出信任身份验证级别--本地林
能对指定林的用户进行身份验证，使他们使用本地林的所有资源或你指定的资源。
为 say365.local 林的用户选择身份验证的范围。
全林性身份验证(F)
Windows 将自动对指定林的用户使用本地林所有的资源进行身份验证。当两个林都属于同样的组织时，建议使用该选项。
选择性身份验证(S)
Windows 将自动对指定林的用户使用本地林的任何资源进行身份验证。你完成该向导后，向指定林用户授予你要用户对每个域和服务器的访问权。如果所有的林属于不同的组织，建议使用该选项。

图 8-3-12

STEP **12** 图8-3-13是用来设置当本林（sayms.local）中的用户要访问另一个林（say365.local）内的资源时，如何验证用户身份。

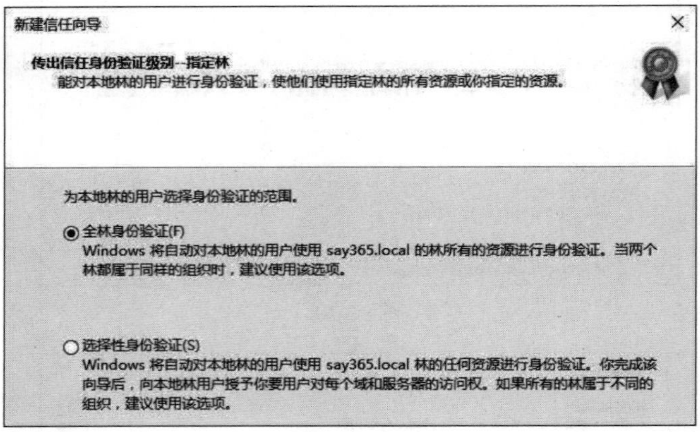
新建信任向导
传出信任身份验证级别--指定林
能对本地林的用户进行身份验证，使他们使用指定林的所有资源或你指定的资源。
为本地林的用户选择身份验证的范围。
全林身份验证(F)
Windows 将自动对本地林的用户使用 say365.local 的林所有的资源进行身份验证。当两个林都属于同样的组织时，建议使用该选项。
选择性身份验证(S)
Windows 将自动对本地林的用户使用 say365.local 林的任何资源进行身份验证。你完成该向导后，向本地林用户授予你要用户对每个域和服务器的访问权。如果所有的林属于不同的组织，建议使用该选项。

图 8-3-13

STEP **13** 在图8-3-14中单击下一步按钮。

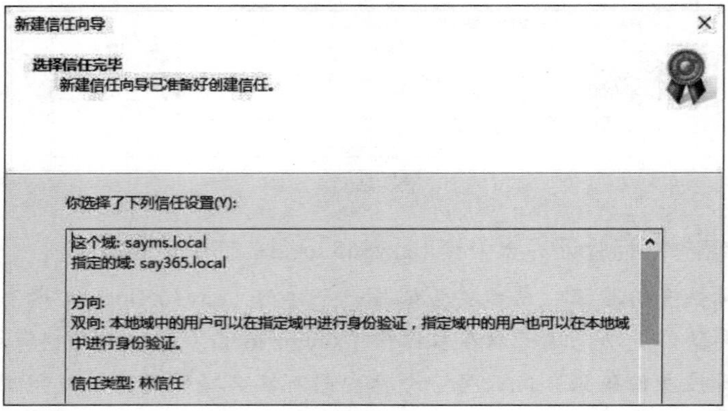
新建信任向导
选择信任完毕
新建信任向导已准备好创建信任。
你选择了下列信任设置(Y):
这个域: sayms.local
指定的域: say365.local
方向:
双向: 本地域中的用户可以在指定域中进行身份验证，指定域中的用户也可以在本地域中进行身份验证。
信任类型: 林信任

图 8-3-14

STEP **14** 在图8-3-15中单击下一步按钮。

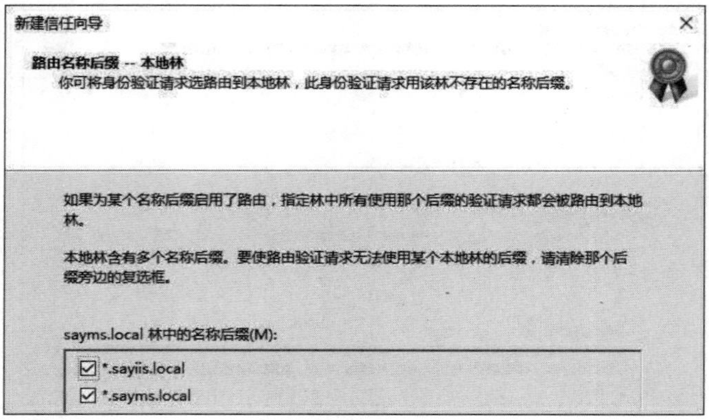
新建信任向导
路由名称后缀 -- 本地林
你可将身份验证请求选路由到本地林，此身份验证请求用该林不存在的名称后缀。
如果为某个名称后缀启用了路由，指定林中所有使用那个后缀的验证请求都会被路由到本地林。
本地林含有多个名称后缀。要使路由验证请求无法使用某个本地林的后缀，请清除那个后缀旁边的复选框。
sayms.local 林中的名称后缀(M):
*.sayiis.local
*.sayms.local

图 8-3-15

路由名称后缀（routing name suffixes）是什么呢？图中显示本林会负责验证的后缀为sayms.local（与sayiis.local），因此当本林中的用户利用UPN名称（例如george@sayms.local，其后缀为sayms.local）在对方林中登录或访问资源时，对方就会将验证用户身份的工作转发到本林来执行，也就是根据后缀来将验证用户身份转发到（路由到）本林。

图 8-3-15 表示本林支持 *.sayiis.local 与 *.sayms.local 后缀，也就是 sayms.local、sh.sayms.local、cn.sayms.local、sayiis.local、hk.sayiis.local等都是本林所支持的后缀，用户的UPN后缀只要是上述之一，则验证工作就会转发给本林来执行。如果不想让对方林将特定后缀的验证转发到本林，可在图中取消勾选该后缀。

STEP 15 在图8-3-16中单击下一步按钮。

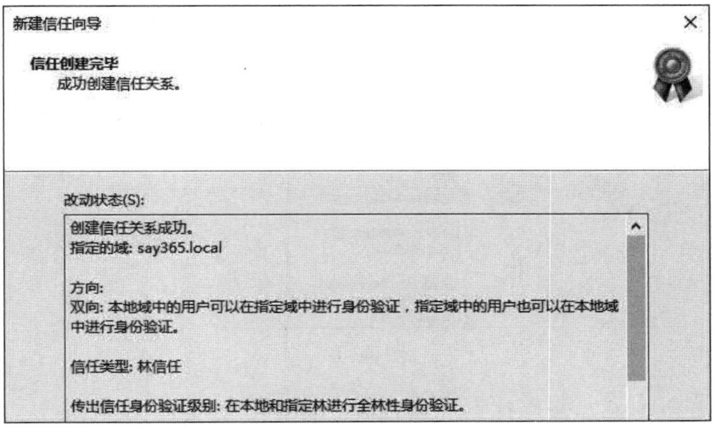
新建信任向导
信任创建完毕
成功创建信任关系。
改动状态(S):
创建信任关系成功。
指定的域: say365.local
方向:
双向: 本地域中的用户可以在指定域中进行身份验证，指定域中的用户也可以在本地域中进行身份验证。
信任类型: 林信任
传出信任身份验证级别: 在本地和指定林进行全林性身份验证。

图 8-3-16

STEP 16 可以在图8-3-17中选择**是，确认传出信任**，以便确认在图8-3-2中sayms.local的**传出信任**与say365.local的**传入信任**这一组单向的信任是否建立成功。

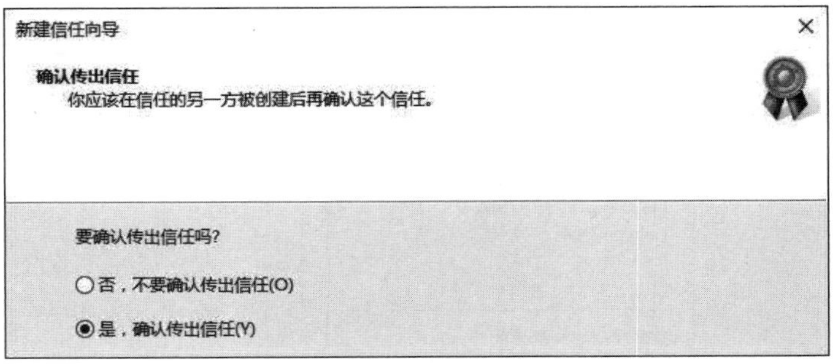
新建信任向导
确认传出信任
你应该在信任的另一方被创建后再确认这个信任。
要确认传出信任吗?
否，不要确认传出信任(O)
是，确认传出信任(Y)

图 8-3-17

如果是分别单独建立域sayms.local的**传出信任**与域say365.local的**传入信任**，请确认这两个信任关系都已经建立完成后，再选择**是，确认传出信任**。

STEP 17 可以在图8-3-18中选择**是，确认传入信任**，以便确认在图8-3-2中sayms.local的**传入信任**与say365.local的**传出信任**这一组单向的信任是否建立成功。

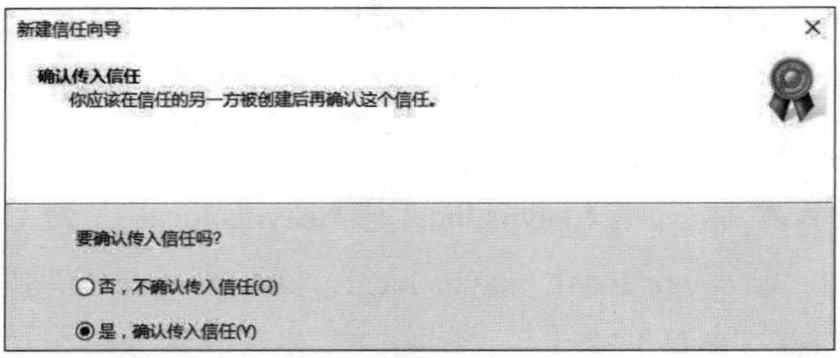

图 8-3-18

STEP 18 在图8-3-19中单击完成按钮。

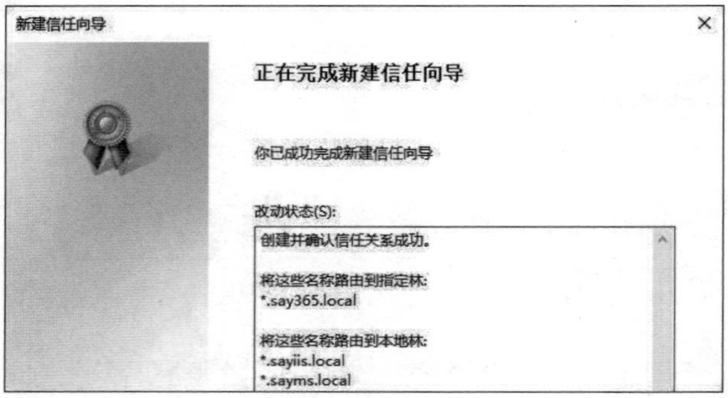

图 8-3-19

图8-3-20为完成建立双向**林信任**后的对话框，图上方表示在域sayms.local中有一个连出到域say365.local的传出信任，也就是说域sayms.local信任域say365.local；图下方表示在域sayms.local中有一个从域say365.local来的传入信任，也就是说域sayms.local被域say365.local所信任。

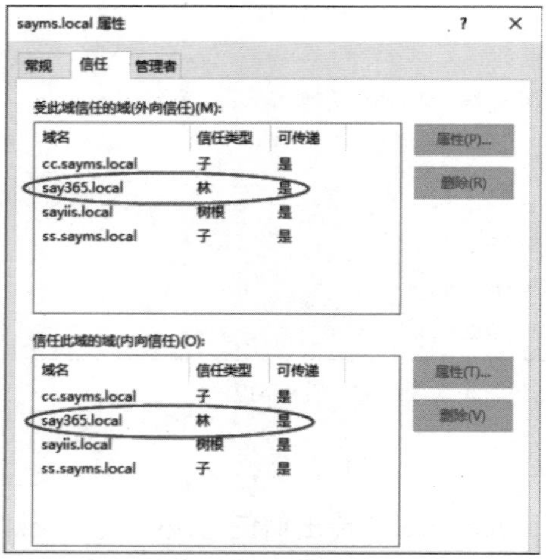

图 8-3-20

也可以到林say365.local的域控制器上【打开**服务器管理器**➲单击右上角**工具**➲ **Active Directory域和信任关系**➲如图8-3-21所示单击**say365.local** ➲单击上方的**属性**图标➲**信任**选项卡】来查看这个双向信任。图上方表示在域say365.local中有一个连出到域sayms.local的传出信任，也就是说域say365.local信任域sayms.local；图下方表示在域say365.local中有一个从域sayms.local来的传入信任，也就是说域say365.local被域sayms.local所信任。

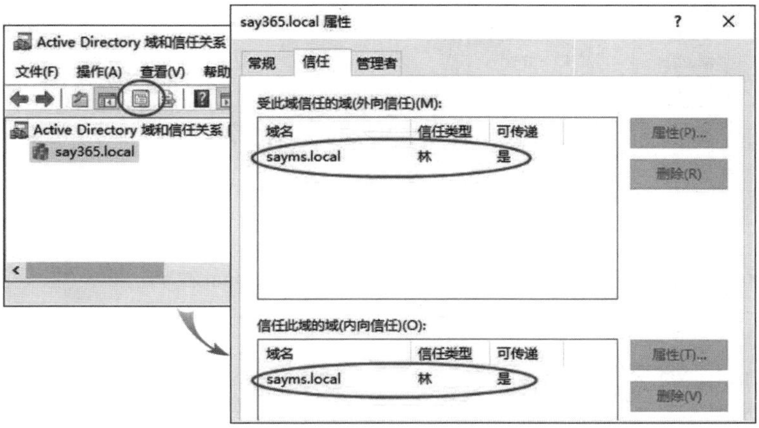

图 8-3-21

8.3.3 选择性身份验证设置

如果在前面图8-3-12是选择**选择性身份验证**，则需要在本林内的计算机上，将**允许身份证**（Allowed to Authenticate）权限授予另外一个林内的用户（或组），只有拥有**允许身份验证**权限的用户来连接此计算机时才会被验证身份，而在经过验证成功后，该用户便有权限来访问此计算机内的资源。以下假设**信任林**（trusting forest）为sayms.local，而**受信任林**为say365.local。

STEP 1 请到**信任林**（sayms.local）内的域控制器dc1.sayms.local上【打开**服务器管理器**➲单击右上角**工具**➲**Active Directory管理中心**➲如图8-3-22所示双击要设置的计算机账户（假设是Win10PC1）】。

图 8-3-22

STEP 2　如图8-3-23所示单击**扩展**中的**安全**选项卡下的添加按钮。

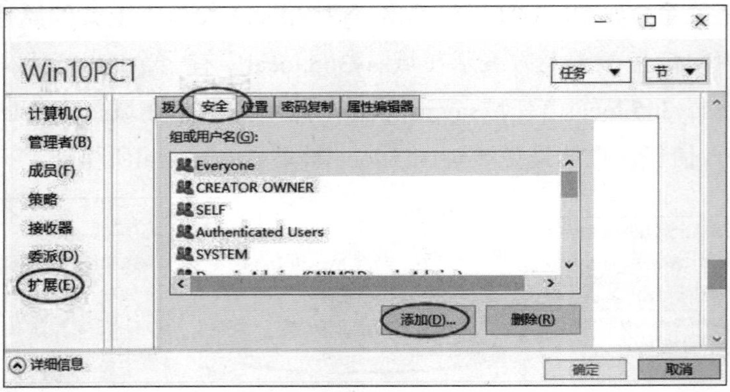

图 8-3-23

STEP 3　在图8-3-24中单击位置按钮，选择对方林say365.local后单击确定按钮。

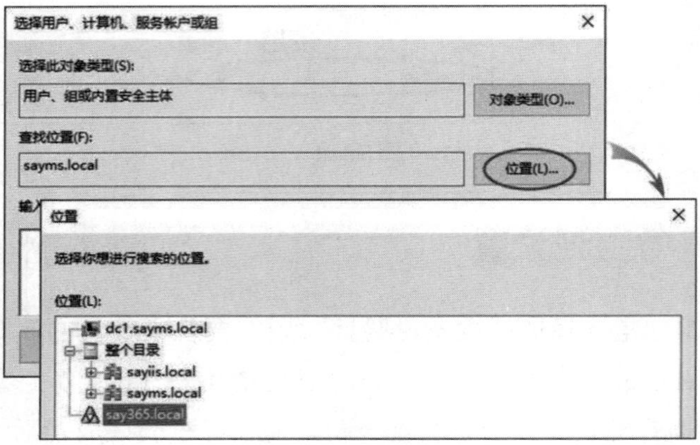

图 8-3-24

STEP 4　在图8-3-25中的**查找位置**已被改为say365.local，接着请通过单击高级按钮来选择say365.local内的用户或组，图中是已经完成选择后的对话框，而所选的用户为Robert。单击确定按钮。

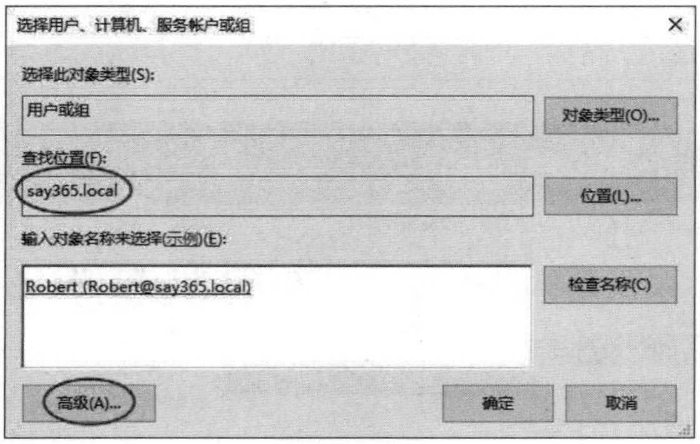

图 8-3-25

STEP 5　如图8-3-26所示在**允许身份验证**右边勾选**允许**后单击确定按钮。

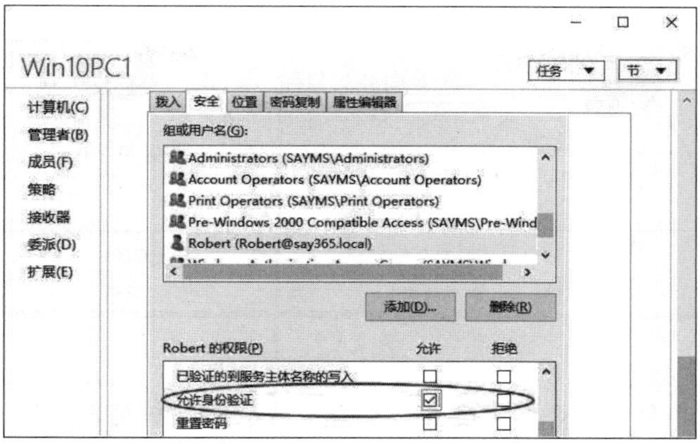

图 8-3-26

8.4　建立外部信任

以下利用建立图8-4-1中林sayms.local与林sayexg.local之间的双向**外部信任**来说明。

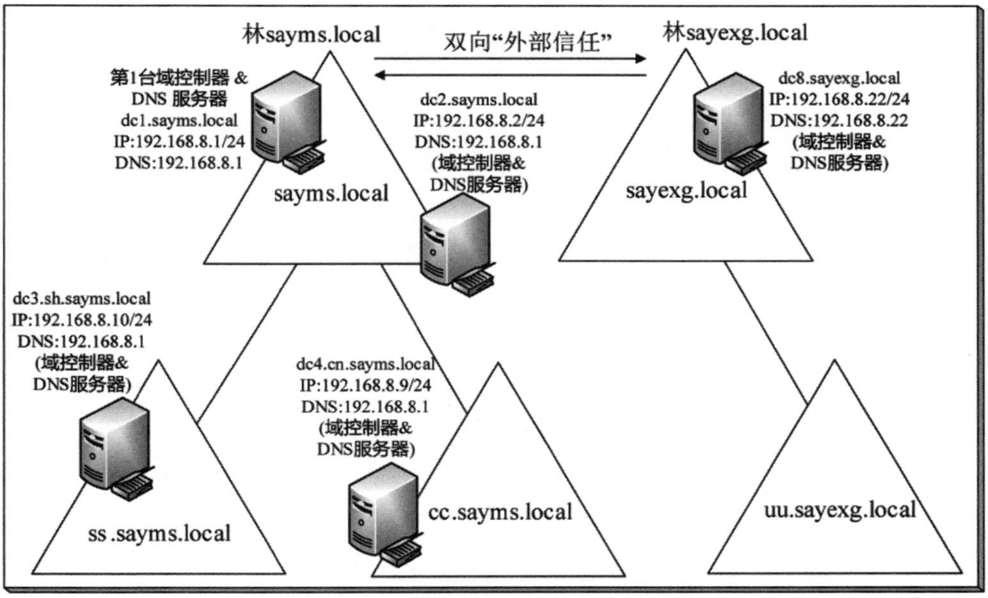

图 8-4-1

我们将图重新简化为图8-4-2，图中我们要在林根域sayms.local建立**传出信任**与**传入信任**，相对也要在林根域sayexg.local建立**传入信任**与**传出信任**。

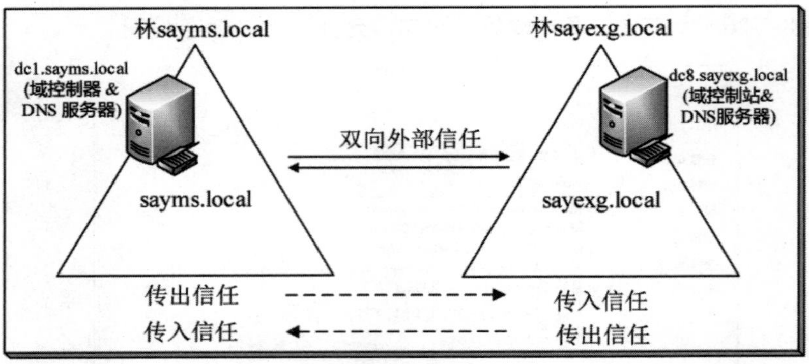
林sayms.local
林sayexg.local
dc1.sayms.local
(域控制器 &
DNS 服务器)
dc8.sayexg.local
(域控制站&
DNS服务器)
双向外部信任
sayms.local
sayexg.local
传出信任
传入信任
传入信任
传出信任

图 8-4-2

外部信任的注意事项、DNS服务器设置、建立步骤等与**林信任**相同，此处不再重复，不过在建立**外部信任**时需要改为如图8-4-3所示选择**外部信任**。

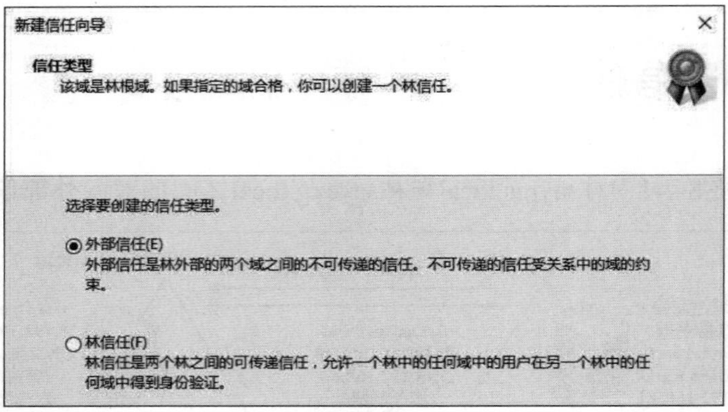
新建信任向导
信任类型
该域是林根域。如果指定的域合格，你可以创建一个林信任。
选择要创建的信任类型。
外部信任(E)
外部信任是林外部的两个域之间的不可传递的信任。不可传递的信任受关系中的域的约束。
林信任(F)
林信任是两个林之间的可传递信任，允许一个林中的任何域中的用户在另一个林中的任何域中得到身份验证。

图 8-4-3

还会在向导的最后显示图8-4-4的对话框，表示系统默认会自动启用**SID筛选隔离**（SID Filter Quarantining）功能，它可以增加安全性，避免入侵者通过**SID历史**（SID history）取得**信任域**内不该拥有的权限。

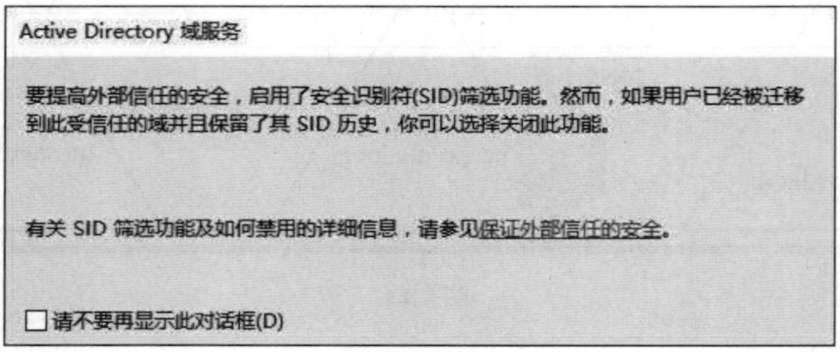
Active Directory 域服务
要提高外部信任的安全，启用了安全识别符(SID)筛选功能。然而，如果用户已经被迁移到此受信任的域并且保留了其 SID 历史，你可以选择关闭此功能。
有关 SID 筛选功能及如何禁用的详细信息，请参见保证外部信任的安全。
请不要再显示此对话框(D)

图 8-4-4

图8-4-5为完成**外部信任**建立后，在**信任域**sayms.local所看到的对话框；而图8-4-6为在**受信任域**sayexg.local所看到的对话框。

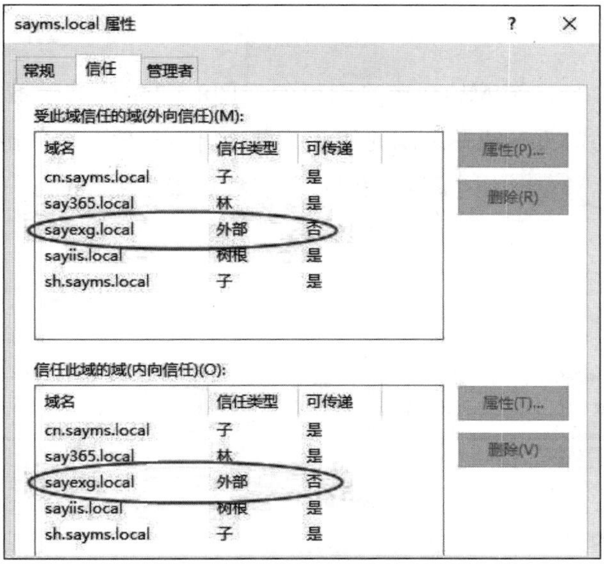

图 8-4-5

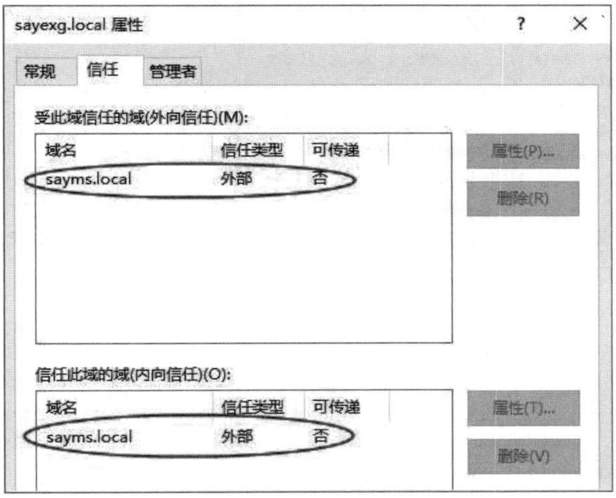

图 8-4-6

8.5 信任的管理与删除

8.5.1 信任的管理

如果要更改信任设置：【如图8-5-1所示选择要管理的传出或传入信任➲单击属性按钮】，然后通过前景图的各个选项卡来管理信任关系。

1. 验证信任关系

如果对方域支持Kerberos AES加密，则可勾选图8-5-1中的**其他域支持Kerberos AES加密**。如果要重新确认与对方域或林之间的信任关是否仍然有效，请单击验证按钮。如果对方域或林内有新子域，此验证按钮也可以同时更新**名称后缀路由**（name prefix routing，详见图8-3-15的说明）的信息。

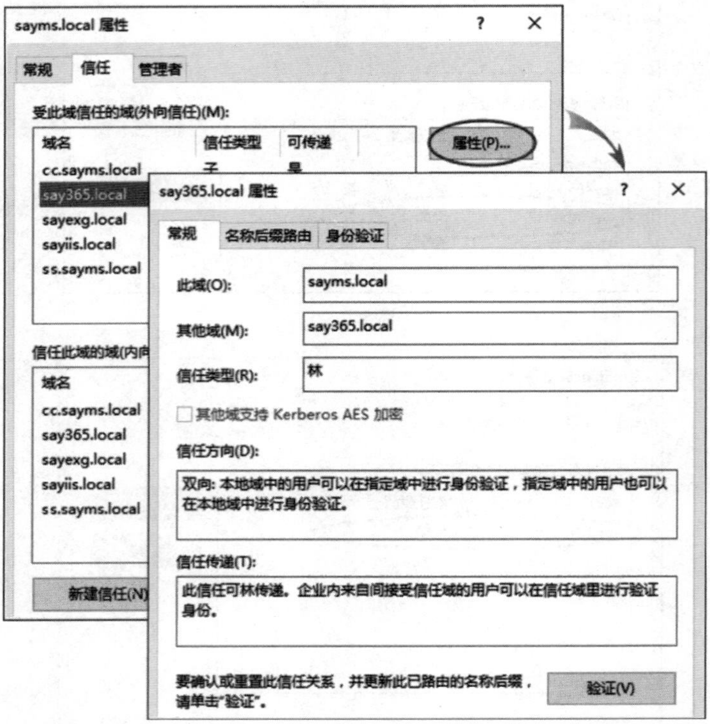

图 8-5-1

2. 更改名称后缀路由设置

当用户的UPN（例如george@say365.local）后缀是隶属于指定林时，则用户身份的验证工作会转发给此林的域控制器。图8-5-2中的**名称后缀路由**选项卡用来更改所选林的名称后缀路由，例如要停止将后缀为say365.local的验证转发给林say365.local，请在图8-5-2中选择该林后缀后单击禁用按钮。

如果该林内包含多个后缀，例如say365.local、uu.say365.local，而只是要停止将其中部分后缀验证工作转发给该林，可通过【单击图8-5-2中的编辑按钮➲在图8-5-3中选择要禁用的名称后缀（图中假设有uu.say365.local存在）➲单击禁用按钮】。

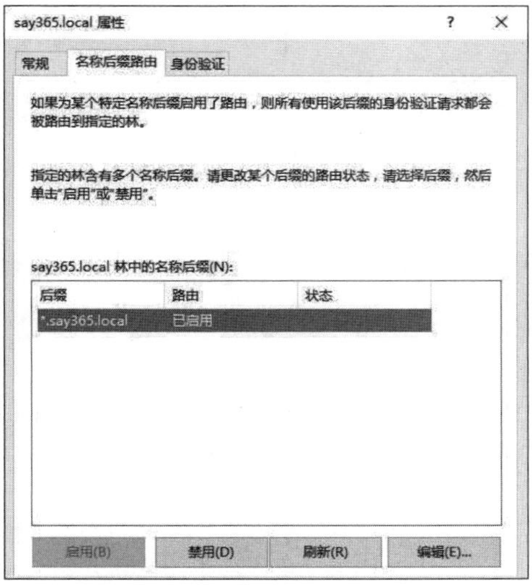

图 8-5-2

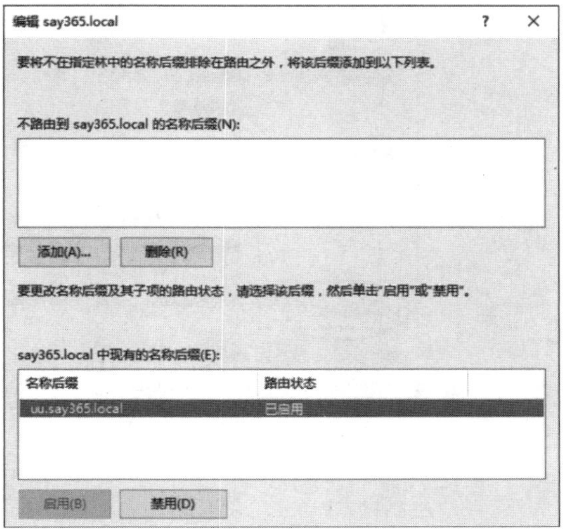

图 8-5-3

另外为了避免**后缀名称冲突**现象的发生，此时可以通过图8-5-3上方的添加按钮来将后缀排除。什么是**后缀名称冲突**现象？举例来说，图8-5-4中林sayms.local与林say365.local之间建立了双向林信任、林say365.local与林jp.say365.local（注意是林，不是子域！）之间也建立了双向林信任、林sayms.local与林jp.say365.local之间建立了单向林信任。

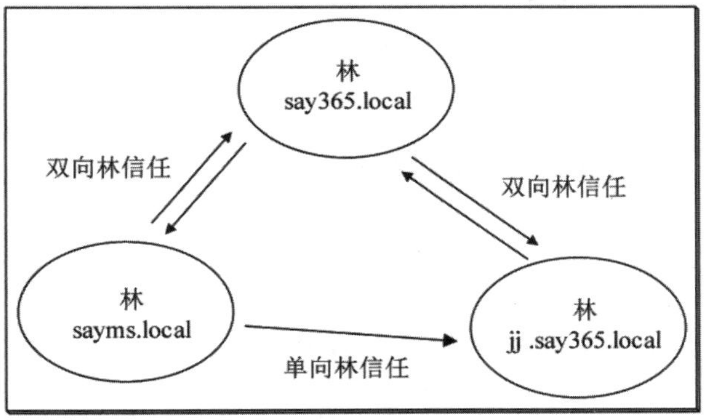

图 8-5-4

图中林sayms.local默认会将后缀为*.say365.local的身份验证工作转发给林say365.local来执行，包含后缀say365.local与jj.say365.local，可是因为两个林之间的**林信任**关系并无法自动的扩展到其他第3个林，因此当林say365.local收到后缀为jj.say365.local的身份验证要求时，并不会将其转发给林jj.say365.local。

解决上述问题的方法是在林sayms.local中将后缀jj.say365.local排除，也就是编辑信任关系say365.local：【在图8-5-5中单击添加按钮➲输入后缀jj.say365.local➲单击确定按钮】，如此林sayms.local就不会将后缀是jj.say365.local的身份验证请求转发给林say365.local，而是直接转发给林jj.say365.local（因为图8-5-4中林sayms.local与林jj.say365.local之间有单向林信任）。

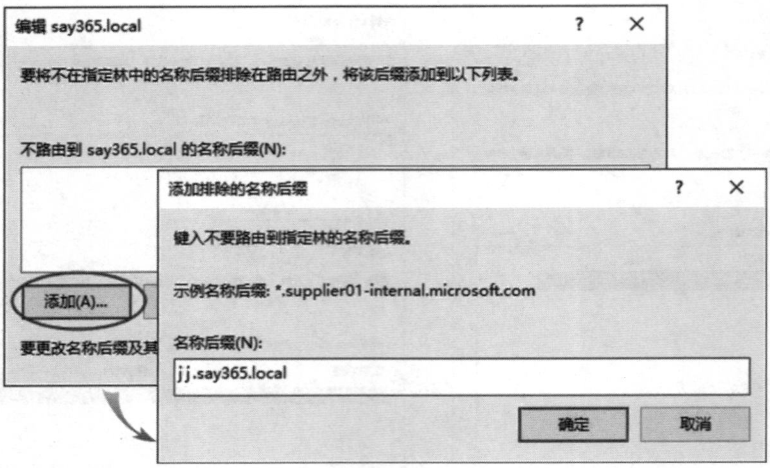
编辑 say365.local
要将不在指定林中的名称后缀排除在路由之外，将该后缀添加到以下列表。
不路由到 say365.local 的名称后缀(N):
添加(A)...
要更改名称后缀及其
添加排除的名称后缀
键入不要路由到指定林的名称后缀。
示例名称后缀: *.supplier01-internal.microsoft.com
名称后缀(N):
jj.say365.local
确定
取消

图 8-5-5

3. 更改身份验证方法

如果要更改验证方法，请通过图8-5-6的**身份验证**选项卡来设置，图中两个验证方法的说明请参考前面图8-3-12的相关说明。

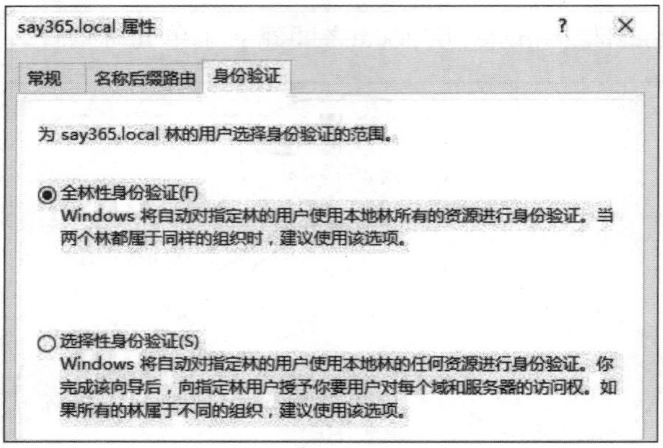
say365.local 属性
常规
名称后缀路由
身份验证
为 say365.local 林的用户选择身份验证的范围。
全林性身份验证(F)
Windows 将自动对指定林的用户使用本地林所有的资源进行身份验证。当两个林都属于同样的组织时，建议使用该选项。
选择性身份验证(S)
Windows 将自动对指定林的用户使用本地林的任何资源进行身份验证。你完成该向导后，向指定林用户授予你要用户对每个域和服务器的访问权。如果所有的林属于不同的组织，建议使用该选项。

图 8-5-6

8.5.2 信任的删除

可以将**快捷方式信任**、**林信任**、**外部信任**、**领域信任**等手动建立的信任删除，然而系统自动建立的**父－子信任**与**树状－根目录信任**无法删除。

我们以图8-5-7为例来说明如何删除信任，而且是要删除图中林sayms.local信任say365.local这个单向的信任，但是保留林say365.local信任sayms.local。

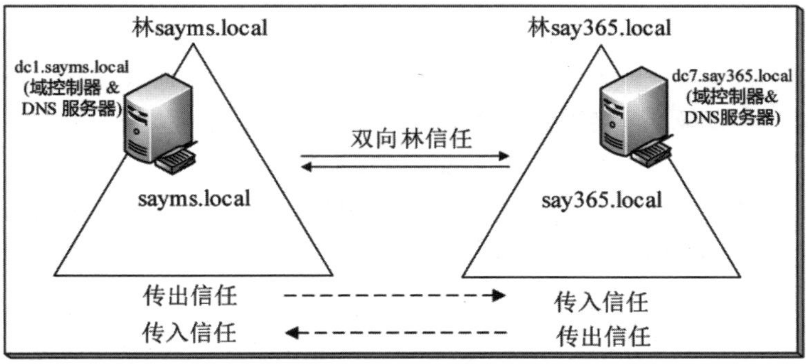

图 8-5-7

STEP **1** 如图8-5-8所示【单击域sayms.local➲单击上方**属性**图标】。

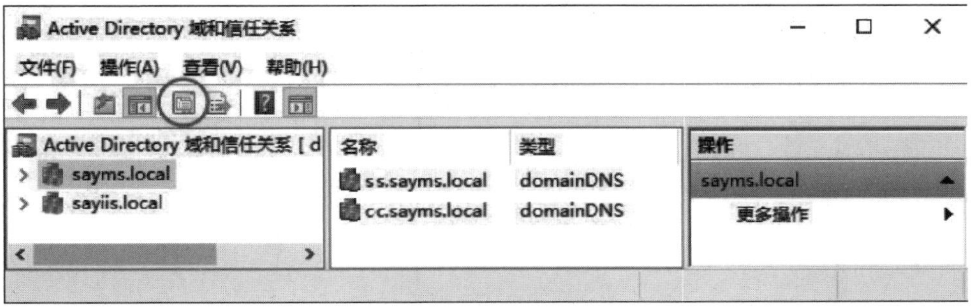

图 8-5-8

STEP **2** 在图8-5-9中【单击**信任**选项卡➲选择**受此域信任的域（外向信任）**之下的域say365.local】，也就是选择图8-5-7左侧域sayms.local的**传出信任**，然后单击删除按钮。

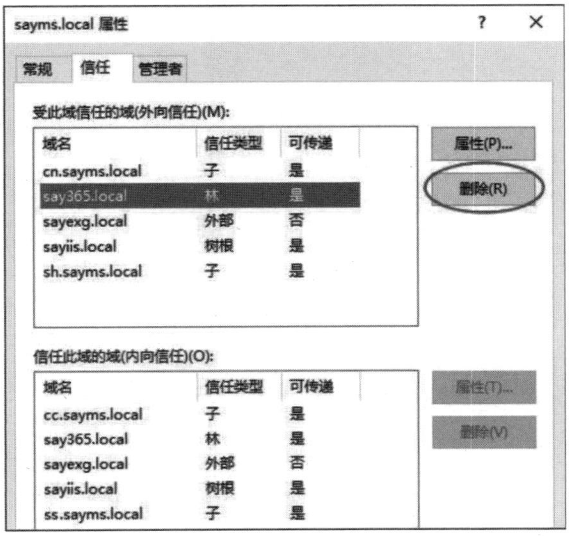

图 8-5-9

STEP 3　在图8-5-10中可以选择：

- **不，只从本地域删除信任**：也就是只删除图8-5-7左侧域sayms.local的传出信任。
- **是，从本地域和另一个域中删除信任**：也就是同时删除图8-5-7左侧域sayms.local的传出信任与右侧域say365.local的传入信任。如果选择此选项，则需要输入对方域say365.local的Domain Admins或林根域sayms.local内Enterprise Admins组内的用户名与密码。

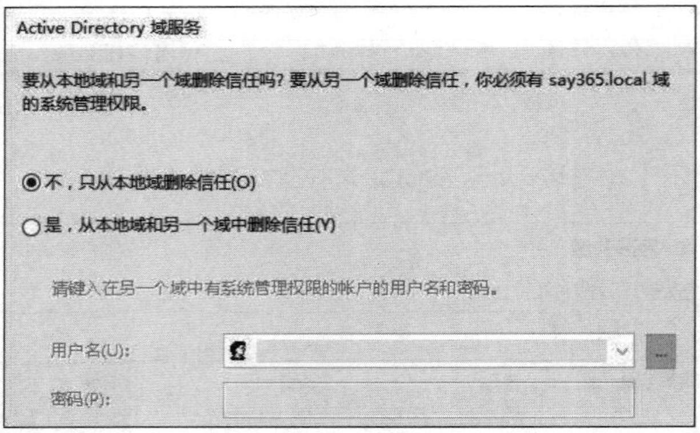
Active Directory 域服务
要从本地域和另一个域删除信任吗? 要从另一个域删除信任，你必须有 say365.local 域的系统管理权限。
不，只从本地域删除信任(O)
是，从本地域和另一个域中删除信任(Y)
请键入在另一个域中有系统管理权限的帐户的用户名和密码。
用户名(U):
密码(P):
图 8-5-10

9

第 9 章　AD DS 数据库的复制

对拥有多台域控制器的AD DS域来说，如何有效地复制AD DS数据库、如何提高AD DS的可用性与如何让用户能够快速地登录，是管理员必须了解的重要课题。

- 站点与AD DS数据库的复制
- 默认站点的管理
- 利用站点来管理AD DS复制
- 管理全局编录服务器
- 解决AD DS复制冲突的问题

9.1 站点与AD DS数据库的复制

站点（site）是由一个或多个IP子网（subnet）所组成，这些子网之间通过**高速且可靠的连接互连**起来，也就是这些子网之间的连接速度要够快且稳定、符合数据高效稳定传输的需要，否则就应该将它们分别规划为不同的站点。

一般来说，一个LAN（局域网）之内各个子网之间的连接都符合速度快且高可靠度的要求，因此可以将一个LAN规划为一个站点；而WAN（广域网）内各个LAN之间的连接速度一般都不快，因此WAN之中的各个LAN应分别规划为不同的站点，参见图9-1-1。

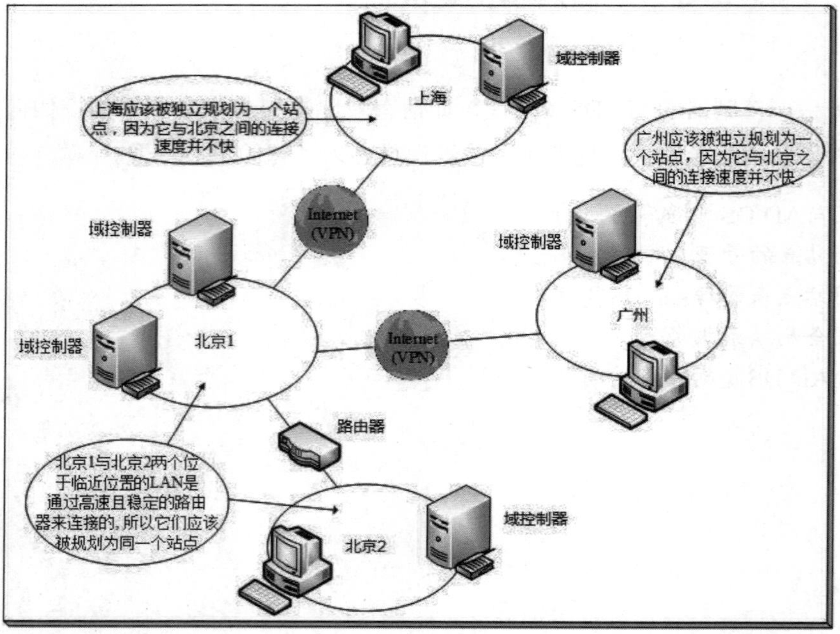
域控制器
上海
上海应该被独立规划为一个站点，因为它与北京之间的连接速度并不快
广州应该被独立规划为一个站点，因为它与北京之间的连接速度并不快
Internet (VPN)
域控制器
域控制器
广州
域控制器
北京1
Internet (VPN)
路由器
北京1与北京2两个位于临近位置的LAN是通过高速且稳定的路由器来连接的，所以它们应该被规划为同一个站点
域控制器
北京2

图 9-1-1

AD DS内大部分数据是利用**多主机复制模式**（multi-master replication model）来复制。在这种模式之中，可以直接更新任何一台域控制器内的AD DS对象，之后这个更新对象会被自动复制到其他域控制器，例如当在任何一台域控制器的AD DS数据库内新建一个用户账户后，这个账户会自动被复制到域内的其他域控制器。

站点与AD DS数据库的复制之间有着重要的关系，因为这些域控制器是否在同一个站点，会影响到域控制器之间AD DS数据库的复制行为。

9.1.1 同一个站点之间的复制

同一个站点内的域控制器之间是通过快速连接互连在一起，因此在复制 AD DS 数据库时，可以有效地、快速地复制，而且不会压缩所传送的数据。

同一个站点内的域控制器之间的AD DS复制采用**更改通知**（change notification）的方式，也就是当某台域控制器（以下将其称为**源域控制器**）的AD DS数据库内有一条数据变化时，默认它会等15秒后，通知位于同一个站点内的其他域控制器。收到通知的域控制器如果需要这条数据，就会向**源域控制器**发出**更新数据**的请求，这台**源域控制器**收到请求后，就会开始复制的程序。

1. 复制伙伴

源域控制器并不是直接将变动数据复制给同一个站点内的所有域控制器，而是只复制给它的**直接复制伙伴**（direct replication partner），然而哪些域控制器是其**直接复制伙伴**呢？每一台域控制器内都有一个被称为Knowledge Consistency Checker（KCC）的程序，它会自动建立最有效的**复制拓扑**（replication topology），也就是会决定谁是它的**直接复制伙伴**或**转移复制伙伴**（transitive replication partner），换句话说，**复制拓扑**是复制AD DS数据库的逻辑连接路径，如图9-1-2所示。

以图中域控制器DC1为例，域控制器DC2是它的**直接复制伙伴**，因此DC1会将变动数据直接复制给DC2，而DC2收到数据后，会再将它复制给DC2的**直接复制伙伴**DC3，依此类推。

对域控制器DC1来说，除了DC2与DC7是它的**直接复制伙伴**外，其他的域控制器（DC3、DC4、DC5、DC6）都是**转移复制伙伴**，它们是间接获得由DC1复制来的数据。

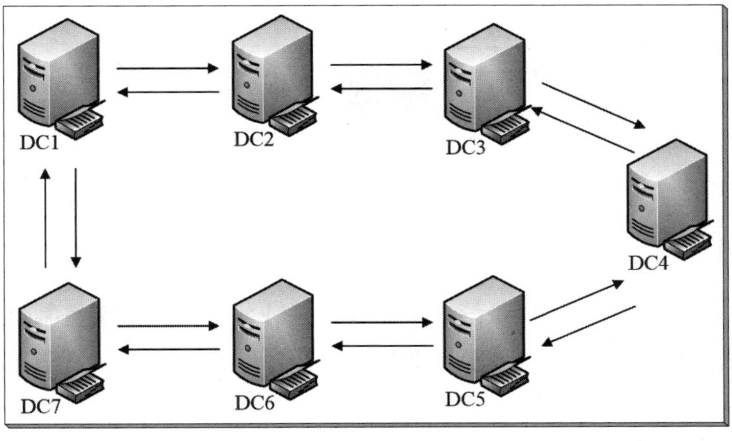

图 9-1-2

2. 减少复制延迟时间

为了减少复制延迟的时间（replication latency），也就是从**源域控制器**内的AD DS数据有变动开始，到这些数据被复制到所有其他域控制器之间的间隔时间尽量缩短，因此KCC在建立**复制拓扑**时，会让数据从**源域控制器**传送到**目标域控制器**的过程中，其所跨越的域控制器数量（hop count）不超过3台，以图9-1-2来说，从DC1到DC4跨越了3台域控制器（DC2、DC3、DC4），而从DC1到DC5也仅跨越了3台域控制器（DC7、DC6、DC5）。换句话说，KCC会让**源域控制器**与**目标域控制器**之间的域控制器数量不超过2台。

> 为了避免**源域控制器**负担过重，因此**源域控制器**并不是同时通知其所有的**直接复制伙伴**，而是会间隔3秒，也就是先通知第1台**直接复制伙伴**，间隔3秒后再通知第2台，以此类推。

当有新域控制器加入时，KCC会重新建立**复制拓扑**，而且仍然会遵照**跨越的域控制器数量不超过3台**的原则，例如当图9-1-2中新增了一台域控制器DC8后，其**复制拓扑**就会有变化，图9-1-3为可能的**复制拓扑**之一，图中KCC将域控制器DC8与DC4设置为**直接复制伙伴**，否则DC8与DC4之间，无论是通过【DC8→DC1→DC2→DC3→DC4】或【DC8→DC7→DC6→DC5→DC4】的途径，都会违反**跨越的域控制器数量不超过3台**的原则。

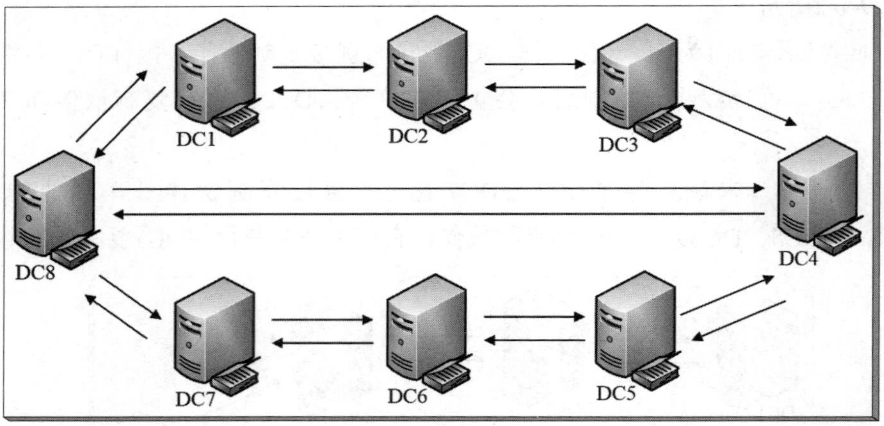

图 9-1-3

3. 紧急复制

对某些重要的更新数据来说，系统并不会等15秒钟才通知其**直接复制伙伴**，而是立刻通知，这个操作被称为**紧急复制**。这些更新数据包含用户账户被锁定、账户锁定策略更改、域的密码策略更改等。

9.1.2 不同站点之间的复制

由于不同站点之间的连接速度不够快，因此为了降低对连接带宽的影响，因此站点之间的AD DS数据在复制时会被压缩，而且数据的复制是采用**计划任务**（schedule）的方式，也就是在计划的时间内才会进行复制工作。原则上应该尽量设置在站点之间连接负载最低的时段才执行复制工作，同时复制频率也不要太高，以避免复制时占用两个站点之间的连接带宽，影响两个站点之间其他数据的传输效率。

不同站点的域控制器之间的**复制拓扑**，与同一个站点的域控制器之间的**复制拓扑**是不相同的。每一个站点内都各有一台被称为**站点间拓扑生成器**的域控制器，它负责建立**站点之间的复制拓扑**，并从其站点内挑选一台域控制器来扮演**bridgehead服务器**（桥头服务器）的角色，例如图9-1-4中SiteA的DC1与SiteB的DC4，两个站点之间在复制AD DS数据时，是由这两台**bridgehead服务器**负责将该站点内的AD DS更改数据复制给对方，这两台**bridgehead服务器**得到对方的数据后，再将它们复制给同一个站点内的其他域控制器。

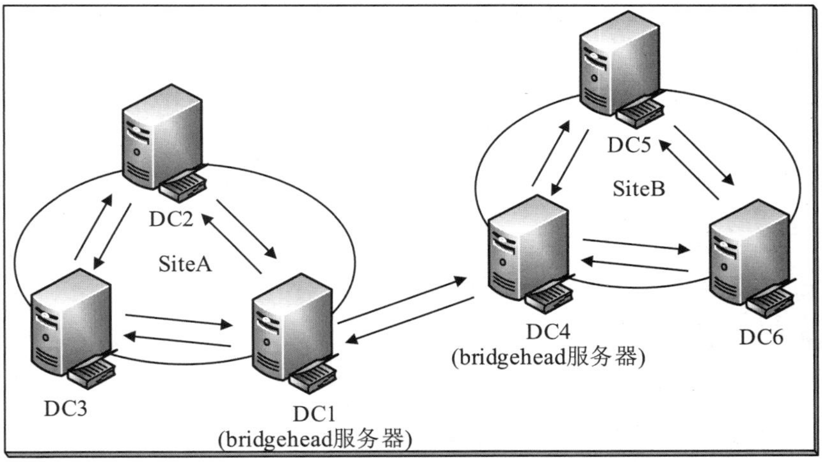

图 9-1-4

两个站点之间AD DS复制的其他细节，包含**站点连接**（site link）、开销、复制任务、复制频率等都会在后面章节说明。

9.1.3 目录分区与复制拓扑

AD DS数据库被逻辑的分为以下几个目录分区（详见第1章）：**架构目录分区、配置目录分区、域目录分区**与**应用程序目录分区**。

KCC在建立**复制拓扑**时，并不是整个AD DS数据库只采用单一**复制拓扑**，而是不同的**目录分区**各有其不同的**复制拓扑**，例如DC1在复制**域目录分区**时，可能DC2是它的**直接复制伙**

伴，但是在复制**配置目录分区**时，DC3才是它的**直接复制伙伴**。

9.1.4 复制通信协议

域控制器之间在复制AD DS数据时，其所使用的复制通信协议分为以下两种：

- RPC over IP（Remote Procedure Call over Internet Protocol）
  无论是同一个站点之间或不同站点之间，都可以利用RPC over IP来执行AD DS数据库的复制操作。为了确保数据在传送时的安全性，RPC over IP会执行验证身份与数据加密的工作。

> 在**Active Directory站点和服务**控制台中，同一个站点之间的复制通信协议“RPC over IP”字样会被改用“IP”字样来表示。

- SMTP（Simple Mail Transfer Protocol）
  SMTP只能够用来执行不同站点之间的复制。如果不同站点的域控制器之间无法直接通信，或之间的连接质量不稳定时，就可以通过SMTP来传送。不过这种方式有些限制，例如：
  - 只能够复制架构目录分区、配置目录分区与应用程序目录分区，不能复制域目录分区。
  - 需要向企业CA（Enterprise CA）申请证书，因为在复制过程中，需要利用证书来验证身份。

9.2 默认站点的管理

在建立第一个域（林）时，系统就会自动建立一个默认站点，以下介绍如何来管理这个默认站点。

9.2.1 默认站点

可以利用【打开**服务器管理器**➲单击右上角**工具**➲**Active Directory站点和服务**】的方法来管理站点，如图9-2-1所示。

- **Default-First-Site-Name**：这是默认的第一个站点，它是在建立AD DS林时由系统自动建立的站点，可以更改这个站点的名称。
- **Servers**：其中记录着位于此Default-First-Site-Name 站点内的域控制器与这些域控制器的设置值。

- **Inter-Site Transports**：记录着站点之间的IP与SMTP这两个复制通信协议的设置值。
- **Subnets**：可以通过此处在AD DS内建立多个IP子网，并将子网划入到所属的站点内。

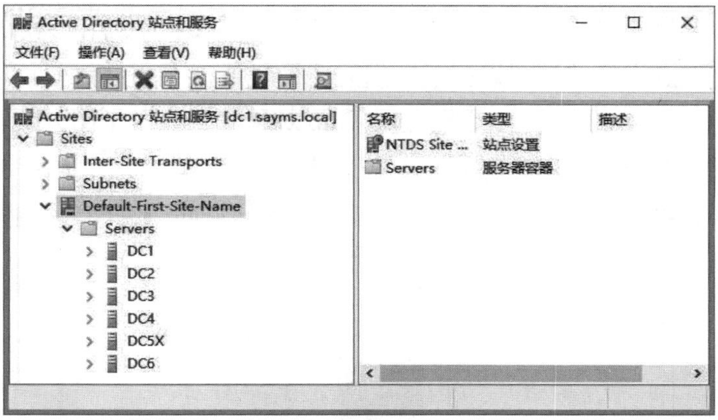

图 9-2-1

假设在AD DS内已经建立了多个IP子网，此时在安装域控制器时，如果此域控制器是位于其中某个子网内（从IP地址的网络标识符来判断），则此域控制器的计算机账户就会自动被放到此子网所隶属的站点内。

在建立AD DS林时，系统默认并没有在AD DS内建立任何的子网，因此所建立的域控制就不属于任何一个子网，此时这台域控制器的计算机账户会被放到Default-First-Site-Name站点内，例如图9-2-1的中的DC1、DC2、……、DC6等域控制器都是在此站点内。

9.2.2　Servers文件夹与复制设置

图9-2-1中的**Servers**文件夹内记录着位于Default-First-Site-Name站点内的域控制器，而在单击图中的任何一台域控制器后（例如DC2），将出现如图9-2-2所示的窗口。

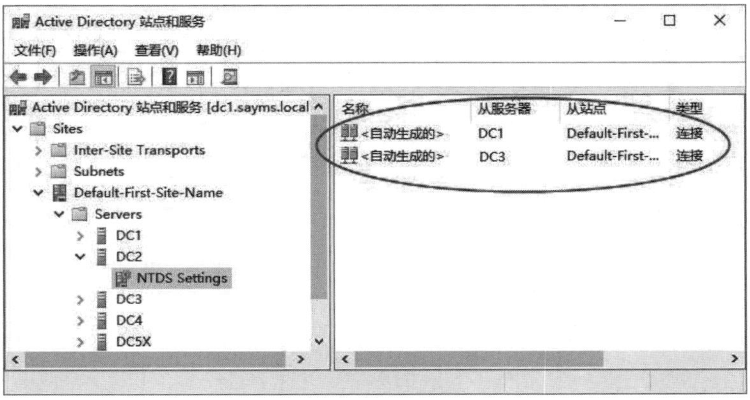

图 9-2-2

图中的NTDS Settings内包含两个由KCC所自动建立的**连接对象**（connection object），其名称都是**自动生成的**，这两个**连接对象**分别来自DC1与DC3，表示DC2会直接接收由这两台域控制器所复制过来的AD DS数据，也就是说这两台域控制器都是DC2的**直接复制伙伴**。同理在单击其他任何一台域控制器时，也可以看到它们与**直接复制伙伴**之间的**连接对象**。

这些在同一个站点内的域控制器相互之间的**连接对象**，都会由KCC负责自动建立与维护的，而且是双向的。也可根据需要来手动建立**连接对象**，例如假设图9-2-3中DC3与DC6之间原本并没有**连接对象**存在，也就是它们并不是**直接复制伙伴**，但是可以手动在它们之间建立单向或双向的**连接对象**，以便让它们之间可以直接复制AD DS数据库，例如图中手动建立的**连接对象**是单向的，也就是DC6单向直接从DC3来复制AD DS数据库。

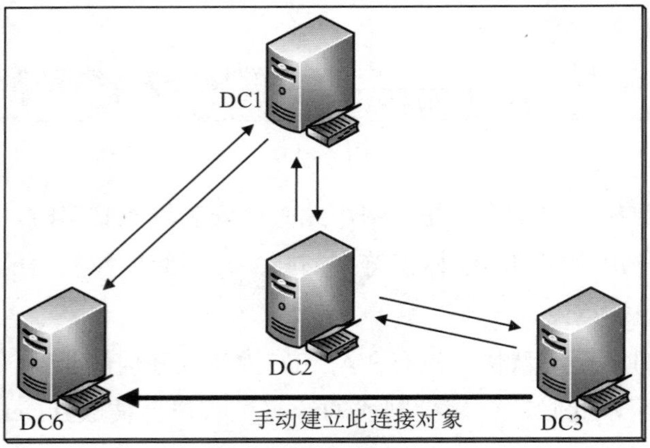

图 9-2-3

建立此单向连接对象的方法为【如图9-2-4所示选中DC6之下的**NTDS Settings**并右击➲**新建Active Directory域服务连接**➲选择DC3➲……】。

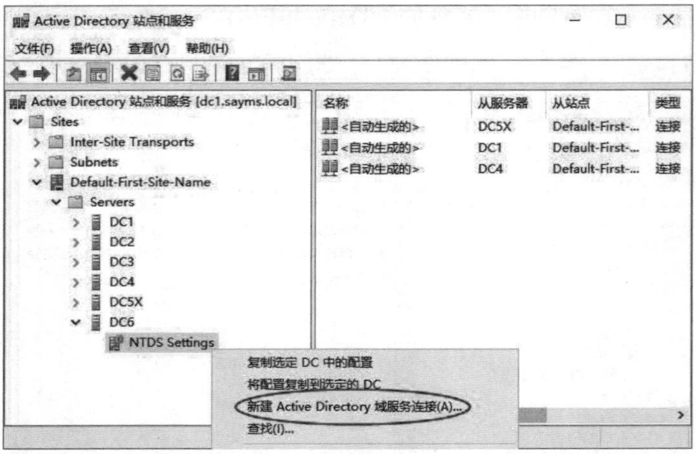

图 9-2-4

在双击图9-2-2右侧的任何一个**连接对象**后，将出现如图9-2-5所示的窗口。可以单击图中

服务器右侧的更改按钮来改变复制的源服务器。

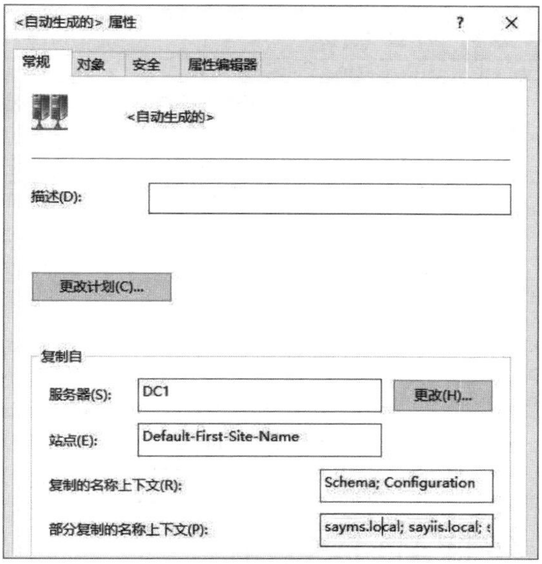

图 9-2-5

如果域控制器的AD DS数据发生变化时（例如新建用户账户），则其默认是15 秒钟后会通知同一个站点内的**直接复制伙伴**，以便将数据复制给它们。即使没有数据变化，默认也会每隔一小时执行一次复制工作，以确保没有丢失任何应该复制的数据，可以通过图9-2-5中的更改计划按钮来查看与修改此间隔时间，如图9-2-6所示。

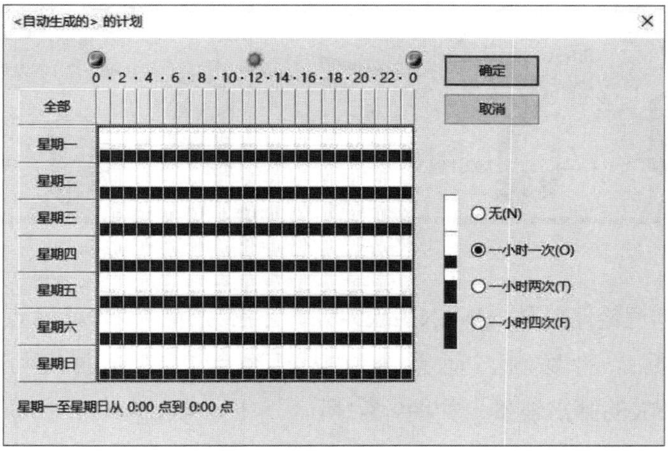

图 9-2-6

如果想要立刻复制，请自行以手动的方式来完成：【先选择图9-2-7左侧的目的服务器（例如DC2）➲单击**NTDS Settings**➲选中右侧的复制来源服务器并右击➲**立即复制**】，图中表示立即从DC1复制到DC2。

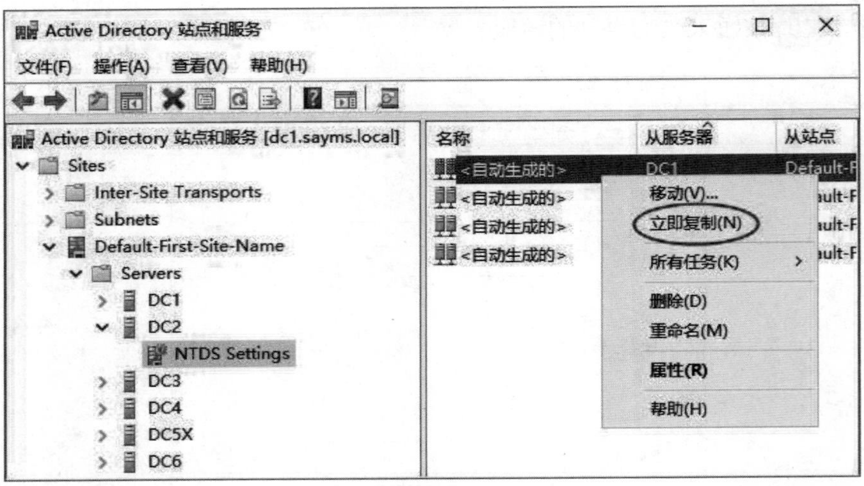

图 9-2-7

9.3 利用站点来管理AD DS复制

以下将先利用图9-3-1来说明如何建立多个站点与IP子网，然后说明站点之间的AD DS复制设置。

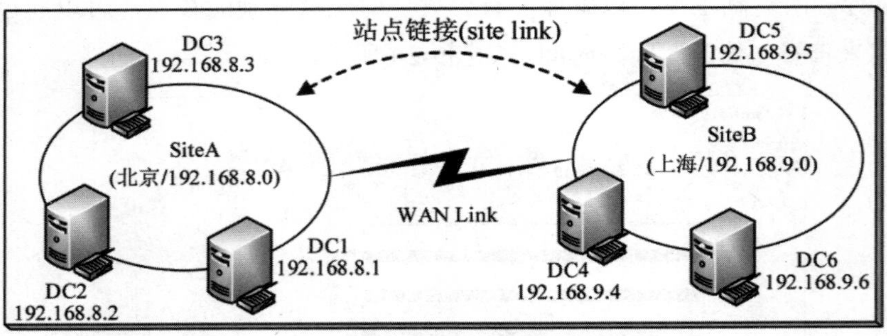

图 9-3-1

站点之间除了物理链路链接（WAN link）外，还必须建立逻辑的**站点链接**（site link）才能进行AD DS数据库的复制，而系统默认已经为IP复制通信协议建立一个名为DEFAULTIPSITELINK的站点链接，如图9-3-2所示。

我们在建立图9-3-1中的SiteA与SiteB时，必须通过**站点链接**将这两个站点逻辑的连接在一起，它们之间才能进行AD DS数据库的复制。

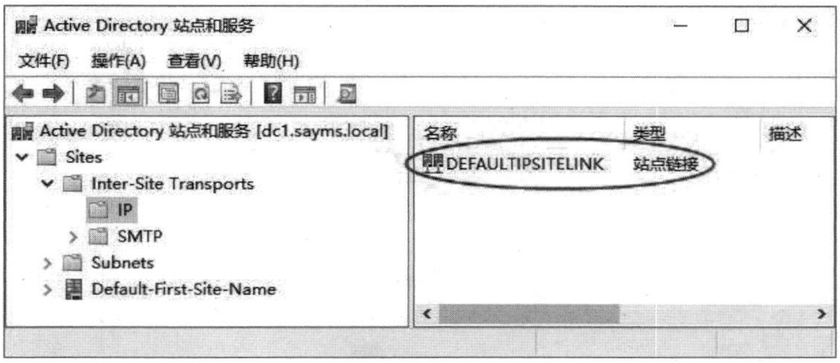

图 9-3-2

9.3.1 建立站点与子网

以下将先建立新站点，然后建立隶属于此站点的IP子网。

1. 建立新站点

我们将说明如何建立图9-3-1中的SiteA与SiteB。

STEP 1 打开**服务器管理器**➲单击右上角**工具**➲**Active Directory站点和服务**➲如图9-3-3所示选中**Sites**并右击➲**新站点**。

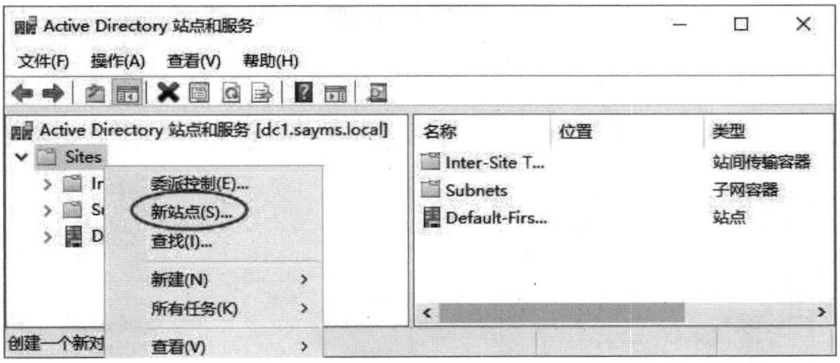

图 9-3-3

STEP 2 在图9-3-4中设置站点名（例如SiteA），并且将此站点归纳到适当的**站点链接**后单击确定按钮。图中因为目前只有一个默认的**站点链接**DEFAULTIPSITELINK，因此只能够暂时将其归纳到此默认的**站点链接**。只有隶属于同一个**站点链接**的站点之间才能进行AD DS数据库的复制。

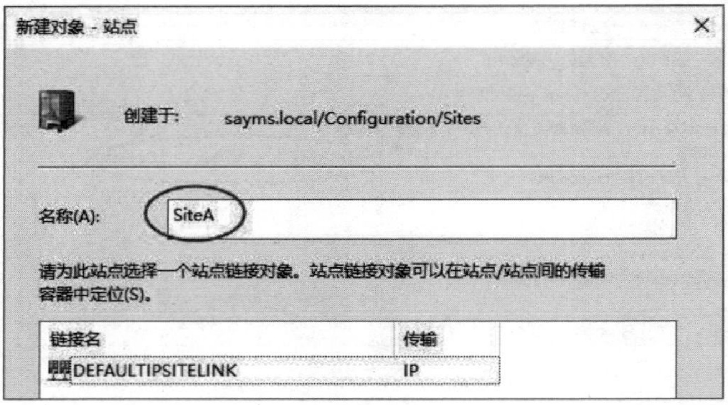

图 9-3-4

STEP 3　在图9-3-5中直接单击确定按钮。

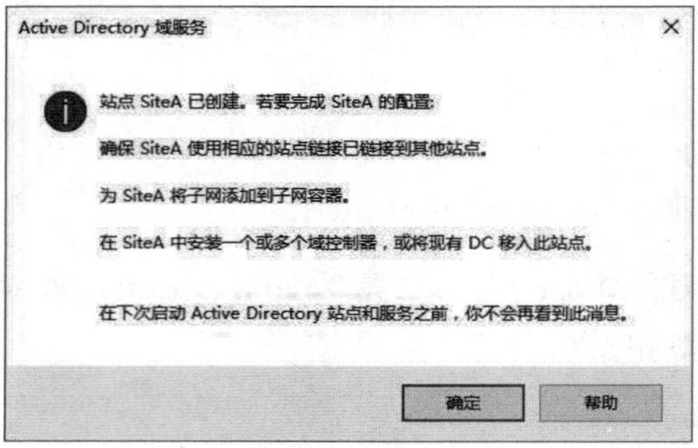

图 9-3-5

STEP 4　请重复STEP 1~STEP 3来建立SiteB，图9-3-6为完成后的窗口。

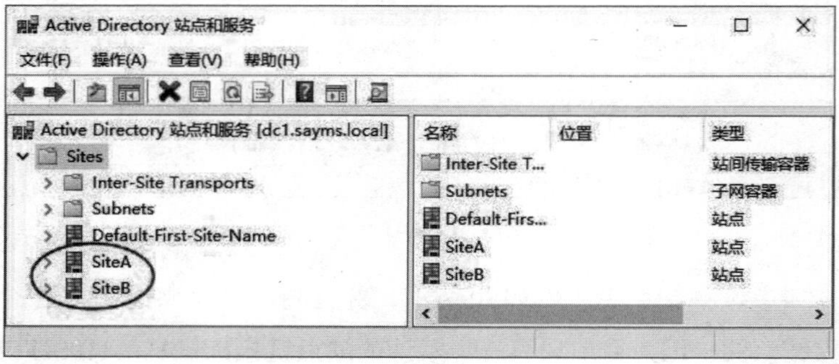

图 9-3-6

2. 建立 IP 子网

以下将说明如何建立前面图9-3-1中的IP子网192.168.8.0与192.168.9.0，并将它们分别划入到SiteA与SiteB内。

STEP 1　如图9-3-7所示【选中**Subnets**并右击➲**新建子网**】。

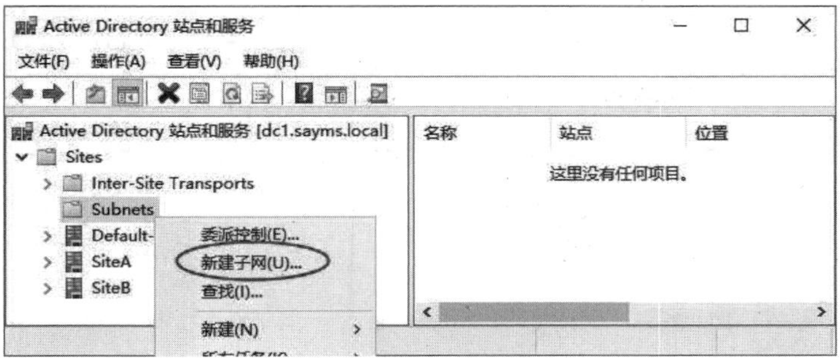

图 9-3-7

STEP 2 在图9-3-8中的**前缀**处输入192.168.8.0/24，其中的192.168.8.0为网络标识符，而24表示子网掩码为255.255.255.0（二进制中为1的位共有24个），并将此子网划入站点SiteA内。

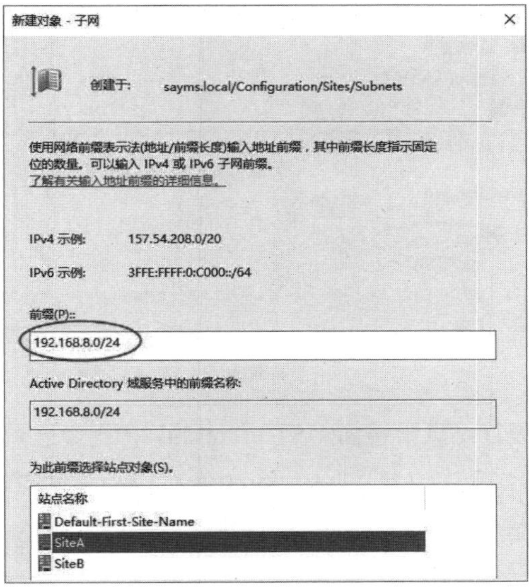

图 9-3-8

STEP 3 重复前两个步骤来建立IP子网192.168.9.0，并将其划入站点SiteB。图9-3-9为完成后的窗口。

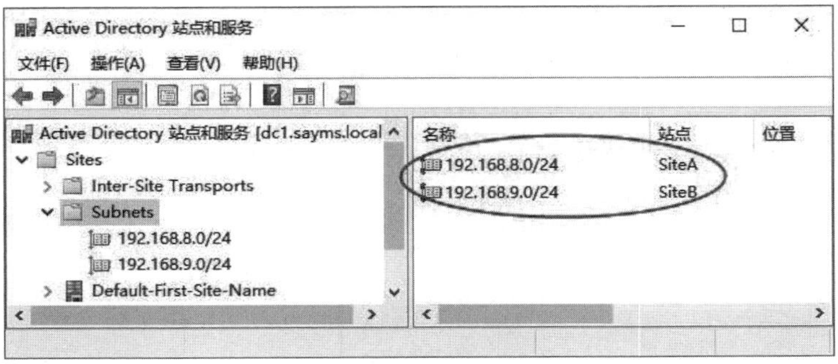

图 9-3-9

9.3.2 建立站点链接

以下将说明如何建立前面图9-3-1中的**站点链接**，并将此**站点链接**命名为SiteLinkAB。我们利用IP复制通信协议来说明。

> 由于我们在前面建立SiteA与SiteB时，都已经将SiteA与SiteB归纳到DEFAULTIPSITELINK这个**站点链接**，也就是说这两个站点已经通过DEFAULTIPSITELINK逻辑的连接在一起了。我们通过以下练习来将其改为通过SiteLinkAB来连接。

STEP 1　请如图9-3-10所示【选中**IP**并右击➲**新站点链接**】。

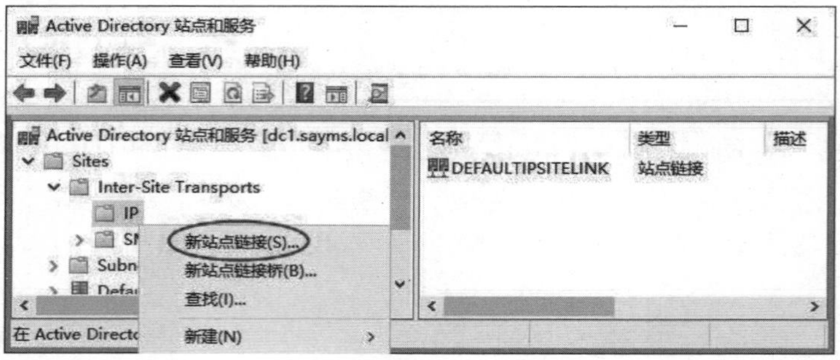

图 9-3-10

STEP 2　在图9-3-11中【设置站点链接名（例如SiteLinkAB）➲选择SiteA与SiteB后单击**添加**按钮➲单击**确定**按钮】。之后SiteA与SiteB就可以根据**站点链接**SiteLinkAB内的设置来复制AD DS数据库。

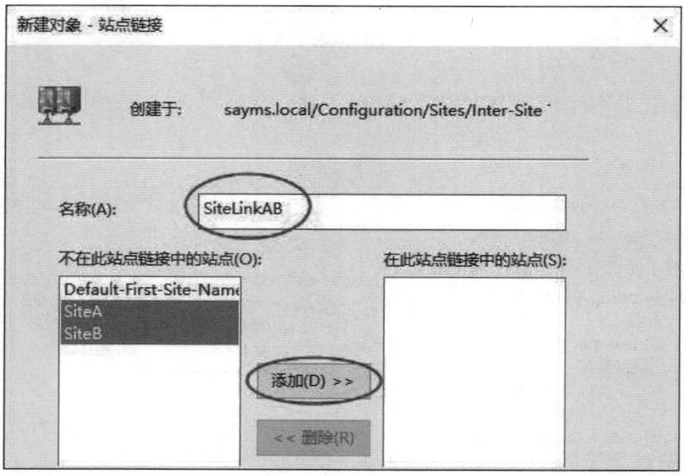

图 9-3-11

STEP 3　图9-3-12所示为完成后的窗口。

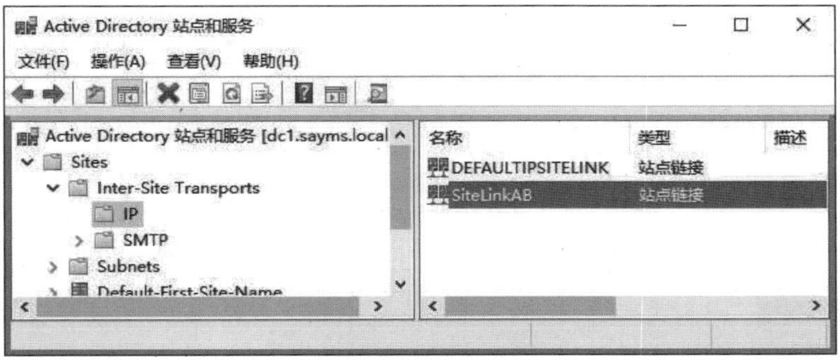

图 9-3-12

9.3.3 将域控制器移动到所属的站点

目前所有的域控制器都是被放置到Default-First-Site-Name站点内，而在完成新站点的建立后，我们应将域控制器移动到正确的站点内。以下假设域控制器DC1、DC2与DC3的IP地址的网络标识符都是192.168.8.0（见图9-3-13），因此需要将DC1、DC2与DC3移动到站点SiteA；同时假设DC4、DC5与DC6的IP地址的网络标识符都是192.168.9.0，因此需要将DC4、DC5与DC6移动到站点SiteB。

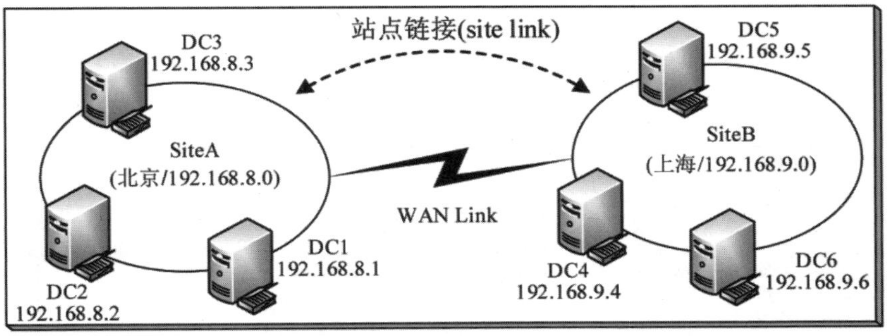

图 9-3-13

如果在图9-3-13中的**北京**网络内安装新域控制器，则该域控制器的计算机账户会自动被放置到SiteA内，同理在**上海**网络内所安装的新域控制器，其计算机账户会自动被放到SiteB内。

STEP 1　如图9-3-14所示【展开Default-First-Site-Name站点➲单击**Servers**➲选中要被移动的服务器（例如DC1）并右击➲**移动**】。

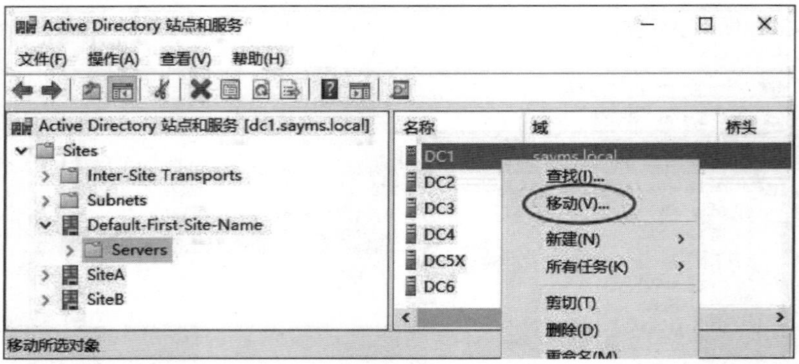

图 9-3-14

STEP 2　在图9-3-15选择目标站点SiteA后单击确定按钮。

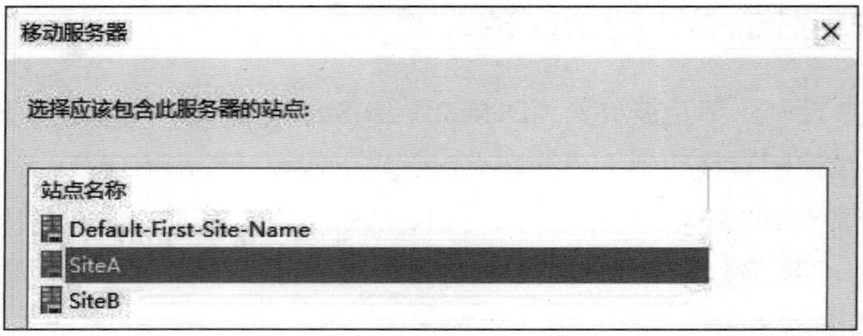

图 9-3-15

STEP 3　重复以上步骤将DC2、DC3移动到SiteA、将DC4、DC5与DC6移动到SiteB。图9-3-16为完成后的窗口。

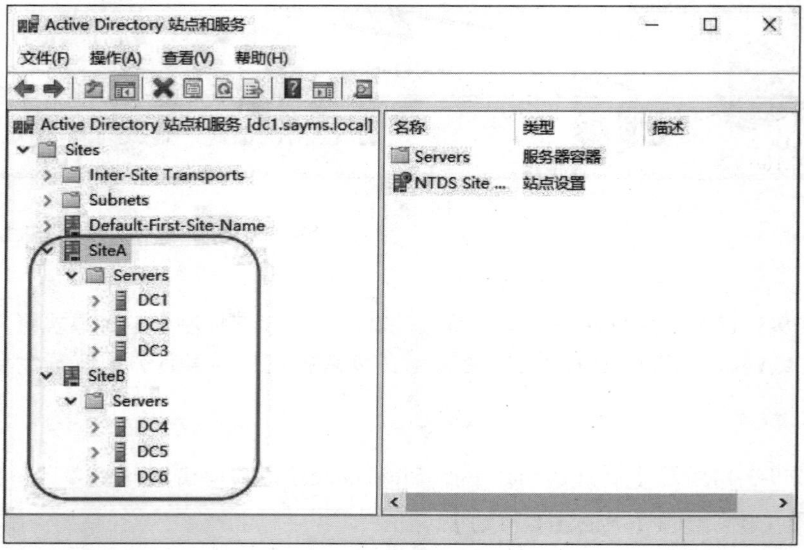

图 9-3-16

> 可以在SiteA与SiteB之间搭建一台由Windows Server所扮演的路由器，从而模拟练习SiteA与SIteB位于两个不同网络的环境。

9.3.4 指定首选bridgehead服务器

前面说过每一个站点内都各有一台被称为**站点间拓扑生成器**的域控制器，它负责建立**站点之间的复制拓扑**，并从其站点内挑选一台域控制器来扮演**bridgehead服务器**的角色，例如图9-3-17中SiteA的DC1与SiteB的DC4，两个站点之间在复制AD DS数据时，是由这两台**bridgehead服务器**负责将该站点内的AD DS更新数据复制给对方，这两台**bridgehead服务器**得到对方的数据后，再将它们复制给同一个站点的其他域控制器。

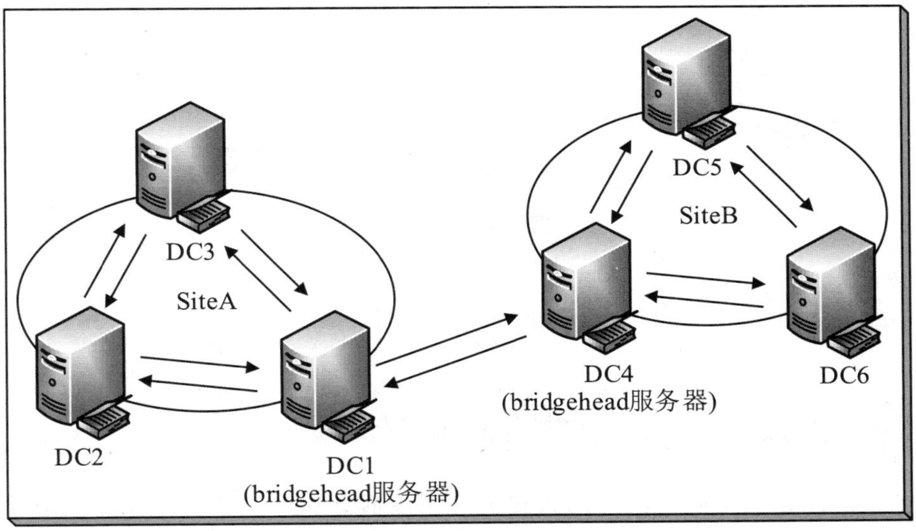

图 9-3-17

也可以自行选择扮演**bridgehead服务器**的域控制器，它们被称为**首选bridgehead服务器**（preferred bridgehead server）。例如要将SiteA内的域控制器DC1设置为**首选bridgehead服务器**：【如图9-3-18所示展开站点SiteA➲单击**Servers**➲选择域控制器DC1➲单击上方**属性**图标➲选择复制通信协议（例如IP）➲单击添加按钮】。

可以重复以上的步骤，将多台的域控制器设置为**首选bridgehead服务器**，但是AD DS一次只会从其中挑选一台来复制数据，如果这一台出现故障了，它会再挑选其他的**首选bridgehead服务器**。

如果要查看首选bridgehead服务器列表，也可以【展开Inter-Site Transports➲选中IP并右击➲**属性**➲单击**属性编辑器**选项卡➲单击筛选按钮➲单击**显示只读属性**处的**反向链接**➲双击属性列表中的bridgeheadServerListBL】。

> 非必要请不要自行指定首选bridgehead服务器，因它会让KCC停止自动挑选bridgehead服务器，也就是说如果选择的首选bridgehead服务器都发生故障时，KCC不会再自动挑选bridgehead服务器，这样将没有bridgehead服务器可供使用。
>
> 如果要将扮演**首选bridgehead服务器**的域控制器移动到其他站点，请先取消其**首选bridgehead服务器**的角色后再移动。

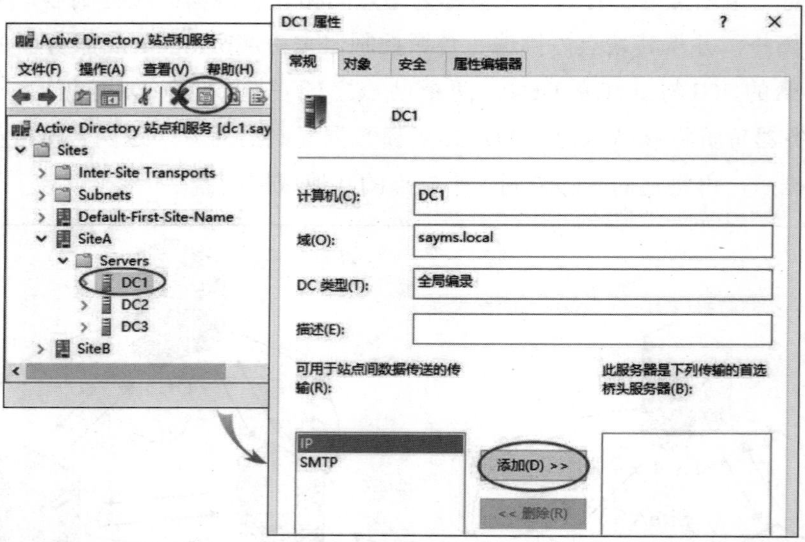

图 9-3-18

9.3.5 站点链接与AD DS数据库的复制设置

两个站点之间是通过**站点链接**的设置来决定如何复制AD DS数据库：如图9-3-19所示【选中站点链接（例如SiteLinkAB）并右击➲**属性**➲通过图9-3-20的对话框来设置】。

图 9-3-19

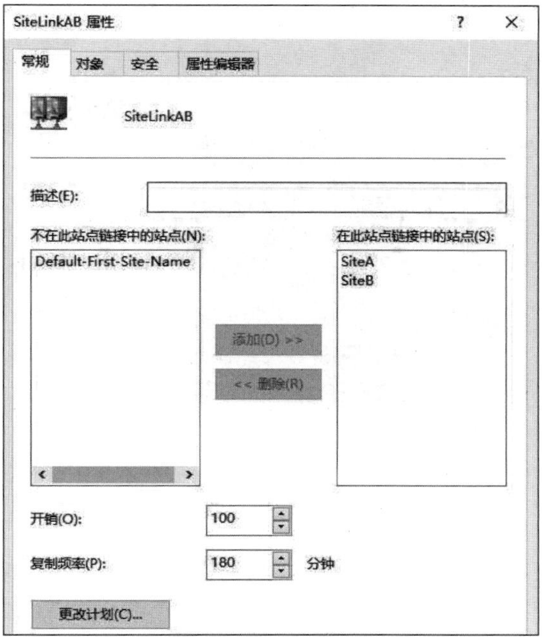

图 9-3-20

- **更改站点链接中的站点成员**：可以在对话框中将其他的站点加入到此**站点链接**SiteLinkAB内，也可以将站点从这个**站点链接**中删除。
- **开销**（cost）：如果两个站点之间有多个物理链路的WAN link，则它们之间就可以有多个逻辑的站点链接，而每一个站点链接可以有着不同的**开销**（默认值为100）。这里的**开销**是用来与其他**站点链接**相比较的相对值。每一个**站点链接**的**开销**计算，需要考虑到物理WAN link 的连接带宽、稳定性、延迟时间与费用，例如若**开销**考虑是以WAN link 的连接带宽为依据，则应该将带宽较大的**站点链接**的**开销**值设得较低，假设你将带宽较低的**站点链接**的**开销**设置为默认的100，则带宽较大的**站点链接**的**开销**值应该要比100小。KCC在建立**复制拓扑**，会选择**站点链接开销**较低的域控制器来当作**直接复制伙伴**。

  另外，用户在登录时，如果其计算机所在的站点内没有域控制器可以提供服务（例如域控制器因故脱机），则用户的计算机会到其他站点去寻找域控制器，此时会通过**站点链接开销**最低的链接去寻找域控制器，以便让用户能够快速地登录。
- **复制频率、更改计划**：**复制频率**用来设置隶属于此**站点链接**的站点之间，每隔多久时间复制一次AD DS数据库，默认是180分钟。

  但并不是时间到了就一定会执行复制工作，因还需要根据是否允许在此时间复制，此设置是通过前面图9-3-20的更改计划按钮，然后利用图9-3-21来更改计划。默认是一个星期7 天、1天24小时的任何时段都允许进行复制，可以变更此计划，例如改为高峰时段不允许复制。

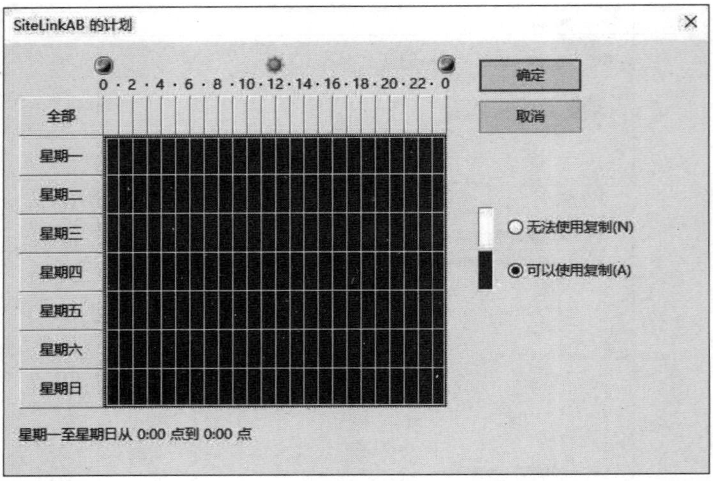

图 9-3-21

9.3.6 站点链接桥

站点链接桥（site link bridge）是由两个或多个**站点链接**所组成，它让这些**站点链接**具备**可传递性**（transitive），如图9-3-22中SiteA与SiteB之间已经建立了**站点链接**SiteLinkAB，而SiteB与SiteC之间也建立了**站点链接**SiteLinkBC，则**站点链接桥**SiteLinkBridgeABC让SiteA与SiteC之间具备着隐性的**站点链接**，也就是说KCC在建立**复制拓扑**时，可以将SiteA的域控制器DC1与SiteC的域控制器DC3设置为**直接复制伙伴**，让DC1与DC3之间通过两个WAN link的物理链接来直接复制AD DS数据，而不需要由SiteB的域控制器DC2来转发。

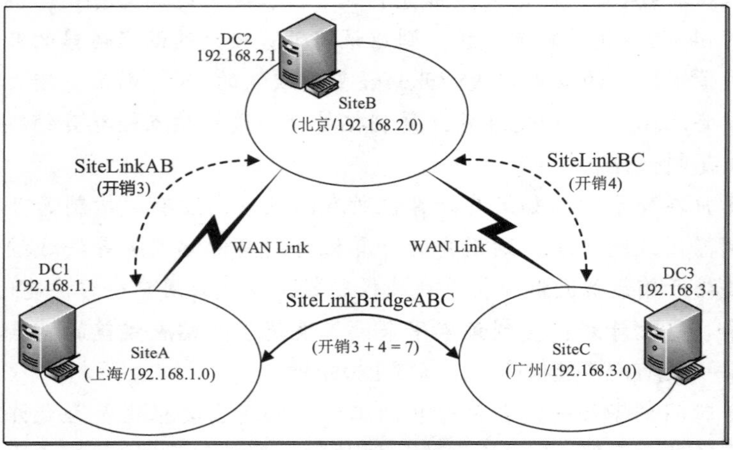

图 9-3-22

图中SiteLinkAB的开销为3、SiteLinkBC的开销为4，则SiteLinkBridgeABC的开销是3 + 4 =7。由于此开销高于SiteLinkAB的开销3与SiteLinkBC的开销4，因此KCC在建立**复制拓扑**，默认不会在DC1与DC3之间建立**连接对象**，也就是不会将DC1与DC3设为**直接复制伙伴**，除非DC2无法使用（例如计算机故障、脱机）。

系统默认会自动桥接所有的**站点链接**，可以通过如图9-3-23所示【展开**Inter-Site Transports**➲单击**IP**文件夹➲单击上方**属性**图标➲勾选或取消**为所有站点链接搭桥**】的方法来更改其设置值。

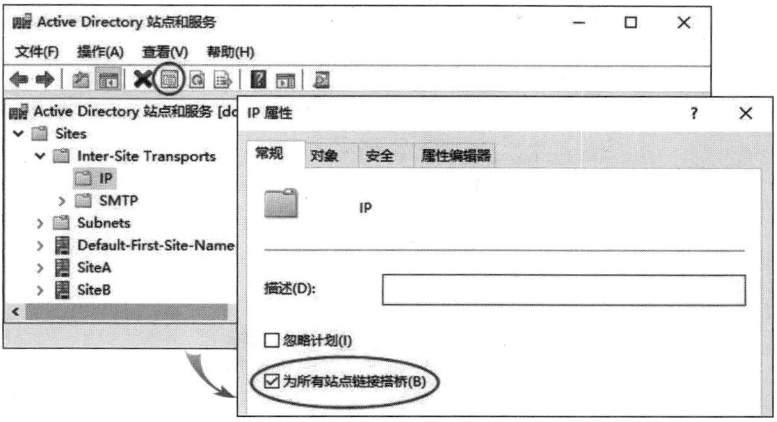

图 9-3-23

由于系统默认已经自动桥接所有的**站点链接**，因此不需要另外手动建立**站点链接桥**，除非想要控制AD DS数据复制的方向或两个站点之间受到限制无法直接通信，例如在图9-3-22的SiteB架设了防火墙，并通过防火墙限制SiteA的计算机不能与SiteC的计算机通信，则图中的SiteLinkBridgeABC就没有意义了，因为SiteA将无法直接与SiteC进行AD DS数据库复制，此时如果SiteA还可以通过另一个站点SiteD来与SiteC通信，我们就没有必要让KCC浪费时间建立SiteLinkBridgeABC，或浪费时间尝试通过SiteLinkBridgeABC来复制AD DS数据库，也就是说可以先取消勾选图9-3-23中的**为所有站点链接搭桥**，然后如图9-3-24所示自行建立SiteLinkBridgeADC，以便让SiteA的计算机与SiteC的计算机直接选择通过SiteLinkBridgeADC进行通信。

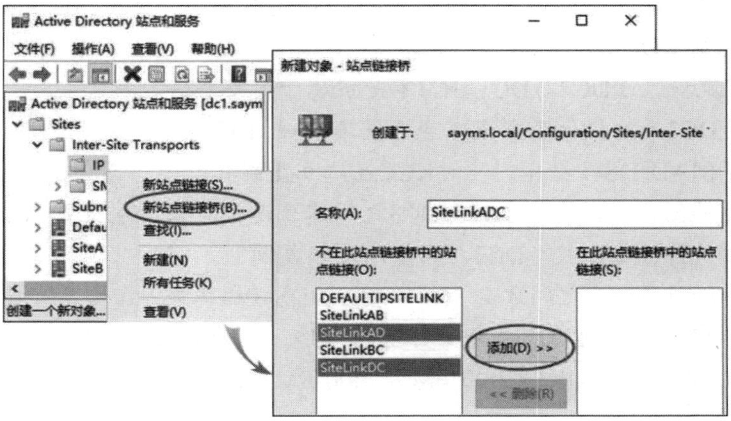

图 9-3-24

9.3.7 站点连接网桥的两个示例讨论

1. 站点连接网桥示例一

图9-3-25中SiteA与SiteB之间、SiteB与SiteC之间分别建立了**站点连接**，并且分别有着不同的复制计划与复制频率，请问DC1与DC3之间何时可以复制AD DS数据库（以下针对**域目录分区**来说明）？

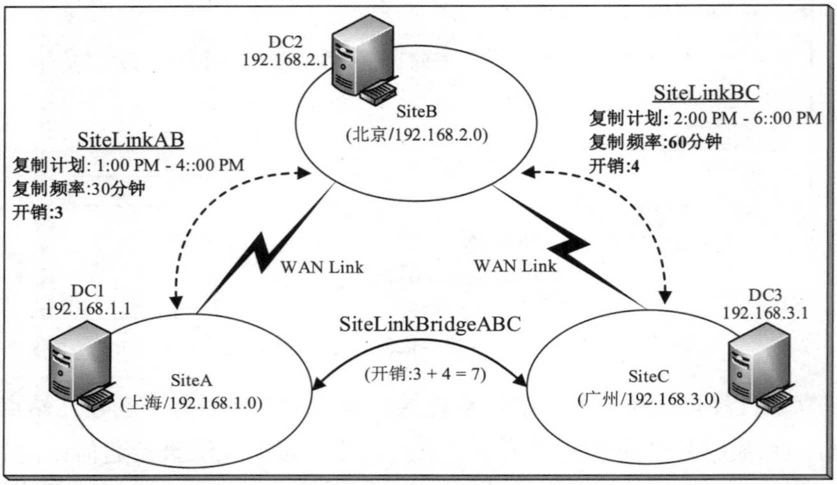

图 9-3-25

- 如果DC2正常工作，并且DC1、DC2与DC3隶属于同一个域。
  图中SiteLinkAB开销为3、SiteLinkBC开销为4，因此SiteLinkBridgeABC开销是3 + 4 = 7，由于此开销高于SiteLinkAB的开销3与SiteLinkBC的开销4，因此KCC在建立**复制拓扑**时，并不会在DC1与DC3之间建立**连接对象**，也就是不会将DC1与DC3设为**直接复制伙伴**，所以DC1与DC3在复制AD DS数据库时必须通过DC2来转送。
  当DC1的AD DS数据发生变化时，它可以在1:00 PM ~ 4:00 PM之间将数据复制给DC2，而DC2在收到数据并存储到其AD DS数据库后，会在2:00 PM ~ 6:00 PM之间将数据复制给DC3。
- 如果DC2脱机，或DC2与DC1/DC3不是隶属于同一个域。
  此时因为DC2无法提供服务或不会存储不同域的AD DS数据，因此DC1与DC3之间必须直接复制AD DS数据库，此时KCC在建立**复制拓扑**时，因为SiteA与SiteC之间有**站点桥接连接器**，所以会在DC1与DC3之间建立**连接对象**，也就是将DC1与DC3设置为**直接复制伙伴**，让DC1与DC3之间可以直接复制。
  但是何时DC1与DC3之间才会直接复制AD DS数据库呢？它们只有在两个**站点连接**的复制计划中有重叠的时段才会进行复制工作，例如SiteLinkAB复制计划是1:00 PM ~ 4:00 PM，而SiteLinkBC是2:00 PM ~ 6:00 PM，因此DC1与DC3之间会复制的时段为2:00 PM ~ 4:00 PM。

另外，DC1与DC3之间的复制间隔时间为两个**站点连接**的最大值，例如SiteLinkAB为30分钟，SiteLinkBC为60分钟，则DC1与DC3为两个站点连接的复制间隔时间为60分钟。

> 在DC2发生故障或脱机（或DC2不是与DC1/DC3同一个域）的情况下，虽然可以通过**站点桥接连接器**让DC1与DC3直接复制AD DS数据库，但是如果两个站点连接的复制时程中没有重叠时段，则DC1与DC3之间还是无法复制AD DS数据库。

2. 站点连接网桥示例二

如果图9-3-26中SiteA与SiteB之间、SiteB与SiteC之间分别建立了站点连接，但是却取消勾选了前面图9-3-23中的**为所有站点链接搭桥**，且并没有自行建立**站点桥接连接器**，则DC1与DC3之间是否可以进行AD DS复制呢（以下针对**域目录分区**来说明）？

- 如果DC2正常运作，且DC1、DC2与DC3隶属于同一个域。
  此时因SiteA与SiteC之间没有**站点桥接连接器**，所以KCC在建立**复制拓扑**时，不会在DC1与DC3之间建立**连接对象**，也就是不会将DC1与DC3设为**直接复制伙伴**，因此DC1与DC3之间只能够通过DC2来转发AD DS数据。

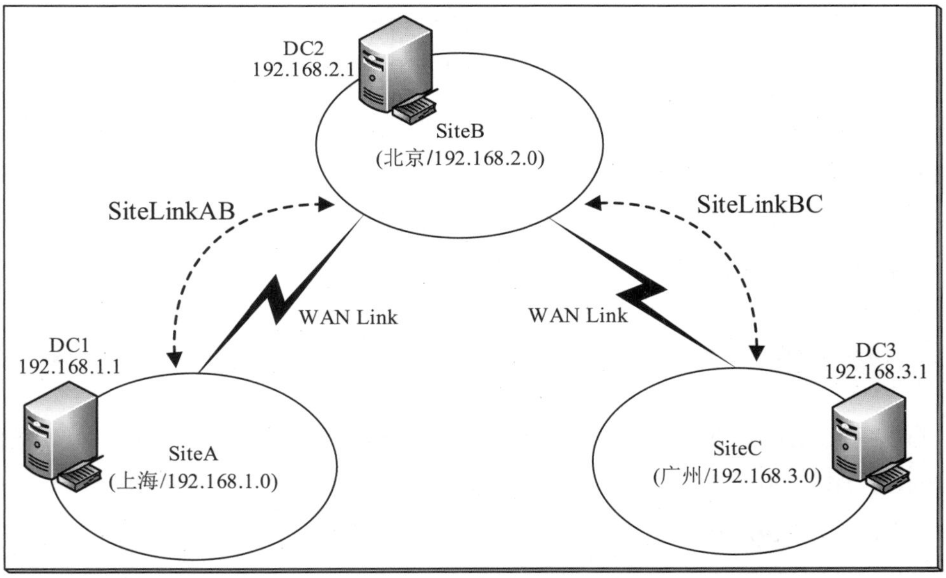

图 9-3-26

- 如果DC2脱机，或DC2与DC1/DC3不是隶属于同一个域。
  此时DC2无法接收与存储DC1与DC3的AD DS数据，因此DC1与DC3必须直接复制AD DS数据，但是因为SiteA与SiteC之间并没有**站点桥接连接器**，因此KCC无法在DC1与DC3之间建立**连接对象**，也就是无法将DC1与DC3设为**直接复制伙伴**，所以DC1与DC3之间将无法复制AD DS数据。

9.4 管理全局编录服务器

全局编录服务器（global catalog server，GC）也是一台域控制器，其中的**全局编录**存储着域林中所有AD DS对象，如图9-4-1所示。

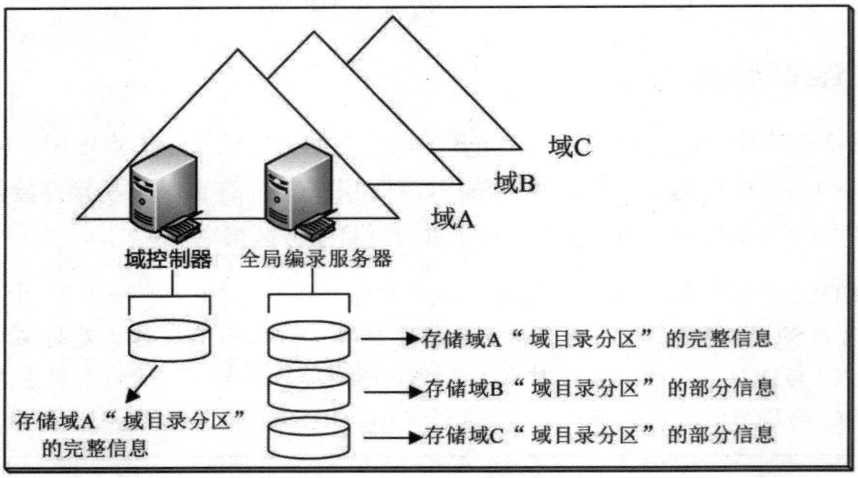

图9-4-1

图中的一般域控制器内只会存储所属域内**域目录分区**的完整数据，但是**全局编录服务器**还会存储林中所有其他域的**域目录分区**的对象的部分属性，让用户可以通过**全局编录**内的这些属性快速地找到位于其他域内的对象。系统默认会将用户查询操作常用的属性加入到**全局编录**内，例如登录账户名、UPN、电话号码等。

9.4.1 在全局编录内添加属性

可以自行利用**Active Directory架构**控制台来将其他属性加入到**全局编录**内，不过需要自行建立**Active Directory架构**控制台：在域控制器上通过【按⊞+R键➲输入**regsvr32 schmmgmt.dll**后单击确定按钮】来注册**schmmgmt.dll**，然后通过【按⊞+R键➲输入**MMC**后单击确定按钮➲单击**文件**菜单➲**添加/删除管理单元**➲选择**Active Directory架构**➲单击添加按钮】。

如果要将其他属性加入到**全局编录**中：【如图9-4-2所示单击左侧的**属性**文件夹➲双击右侧要加入的属性➲如前景图所示勾选**将此属性复制到全局编录**】。

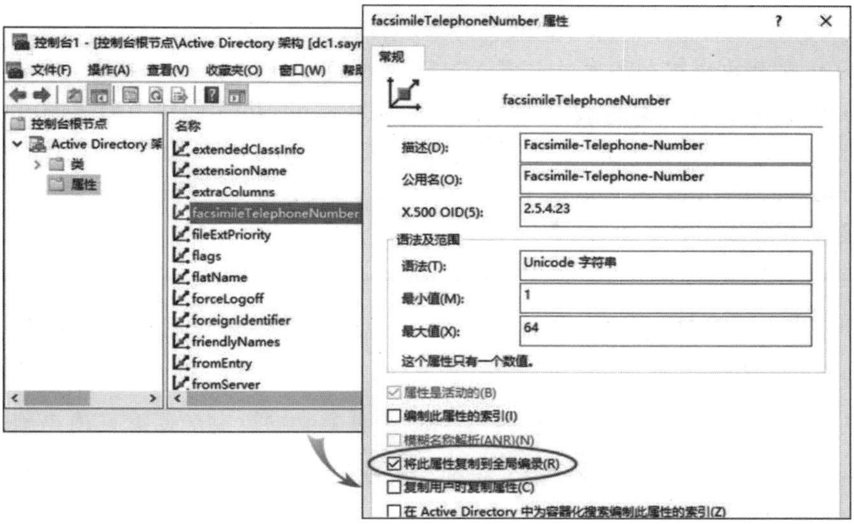

图 9-4-2

9.4.2 全局编录的功能

全局编录主要提供以下的功能：

- **快速查找对象**：由于**全局编录**内存储着域林中所有域的**域目录分区**的对象的部分属性，因此让用户可以利用这些属性快速地找到位于其他域的对象。举例来说，管理员可以使用【打开**服务器管理器**➲单击右上角**工具**➲**Active Directory管理中心**➲如图9-4-3所示单击**全局搜索**➲将**范围**处改为**全局编录搜索**】的方法，来通过**全局编录**快速地查找对象。

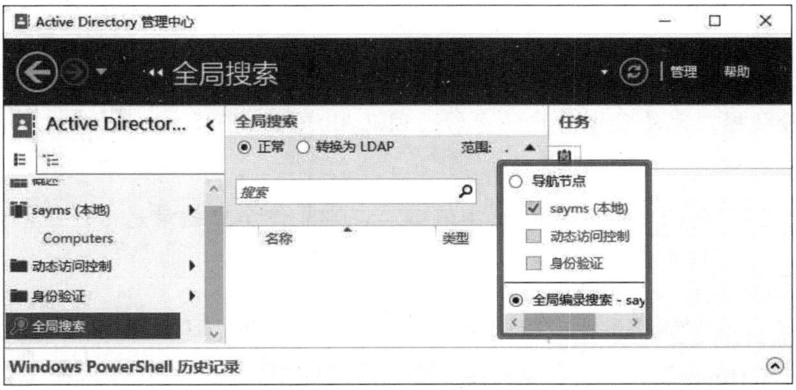

图 9-4-3

> **全局编录**的TCP端口号码为3268，因此如果用户与**全局编录服务器**之间被防火墙隔开，请在防火墙开放此端口。

- **提供UPN（user principal name）的验证功能**：当用户利用UPN登录时，如果负责验证用户身份的域控制器无法从其AD DS数据库来获取该用户隶属于哪一个域，它可以向**全局编录服务器**查询。例如用户到域hk.sayiis.local的成员计算机上利用其UPN george@sayms.local账户登录时，由于域hk.sayiis.local的域控制器无法得知此george@sayms.local账户是位于哪一个域内（见Q&A），因此它会向**全局编录**查询，以便完成验证用户身份的工作。

> **Q** 如果用户的UPN为george@sayms.local，则该用户账户就一定是存储在域sayms.local的AD DS数据库吗?
>
> **A** 不一定！虽然用户账户的UPN后缀默认就是账户所在域的域名，但是后缀可以更改，而且如果用户账户被移动到其他域时，其UPN并不会自动改变，也就是说UPN后缀不一定就是其域名。

- **提供通用组的成员数据**：我们在第8章说过，当用户登录时，系统会为用户建立一个access token，其中包含着用户所隶属组的SID，也就是说用户登录时，系统必须得知该用户隶属于哪一些组，不过因为通用组的成员信息只存储在**全局编录**，因此当用户登录时，负责验证用户身份的域控制器需要向**全局编录服务器**查询该用户所隶属的通用组，以便建立access token，让用户完成登录的过程。

当用户登录时，如果找不到**全局编录服务器**（例如发生故障、脱机），则用户是否可以登录成功呢?

- 如果用户之前曾经在这台计算机成功登录过，则这台计算机仍然能够利用存储在其**缓存区**（cache）内的用户身份数据（credentials）来验证用户的身份，因此还是可以登录成功。
- 如果用户之前未曾在这台计算机登录过，则这台计算机的**缓存区**内就不会有该用户的身份数据，无法验证用户的身份，因此用户无法登录。

> 如果用户是隶属于Domain Admins组的成员，则无论**全局编录**是否在线，他都可以登录。

如果要将某台域控制器设置或取消**全局编录服务器**角色：【如图9-4-4所示单击该域控制器➲单击**NTDS Settings**➲单击上方**属性**图标➲勾选或取消勾选前景图中的**全局编录**】。

图 9-4-4

9.4.3　通用组成员缓存

虽然每个站点内应该都要有**全局编录服务器**，但是对一个小型站点来说，由于受到硬件配备有限、经费短缺、带宽不足等因素的影响，因此可能不想在此站点搭建一台**全局编录服务器**。此时可以通过**通用组成员缓存**来解决问题。

如图9-4-5中的SiteB启用了**通用组成员缓存**，当用户登录时，SiteB内的域控制器会向SiteA的**全局编录服务器**查询用户是隶属于哪一些通用组，该域控制器得到这些数据后，就会将这些数据存储到其缓存区内，以后当这个用户再次登录时，这台域控制器就可以直接从缓存区内得知该用户是隶属于哪一些通用组，不需要再向**全局编录**查询。此功能拥有以下的好处：

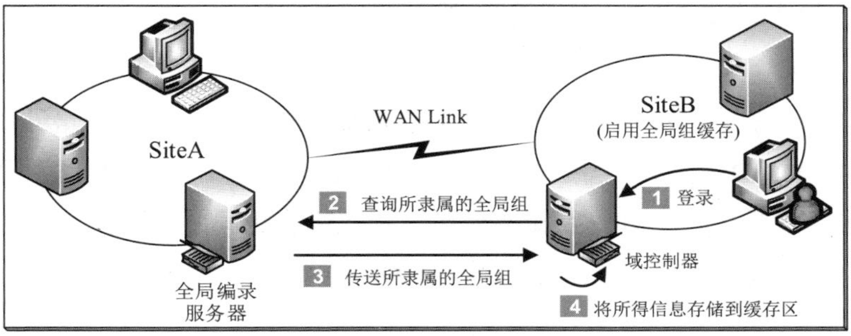

图 9-4-5

- 提高用户登录的速度，因为域控制器不需要再向位于远程另一个站点的**全局编录**查询。
- 现有域控制器的硬件不需要升级。由于**全局编录**的负担比较重，因此需要比较好的硬件设备，然而站点启用**通用组成员缓存**后，该站点内的域控制器就可以不需要将硬件升级。

- 减轻对网络带宽的负载，因为不需要与其他站点的**全局编录**来复制域林中所有域内的所有对象。

启用**通用组成员缓存**的方法为：【如图9-4-6所示选择站点（例如SiteB）➲选中右边的**NTDS Settings**并右击➲**属性**➲勾选**启用通用组成员身份缓存**】。

> 域控制器默认会每隔8小时更新一次缓存区，也就是每隔8小时向**全局编录服务器**索取一次最新的信息，而它是从哪一个站点的**全局编录服务器**来更新缓存数据呢？这可从图中最下方的**启用通用组成员身份缓存**（Refresh Cache from）来选择。

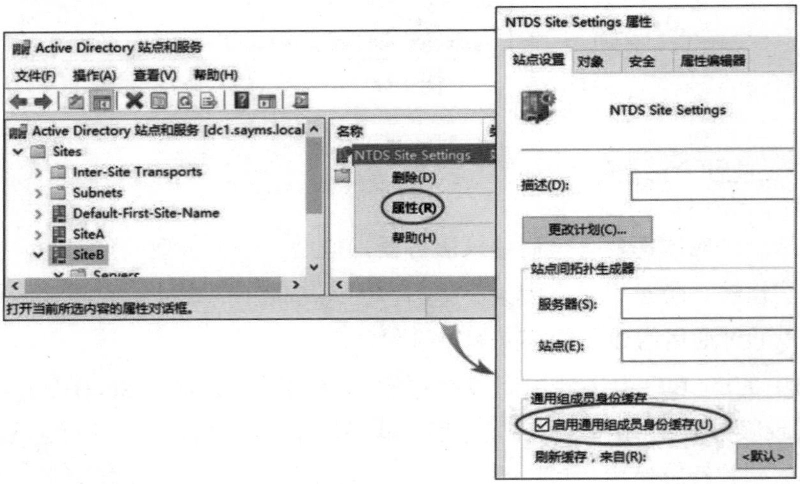

图9-4-6

9.5 解决AD DS复制冲突的问题

AD DS数据库内的大部分数据是利用**多主机复制模式**来复制的，因此可以直接更新任何一台域控制器内的AD DS对象，之后这个更新对象会被自动复制到其他域控制器。

不过，如果两位管理员同时分别在两台域控制器建立相同的对象，或是修改相同对象，则之后双方开始相互复制这些对象时，就会发生冲突，此时系统该如何来解决这个问题呢？

9.5.1 属性标记

AD DS使用**标记**（stamp）作为解决冲突的依据。当修改了AD DS某个对象的属性数据（例如修改用户的地址）后，这个属性的标记数据就会改变。这个标记是由三个数据所组成的：

版本号	修改时间	域控制器的 GUID

- **版本号（version number）**：每一次修改对象的属性时，属性的版本号都会增加。起始值是1。
- **修改时间（timestamp）**：对象属性被修改的原始时间。
- **域控制器的GUID**：发生对象修改行为的原始域控制器的GUID。

AD DS在解决冲突时，是以标记值最高的优先，换句话说，版本号较高的优先；若版本号相同，则以修改时间较后的优先；若修改时间还是相同，再比较原始域控制器的GUID，GUID数值较高者优先。

9.5.2　冲突的种类

AD DS对象共有以下三种不同种类的冲突情况，其解决冲突的方法也不同：

- 属性值相冲突。
- 在某容器内新建对象或将对象移动到此容器内，但是这个容器已经在另一台域控制器内被删除。
- 名称相同。

1. 属性冲突的解决方法

如果属性值发生冲突，则以标记值最高的优先。举例来说，假设用户**王乔治**的**显示名称**属性的版本号码目前为1，而此时有两位管理员分别在两台域控制器上修改了**王乔治**的**显示名称**（见图9-5-1），则在这两台域控制器内，**显示名称**属性的版本号码都会变为2。因为版本号码相同，因此此时需要以**修改时间**来决定以哪个管理员所修改的数据优先，也就是以修改时间较晚的优先。

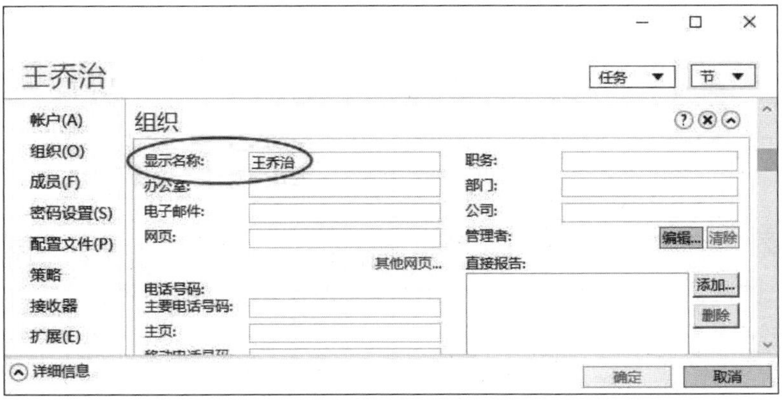

图 9-5-1

可以利用以下的**repadmin**程序来查看版本号码（参考图9-5-2）：

```
repadmin  /showmeta  CN=王乔治,OU=业务部,DC=sayms,DC=local
```

图 9-5-2

> **Repadmin.exe**还可以用来查看域控制器的**复制拓扑**、建立**连接对象**、手动执行复制、查看复制信息、查看域控制器的GUID等。

2. 对象存放容器被删除的解决方法

例如某位管理员在第一台域控制器上将图9-5-3中的组织单位**会计部**删除，但是同时在第二台域控制器上却有另一位管理员在组织单位**会计部**内新建一个用户账户**高丽黛**。请问两台域控制器之间开始复制AD DS数据库时，会发生什么情况呢？

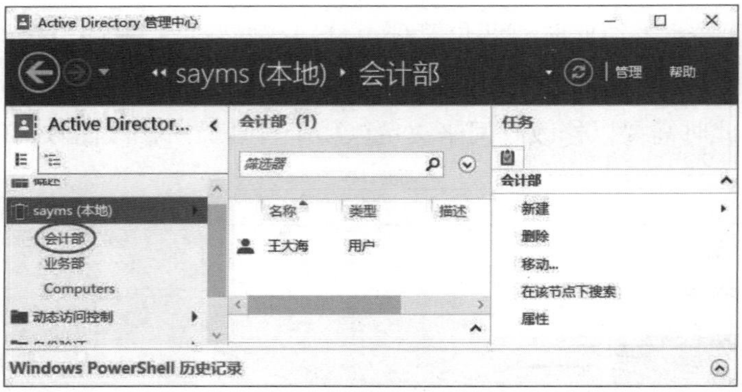

图 9-5-3

此时所有域控制器内的组织单位**会计部**都会被删除，但是用户账户**高丽黛**会被放置到LostAndFound文件夹内，如图9-5-4所示。这种冲突现象并不会使用到标记来解决问题。

图 9-5-4

如果要练习验证上述理论，请先让两台域控制器之间网络无法通信、然后分别在两台域控制器上操作、再让两台域控制器之间恢复正常通信、手动复制AD DS数据库。不过请先执行以下步骤，否则无法删除组织单位**会计部**：【打开**Active Directory管理中心**➲选中组织单位**会计部**并右击➲**属性**➲如图9-5-5所示单击**组织单位**➲取消勾选**防止意外删除**】。

图 9-5-5

3. 名称相同

如果对象的名称相同，则两个对象都会被保留，此时标记值较高的对象名会维持原来的名称，而标记值较低的对象名会被改变为：

对象的RDN* CNF：*对象的GUID

例如在两台域控制器上同时新建一个名称相同的用户**赵日光**，但是分别有不同的属性设置，则在两台域控制器之间进行AD DS数据库复制后，其结果如图9-5-6所示两个账户都被保留，但其中一个的全名会被改名。

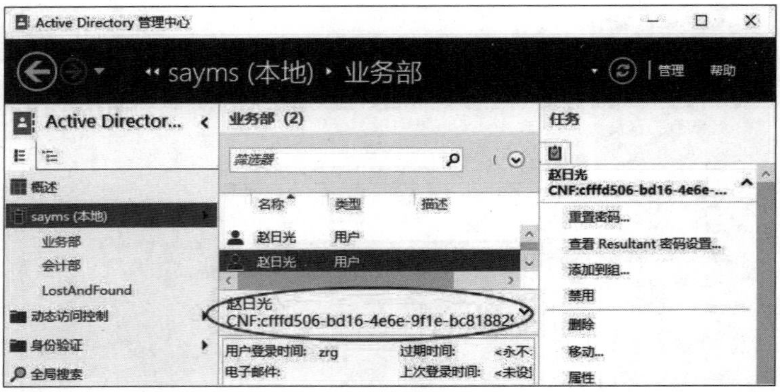
Active Directory 管理中心
sayms (本地) ▸ 业务部
管理
帮助
Active Director...
概述
sayms (本地)
业务部
会计部
LostAndFound
动态访问控制
身份验证
全局搜索
业务部 (2)
筛选器
名称
类型
描述
赵日光
用户
赵日光
用户
赵日光
CNF:cfffd506-bd16-4e6e-9f1e-bc81882
用户登录时间: zrg
电子邮件:
过期时间:
上次登录时间:
任务
赵日光
CNF:cfffd506-bd16-4e6e-...
重置密码...
查看 Resultant 密码设置...
添加到组...
禁用
删除
移动...
属性

图 9-5-6

10

第 10 章　操作主机的管理

在AD DS内有一些数据的维护与管理是由**操作主机**（operations master）来负责的，身为管理员必须彻底了解它们，以便能够充分掌控与维持域的正常运行。

- 操作主机概述
- 操作主机的放置优化
- 查找扮演操作主机角色的域控制器
- 转移操作主机角色
- 夺取操作主机角色

10.1 操作主机概述

AD DS数据库内绝大部分数据的复制采用**多主机复制模式**（multi-master replication model），即可以直接更新任何一台域控制器内绝大部分的AD DS对象，之后这个对象会被自动复制到其他域控制器。

然而有一部分数据的复制是采用**单主机复制模式**（single-master replication model）。在此模式下，当提出变更对象的请求时，只会由其中一台被称为**操作主机**的域控制器负责接收与处理此请求，也就是说该对象是先被更新在这台操作主机内，再由它将其复制到其他域控制器。

Active Directory域服务（AD DS）内总共有5个操作主机角色：

- 架构操作主机（schema operations master）。
- 域命名操作主机（domain naming operations master）。
- RID操作主机（relative identifier operations master）。
- PDC仿真器操作主机（PDC emulator operations master）。
- 基础结构操作主机（infrastructure operations master）。

一个域林中只有一台**架构操作主机**与一台**域命名操作主机**，这两个林级别的角色默认都是由林根域内的第一台域控制器所扮演的。而每个域拥有自己的**RID操作主机、PDC模拟器操作主机**与**基础结构操作主机**，这三个域级别的角色默认是由该域内的第一台域控制器所扮演。

1. 操作主机角色（operations master roles）也被称为flexible single master operations（FSMO）roles。
2. 只读域控制器（RODC）无法扮演操作主机的角色。

10.1.1 架构操作主机

扮演**架构操作主机**角色的域控制器，负责更新与修改**架构**（schema）内的对象种类与属性数据。隶属于Schema Admins组内的用户才有权限修改**架构**。一个林中仅可以有一台**架构操作主机**。

10.1.2 域命名操作主机

扮演**域命名操作主机**角色的域控制器，负责林内**域目录分区**的新建与删除，也就是负责林内的域添加与删除工作。它也负责**应用程序目录分区**的添加与删除。一个林中只可以有一台**域命名操作主机**。

10.1.3 RID操作主机

每一个域内只能有一台域控制器来扮演**RID操作主机**角色，而其主要的工作是发放RID（relative ID）给其域内的所有域控制器。RID有何用途呢？当域控制器内新建了一个用户、组或计算机等对象时，域控制器需分配一个唯一的安全标识符（SID）给这个对象，此对象的SID是由域SID与RID所组成的，也就是说“**对象SID = 域SID + RID**”，而RID并不是由每一台域控制器自己产生的，它是由**RID操作主机**来统一发放给其域内的所有域控制器的。每一台域控制器需要RID时，它会向**RID操作主机**索取一些RID，这些RID用完后再向**RID操作主机**索取。

由于是由**RID操作主机**统一发放RID，因此不会有RID重复的情况发生，也就是每一台域控制器所获得的RID都是唯一的，因此对象的SID也是唯一的。如果是由每一台域控制器各自产生RID，则可能不同的域控制器会产生相同的RID，因而会有对象SID重复的情况发生。

10.1.4 PDC模拟器操作主机

每个域内只能有一台域控制器来扮演**PDC模拟器操作主机**角色，而它所负责的工作有：

- **减少因为密码复制延迟所造成的问题**：当用户更改密码后，需要一点时间让这个密码被复制到其他所有的域控制器，如果在这个密码还没有被复制到其他所有域控制器之前，用户利用新密码登录，则可能会因为负责检查用户密码的域控制器内还没有用户的新密码数据，从而无法登录成功。

  AD DS采用以下方法来减少这个问题发生的概率：当用户的密码更改后，这个密码会优先被复制到**PDC模拟器操作主机**，而其他域控制器仍然是依照常规复制程序，也就是需要等一段时间后才会收到这个最新的密码。如果用户登录时，负责验证用户身份的域控制器发现密码不对时，它会将验证身份的工作转发给拥有新密码的**PDC模拟器操作主机**，以便让用户可以登录成功。
- **负责整个域时间的同步**：**PDC模拟器操作主机**负责整个域内所有计算机时间的同步工作。AD DS的时间同步程序请参考图10-1-1：

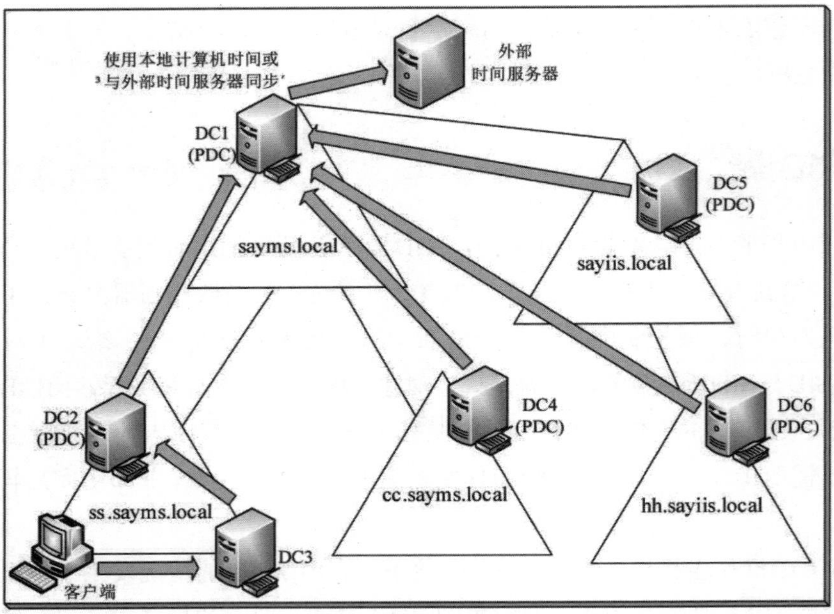

图 10-1-1

- 图中林根域sayms.local的**PDC模拟器操作主机**DC1默认是使用本地计算机时间，但也可以将其设置为与外部的时间服务器同步。
- 所有其他域的**PDC模拟器操作主机**的计算机时间会自动与林根域sayms.local内的**PDC模拟器操作主机**同步，例如图中的DC2、DC4、DC5、DC6会与DC1同步。
- 各域内的其他域控制器都会自动与该域的**PDC模拟器操作主机**时间同步，例如DC3会与DC2同步。
- 域内的成员计算机会与验证其身份的域控制器同步，例如图中sh.sayms.local内客户端计算机会与DC3同步。

由于林根域sayms.local内**PDC模拟器操作主机**的计算机时间会影响到林内所有计算机的时间，因此请确保这台**PDC模拟器操作主机**的时间正确性。

我们可以利用**w32tm /query /Source**命令来查看时间同步的设置，例如林根域sayms.local的**PDC仿真器操作主机**DC1默认是使用本地计算机时间，如图10-1-2所示的Local CMOS Clock（如果是Hyper-V虚拟机，则会显示VM IC Time Synchronization Provider，除非取消虚拟机的**集成服务**中的**时间同步**）。

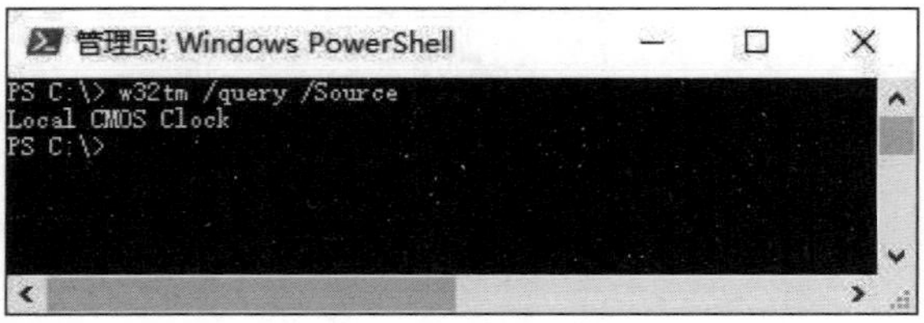

图 10-1-2

如果要将其改为与外部时间服务器同步，可执行以下命令（参考图10-1-3）：

```
w32tm /config /manualpeerlist:"time.windows.com time.nist.gov time-nw.nist.gov" /syncfromflags:manual /reliable:yes /update
```

此命令被设置为可与3台时间服务器（time.windows.com、time.nist.gov与time-nw.nist.gov）同步，服务器的DNS主机名之间使用空格来隔开，同时利用""符号将这些服务器框起来。

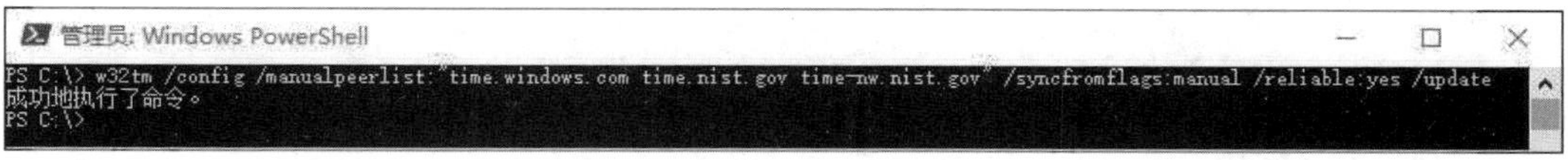
管理员: Windows PowerShell
PS C:\> w32tm /config /manualpeerlist:"time.windows.com time.nist.gov time-nw.nist.gov" /syncfromflags:manual /reliable:yes /update
成功地执行了命令。
PS C:\>

图 10-1-3

客户端计算机也可以通过**w32tm /query /configuration**命令来查看时间同步的设置，而我们可以从此命令的结果（参考图10-1-4）的**Type**字段来判断此客户端计算机时间的同步方式：

> 未加入域的客户端计算机可能需要先启动**Windows Time**服务，再来执行上述程序，而且必须以管理员的身份来执行此程序。

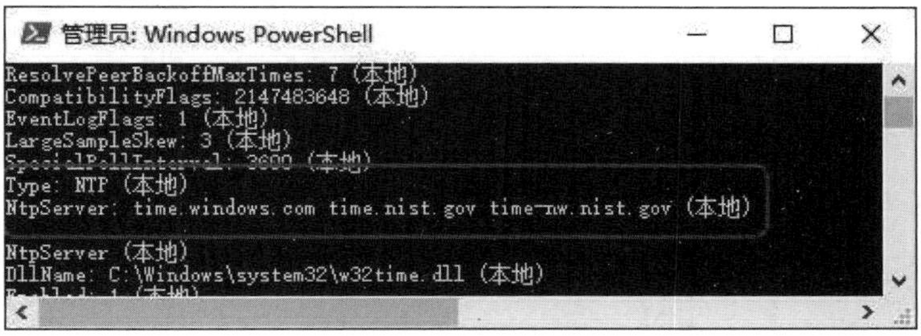
管理员: Windows PowerShell
ResolvePeerBackoffMaxTimes: 7 (本地)
CompatibilityFlags: 2147483648 (本地)
EventLogFlags: 1 (本地)
LargeSampleSkew: 3 (本地)
Type: NTP (本地)
NtpServer: time.windows.com time.nist.gov time-nw.nist.gov (本地)
NtpServer (本地)
DllName: C:\Windows\system32\w32time.dll (本地)

图 10-1-4

- NoSync：表示客户端不会同步时间。
- NTP：表示客户端会从外部的时间服务器来同步，而所同步的服务器会显示在图中**NtpServer**字段，例如图中的**time.windows.com**。
- NT5DS：表示客户端是通过前面图10-1-1的域架构方式来同步时间。
- AllSync：表示客户端会选择所有可用的同步机制，包含外部时间服务器与域架构方式。

如果客户端计算机是通过图10-1-1域架构方式来同步时间，则执行**w32tm /query /configuration**命令后的**Type**字段为如图10-1-5所示NT5DS。也可以通过如图10-1-6所示的**w32tm /query /source**命令来得知其目前同步的时间服务器，例如图中的dc1.sayms.local，它就是前面图10-1-1中域sayms.local的PDC。

时间同步所使用的通信协议为SNTP（Simple Network Time Protocol），其端口号码为UDP 123。

图 10-1-5

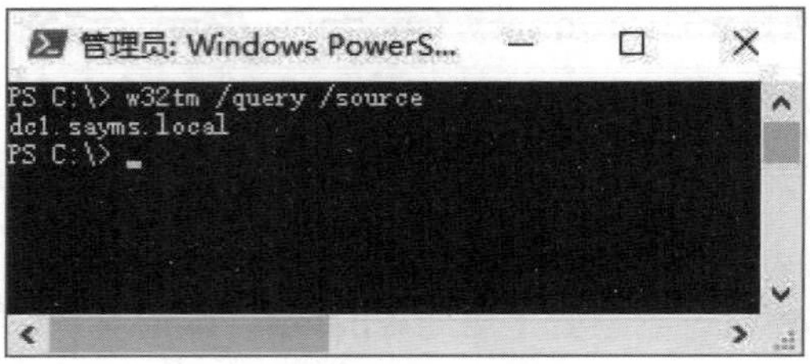

图 10-1-6

未加入域的计算机，其时间默认会自动与时间服务器 **time.windows.com**同步，如果要查看此设置，以Windows 10计算机为例，可以在此计算机上：【单击左下角**开始**图标⊞➲单击**设置**图标⚙➲**时间和语言**➲如图10-1-7所示】，也可通过图中立即同步按钮来立即同步时间。域成员计算机或未加入域的计算机都可以利用**w32tm /resync**命令来手动同步。

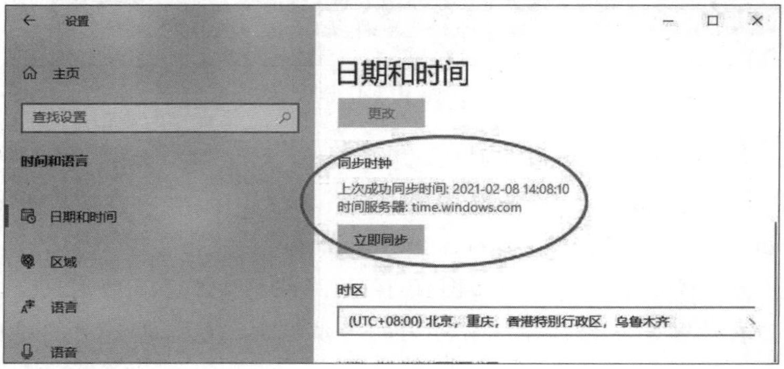

图 10-1-7

如果要更改设置：【按⊞+R键➲输入control后按Enter键➲单击**时钟和区域**➲单击**时间和日期**➲单击**Internet**时间选项卡➲单击更改设置按钮】。

10.1.5 基础结构操作主机

每个域内只能有一台域控制器来扮演**基础结构操作主机**的角色。如果域内有对象关联到其他域的对象时，**基础结构操作主机**会负责更新这些关联对象的数据，例如本域内有一个组的成员包含另一个域的用户账户，当这个用户账户发生变化时，**基础结构操作主机**就会负责更新这个组的成员信息，并将其复制到同一个域内其他域控制器。**基础结构操作主机**是通过**全局编录服务器**来得到这些参考数据的最新版本。

10.2 操作主机的放置优化

为了提高运行效率、减轻系统管理的负担与减少问题发生的概率，因此如何适当的放置操作主机便成为不可忽视的课题。

10.2.1 基础结构操作主机的放置

请不要将基础结构操作主机放置到全局编录服务器上（否则基础结构操作主机无法运行），除非是以下情况：

- **所有的域控制器都是“全局编录服务器”**：由于**全局编录服务器**会收到由每个域所复制来的最新变更数据，因此不需要**基础结构操作主机**来提供其他域的信息。
- **只有一个域**：如果整个林中只有一个域，则**基础结构操作主机**就没有作用了，因为没有其他域的对象可供参考。

为了便于管理，建议将域级别的**RID操作主机**、**PDC模拟器操作主机**与**基础结构操作主机**都放置到同一台域控制器上。

10.2.2 PDC模拟器操作主机的放置

PDC模拟器操作主机需要与网络上其他系统通信，它的负担比其他操作主机重，因此这台计算机的设备性能应该最好、最稳定，以确保能够应付较重的负担与提供较高的可用性。

如果要降低**PDC模拟器操作主机**负载，可以在DNS服务器内调整它的**权重**（weight）。当客户端需要查找域控制器来验证用户身份时，客户端会向DNS服务器查询域控制器，而DNS服务器会将客户端中继（refer to）到指定的域控制器，由这台域控制器来负责验证用户身份，由于所有域控制器默认的**权重**值相同（100），因此每一台域控制器被中继的机率是相同的。如果将**PDC模拟器操作主机**的**权重**值降低，例如降为一半（50），则客户端被中继到这台**PDC模拟器操作主机**的概率就会降低一半，如此就可以降低它的负载。

假设**PDC模拟器操作主机**为dc1.sayms.local，如果要降低其**权重**值：【打开**DNS管理**控制台➲如图10-2-1所示展开到区域sayms.local之下的_tcp文件夹➲双击右侧的dc1.sayms.local➲修改图10-2-2中的**权重**值】。

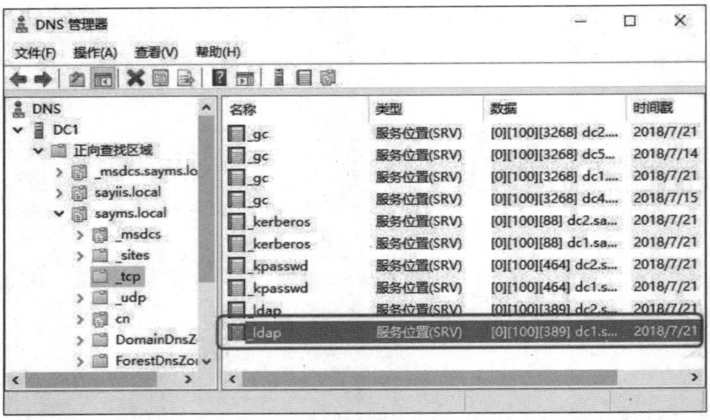

图 10-2-1

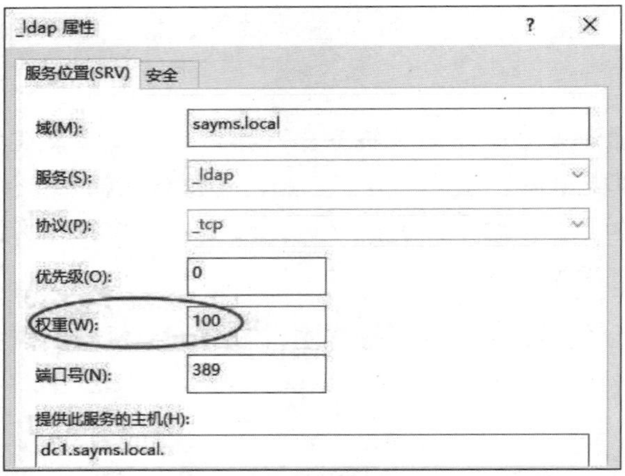

图 10-2-2

10.2.3 林级别操作主机的放置

林中第一台域控制器会自动扮演林级别的**架构操作主机**与**域命名操作主机**的角色，它同时也是**全局编录服务器**。这两个角色并不会对域控制器造成太大负担，它们也与**全局编录**兼容，而且即使将这两个角色移动到其他域控制器也不会提高性能，因此为了便于管理与执行备份、还原工作，故建议将这两个角色继续保留由这台域控制器来扮演。

10.2.4 域级别操作主机的放置

每个域内的第一台域控制器会自动扮演域级别的操作主机，而以林根域中的第一台域控制器为例，它同时扮演2个林级别与3个域级别的操作主机，同时也是**全局编录服务器**。除非所有域控制器都是**全局编录服务器**或林中只有一个域，否则请将**基础结构操作主机**的角色移动到其他域控制器。为了便于管理，请将**RID操作主机**与**PDC模拟器操作主机**也一并移动到这台域控制器。

除了林根域之外，其他域请将三台域等级操作主机保留由第一台域控制器来扮演，但不要将这台域控制器设置为**全局编录服务器**，除非所有域控制器都是**全局编录服务器**或林中只有一个域。除非工作负担太重，否则尽量将这三个操作主机交由同一台域控制器来扮演，以减轻管理负担。

10.3 找出扮演操作主机角色的域控制器

在建立AD DS域时，系统会自动选择域控制器来扮演操作主机，我们将在本节介绍如何找出扮演操作主机的域控制器。

10.3.1 利用管理控制台找出扮演操作主机的域控制器

不同的操作主机角色可以利用不同的Active Directory管理控制台来检查，如表10-3-1所示。

表10-3-1

角色	管理控制台
架构操作主机	Active Directory架构
域命名操作主机	Active Directory域和信任关系
RID操作主机	Active Directory用户和计算机
PDC模拟器操作主机	Active Directory用户和计算机
基础结构操作主机	Active Directory用户和计算机

1. 找出架构操作主机

我们可以利用**Active Directory架构**控制台来找出目前扮演**架构操作主机**角色的域控制器。

STEP 1　请到域控制器上登录、注册schmmgmt.dll，才能使用Active Directory架构控制台。如果尚未注册schmmgmt.dll，请先执行以下命令：

```
regsvr32  schmmgmt.dll
```

并在出现注册成功对话框后，再继续以下的步骤。

STEP 2　按⊞+R键➲输入**MMC**后单击确定按钮➲选择**文件**菜单➲**添加/删除管理单元**➲在图10-3-1中选择**Active Directory架构**➲单击添加按钮➲单击确定按钮。

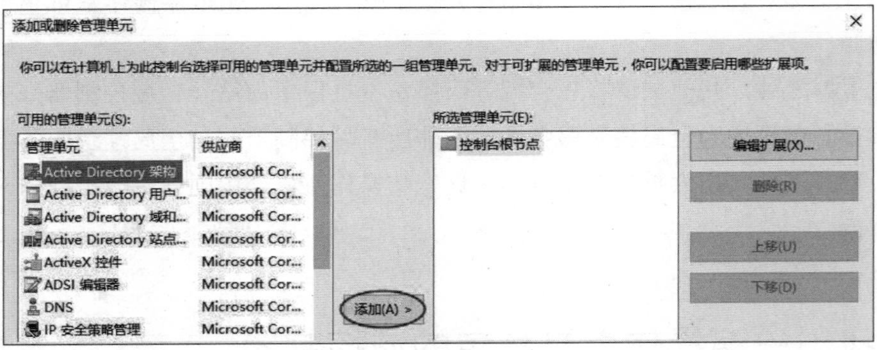

图 10-3-1

STEP 3　如图10-3-2所示选中【**Active Directory架构**】并右击【**操作主机**】。

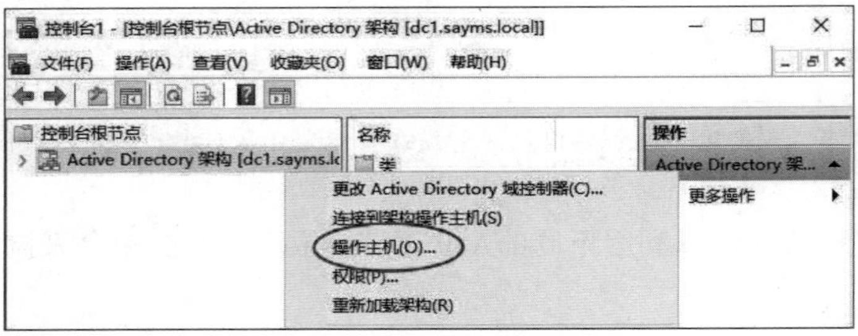

图 10-3-2

STEP 4　从图10-3-3可知当前**架构主机**为dc1.sayms.local。

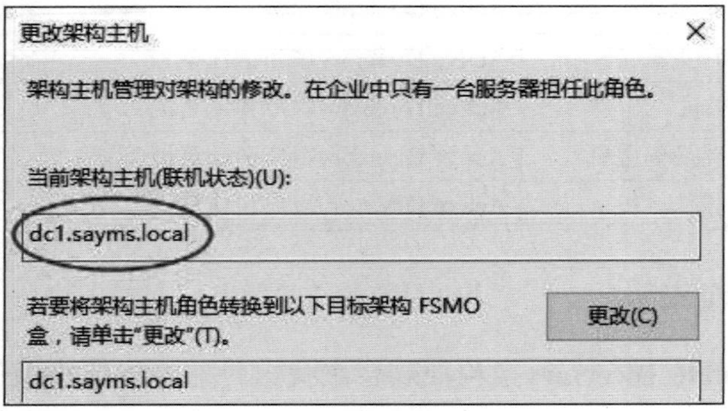

图 10-3-3

2. 找出域命名操作主机

找出当前扮演**域命名操作主机**角色的域控制器的方法为：【打开**服务器管理器**➲单击右上角**工具**➲ **Active Directory域和信任关系**➲如图10-3-4所示选中**Active Directory域和信任关系**并右击➲**操作主机**➲从前景图可知**域命名操作主机**为dc1.sayms.local】。

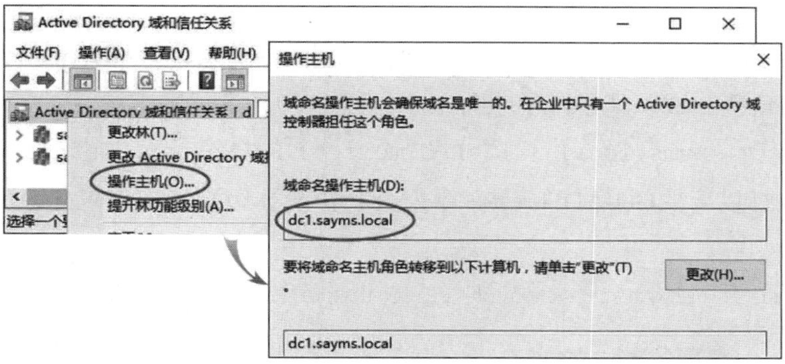

图 10-3-4

3. 找出 RID、PDC 模拟器与基础结构操作主机

找出目前扮演这3个操作主机角色的域控制器的方法为：【打开**服务器管理器**➲单击右上角**工具**➲ **Active Directory用户和计算机**➲如图10-3-5所示选中域名（sayms.local）并右击➲操作主机➲从前景图可知**RID操作主机**为dc1.sayms.local】，还可以从图中的**PDC**与**基础结构**选项卡来得知扮演这两个角色的域控制器。

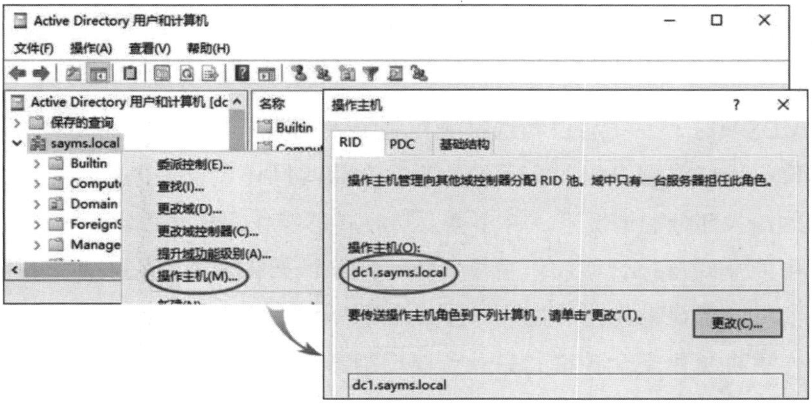

图 10-3-5

10.3.2 利用命令找出扮演操作主机的域控制器

可以打开**Windows PowerShell**窗口，然后通过执行**netdom query fsmo**命令来查看扮演操作主机角色的域控制器，如图10-3-6所示。

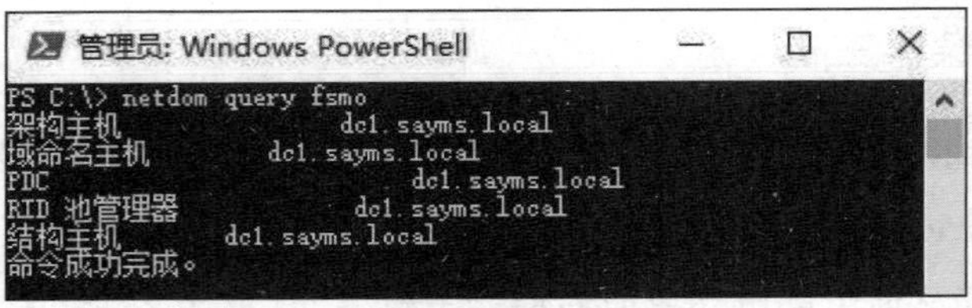

图 10-3-6

也可以在**Windows PowerShell**窗口内，通过执行以下的Get-ADDomain命令来查看扮演域级别操作主机角色的域控制器（参考图10-3-7）。

```
Get-ADDomain sayms.local | FT PDCEmulator,RIDMaster, InfrastructureMaster
```

或是通过执行以下的Get-ADForest命令来查看扮演林级别操作主机角色的域控制器（参考图10-3-7）。

```
Get-ADForest sayms.local | FT SchemaMaster,DomainNamingMaster
```

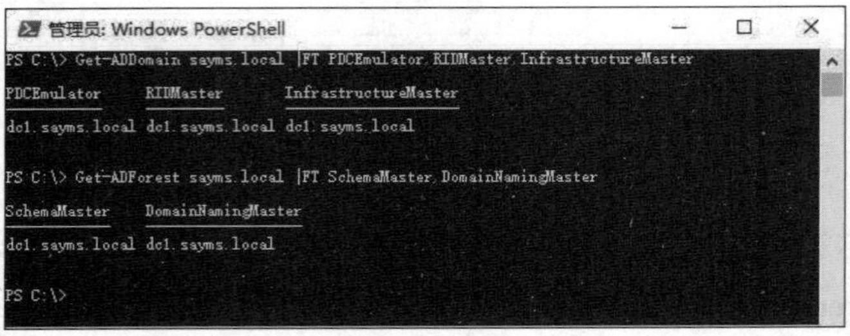

图 10-3-7

10.4　转移操作主机角色

在建立AD DS域时，系统会自动选择域控制器来扮演操作主机，而要将扮演操作主机角色的域控制器降级为成员服务器时，系统也会自动将其操作主机角色转移到另外一台适当的域控制器，因此在大部分的情况下，并不需要自行转移操作主机角色。

不过有时可能需要自行转移操作主机角色，例如域架构变更或原来扮演操作主机角色的域控制器负载太重，想要将其转移到另一台域控制器，以便降低原操作主机的负载。

请在将操作主机角色安全转移到另一台域控制器之前，先确定两台域控制器都已经连上网络、可以相互通信，同时必须是隶属于表10-4-1中的组或被委派权限，才有权执行转移的操作。

表10-4-1

角色	有权限的组
架构操作主机	Schema Admins
域命名操作主机	Enterprise Admins

（续表）

角色	有权限的组
RID操作主机	Domain Admins
PDC模拟器操作主机	Domain Admins
基础结构操作主机	Domain Admins

在执行安全转移动操作之前，请注意以下事项：

- 转移角色的过程中并不会丢失数据。
- 可以将林级别的**架构操作主机**与**域命名操作主机**转移到同一个林中的任何一台域控制器。
- 可以将域级别的**RID操作主机**与**PDC模拟器操作主机**转移到同一个域中的任何一台域控制器。
- 不要将**基础结构操作主机**转移到兼具**全局编录服务器**的域控制器，除非所有域控制器都是**全局编录服务器**或林中只有一个域。

10.4.1 利用管理控制台

任何一种操作主机的转移步骤都类似，以下以转移**PDC仿真器操作主机**为例来说明，并且假设要将**PDC模拟器操作主机**由dc1.sayms.local转移到dc2.sayms.local。

STEP 1 打开**服务器管理器**➲单击右上角**工具**➲**Active Directory**用户和计算机。

> 转移PDC模拟器操作主机、RID操作主机与基础结构操作主机都是使用Active Directory用户和计算机控制台、转移架构操作主机是使用Active Directory架构控制台、转移域命名操作主机是使用 Active Directory域和信任关系控制台。

STEP 2 如果当前所连接的域控制器就是即将扮演操作主机的dc2.sayms.local（见图10-4-1），则请跳到STEP 5，否则继续以下的步骤。

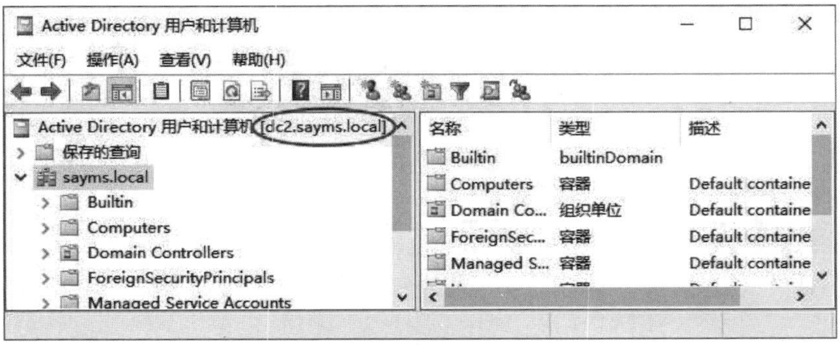

图 10-4-1

STEP 3　如图10-4-2所示选中【**Active Directory用户和计算机**】并右击【**更改域控制器**】（目前所连接到的域控制器为dc1.sayms.local）。

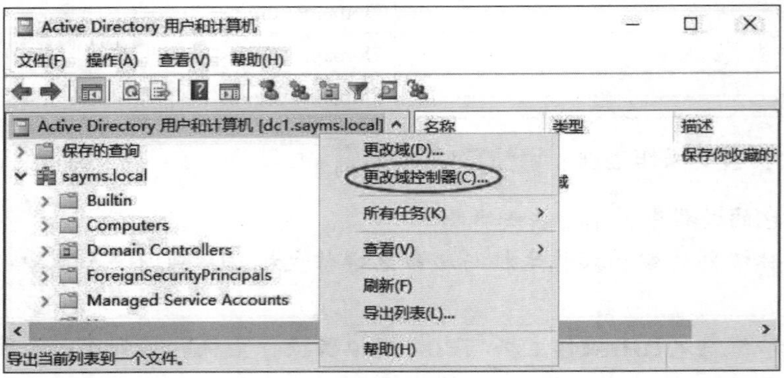

图 10-4-2

STEP 4　在图10-4-3中选择即将扮演操作主机角色的域控制器dc2.sayms.local后单击确定按钮。

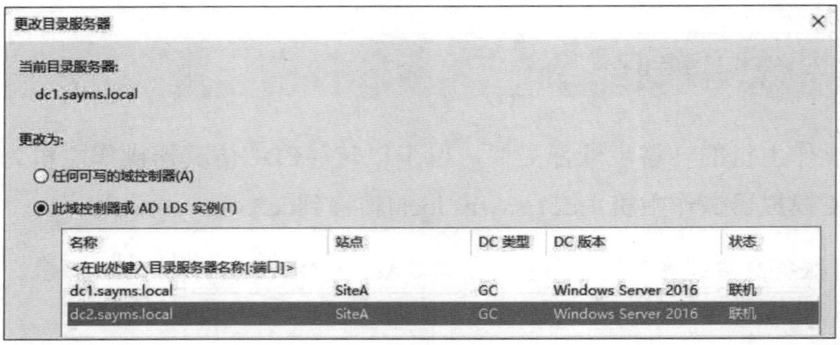

图 10-4-3

STEP 5　如图10-4-4所示【选中域名sayms.local并右击➲**操作主机**】。

图 10-4-4

STEP 6　如图10-4-5所示【单击**PDC**选项卡➲确认目前所连接的域控制器是dc2.sayms.local➲单击更改按钮➲单击是（Y）按钮➲单击确定按钮】。

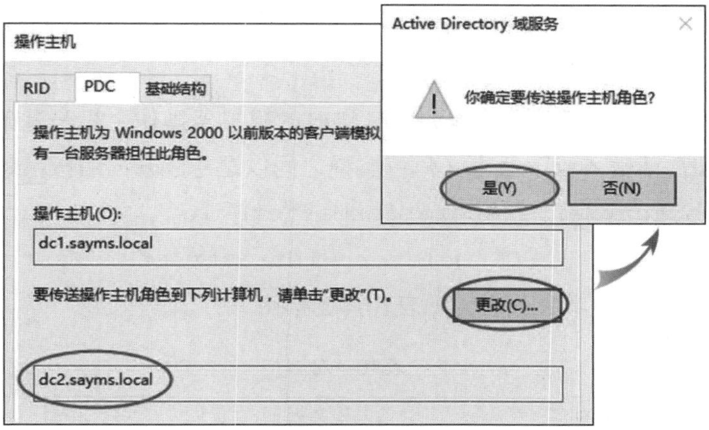
操作主机
RID
PDC
基础结构
操作主机为 Windows 2000 以前版本的客户端模拟
有一台服务器担任此角色。
操作主机(O):
dc1.sayms.local
要传送操作主机角色到下列计算机，请单击"更改"(T)。
更改(C)...
dc2.sayms.local
Active Directory 域服务
你确定要传送操作主机角色?
是(Y)
否(N)

图 10-4-5

STEP 7 从图10-4-6中可以确定已成功将操作主机转移到dc2.sayms.local。

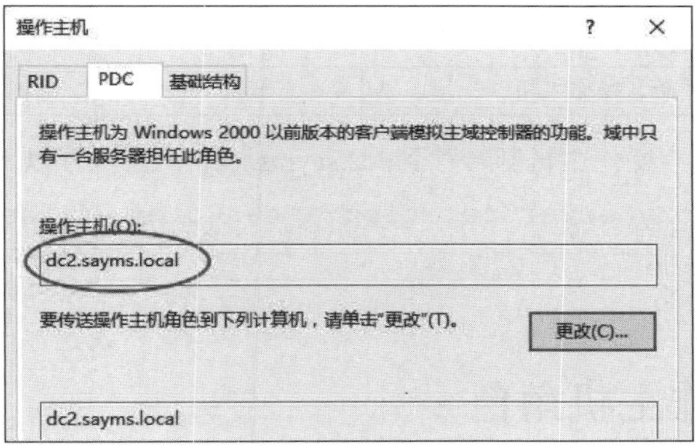
操作主机
RID
PDC
基础结构
操作主机为 Windows 2000 以前版本的客户端模拟主域控制器的功能。域中只有一台服务器担任此角色。
操作主机(O):
dc2.sayms.local
要传送操作主机角色到下列计算机，请单击"更改"(T)。
更改(C)...
dc2.sayms.local

图 10-4-6

10.4.2 利用Windows PowerShell命令

单击左下角**开始**图标⊞➲Windows PowerShell，然后通过执行命令**Move-ADDirectoryServerOperationMasterRole**来转移操作主机角色。例如要将**PDC模拟器操作主机**转移到dc2.sayms.local，请执行以下命令后按Y键或A键（参考图10-4-7）：

```
Move-ADDirectoryServerOperationMasterRole-Identity "DC2" -OperationMasterRole PDCEmulator
```

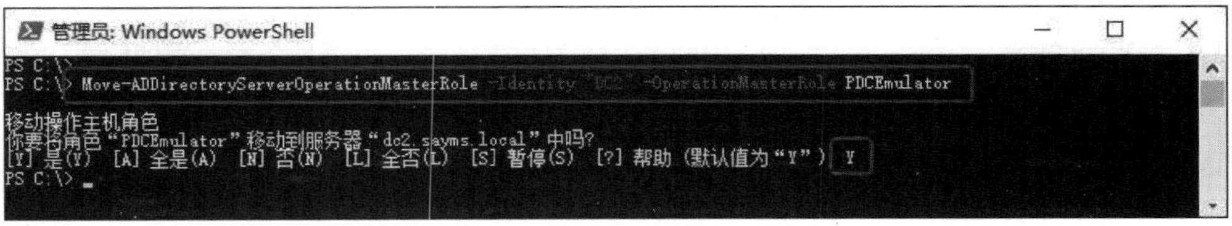
管理员: Windows PowerShell
PS C:\>
PS C:\> Move-ADDirectoryServerOperationMasterRole -Identity "DC2" -OperationMasterRole PDCEmulator
移动操作主机角色
你要将角色"PDCEmulator"移动到服务器"dc2.sayms.local"中吗?
[Y] 是(Y) [A] 全是(A) [N] 否(N) [L] 全否(L) [S] 暂停(S) [?] 帮助 (默认值为"Y"): Y
PS C:\>

图 10-4-7

如果要转移其他角色，只要将PDCEmulator字样换成RIDMaster、InfrastructureMaster、SchemaMaster或DomainNamingMaster即可。

如果要一次同时转移多个角色，例如同时将**PDC模拟器操作主机**与**基础结构操作主机**转移到dc2.sayms.local，请输入以下命令（角色名称之间以逗号隔开）后按A键：

```
Move-ADDirectoryServerOperationMasterRole -Identity "DC2" -OperationMasterRole PDCEmulator, InfrastructureMaster
```

这些角色也可以利用数字来代表，如表10-4-2所示。

表10-4-2

操作主机	代表号码
PDC模拟器操作主机	0
RID操作主机	1
基础结构操作主机	2
架构操作主机	3
域命名操作主机	4

因此，如果要将所有操作主机都转移到dc2.sayms.local，可执行以下命令后按A键：

```
Move-ADDirectoryServerOperationMasterRole -Identity "DC2" -OperationMasterRole 0,1,2,3,4
```

10.5 夺取操作主机角色

如果扮演操作主机角色的域控制器发生故障时，则可能需要采用**夺取**（seize）方式来将操作主机角色强迫转移到另一台域控制器。

1. 只有在无法安全转移的情况下，才使用夺取的方法。由于夺取是非常的手段，因此请确认有其必要性后，再执行夺取的步骤。

2. 一旦**操作主机**角色被夺取后，请**永远不要**让原来扮演该角色的域控制器，再与现有的域控制器连接、通信，以免产生不可预期的结果，例如如果发生同时有两台**RID操作主机**的情况，则它们可能会发放相同的RID给其他域控制器，造成对象SID相同的冲突状况。建议原来扮演该角色的域控制器，在未连接到网络的状况下，将其硬盘格式化或重新安装操作系统。

10.5.1 操作主机停止工作所造成的影响

有的操作主机发生故障时，短时间内就会对网络造成明显的影响，然而有的却不会，因此请参考以下说明来决定是否要尽快夺取操作主机角色。

由于新操作主机是根据其中的AD DS数据库来工作，因此为了减少数据丢失，请在执行夺取步骤之前等一段足够的时间（至少等所有域控制器之间完成一次AD DS复制所需的时间），让这台即将成为新操作主机的域控制器完整接收到从其他域控制器复制来的更新数据。

由于夺取操作主机时并未与原操作主机沟通协调，因此一旦夺取操作主机角色后，请不要再启动原扮演操作主机角色的域控制器，否则会出现两台域控制器都各自认为是操作主机，因而会影响到AD DS的工作。

1. 架构操作主机停止工作时

由于用户并不会直接与**架构操作主机**通信，因此如果**架构操作主机**暂时无法提供服务，对用户并没有影响；而对管理员来说，除非他们需要访问架构内的数据，例如安装会修改架构的应用程序（例如Microsoft Exchange Server），否则也暂时不需要用到**架构操作主机**，所以一般来说等**架构操作主机**修复后重新上线即可，不需要执行夺取的步骤。

如果**架构操作主机**停止工作的时间太久，以致于影响到系统运行时，则应该夺取操作主机角色，以便改由另外一台域控制器来扮演。

2. 域命名操作主机停止工作时

域命名操作主机暂时无法提供服务，对网络用户并没有影响，而对管理员来说，除非他们要添加或删除域，否则也暂时不需要用到**域命名操作主机**，所以一般来说等**域命名操作主机**修复后重新上线即可，不需要执行夺取操作。

如果**域命名操作主机**停止工作的时间太久，以致于影响到系统运行时，则应该夺取操作主机角色，改由另一台域控制器来扮演。

3. RID 操作主机停止工作时

RID操作主机暂时无法提供服务，对网络用户并没有影响，而对管理员来说，除非他们要在域内添加对象，同时他们所连接的域控制器之前所索取的RID已经用完，否则也暂时不需要使用到**RID操作主机**，故一般来说可以不需要执行夺取的操作。

如果**RID操作主机**停止工作的时间太久，以致于影响到系统运行时，则应该夺取操作主机角色，改由另一台域控制器来扮演。

4. PDC 模拟器操作主机停止工作时

由于**PDC模拟器操作主机**无法提供服务时，网络用户可能会很快察觉到，例如密码复制延迟问题，造成客户端无法使用新密码来登录（参考10.1节关于**PDC模拟器操作主机**的说明），此时应该尽快修复**PDC模拟器操作主机**，若无法在短期内修复，则需要尽快执行夺取操作。

5. 基础结构操作主机停止工作时

基础结构操作主机暂时无法提供服务，对网络用户并没有影响，而对管理员来说，除非他们最近移动大量账户或修改大量账户的名称，否则也不会察觉到**基础结构操作主机**已经停止工作，所以暂时可以不需要执行夺取的操作。

如果**基础结构操作主机**停止工作的时间太久，以致于影响到系统运行时，则应该夺取操作主机角色，改由另外一台不是**全局编录服务器**的域控制器来扮演。

10.5.2 夺取操作主机角色实例演练

我们利用以下范例来解说如何夺取操作主机角色，以便让域能够继续正常工作。

> 只有在无法利用**转移**方法的情况下，才使用**夺取**方法。必须是隶属于适当的组才可以执行**夺取**的操作（参见表10-4-1）。

假设图10-5-1中只有一个域，其中除了**PDC模拟器操作主机**是由dc2.sayms.local所扮演之外，其他4个操作主机都是由dc1.sayms.local所扮演。现在假设dc2.sayms.local这台域控制器因故永远无法使用了，因此需要夺取**PDC模拟器操作主机**角色，改由另一台域控制器dc1.sayms.local来扮演。

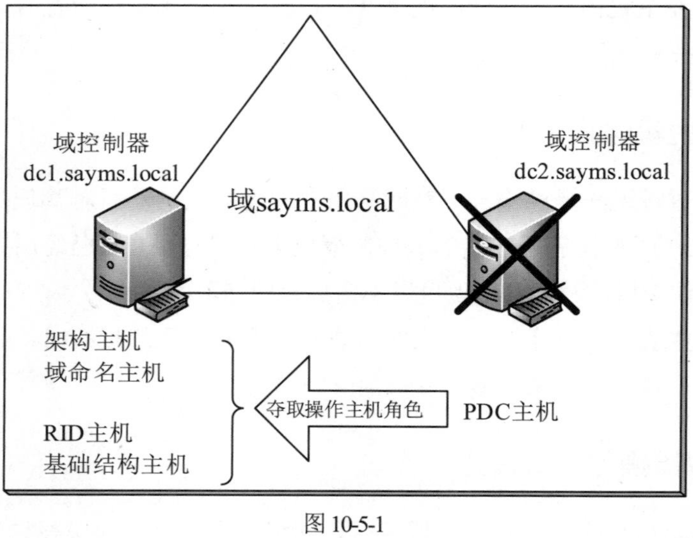

图 10-5-1

单击左下角**开始**图标⊞➲Windows PowerShell，然后与前面转移角色一样使用命令**Move-ADDirectoryServerOperationMasterRole**（见图10-5-2），不过要加**-Force**参数，例如以下命令会夺取**PDC模拟器操作主机**，并改由dc1.sayms.local来扮演：

```
Move-ADDirectoryServerOperationMasterRole  -Identity  "DC1"  -OperationMasterRole  PDCEmulator  -Force
```

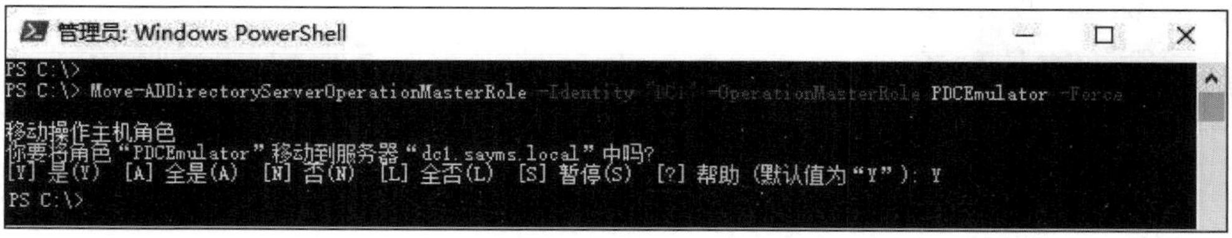
管理员: Windows PowerShell
PS C:\>
PS C:\> Move-ADDirectoryServerOperationMasterRole -Identity "DC1" -OperationMasterRole PDCEmulator -Force
移动操作主机角色
你要将角色"PDCEmulator"移动到服务器"dc1.sayms.local"中吗?
[Y] 是(Y) [A] 全是(A) [N] 否(N) [L] 全否(L) [S] 暂停(S) [?] 帮助 (默认值为"Y"): Y
PS C:\>

图 10-5-2

11

第 11 章　AD DS 的维护

为了维持域环境的正常运行，因此应该定期备份AD DS（Active Directory域服务）的相关数据。同时为了保持AD DS的工作性能，因此也应该充分了解AD DS数据库。

- 系统状态概述
- 备份AD DS
- 恢复AD DS
- AD DS数据库的整理
- 重设“目录服务修复模式”的管理员密码
- 更改“可重新启动的AD DS”的登录设置
- Active Directory回收站

11.1 系统状态概述

Windows Server 2019服务器的系统状态（system state）内所包含的数据，根据服务器所安装的角色种类而有所不同，例如可能包含着以下的数据：

- 键值
- COM+ 类别注册数据库（Class Registration database）
- 启动文件（boot files）
- Active Directory证书服务（AD CS）数据库
- AD DS数据库（Ntds.dit）
- SYSVOL文件夹
- 群集服务信息
- Microsoft Internet Information Services（IIS）metadirectory
- 受Windows Resource Protection保护的系统文件

11.1.1 AD DS数据库

AD DS内的组件主要分为AD DS数据库文件与SYSVOL文件夹，其中AD DS数据库文件默认是位于%*systemroot*%\NTDS文件夹内（%*systemroot*%通常是C:\Windows），如图11-1-1所示。

图 11-1-1

- **ntds.dit**：AD DS数据库文件，存储着这台域控制器的AD DS内的对象。
- **edb.log**：它是AD DS事务日志（扩展名.log默认会被隐藏），容量大小为10 MB。当要更改AD DS内的对象时，系统会先将变动数据写入到内存（RAM）内，然后等适当时机（例如系统空闲、关机前等），再根据内存内的记录来将更新数据写入AD DS数据库（ntds.dit）。这种先在内存内处理的方式，可提高AD DS的工作效率。

系统也会将内存内数据的变动过程写入事务日志内（edb.log），如果系统不正常关机（例如断电），内存内尚未被写入AD DS数据库的更新数据将会丢失，此时系统就可以根据事务日志来计算不正常关机前，在内存内的更新数据，并将这些数据写入AD DS数据库。

如果事务日志内填满了数据，则系统会将其改名，例如Edb00001.log、Edb00002.log……，并重新建立一个事务日志。

- **edb.chk**：它是**检查点**（checkpoint）文件。每一次系统将内存内的更新信息写入AD DS数据库时，都会一并更新edb.chk，它会记载事务日志的检查点。如果系统不正常关机，导致内存内尚未被写入AD DS数据库的更新记录丢失，那么在下一次开机时，系统就可以根据edb.chk来得知需要从事务日志内的哪一个变更过程来推算出不正常关机前内存内的更新记录，并将它们写入AD DS数据库。
- **edbres00001.jrs**与**edbres00002.jrs**：这两个是预留文件，未来如果硬盘空间不够时可以使用这两个文件，每一个文件都是10 MB。

11.1.2 SYSVOL文件夹

SYSVOL文件夹是位于%*systemroot*%内，此文件夹内存储着以下的数据：**脚本文件**（scripts）、**NETLOGON共享文件夹**、**SYSVOL共享文件夹**与**组策略相关设置**。

11.2 备份AD DS

应该定期备份域控制器的系统状态，以便当域控制器的AD DS损坏时，可以通过备份数据来恢复域控制器。

11.2.1 安装Windows Server Backup功能

首先需要添加Windows Server Backup功能：【打开**服务器管理器**➲单击**仪表板**处的**添加角色和功能**➲持续单击下一步按钮直到出现如图11-2-1所示的对话框时勾选**Windows Server Backup**➲单击下一步按钮、安装按钮】。

图 11-2-1

11.2.2 备份系统状态

我们将通过备份**系统状态**的方式来备份AD DS，系统状态的文件是位于安装Windows系统的磁盘内，一般是C盘，我们将此磁盘称为备份的**源磁盘**，然而备份**目标磁盘**默认是不能包含源磁盘，所以无法将系统状态备份到源磁盘C:，因此需要将其备份到另一个磁盘、DVD或其他计算机内的共享文件夹。必须隶属于Administrators或Backup Operators组才有权限执行备份系统状态的工作，而且必须有权限将数据写入目标磁盘或共享文件夹。

> 如果要开放可以备份到源磁盘，请在以下注册表路径新建一条名称为AllowSSBToAnyVolume的数值，其类型为DWORD：
> `HKLM\SYSTEM\CurrentControlSet\Services\wbengine\SystemStateBackup`
> 其值为1表示开放，为0表示禁止。建议不要开放，否则可能会备份失败，而且需要使用大量的磁盘空间。

以下假设我们要将系统状态数据备份到网络共享文件夹\\dc2\backup内（请先在dc2计算机上建立好此共享文件夹）：

STEP 1 打开**服务器管理器**➲单击右上角**工具**➲**Windows Server Backup**➲如图11-2-2所示单击**一次性备份...**。

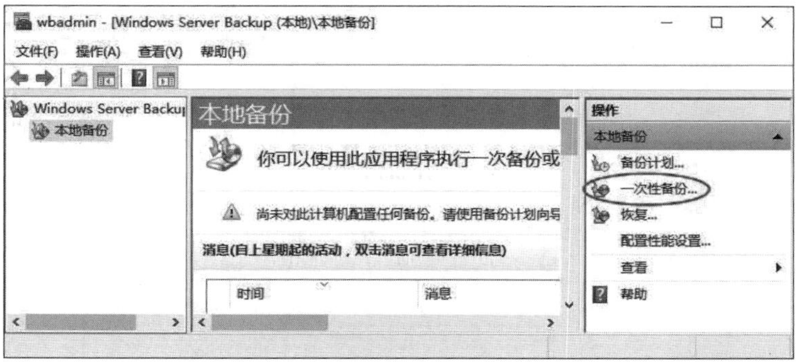

图 11-2-2

STEP 2 如图11-2-3所示选择**其他选项**后单击下一步按钮。

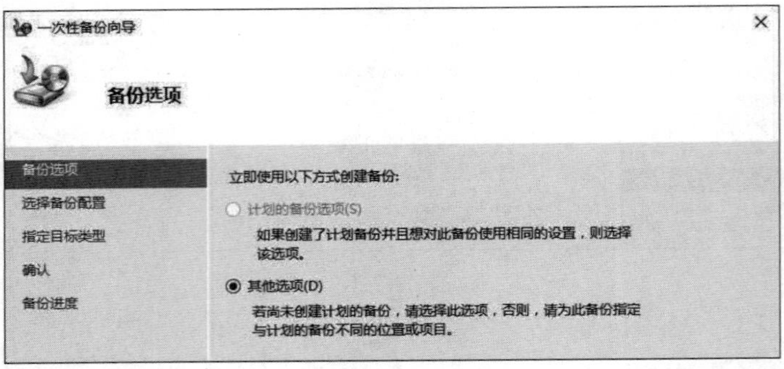

图 11-2-3

STEP 3 在图11-2-4中选择**自定义**后单击下一步按钮。

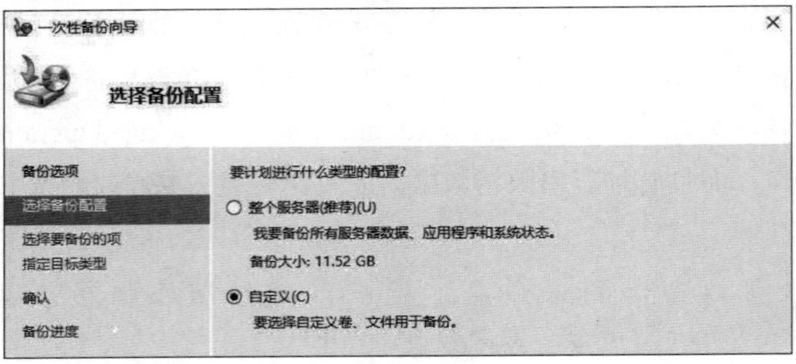

图 11-2-4

也可以通过**整个服务器**来备份整台域控制器内的所有数据，它包含系统状态。

STEP 4 如图11-2-5所示单击添加项目按钮。

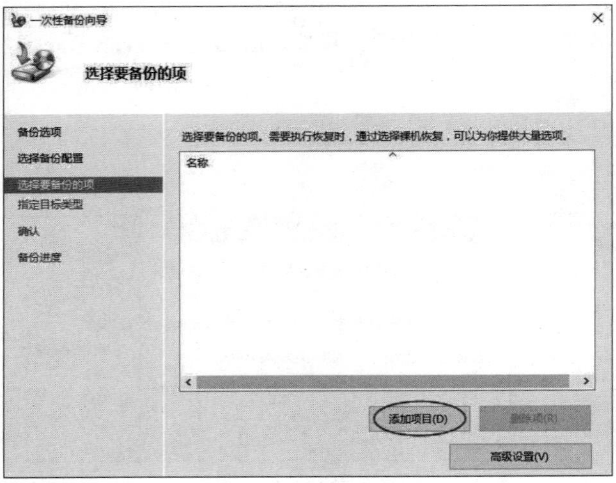

图 11-2-5

STEP 5　如图11-2-6所示勾选**系统状态**后单击确定按钮。

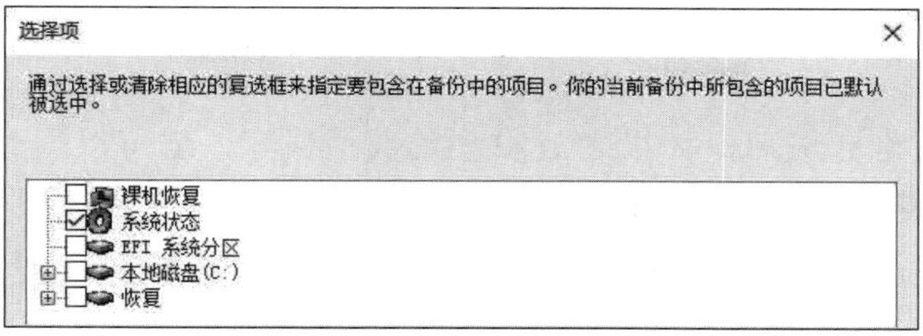

图 11-2-6

STEP 6　回到**选择要备份的项**对话框后单击下一步按钮。

STEP 7　如图11-2-7所示选择**远程共享文件夹**单击下一步按钮。

图 11-2-7

STEP 8　如图11-2-8所示在**位置**处输入\\dc2\backup后单击下一步按钮。

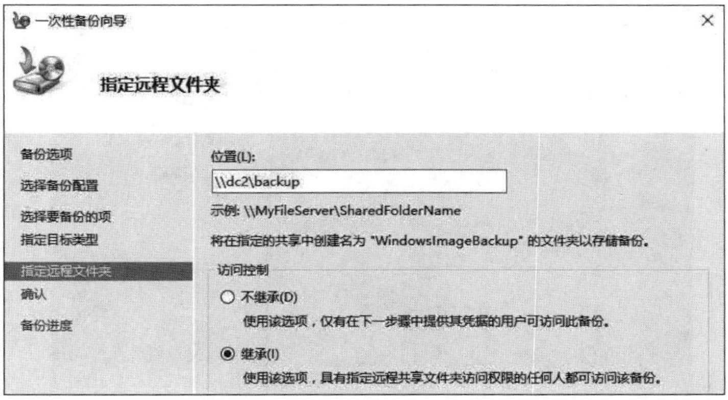

图 11-2-8

STEP 9　在**确认**对话框中单击备份按钮。

也可以通过**wbadmin**命令来备份系统状态，例如：

```
wbadmin  start  systemstatebackup  -backuptarget:\\dc2\backup
```

此范例假设是要备份到网络共享文件夹\\dc2\backup。

11.3 恢复AD DS

在系统状态备份完成后，如果之后AD DS数据损坏，就可以通过执行**非授权还原**（nonauthoritative restore）的程序来修复AD DS。请进入**目录服务修复模式**（Directory Services Restore Mode，DSRM，或译为**目录服务还原模式**），然后利用之前的备份来执行**非授权还原**的工作。

> 如果系统无法启动，则应该执行完整服务器的恢复程序，而不是**非授权还原**程序。

11.3.1 进入目录服务修复模式的方法

请【按⊞+R键➲执行cmd.exe】来打开**命令提示符**窗口，然后执行以下命令：

```
Bcdedit  /set  {bootmgr}  displaybootmenu  Yes
```

重新启动计算机后将出现如图11-3-1的**Windows启动管理器**窗口，此时请在30秒内按F8键（如果计算机内安装了多个Windows系统，它会自动显示如图11-3-1的窗口，不需要执行上述命令）。

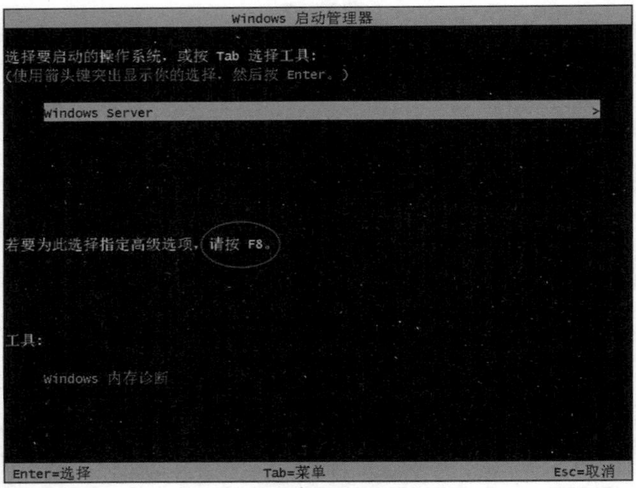
Windows 启动管理器
选择要启动的操作系统，或按 Tab 选择工具：
（使用箭头键突出显示你的选择，然后按 Enter。）
Windows Server
若要为此选择指定高级选项，请按 F8。
工具：
Windows 内存诊断
Enter=选择
Tab=菜单
Esc=取消

图 11-3-1

> 如果使用虚拟机，按F8键前先确认焦点是在虚拟机上（单击虚拟机窗口）。

之后将出现图11-3-2的**高级启动选项**窗口，请选择**目录服务修复模式**后按Enter键，之后就会出现**目录服务修复模式**（**目录服务还原模式**）的登录窗口（后述）。

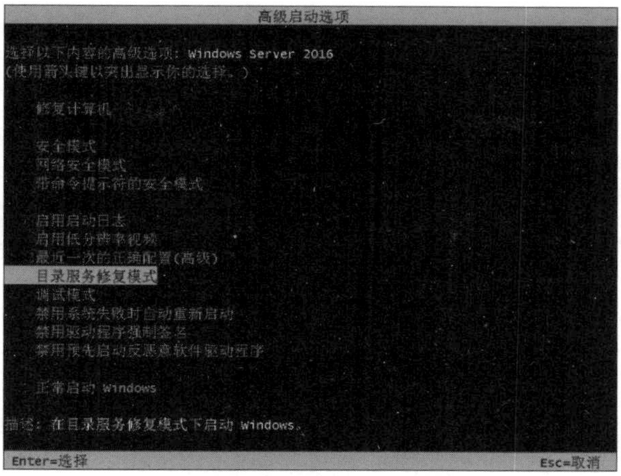

图 11-3-2

> 1. 也可以执行**bcdedit /set safeboot dsrepair** 命令，以后启动计算机时，都会进入**目录服务修复模式**的登录窗口。在完成AD DS恢复程序后，请执行**bcdedit /deletevalue safeboot**命令，以便之后启动计算机时，会重新以常规模式来启动系统。
>
> 2. 也可以在域控制器上通过重新启动、完成自检后、系统启动初期立即按F8键的方式来显示如图11-3-2的**高级启动选项**窗口，不过却不容易抓准按F8键的时机。

11.3.2 执行AD DS的非授权还原

接下来需要利用**目录服务修复模式**的管理员账户与密码登录，并执行AD DS的标准恢复程序，也就是**非授权还原**。以下假设之前制作的系统状态备份是位于网络共享文件夹\\dc2\backup内。

STEP 1 在**目录服务修复模式**的登录窗口中，如图11-3-3所示输入**目录服务修复模式**的管理员的用户名与密码来登录，其中用户名可输入**.\Administrator**或*计算机名***Administrator**。

图 11-3-3

STEP **2** 打开**服务器管理器**➲单击右上角**工具**➲**Windows Server Backup**➲单击图11-3-4左方**本地备份**➲单击右侧的**恢复...**。

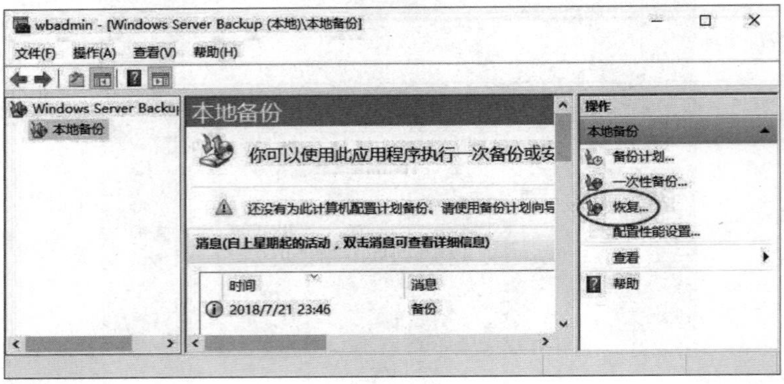

图 11-3-4

STEP **3** 如图11-3-5所示选择**在其他位置存储备份**后单击下一步按钮。

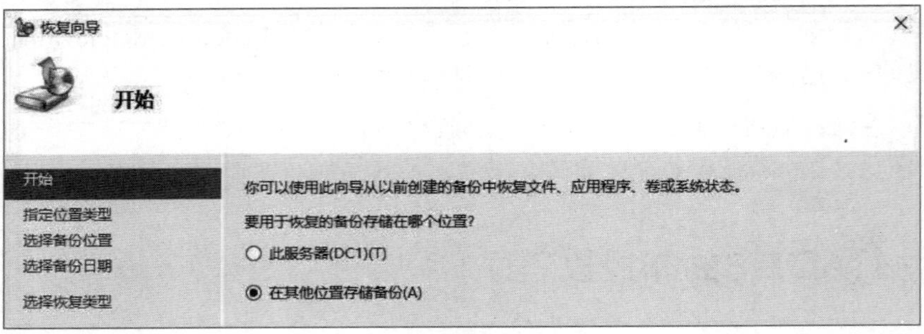

图 11-3-5

STEP **4** 如图11-3-6所示选择**远程共享文件夹**后单击下一步按钮。

图 11-3-6

STEP **5** 如图11-3-7所示输入共享文件夹路径\\dc2\backup后单击下一步按钮。

图 11-3-7

STEP 6　在图11-3-8中选择备份的日期与时间后单击下一步按钮。

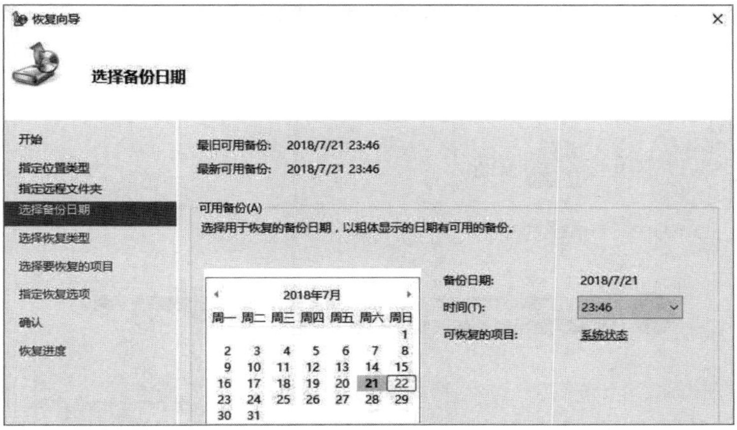

图 11-3-8

STEP 7　如图11-3-9所示选择恢复**系统状态**后单击下一步按钮。

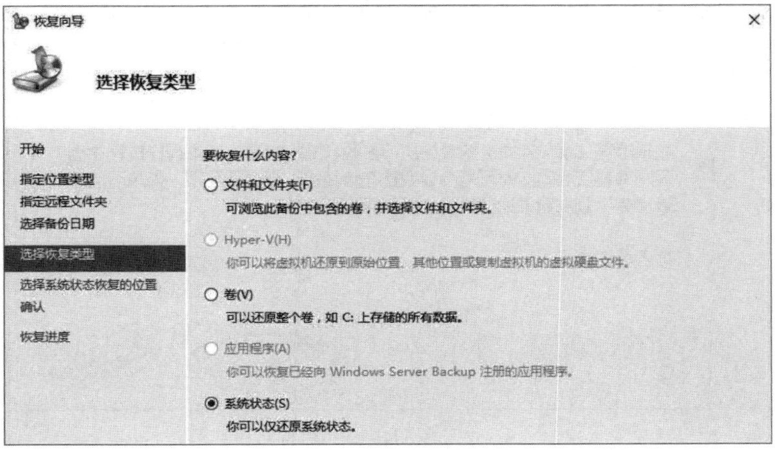

图 11-3-9

STEP 8　如图11-3-10所示选择**原始位置**后单击下一步按钮。

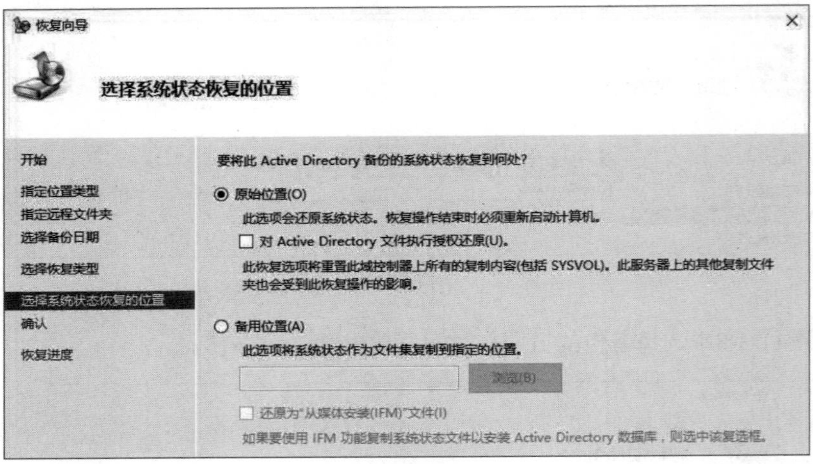
恢复向导
选择系统状态恢复的位置
开始
指定位置类型
指定远程文件夹
选择备份日期
选择恢复类型
选择系统状态恢复的位置
确认
恢复进度
要将此 Active Directory 备份的系统状态恢复到何处?
原始位置(O)
此选项会还原系统状态。恢复操作结束时必须重新启动计算机。
对 Active Directory 文件执行授权还原(U)。
此恢复选项将重置此域控制器上所有的复制内容(包括 SYSVOL)。此服务器上的其他复制文件夹也会受到此恢复操作的影响。
备用位置(A)
此选项将系统状态作为文件集复制到指定的位置。
浏览(B)
还原为"从媒体安装(IFM)"文件(I)
如果要使用 IFM 功能复制系统状态文件以安装 Active Directory 数据库，则选中该复选框。

图 11-3-10

STEP 9　在图11-3-11中单击确定按钮。

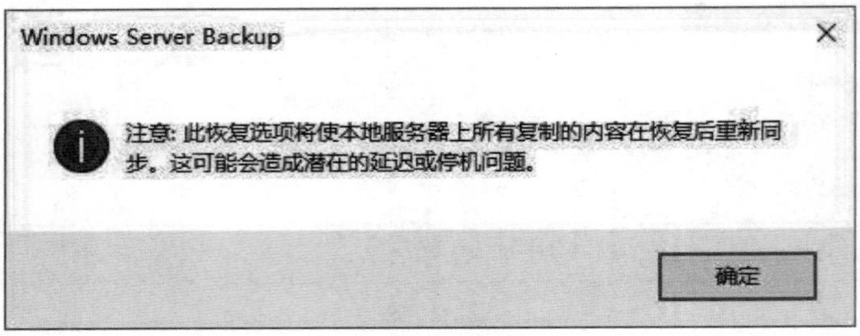
Windows Server Backup
注意: 此恢复选项将使本地服务器上所有复制的内容在恢复后重新同步。这可能会造成潜在的延迟或停机问题。
确定

图 11-3-11

STEP 10　参考图11-3-12中的说明后单击确定按钮。

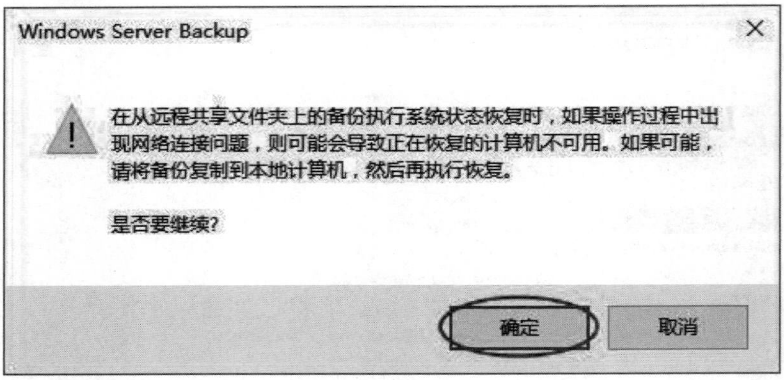
Windows Server Backup
在从远程共享文件夹上的备份执行系统状态恢复时，如果操作过程中出现网络连接问题，则可能会导致正在恢复的计算机不可用。如果可能，请将备份复制到本地计算机，然后再执行恢复。
是否要继续?
确定
取消

图 11-3-12

STEP 11　如图11-3-13所示单击恢复按钮。

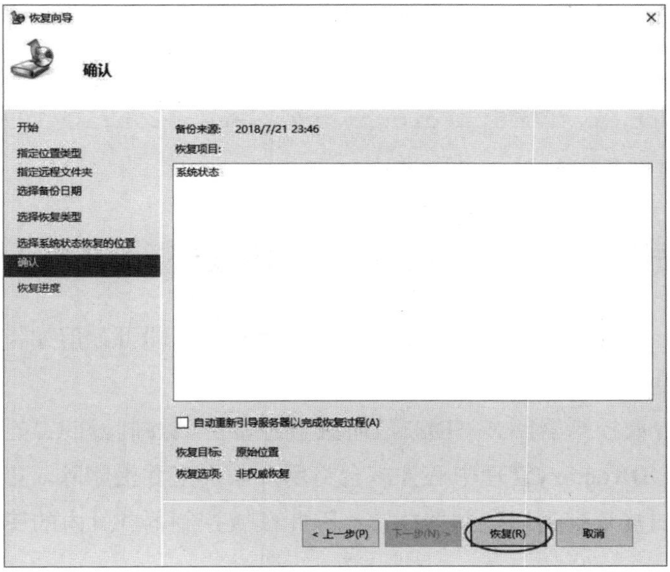

图 11-3-13

STEP 12 在图11-3-14中单击是（Y）按钮。

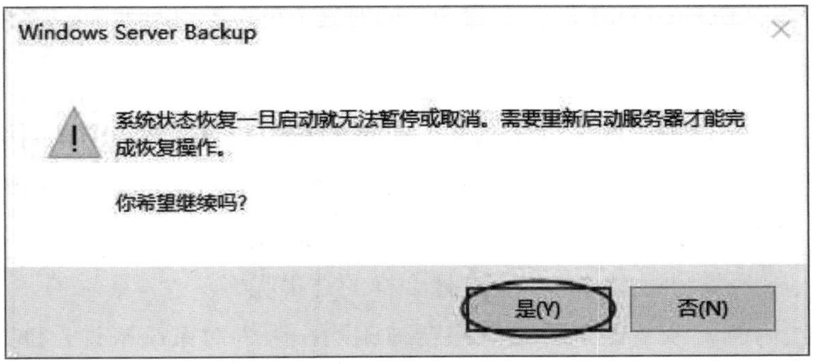

图 11-3-14

STEP 13 完成恢复后，请依照对话框提示重新启动计算机。

> 如果是利用**bcdedit /set safeboot dsrepair**命令进入目录服务修复模式，可先执行bcdedit /deletevalue safeboot，以便让系统重新以常规模式启动。

如果要通过wbadmin.exe程序来恢复系统状态，请先执行以下命令：

```
wbadmin  get  versions  -backuptarget:\\dc2\backup
```

它用来读取备份的版本号码，其中的**-backuptarget**用来指定存储备份的位置。

> 如果在存储备份的位置内存储着多台服务器的备份，需要指定要读取的服务器，例如要读取属于服务器DC1的备份，可以增加**-machine:dc1** 这个参数。

请记下用来恢复的备份版本，它是在**版本标识符**处的字符串（假设是**10/10/2019-04:51**），然后执行以下命令：

```
wbadmin start systemstaterecovery  -version:10/10/2019-04:51  -backuptarget:\\dc2\backup
```

11.3.3 针对被删除的AD DS对象执行授权还原

如果域内只有一台域控制器，则只需要执行**非授权还原**即可。但如果域内有多台的域控制器，则可能还需要搭配**授权还原**。

例如域内有两台域控制器DC1与DC2，而且曾经备份域控制器DC2的系统状态，可是今天不小心利用**Active Directory管理中心**控制台将用户账户**王乔治**删除，以后这个变动数据会通过AD DS复制机制被复制到域控制器DC1，因此在域控制器DC1内的**王乔治**账户也会被删除。

> 将用户账户删除后，此账户并不会立刻从AD DS数据库内删除，而是被移动到AD DS数据库内一个名为**Deleted Objects**的容器内，同时这个用户账户的版本号码会被加1。系统默认是180天后才会将其从AD DS数据库内删除。

如果要恢复被不小心删除的**王乔治**账户，可能会在域控制器DC2上利用标准的**非授权还原**来将之前已经备份的旧**王乔治**账户恢复。虽然在域控制器DC2内的**王乔治**账户已被恢复了，但是在域控制器DC1内的**王乔治**却是被标记为**已删除**的账户，请问下一次DC1与DC2之间执行Active Directory复制程序时，将会有什么样的结果呢？

答案是在DC2内刚被恢复的**王乔治**账户会被删除，因为对系统来说，DC1内被标记为**已删除**的**王乔治**的版本号较高，而DC2内刚恢复的**王乔治**是旧的数据，其版本号较低。在第9章曾经介绍过两个对象发生冲突时，系统会以**标记**（stamp）来作为解决冲突的依据，因此版本号较高的对象会覆盖掉版本号较低的对象。

如果要避免发生上述现象，则需要再执行**授权还原**。当在DC2上针对**王乔治**账户另外执行过**授权还原**后，这个被恢复的旧**王乔治**账户的版本号将被增加，而且是从备份当天开始到执行**授权还原**为止，每天增加100,000，当DC1与DC2开始执行复制工作时，由于位于DC2的旧**王乔治**账户的版本号会比较高，所以这个旧**王乔治**会被复制到DC1，将DC1内被标记为**已删除**的**王乔治**覆盖掉，也就是说旧**王乔治**被恢复了。

以下练习假设上述用户账户**王乔治**是建立在域sayms.local的组织单位**业务部**内，我们需要先执行**非授权还原**，然后利用**ntdsutil**命令来针对用户账户**王乔治**执行**授权还原**。可以依照以下的顺序来练习：

- 在域控制器DC2建立组织单位**业务部**、在**业务部**内建立用户账户**王乔治**（George）。
- 等待组织单位**业务部**、用户账户**王乔治**账户被复制到域控制器DC1。
- 在域控制器DC2备份**系统状态**。
- 在域控制器DC2上将用户账户**王乔治**删除（此账户会被移动到**Deleted Objects**容器内）。
- 等待这个被删除的**王乔治**账户被复制到域控制器DC1，也就是等DC1内的**王乔治**也被删除（默认是等15s）。
- 在DC2上先执行**非授权还原**，然后执行**授权还原**，它就会将被删除的**王乔治**账户恢复。

以下仅说明最后一个步骤，也就是先执行**非授权还原**，然后执行**授权还原**。

STEP 1　请到DC2执行**非授权还原**步骤，也就是前面11.3.2小节**执行AD DS的非授权还原** STEP 1 ~ STEP 12，注意不要执行STEP 13，也就是完成恢复后，**不要**重新启动计算机。

STEP 2　继续在**Windows PowerShell**窗口下执行以下命令：

```
ntdsutil
```

STEP 3　在**ntdsutil**：提示符下执行以下命令：

```
activate instance ntds
```

表示要将域控制器的AD DS数据库设置为使用中。

STEP 4　在**ntdsutil**：提示符下执行以下命令：

```
authoritative restore
```

STEP 5　在**authoritative restore**：提示符下，针对域sayms.local的组织单位**业务部**内的用户**王乔治**执行**授权还原**，其命令如下所示：

```
restore object CN=王乔治,OU=业务部,DC=sayms,DC=local
```

> 如果要针对整个AD DS数据库执行**授权还原**，请执行**restore database**命令；如果要针对组织单位**业务部**执行**授权还原**，请执行以下命令（可输入**?** 来查询命令的语法）：
>
> ```
> restore subtree OU=业务部,DC=sayms,DC=local
> ```

STEP 6　在图11-3-15中单击**是（Y）**按钮。

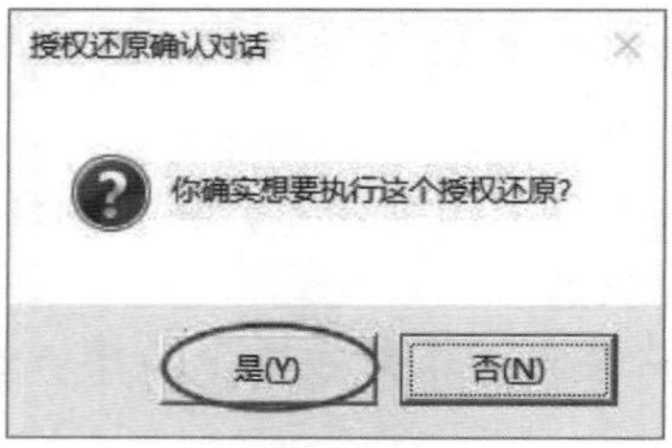
授权还原确认对话
你确实想要执行这个授权还原?
是(Y)
否(N)

图 11-3-15

STEP 7 图11-3-16为前面几个步骤的完整操作过程。

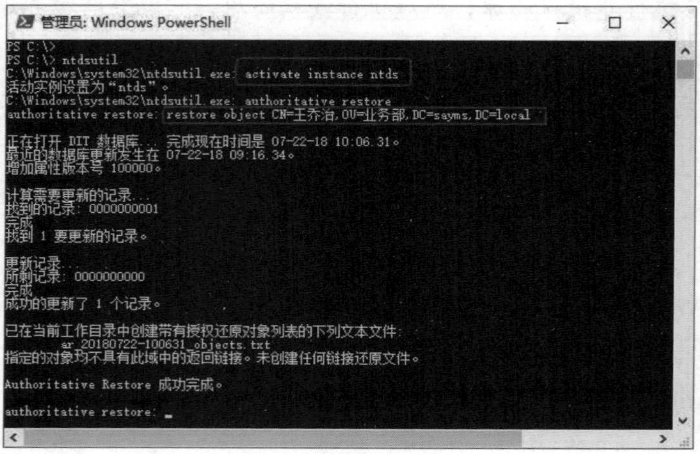
管理员: Windows PowerShell
PS C:\>
PS C:\> ntdsutil
C:\Windows\system32\ntdsutil.exe: activate instance ntds
活动实例设置为"ntds"。
C:\Windows\system32\ntdsutil.exe: authoritative restore
authoritative restore: restore object CN=王乔治,OU=业务部,DC=sayms,DC=local
正在打开 DIT 数据库... 完成现在时间是 07-22-18 10:06.31。
最近的数据库更新发生在 07-22-18 09:16.34。
增加属性版本号 100000。
计算需要更新的记录...
找到的记录: 0000000001
完成
找到 1 要更新的记录。
更新记录...
所剩记录: 0000000000
完成
成功的更新了 1 个记录。
已在当前工作目录中创建带有授权还原对象列表的下列文本文件:
ar_20180722-100631_objects.txt
指定的对象均不具有此域中的返回链接。未创建任何链接还原文件。
Authoritative Restore 成功完成。
authoritative restore:

图 11-3-16

STEP 8 在authoritative restore：提示符下，执行**quit**命令。

STEP 9 在**ntdsutil**：提示符下，执行**quit**命令。

STEP 10 利用常规模式重新启动系统。

> 如果是利用**bcdedit /set safeboot dsrepair**命令进入目录服务修复模式，可先执行bcdedit /deletevalue safeboot，以便让系统重新以常规模式启动。

STEP 11 等域控制器之间的AD DS自动同步完成，或利用**Active Directory站点和服务**手动同步，或执行以下命令来手动同步：

```
repadmin  /syncall dc2.sayms.local  /e  /d  /A  /P
```

其中/e表示包含所有站点内的域控制器、/d表示消息中以distinguished name（DN）来辨识服务器、/A表示同步此域控制器内的所有目录分区、/P表示同步方向是将此域控制器（dc2.sayms.local）的变动数据传送给其他域控制器。

完成同步工作后，可利用**Active Directory管理中心**来验证组织单位**业务部**内的用户账户王乔治已经被恢复，也可以通过以下命令来验证**王乔治**账户的属性版本号确实被增加了

100,000，如图11-3-17中的**版本**字段所示。

```
repadmin /showmeta CN=王乔治,OU=业务部,DC=sayms,DC=local
```

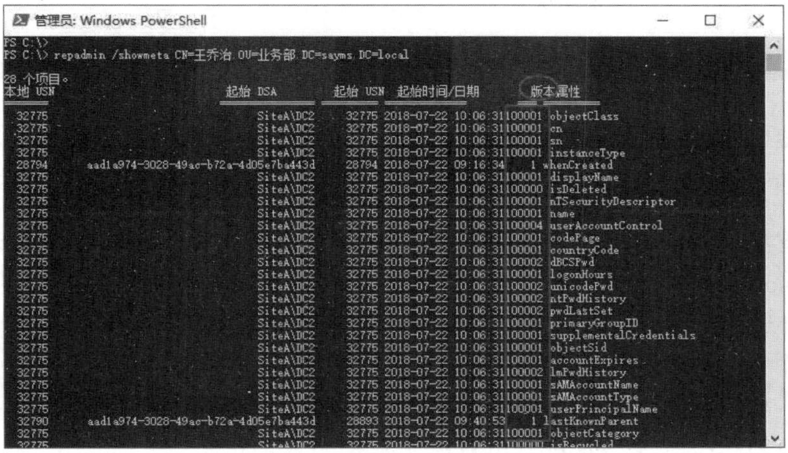

图 11-3-17

> 如果是使用wbadmin程序，并且要针对SYSVOL文件夹执行**授权还原**，请在执行**非授权还原**时，增加**-authsysvol**参数，例如：
>
> `wbadmin start systemstaterecovery -其他参数 -authsysvol`

11.4 AD DS数据库的整理

AD DS数据库与事务日志的存储位置在%*systemroot*%\NTDS文件夹内（一般是C:\Windows），一段时间后，有可能需要重新整理AD DS数据库来提高运行效率。

11.4.1 可重新启动的AD DS

如果要进行AD DS数据库维护工作，例如数据库脱机整理等，可以选择重新启动计算机，然后进入**目录服务修复模式**内来执行这些维护工作。如果这台域控制器也同时提供其他网络服务，例如它同时也是DHCP服务器，则重新启动计算机将造成这些服务会暂时停止对客户端服务。

除了进入**目录服务修复模式**之外，系统还提供**可重新启动的AD DS**功能，此时只需将AD DS服务停止，即可执行AD DS数据库的维护工作，不需要重新启动计算机来进入**目录服务修复模式**，如此不但可让AD DS数据库的维护工作更简便、更快捷地完成，并且其他服务也不会被中断。完成维护工作后再重新启动AD DS服务即可。

在AD DS服务停止的情况下，如果还有其他域控制器在线，则仍然可以在这台AD DS服务已经停止的域控制器上利用域用户账户来登录。

11.4.2 整理AD DS数据库

AD DS数据库的整理操作（defragmentation）会将数据库内的数据排列更加整齐，提高数据的读取速度，从而提升AD DS工作效率。AD DS数据库的整理分为：

- **在线重整**：每一台域控制器每隔12小时会自动执行所谓的**垃圾回收程序**（garbage collection process），它会整理AD DS数据库。**在线重整**并无法减少AD DS数据库文件（ntds.dit）的大小，而只是将数据有效率的重新整理与排列。由于此时AD DS还在工作中，因此这个整理操作被称为**在线重整**。

  另外，我们曾经说过一个被删除的对象并不会立即被从AD DS数据库内删除，而是被移动到一个名为**Deleted Objects**的容器内，这个对象在180天以后才会被自动清除，而这个清除操作也是由**垃圾回收程序**所负责。虽然对象已被清除，不过腾出的空间并不会还给操作系统，也就是数据库文件的大小并不会减少。当建立新对象时，该对象就可以使用腾出的可用空间。
- **脱机整理**：脱机整理必须在AD DS服务停止或**目录服务修复模式**内手动进行，脱机整理会建立一个全新的、整齐的数据库文件，并会将已删除的对象所占用空间还给操作系统，因此可以腾出可用硬盘空间给操作系统或其他应用程序来使用。

> 在一个包含多个域的域林中，如果有一台域控制器曾经兼具**全局编录服务器**角色，但现在已经不再是**全局编录服务器**，则这台域控制器经过**脱机整理**后，新的AD DS数据库文件会比原来的文件小很多，也就是说可以腾出很多的硬盘空间给操作系统。

以下将介绍**脱机整理**的步骤，不过我们不采用进入**目录服务修复模式**的方式，而是改用将AD DS服务停止的方式来执行**脱机整理**工作。必须至少是隶属于Administrators组的成员。以下假设原数据库文件是位于C:\Windows\NTDS文件夹，而我们要将整理后的新文件放到C:\NTDSTemp文件夹。

STEP 1　单击左下角开始图标⊞➲单击Windows PowerShell。

STEP 2　执行**net stop ntds**命令、输入**Y**后按Enter键来停止AD DS服务（它也会将其他相关服务一起停止）。

STEP 3　在**Windows PowerShell提示符**下执行以下命令（参考图11-4-1）：

```
ntdsutil
```

STEP 4　在**ntdsutil**：提示符下执行以下命令：

```
activate  instance  ntds
```

表示要将域控制器的AD DS数据库设置为使用中。

STEP 5 在**ntdsutil**：提示符下执行以下命令：

```
Files
```

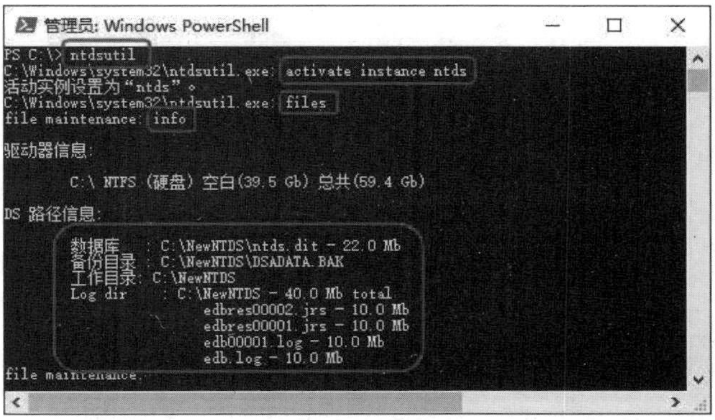

图 11-4-1

STEP 6 在**file maintenance**：提示符下执行以下命令：

```
info
```

它可以查看AD DS数据库与事务日志目前的存储位置，由图11-4-1下方可知道它们当前都是位于C:\Windows\NTDS文件夹内。

STEP 7 在**file maintenance**：提示符下，如图11-4-2所示执行以下命令，以便整理数据库文件，并将所产生的新数据库文件放到E:\NTDSTTemp文件夹内（新文件名还是**ntds.dit**）：

```
compact  to  C:\NTDSTemp
```

1. 如果路径中有空格符，请在前后加上双引号，例如“C:\New Folder”。
2. 如果要将新文件放到网络驱动器，例如K:，请使用**compact to K:**。

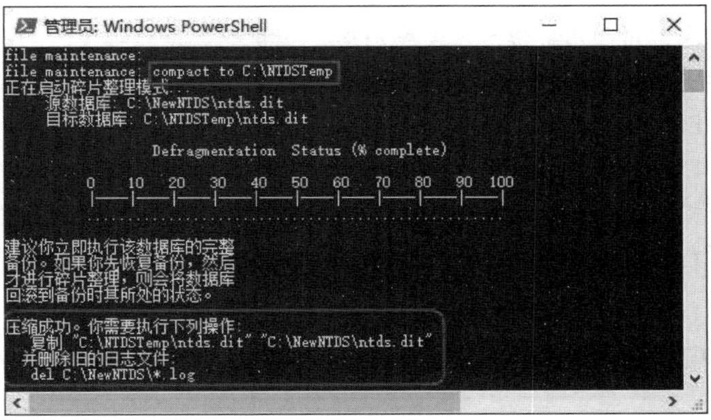

图 11-4-2

STEP 8 暂时不要离开**ntdsutil**程序、打开**文件资源管理器**后执行以下几个步骤：

- 将原数据库文件C:\Windows\NTDS\ntds.dit备份起来，以备不时之需。
- 将C:\NTDSTemp\ntds.* 复制到C：\Windows\NTDS文件夹，并覆盖原数据库文件。
- 将原事务日志C:\Windows\NTDS*.log删除。

STEP 9 继续在**ntdsutil**程序的**file maintenance**：提示符下，如图11-4-3所示执行以下命令，以便执行数据库的完整性检查：

```
integrity
```

由图下方所显示的Integrity check successful可知完整性检查成功。

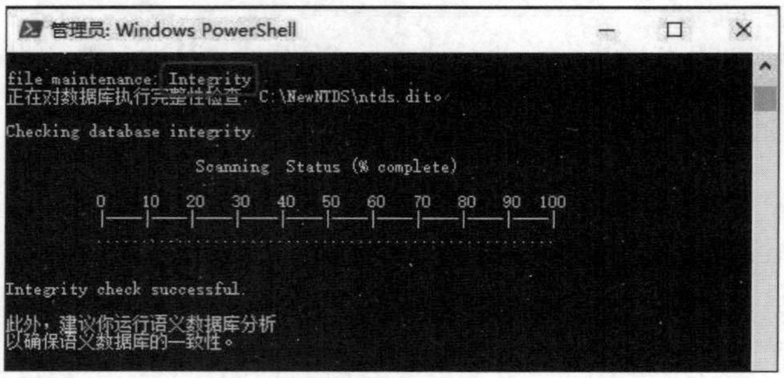
管理员: Windows PowerShell
file maintenance: Integrity
正在对数据库执行完整性检查: C:\NewNTDS\ntds.dit。
Checking database integrity.
Scanning Status (% complete)
0 10 20 30 40 50 60 70 80 90 100
Integrity check successful.
此外，建议你运行语义数据库分析
以确保语义数据库的一致性。

图 11-4-3

STEP 10 在file maintenance：提示符下执行以下命令：

```
quit
```

STEP 11 在**ntdsutil**：提示符下执行以下命令：

```
quit
```

STEP 12 回到**Windows PowerShell提示符**下执行以下命令，以便重新启动AD DS服务：

```
net  start  ntds
```

如果无法启动AD DS服务，请试着采用以下方法来解决问题：

- 利用**事件查看器**来查看**目录服务**日志文件，如果有事件标识符为1046或1168的事件日志，请利用备份来恢复AD DS。
- 再执行数据库完整性检查（integrity），如果检查失败，请将之前备份的数据库文件ntds.dit复制回原数据库存储位置，然后重复数据库整理操作，如果这个操作中的数据库完整性检查还是失败，请执行语义数据库分析工作（在**ntdsutil：**提示符下输入semantic database analysis按Enter键、执行go fixup命令），如果失败，请执行修复数据库的操作（在**file maintenance：**提示符下执行recover命令）。

> 如果要移动AD DS数据库，可以在进入file maintenance：提示符下执行move db to 新目标文件夹；如果要移动变更日志文件，可以在file maintenance：提示符下执行move logs to 新目标文件夹。

11.5 重置目录服务修复模式的管理员密码

如果**目录服务修复模式**的管理员忘记了密码，导致无法进入**目录服务修复模式**时应该怎么办呢？此时可以在常规模式下，利用**ntdsutil**程序来重置**目录服务修复模式**的管理员密码，其步骤如下所示：

STEP 1 请到域内的任何一台成员计算机上利用域管理员账户登录。

STEP 2 单击左下角**开始**图标⊞➲单击**Windows PowerShell**，然后执行以下命令（完整的操作窗口请见图11-5-1）：

```
ntdsutil
```

STEP 3 在**ntdsutil**：提示符下执行以下命令：

```
set  DSRM  password
```

STEP 4 在**重置DSRM系统管理员密码**：提示符下执行以下命令：

```
reset  password on server  dc2.sayms.local
```

以上命令假设要重置域控制器dc2.sayms.local的**目录服务修复模式**的系统管理员密码。

> 要被重置密码的域控制器，其AD DS服务必须启动中。

STEP 5 输入与确认新密码。

STEP 6 连续输入**quit**命令以便退出**ntdsutil**程序。图11-5-1为以上几个主要步骤的操作窗口。

管理员: Windows PowerShell
PS C:\>
PS C:\> ntdsutil
C:\Windows\system32\ntdsutil.exe: set DSRM password
重置 DSRM 管理员密码: reset password on server dc2.sayms.local
请键入 DS 还原模式 Administrator 帐户的密码: *******
请确认新密码: *******
密码设置成功。
重置 DSRM 管理员密码:

图 11-5-1

11.6 更改可重新启动的AD DS的登录设置

在AD DS服务停止的情况下，只要还有其他域控制器在在线，仍然可以在这台AD DS服务已经停止的域控制器上利用域用户账户来登录。如果没有其他域控制器在线，可能会产生一些问题，例如：

- 在域控制器上利用域管理员的身份登录。
- 停止AD DS服务。
- 一段时间未操作此计算机，因而屏幕保护程序被启动，并且需输入密码才能解锁。

此时如果要继续使用这台域控制器，就需要输入域管理员账户来解锁，不过因为AD DS服务已经停止，而且网络上也没有其他域控制器在线，因此无法验证域管理员身份，也就无法解锁。如果事先更改默认登录设置，就可以在此时利用**目录服务修复模式**（DSRM）的管理员（**DSRM系统管理员**）账户来解除锁定。更改登录设置的方法为：执行注册表编辑器REGEDIT.EXE，然后修改或添加以下的登录值：

```
HKEY_LOCAL_MACHINE\System\CurrentControlSet\Control\Lsa\DSRMAdminLogonBehavior
```

DSRMAdminLogonBehavior的数据类型为REG_DWORD，它用来决定在这台域控制器以正常模式启动，但AD DS服务停止的情况下是否可以利用**DSRM管理员**登录：

- **0**：不能登录。**DSRM管理员**只能登录到**目录服务修复模式**（默认值）。
- **1**：**DSRM管理员**可以在AD DS服务停止的情况下登录，不过**DSRM管理员**不受密码策略设置的约束。在域中只有一台域控制器或某台域控制器是在一个隔离的网络等情况下，此时可以将此参数改为这个设置值。
- **2**：在任何情况下，也就是不论AD DS服务是否启动、不论是否在**目录服务修复模式**下，都可以使用**DSRM管理员**来登录。不建议采用此方式，因为**DSRM管理员**不受密码策略设置的约束。

11.7 Active Directory回收站

Active Directory回收站（Active Directory Recycle Bin）可以实现快速救回被误删的对象。如果要启用**Active Directory回收站**，林与域功能级别需要为Windows Server 2008 R2（含）以上的级别，因此林中的所有域控制器都必须是Windows Server 2008 R2（含）以上。如果林与域功能级别尚未符合要求，请参考2.4节的说明来提高功能级别。注意一旦启用**Active Directory回收站**后，就无法再禁用，因此域与林功能级别也都无法再被降级。启用**Active Directory回收站**与救回误删对象的演练步骤如下所示：

STEP 1 打开**Active Directory管理中心**➲单击图11-7-1左侧域名sayms➲单击右侧的**启用回收站**（请先确认所有域控制器都在线）。

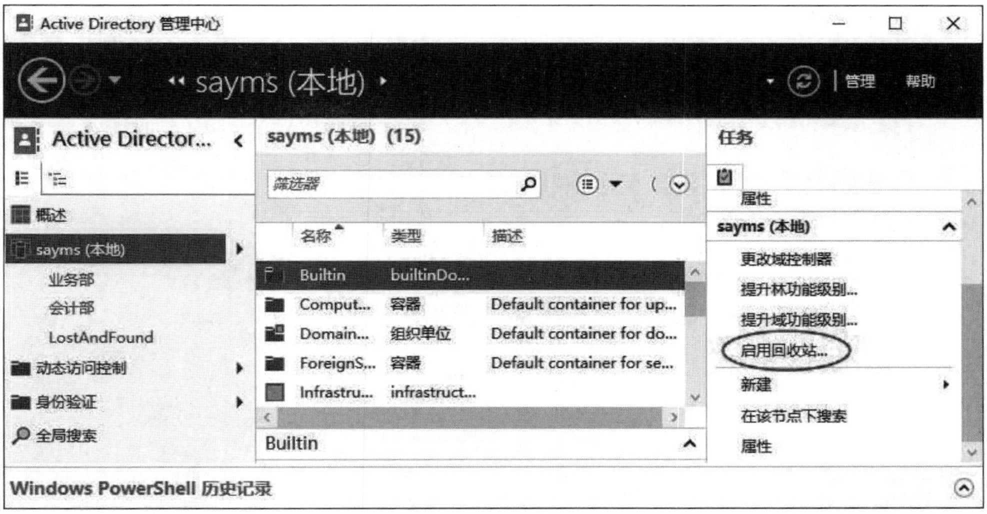

图 11-7-1

STEP 2　如图11-7-2所示单击确定按钮。

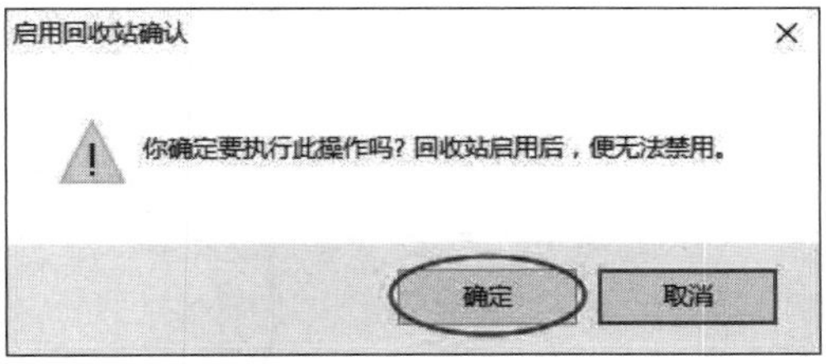

图 11-7-2

STEP 3　在图11-7-3单击确定按钮后按F5键刷新对话框。

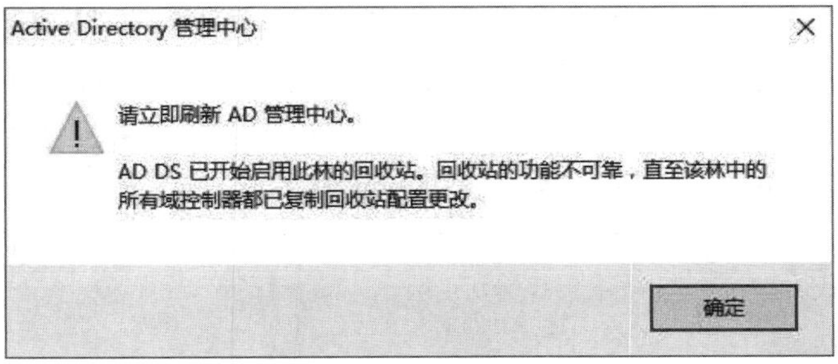

图 11-7-3

如果域内有多台域控制器或有多个域，则需要等设置值被复制到所有的域控制器后，**Active Directory回收站**的功能才会完全正常。

STEP 4　试着将某个组织单位（假设是**业务部**）删除，但是要先取消勾选防止意外删除的选项：如图11-7-4所示选择**业务部**、单击右侧的**属性**。

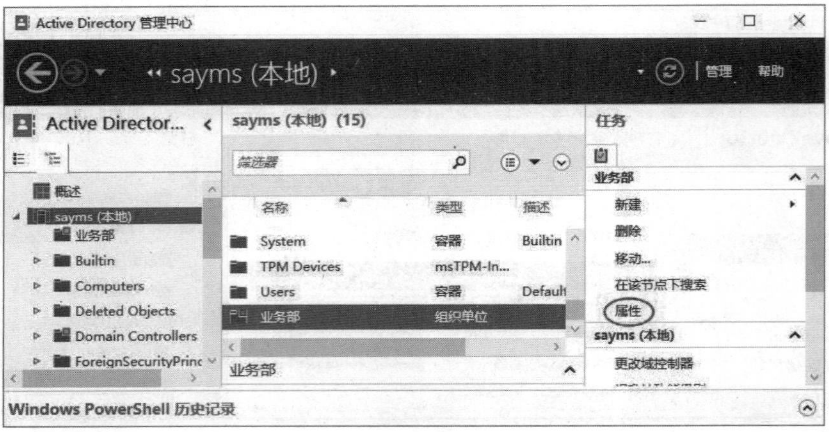

图 11-7-4

STEP 5 取消勾选图11-7-5中选项后单击确定按钮➲选中组织单位**业务部**并右击➲**删除**➲按两次是（Y）按钮。

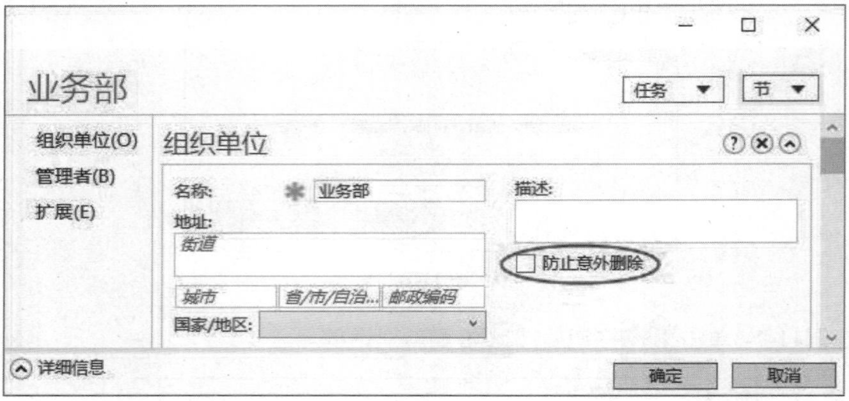

图 11-7-5

STEP 6 接下来要通过**回收站**来恢复组织单位**业务部**：双击图11-7-6中的**Deleted Objects**容器。

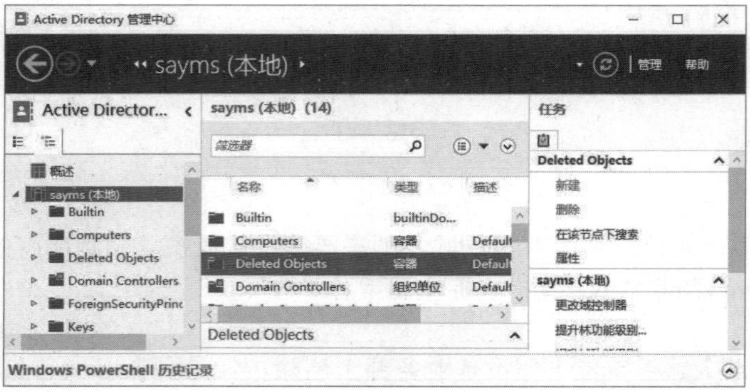

图 11-7-6

STEP 7 在图11-7-7中选择要恢复的组织单位**业务部**后，单击右侧的**还原**来将其还原到原始位置。

图 11-7-7

STEP 8 组织单位**业务部**还原完成后，接着继续在图11-7-8中选择原本位于组织单位**业务部**内的用户账户后单击**还原**。

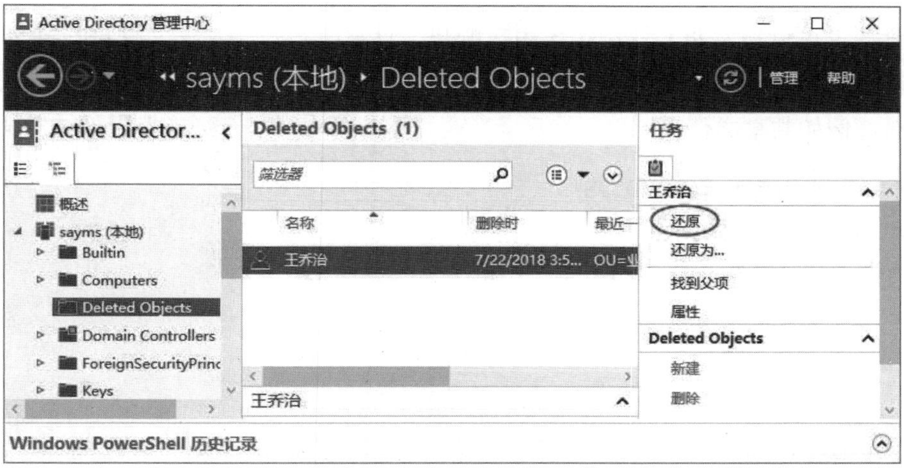

图 11-7-8

STEP 9 利用**Active Directory管理中心**来检查组织单位**业务部**与用户**王乔治**是否已成功地被恢复，而且这些被恢复的对象也会被复制到其他的域控制器。

12

第12章　将资源发布到AD DS

将资源发布（publish）到**Active Directory域服务**（AD DS）后，域用户便能够很方便地找到这些资源。可以被发布的资源包含用户账户、计算机账户、共享文件夹、共享打印机与网络服务等，其中有的是在建立对象时就会被自动发布，例如用户与计算机账户，而有的需要手动发布，例如共享文件夹。

- 将共享文件夹发布到AD DS
- 查找AD DS内的资源
- 将共享打印机发布到AD DS

12.1 将共享文件夹发布到AD DS

将共享文件夹发布到**Active Directory域服务**（AD DS）后，域用户就能够通过AD DS很容易地来搜索、访问此共享文件夹。需要为Domain Admins或Enterprise Admins组内的用户，或被委派权限者，才可以发布共享文件夹。

以下假设要将服务器DC1内的共享文件夹**C:\图库**，通过组织单位**业务部**来发布。请先利用**文件资源管理器**将此文件夹设置为共享文件夹（可通过【选中文件夹并右击➲**授予访问权限**➲**特定用户**】的方法），同时假设其共享名为**图库**。

12.1.1 利用Active Directory用户和计算机控制台

STEP 1 打开**服务器管理器**➲单击右上角**工具**➲**Active Directory用户和计算机**➲如图12-1-1所示选中组织单位**业务部**并右击➲**新建**➲**共享文件夹**。

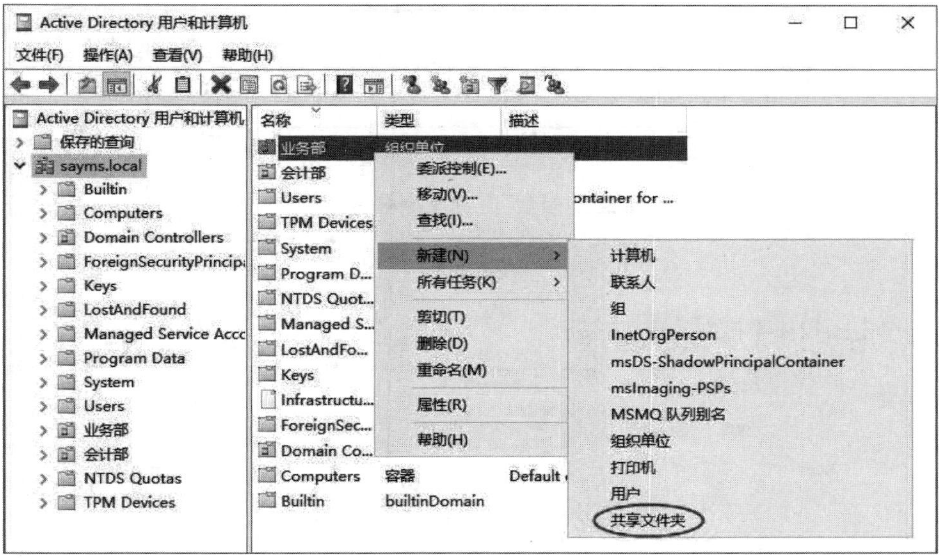

图 12-1-1

STEP 2 在图12-1-2中的**名称**处为此共享文件夹设置名称、在**网络路径**处输入此共享文件夹所在的路径**\\dc1\图库** 、单击**确定**按钮。

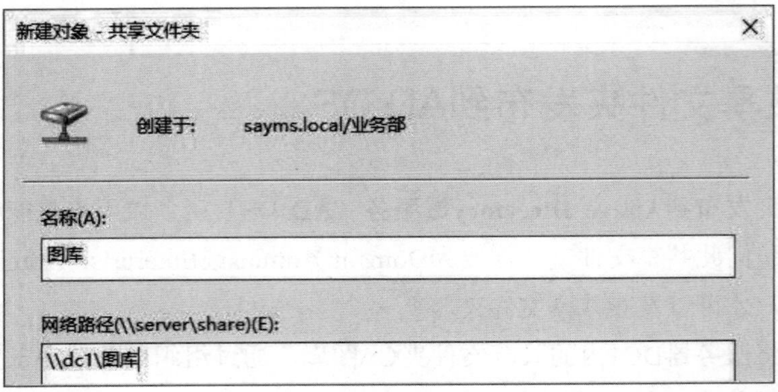

图 12-1-2

STEP 3　在图12-1-3中双击刚才建立的对象**图库**。

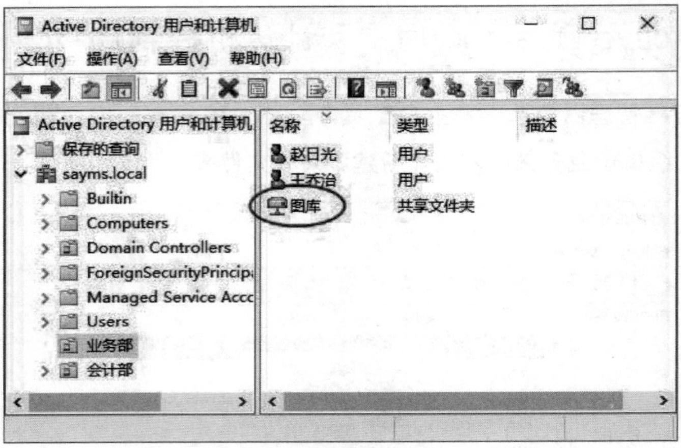

图 12-1-3

STEP 4　单击图12-1-4中的关键字按钮。

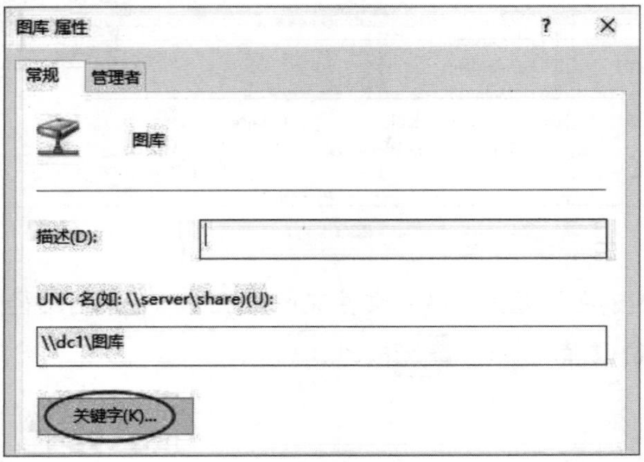

图 12-1-4

STEP 5　通过图12-1-5来将与此文件夹有关的关键字（例如**图标**、**网络图形**等）添加到此处，让用户可以通过关键字来查找此共享文件夹。完成后单击确定按钮。

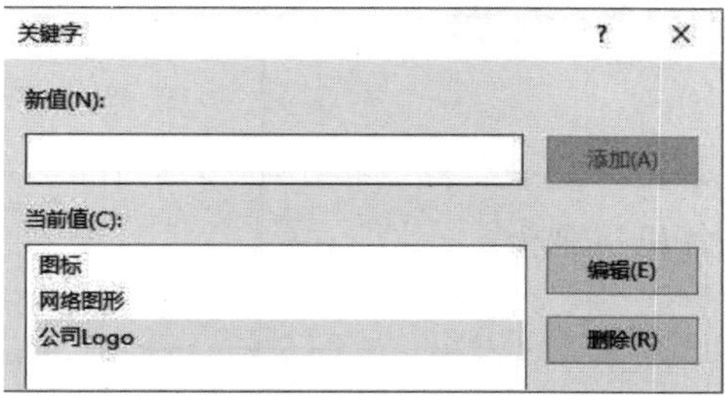

图 12-1-5

12.1.2 利用计算机管理控制台

STEP 1 请到共享文件夹所在的计算机（DC1）上【打开**服务器管理器**➲单击右上角**工具**➲**计算机管理**】。

STEP 2 如图12-1-6所示【展开**系统工具**➲**共享文件夹**➲**共享**➲双击中间的共享文件夹**图库**】。

图 12-1-6

STEP 3 如图12-1-7所示【使用发布选项卡➲勾选**将这个共享在Active Directory中发布**➲单击确定按钮】。也可以通过图右下方编辑按钮来添加关键字。

图 12-1-7

12.2 查找AD DS内的资源

管理员或用户可以通过多种方法来查找发布在AD DS内的资源，例如他们可以通过网络或**Active Directory用户和计算机**控制台。

12.2.1 通过网络

以下分别说明如何在域成员计算机内，通过网络来查找AD DS内的共享文件夹。

以Windows 10、Windows 8.1为例：【打开**文件资源管理器**➲如图12-2-1所示先单击左下角**网络**➲再单击最上方的**网络**➲单击上方**搜索Active Directory**➲在**查找**处选择**共享文件夹**➲设置查询的条件（例如图中利用**关键字**）➲单击开始查找按钮】。

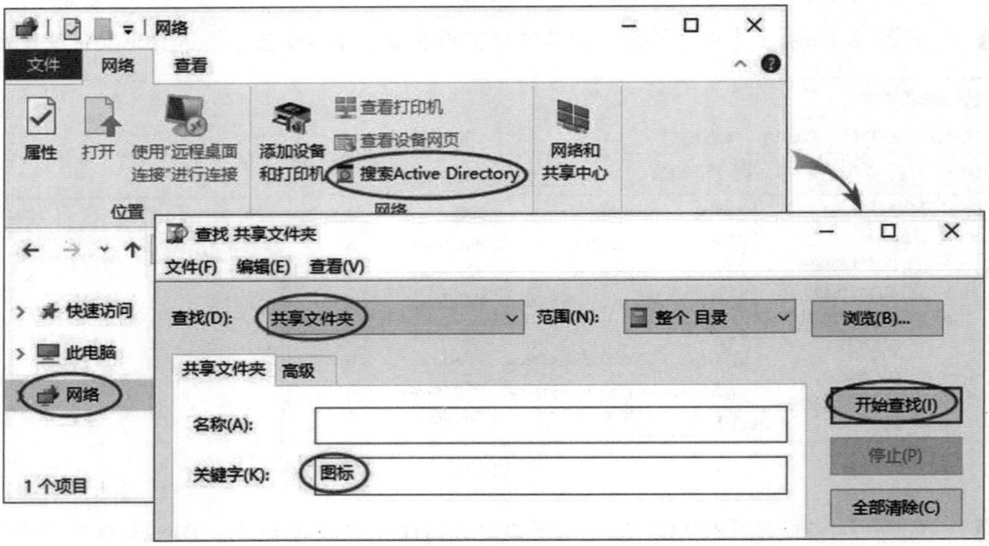

图 12-2-1

如图12-2-2所示为查找到的共享文件夹，可以直接双击此共享文件夹来访问其中的文件，或通过选中此共享文件夹并右击的方式来管理、访问此共享文件夹。

如果是Windows 7客户端：【打开**文件资源管理器**➲如图12-2-3所示单击左下角**网络**➲单击上方**搜索Active Directory**➲在**查找**处选择**共享文件夹**➲……（以下与Windows 10客户端相同）】。

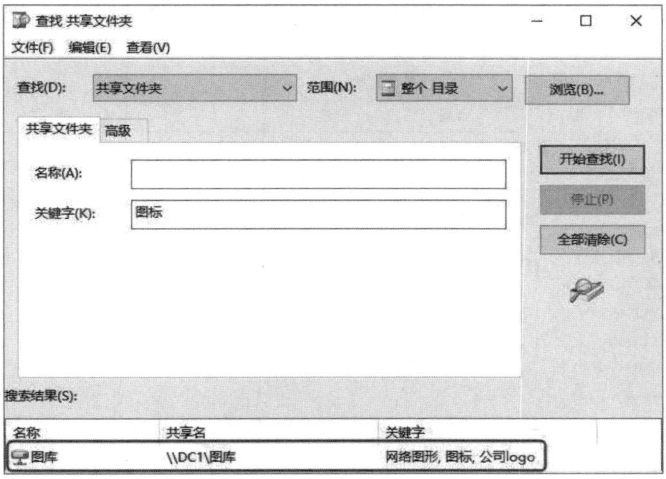

图 12-2-2

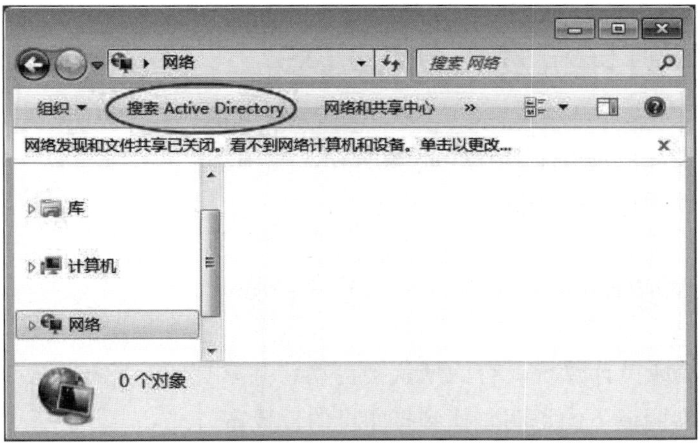

图 12-2-3

12.2.2 通过Active Directory用户和计算机控制台

一般来说，只有管理员才会使用**Active Directory用户和计算机**控制台。而这个控制台默认只存在于域控制器的**Windows管理工具**内，其他成员计算机需要安装或添加，其相关说明请参考2.8节。

想要通过**Active Directory用户和计算机**控制台来查找共享文件夹：【如图12-2-4所示选中域名sayms.local并右击➲查找➲在**查找**处选择**共享文件夹**➲设置查找的条件（例如图中利用**关键字**）➲单击开始查找按钮】。

图 12-2-4

12.3　将共享打印机发布到AD DS

将共享打印机发布到**Active Directory域服务**（AD DS）后，便可以让域用户很方便地通过AD DS来查找、使用这台打印机。

12.3.1　发布打印机

域内的Windows成员计算机，有的默认会自动将共享打印机发布到AD DS，有的需要手动发布。首先请先参照以下的说明来找到打印机的设置窗口：

- Windows Server 2019、Windows Server 2016、Windows 10：单击左下角开始图标⊞➲单击**设置**图标⚙➲**设备**➲**打印机和扫描仪**➲单击要被共享的打印机➲单击管理按钮➲单击打印机属性。
- Windows Server 2012 R2、Windows Server 2012、Windows 8.1、Windows 8：按⊞+X键➲**控制面板**➲**硬件（硬件和音效）**➲**设备和打印机**➲选中共享打印机并右击➲**打印机属性**。
- Windows Server 2008 R2、Windows 7：**开始**➲**设备和打印机**➲选中共享打印机并右击➲**打印机属性**。

接下来如图12-3-1所示（此为Windows Server 2019的对话框）单击**共享**选项卡➲勾选**列入目录**➲单击确定按钮。

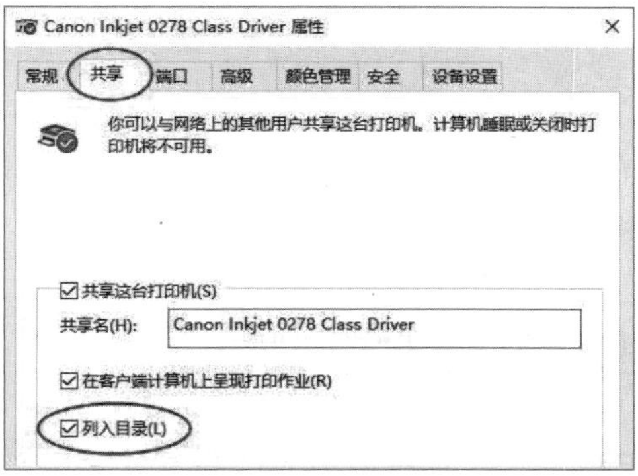

图 12-3-1

查看发布到 AD DS 的共享打印机

可以通过**Active Directory用户和计算机**来查看已被发布到AD DS的共享打印机，不过需要先如图12-3-2所示【单击**查看**菜单➲**用户、联系人、组和计算机作为容器**】。

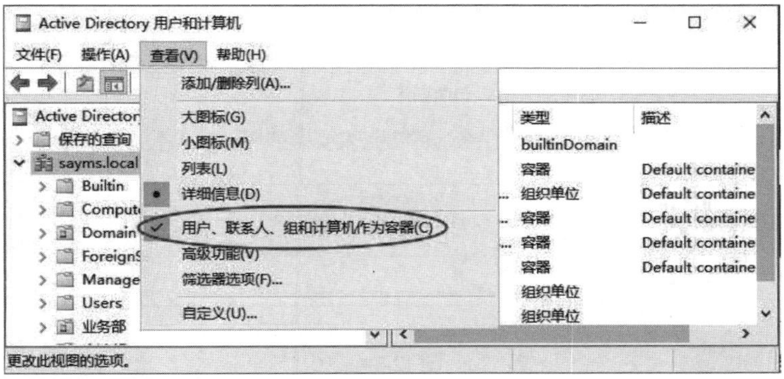

图 12-3-2

接着在**Active Directory用户和计算机**中选择拥有打印机的计算机后就可以看到被发布的打印机，如图12-3-3所示，图中的打印机对象名是由计算机名与打印机名所组成，可以自行修改此名称。

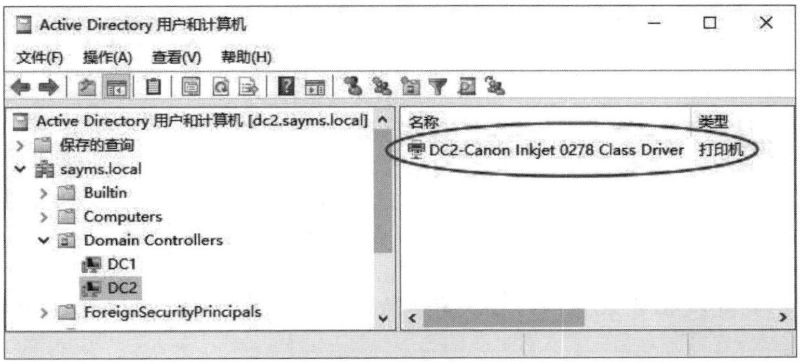

图 12-3-3

12.3.2 通过AD DS查找共享打印机

管理员或用户利用AD DS来查找打印机的方法，与查找共享文件夹的方法类似，请参考前面12.2节**查找AD DS内的资源**的说明。

12.3.3 利用打印机位置来查找打印机

如果AD DS内拥有多个站点，并且每个站点内都有许多已被发布到AD DS的共享打印机，则通过**打印机位置**可让用户来查找适合其使用的共享打印机。

1. 常规的打印机位置查找功能

如果为每一台打印机都设置**位置**，则用户可以通过**位置**来查找位于指定**位置**的打印机，如图12-3-4中的打印机**位置**被设置为**第1栋大楼**，则用户可以如图12-3-5所示利用**位置**来查找位于**第1栋大楼**的打印机。

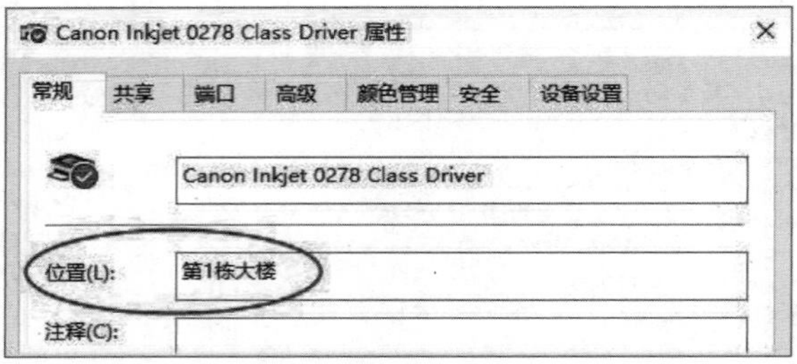

图 12-3-4

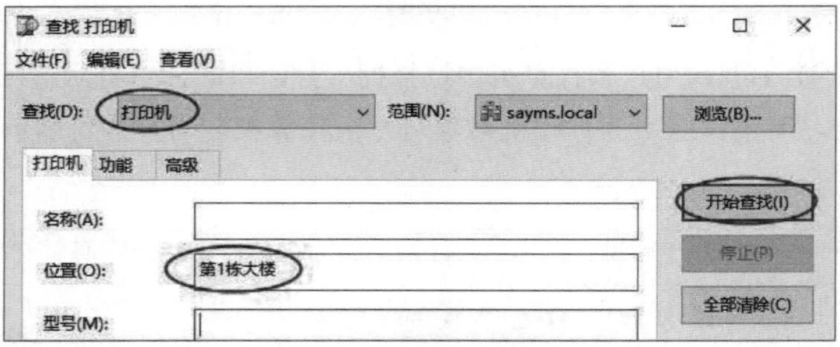

图 12-3-5

建议在打印机的**位置**处的文字采用类似**北京/第1栋大楼**、**北京/第2栋大楼**的格式，它让用户在查找打印机时更加方便和有弹性：

- 如果用户要查找位于**北京/第1栋大楼**内的打印机时，可以在**位置**处输入**北京/第1栋大楼**。
- 如果用户需要同时查找位于**北京/第1栋大楼**与**北京/第2栋大楼**的打印机时，只需要在

位置处输入**北京**即可，系统会同时寻找位于 **北京/第1栋大楼**与**北京/第2栋大楼**的打印机。

2. 高级的打印机位置查找功能

用户在利用图12-3-5中的**位置**字段来查找打印机时，必须自行输入**北京/第1栋大楼**这些文字，如果我们能够事先做适当的设置，就可以让系统自动为用户在**位置**字段处填入**北京/第1栋大楼**，让用户更方便地查找适合的打印机。

要达到上述目的，就必须为每一个AD DS站点设置**位置**，同时也为每一台打印机设置**位置**，我们以图12-3-6为例来说明，图中：

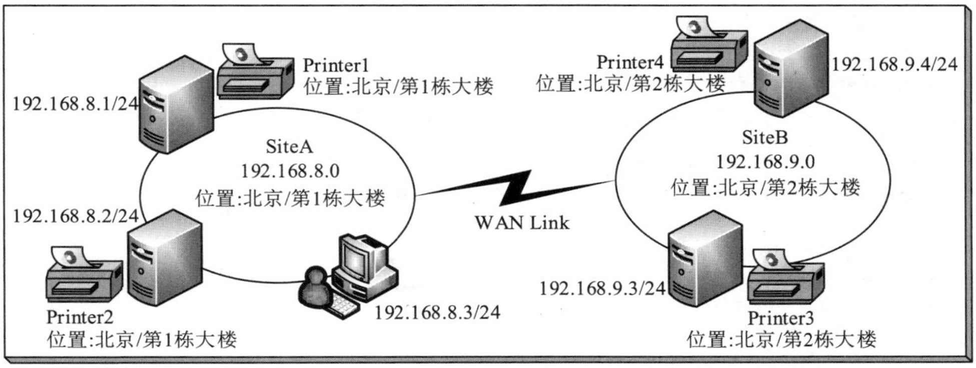

图 12-3-6

- 站点SiteA的**位置**被设为**北京/第1栋大楼**，同时这个站点内的每一台打印机（Printer1与Printer2）的**位置**也被设为**北京/第1栋大楼**。
- 站点SiteB的**位置**被设为**北京/第2栋大楼**，同时这个站点内的每一台打印机（Printer3与Printer4）的**位置**也都被设为**北京/第2栋大楼**。
- 由于站点SiteA内用户的计算机（IP地址192.168.8.3/24）是位于SiteA内，而SiteA的**位置**为**北京/第1栋大楼**，因此当此用户在查找打印机时，系统便会自动在查找打印机的界面中的**位置**字段填入**北京/第1栋大楼**，不需要用户自行输入，让用户在查找打印机时更为方便。

以上功能被称为**打印机位置跟踪**（printer location tracking），而这个功能的设置分为以下四大步骤：

STEP 1 **利用组策略启用“打印机位置跟踪”功能**：可以针对整个域内的所有计算机或某个组织单位内的计算机来启用这个功能：【**计算机配置**➲**策略**➲**管理模板**➲**打印机**➲如图12-3-7所示启用**预设打印机搜索位置文本**】，图中是利用Default Domain Policy GPO来针对域内的所有计算机来设置的。

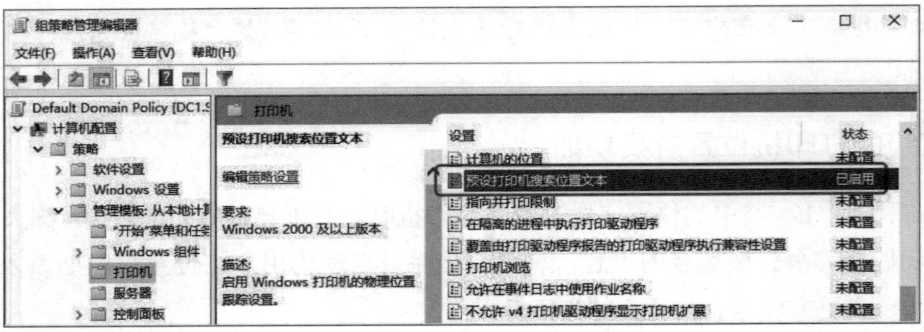

图 12-3-7

STEP 2　**利用"Active Directory站点和服务"建立IP子网**：例如图12-3-8中建立了192.168.8.0与192.168.9.0两个IP子网，它们分别被归纳在SiteA与SiteB内。

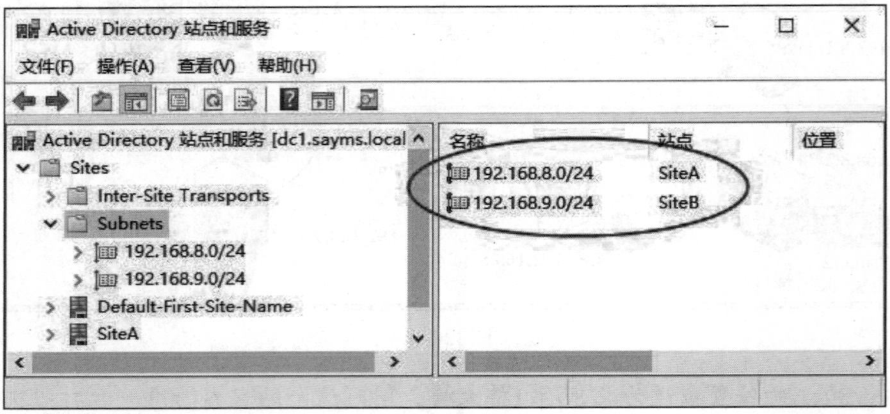

图 12-3-8

STEP 3　**设置每一个IP子网的位置**：如图12-3-9所示【单击192.168.8.0子网➲单击上方的**属性**图标➲选择**位置**选项卡➲在**位置**处输入**北京/第1栋大楼**】。继续将第2个子网192.168.9.0的**位置**设置为**北京/第2栋大楼**。

图 12-3-9

STEP 4 **设置每一台计算机上的打印机的位置**：如图12-3-10所示在打印机属性的**位置**处输入其位置字符串（以Windows Server 2019为例），图中为SiteA内某一台打印机的**位置**。也可以单击浏览按钮来选择位置，不过第1个步骤中的组策略设置需要已应用到此计算机后才会出现浏览按钮。

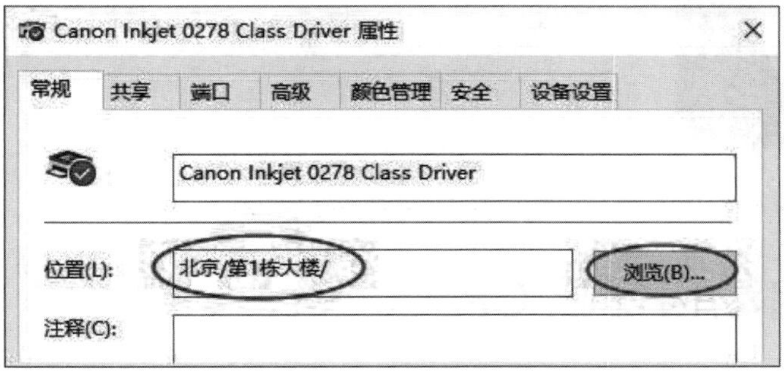

图 12-3-10

> 也可以通过Windows Server 2019的**打印管理**控制台来集中设置每一台打印机的**位置**，并且可以通过安装**打印和文件服务工具**功能的方式来拥有**打印管理**控制台。安装完成后，可以通过【打开**服务器管理器**➲单击右上角**工具**➲**打印管理**】来使用此控制台。

完成以上设置后，客户端用户在查找打印机时，系统就会自动为用户在**位置**处填入正确的位置字符串，如图12-3-11所示。

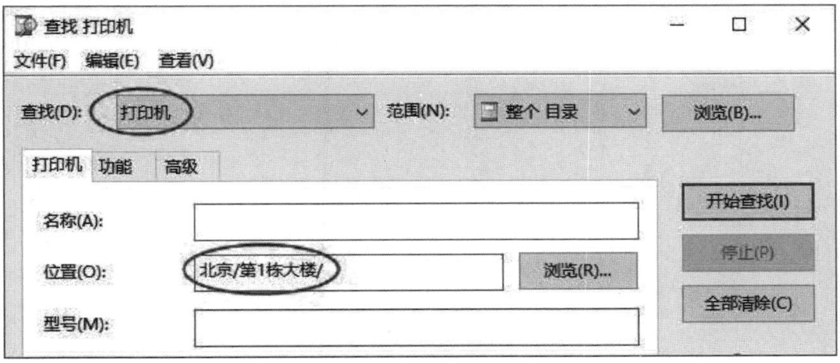

图 12-3-11

13

第 13 章　自动信任根 CA

在PKI（Public Key Infrastructure，公钥基础结构）的架构下，企业可以通过向CA（Certification Authority，证书颁发机构）所申请到的证书，来确保数据在网络上传输的安全，然而用户的计算机需要信任发放证书的CA。本章将介绍如何通过AD DS的组策略，来让域内的计算机自动信任指定的**根CA**（root CA）。

- 自动信任CA的设置准则
- 自动信任内部的独立CA
- 自动信任外部的CA

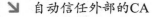

13.1 自动信任CA的设置准则

可以通过AD DS组策略（group policy），来让域内所有计算机都自动信任指定的根CA，也就是自动将这些根CA的证书发放、安装到域内所有计算机：

- 如果是企业根CA（enterprise root CA），则不需要另外设置组策略，因为AD DS会自动通过组策略将企业根CA的证书发送到域内所有计算机，也就是说域内所有计算机都会自动信任企业根CA。
- 如果是安装在成员服务器上的独立根CA（stand-alone root CA），而且是由具备访问AD DS权限的域管理员所安装的，则也不需要另外设置组策略，因为AD DS会自动通过组策略将此独立根CA的证书发送到域内所有计算机。
- 如果是安装在独立服务器的独立根CA，或是安装在成员服务器上的独立根CA但执行安装工作的用户不具备访问AD DS的权限，则需要另外通过**受信任的根证书颁发机构策略**（trusted root certificate authority policy），来将此独立根CA的证书自动发送到域内所有计算机。
- 如果不是搭建在公司内部的独立根CA，而是外界的独立根CA，则需要另外通过**企业信任策略**（enterprise trust policy），来将此独立根CA的证书自动发送到域内所有计算机。

1. Windows计算机只要信任了根CA，它们默认就会自动信任根CA之下所有的次级CA（subordinate CA）。
2. 有关证书的概念与操作，请参阅《Windows Server 2019系统与网站配置指南》这本书的第16章。

我们将针对后面两种情况，说明如何利用**受信任的根证书颁发机构策略**与**企业信任策略**，来让域内的计算机自动信任我们所指定的独立根CA。

13.2 自动信任内部的独立CA

如果公司内部的独立根CA是利用Windows Server的**Active Directory 证书服务**所搭建的，而且是安装在独立服务器，或是安装在成员服务器但执行安装工作的用户不具备访问AD DS权限，则需要通过**受信任的根证书颁发机构策略**来将此独立根CA的证书，自动发送到域内的计算机，也就是让域内的计算机都自动信任此独立根CA。我们将利用以下两大步骤来练习将名称为**Server1 Standalone Root CA**的独立根CA的证书，自动发送到域内的所有计算机：

- 下载独立根CA的证书并保存。
- 将独立根CA的证书导入到受信任的根证书颁发机构策略。

13.2.1 下载独立根CA的证书并保存

STEP 1　请到域控制器或任何一台计算机上运行网页浏览器，并输入以下的URL路径：

http://CA的主机名、计算机名或IP地址/certsrv

以下利用IP地址来举例，并假设CA的IP地址为192.168.8.31。

> 如果是在Windows Server上执行Internet Explorer，可暂时先将其**Internet Explorer增强的安全配置**（IE ESC）禁用，否则系统会阻止连接CA网站：【打开**服务器管理器**➲单击**本地服务器**➲单击**IE增强的安全配置**➲……】。

STEP 2　在图13-2-1中单击**下载CA证书、证书链或CRL**。

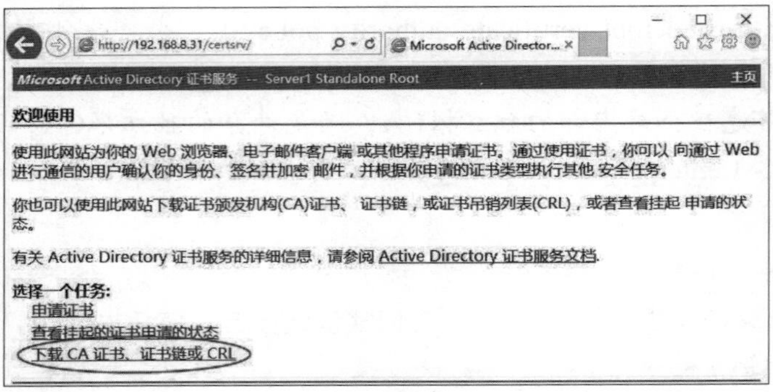
http://192.168.8.31/certsrv/
Microsoft Active Director...
Microsoft Active Directory 证书服务 -- Server1 Standalone Root
主页
欢迎使用
使用此网站为你的 Web 浏览器、电子邮件客户端 或其他程序申请证书。通过使用证书，你可以 向通过 Web 进行通信的用户确认你的身份、签名并加密 邮件，并根据你申请的证书类型执行其他 安全任务。
你也可以使用此网站下载证书颁发机构(CA)证书、 证书链，或证书吊销列表(CRL)，或者查看挂起 申请的状态。
有关 Active Directory 证书服务的详细信息，请参阅 Active Directory 证书服务文档.
选择一个任务:
申请证书
查看挂起的证书申请的状态
下载 CA 证书、证书链或 CRL

图 13-2-1

STEP 3　在图13-2-2中单击**下载CA证书**或**下载CA证书链**。

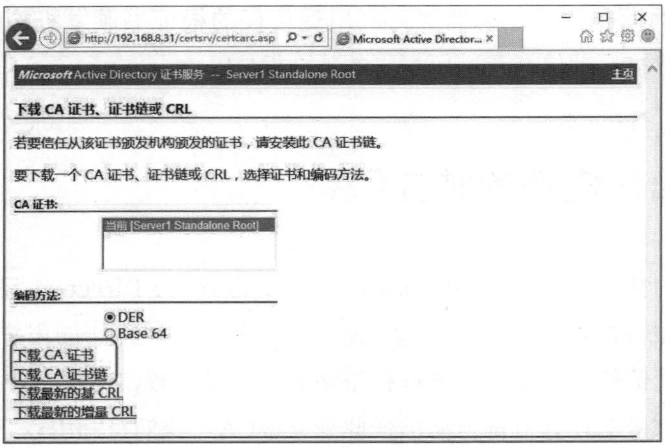
http://192.168.8.31/certsrv/certcarc.asp
Microsoft Active Director...
Microsoft Active Directory 证书服务 -- Server1 Standalone Root
主页
下载 CA 证书、证书链或 CRL
若要信任从该证书颁发机构颁发的证书，请安装此 CA 证书链。
要下载一个 CA 证书、证书链或 CRL，选择证书和编码方法。
CA 证书:
当前 [Server1 Standalone Root]
编码方法:
DER
Base 64
下载 CA 证书
下载 CA 证书链
下载最新的基 CRL
下载最新的增量 CRL

图 13-2-2

STEP 4 请通过接下来的窗口保存下载的CA证书文件：

- 如果前一个步骤中选择**下载CA证书**，则会将其文件名设置为certnew.cer（包含证书）。
- 如果前一个步骤中选择**下载CA证书链**，则会将其文件名设置为certnew.p7b的文件（包含证书与证书路径）。

如果计算机的**根证书存储**（root store）中已经有该CA的证书，也就是此计算机已经信任该CA，则可以利用另一种方式来保存CA的证书文件：【按⊞+R键➲输入control后按Enter键➲**网络和Internet**➲**Internet选项**➲选择**属性**选项卡➲单击证书按钮➲如图13-2-3所示选择**受信任的根证书颁发机构**选项卡➲选择CA的证书➲单击导出按钮】。

图 13-2-3

13.2.2 将CA证书导入到受信任的根证书颁发机构策略

假设要让域内所有计算机都自动信任前述的独立根CA：**Server1 Standalone Root CA**，而且要通过Default Domain Policy GPO来设置。

如果仅是要让某个组织单位内的计算机来信任前述独立根CA，请通过该组织单位的GPO来设置。

STEP 1 到域控制器上【打开**服务器管理器**➲单击右上角**工具**➲**组策略管理**➲如图13-2-4所示展开到域sayms.local➲选中Default Domain Policy 并右击➲**编辑**】。

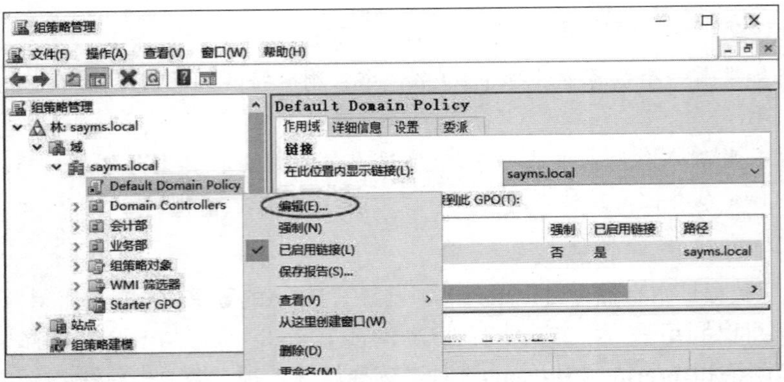

图 13-2-4

STEP 2　如图13-2-5所示【展开**计算机配置**➲**策略**➲**Windows设置**➲**安全设置**➲**公钥策略**➲选中**受信任的根证书颁发机构**并右击➲**导入**】。

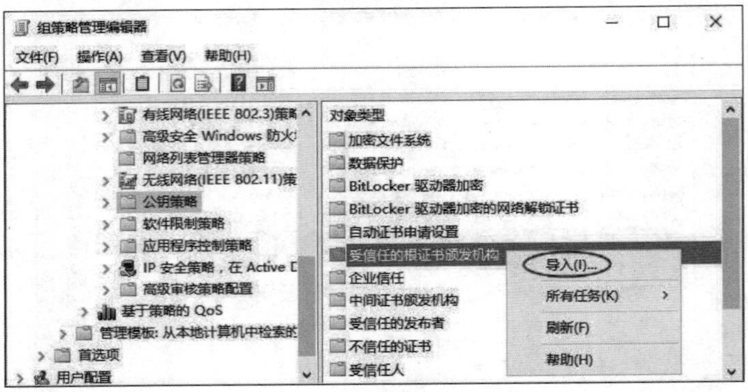

图 13-2-5

STEP 3　出现**欢迎使用证书导入向导**对话框时单击下一步按钮。

STEP 4　在图13-2-6中选择之前下载的CA证书文件后单击下一步按钮，图中我们选择包含证书与证书路径的.p7b文件。

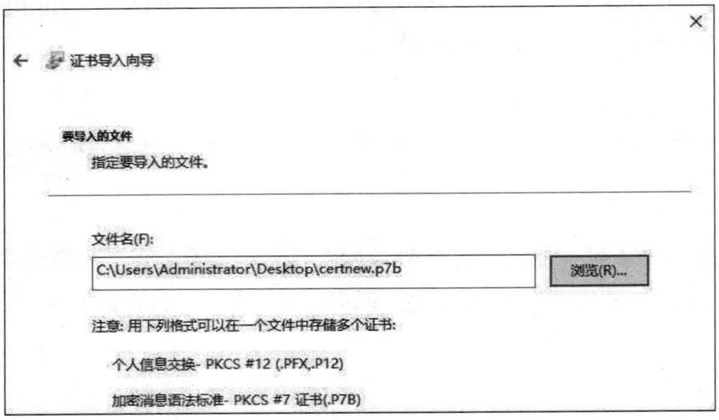

图 13-2-6

STEP 5　在图13-2-7中单击下一步按钮。

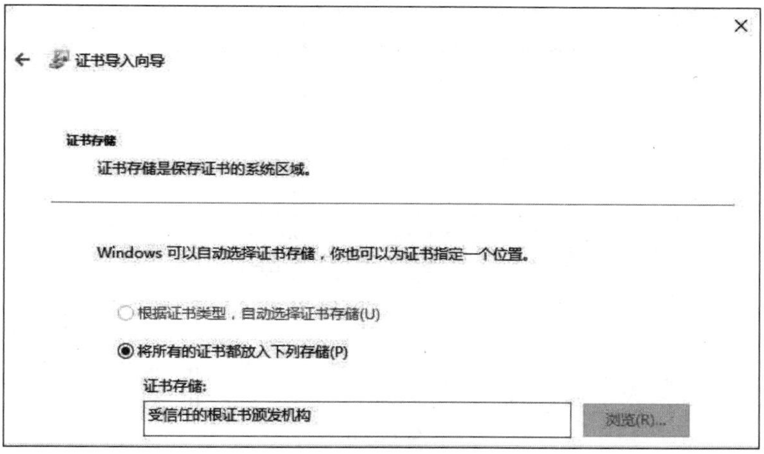

图 13-2-7

STEP 6　出现**完成证书导入向导**对话框时单击完成按钮。

STEP 7　图13-2-8所示为完成后的窗口。

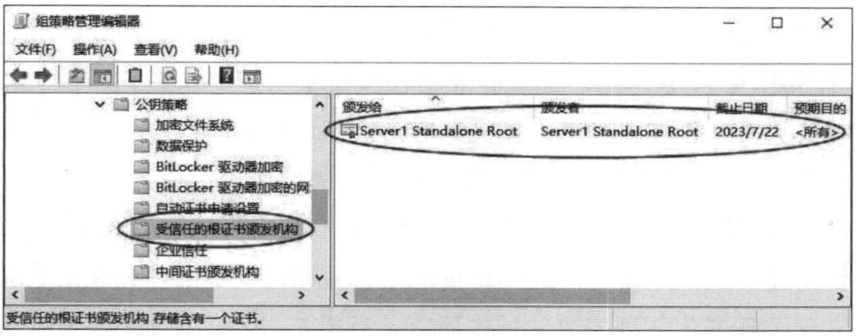

图 13-2-8

完成以上步骤后，域内所有计算机在应用这个策略后，它们就都会自动信任上述的独立根CA。也可以在每一台成员计算机上执行**gpupdate /force**命令来快速应用此策略，然后通过以下途径来检查这些计算机是否已经信任这台名称为**Server1 Standalone Root CA**的独立根CA：【按⊞+R键➲输入control后按Enter键➲**网络和Internet**➲**Internet选项**➲单击**属性**选项卡➲单击证书按钮➲如图13-2-9所示单击**受信任的根证书颁发机构**选项卡】，由图中可知此计算机（假设是Windows 10客户端）已经信任此独立根CA。

图 13-2-9

13.3 自动信任外部的CA

可以让域内所有计算机都自动信任位于外部的根CA，其方法是先建立**证书信任列表**（certificate trust list，CTL），然后通过**企业信任策略**来将**证书信任列表**内所有根CA的证书发送到域内所有计算机，让域内所有计算机都自动信任这些根CA。

虽然外界的根CA可以发放各种不同用途的证书，例如用来保护电子邮件的证书、服务器验证的证书等，可是有时你只希望信任此根CA所发放的证书只能够用在单一用途上，例如服务器验证，其他用途一概拒绝信任，这些设置也是一并通过**证书信任列表**来完成。

以下将建立一个**证书信任列表**来让域内所有计算机都自动信任名称为External Standalone Root CA的独立根CA，不过只信任其用在**服务器验证**的单一用途上。

首先需要取得此独立根CA的证书，然后因为**证书信任列表**必须经过签名，因此还需要申请一个可以用来将**证书信任列表**签名的证书。我们将通过以下三大步骤来练习：

- 下载独立根CA的证书并保存。
- 申请可以将**证书信任列表**签名的证书。
- 建立**证书信任列表**（CTL）。

13.3.1 下载独立根CA的证书并保存

下载名称假设为External Standalone Root CA的独立根CA的证书并保存，假设其文件名为ExtCertnew.p7b：

- 如果这台独立根CA是利用Windows Server的**Active Directory证书服务**所搭建的，则其操作方法与前一节**下载独立根CA的证书并保存**相同，请前往参考。

- 如果这台根CA是利用其他软件所搭建的，则请参考该软件的文件来操作。

申请可以将证书信任列表签名的证书

由于**证书信任列表**需要经过签名，因此必须申请一个可以将**证书信任列表**签名的证书。假设要向名称为Sayms Enterprise Root CA的企业根CA申请此证书。

STEP 1 请到域控制器上登录，然后按⊞+R键➲执行certmgr.msc后单击确定按钮。

STEP 2 如图13-3-1所示选中**个人**并右击➲**所有任务**➲**申请新证书**。

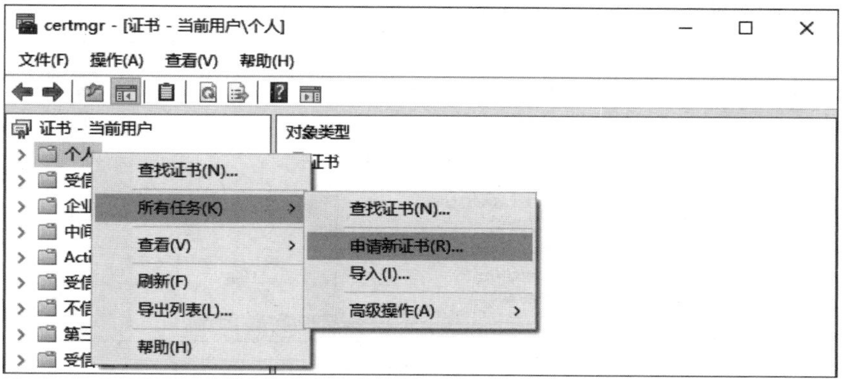

图 13-3-1

STEP 3 出现**在你开始前**对话框时单击下一步按钮。

STEP 4 出现**选择证书注册策略**对话框时单击下一步按钮。

STEP 5 在图13-3-2中勾选**管理员**后单击注册按钮。

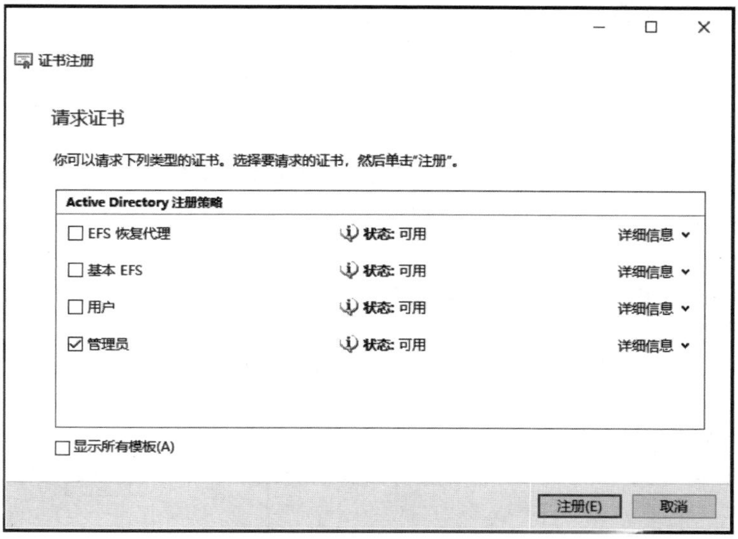

图 13-3-2

STEP 6　出现**证书安装结果**界面时单击完成按钮。

13.3.2　建立证书信任列表

以下所要建立的**证书信任列表**（CTL）内包含名称为**External Standalone Root CA**的外部独立根CA的证书，也就是要让域内所有计算机都自动信任此独立根CA，而我们将通过Default Domain Policy GPO来设置。

STEP 1　接着【打开**服务器管理器**➲单击右上角**工具**➲**组策略管理**➲如图13-3-3所示展开到域sayms.local➲选中Default Domain Policy 并右击➲**编辑**】。

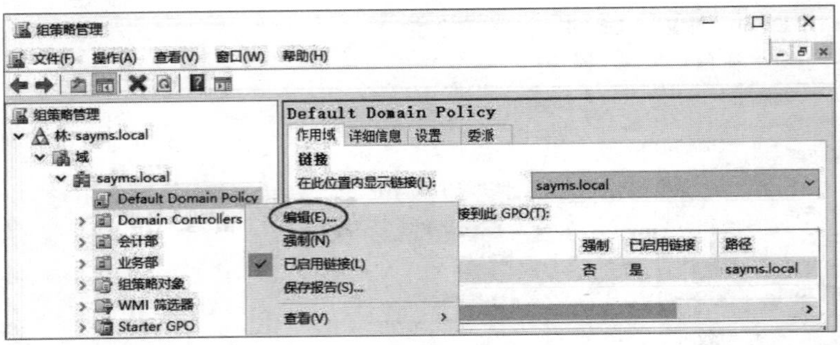

图 13-3-3

STEP 2　展开**计算机配置**➲**策略**➲**Windows设置**➲**安全设置**➲**公钥策略**➲如图13-3-4所示选中**企业信任**并右击➲**新建**➲**证书信任列表**。

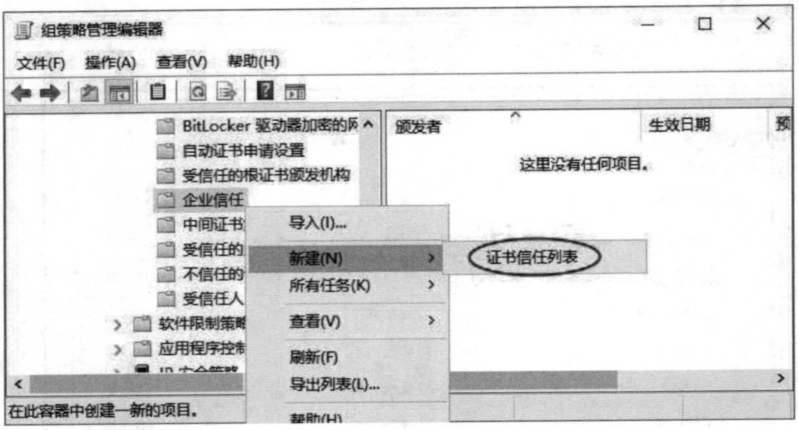

图 13-3-4

STEP 3　出现**欢迎使用证书信任列表向导**对话框时单击下一步按钮。

STEP 4　在图13-3-5中勾选CTL的用途（**服务器身份验证**）后单击下一步按钮。

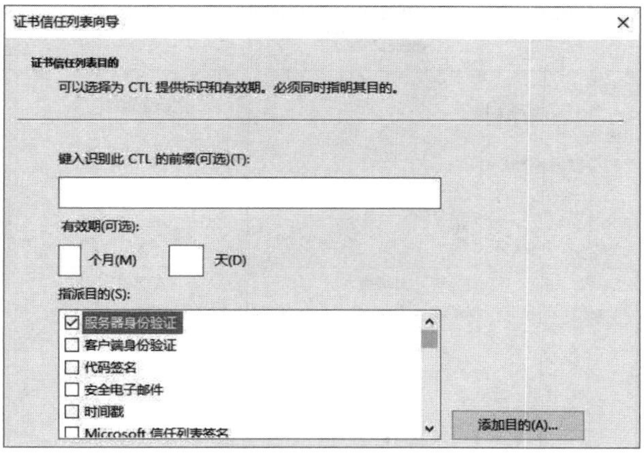

图 13-3-5

STEP 5　在图13-3-6中选择**从文件添加**。

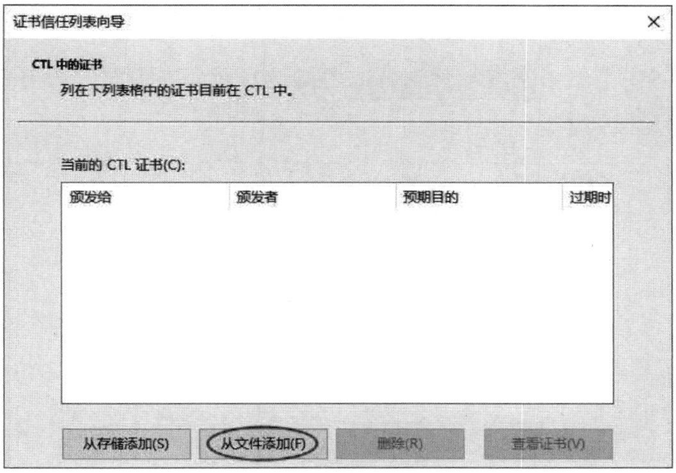

图 13-3-6

STEP 6　图13-3-7中选择外部独立根CA（External Standalone Root CA）的证书文件后，单击**打开**按钮。

图 13-3-7

STEP 7　回到图13-3-8的对话框时单击下一步按钮。

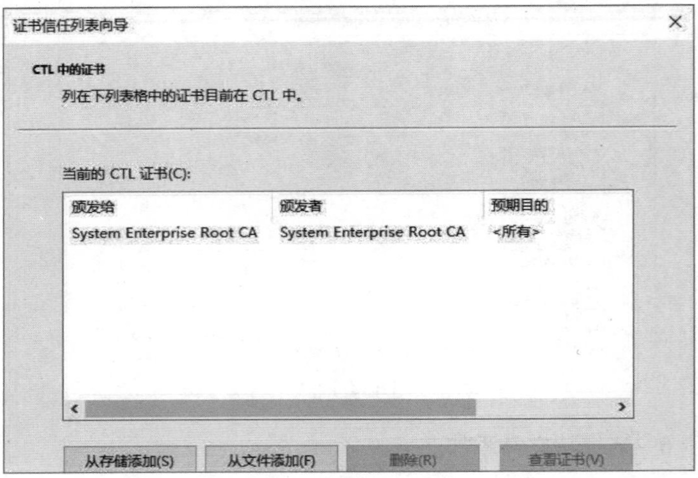

图 13-3-8

STEP 8　在图13-3-9中【单击从存储区选择按钮➲选择我们在前面申请用来对CTL签名的证书➲单击确定按钮】。

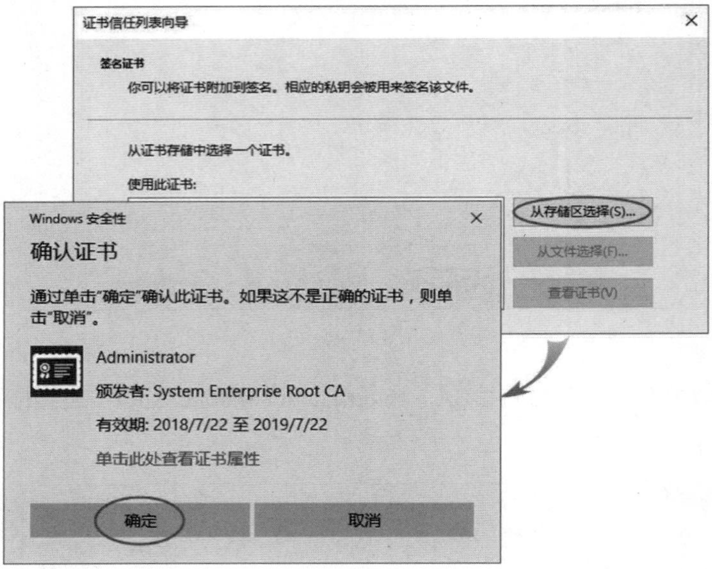

图 13-3-9

STEP 9　接下来两个对话框都直接单击下一步按钮。

STEP 10　在图13-3-10中为此列表设置好记的名称与描述后单击下一步按钮。

STEP 11　出现**完成证书信任列表向导**对话框时单击完成按钮，单击确定按钮。

STEP 12　图13-3-11所示为完成后的窗口。

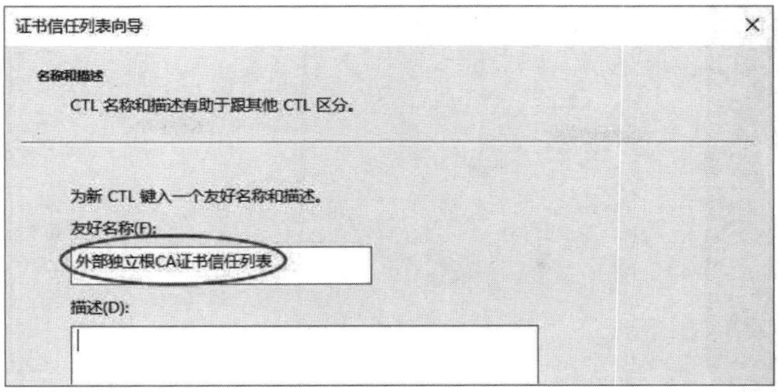

图 13-3-10

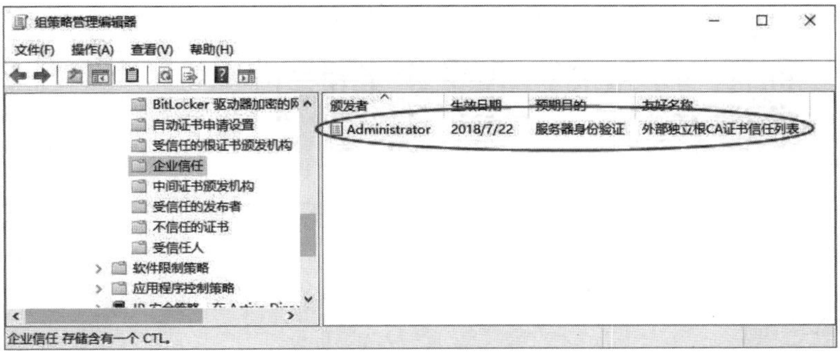

图 13-3-11

完成以上步骤后，域内所有计算机在应用这个策略，它们就都会自动信任上述的外部独立根CA。可以到每一台计算机上执行**gpupdate /force**命令来快速应用此策略，然后在这些计算机上通过**证书**管理控制台（按⊞+R键➲执行certmgr.msc后单击确定按钮）来检查它们是否已经取得这个证书信任列表，如图13-3-12所示为已经成功取得此列表的界面。

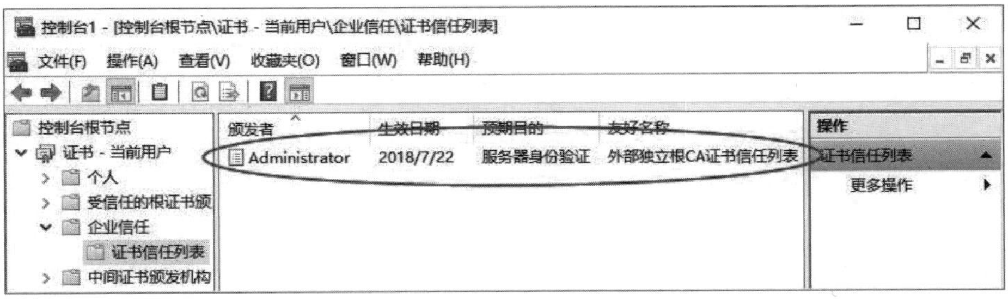

图 13-3-12

> 通过**证书信任列表**所信任的CA证书，并不会显示在用户计算机的**受信任根证书颁发机构**存储区。

可以将此CTL导出保存，其方法为【选中此CTL并右击➲**所有任务**➲**导出**】，以后有需要时可以再通过【选中**企业信任**并右击➲**导入**】的方法来将其导入。

14

第 14 章　利用 WSUS 部署更新程序

WSUS（Windows Server Update Services）可让你将Microsoft产品的最新更新程序部署到企业内部计算机。

- WSUS概述
- WSUS的系统需求
- WSUS的特性与工作方式
- 安装WSUS服务器
- 设置客户端的自动更新
- 审批更新程序
- 自动更新的组策略设置

14.1 WSUS概述

为了让用户的Windows系统与其他Microsoft产品能够更安全、更稳定、功能更强，因此Microsoft会不定期在网站上释放出最新的**更新程序**（例如Update、Service Pack等）供用户下载与安装，然而用户无论是通过手动或自动更新，都可能会有以下的缺点：

- **影响网络效率**：如果企业内部每一台计算机都自行上网更新，将会增加对外网络的负担、影响对外连接的网络效率。
- **与现有软件相互干扰**：如果企业内部所使用的软件与更新程序发生冲突，则用户径自下载与安装更新程序可能会影响该软件或更新程序的正常运行。

WSUS（Windows Server Update Services）是一个可以解决上述问题的产品，如图14-1-1中企业内部可以通过WSUS服务器来集中从Microsoft Update网站下载更新程序，并在完成这些更新程序的测试工作、确定对企业内部计算机无不良影响后，再通过网管人员的核准程序（approve）将这些更新程序部署到客户端的计算机上。

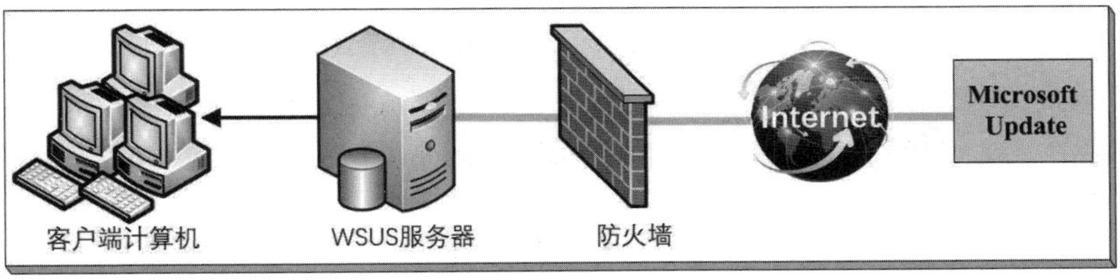

图 14-1-1

14.2 WSUS的系统需求

以图14-1-1的基本WSUS架构为例，WSUS服务器与客户端计算机都需要满足适当的条件后，才可以享有WSUS的好处。可以在Windows Server 2019内通过添加角色的方式来安装WSUS。安装WSUS之前，建议先安装以下组件：

- **Microsoft Report Viewer Redistributable 2012**：WSUS服务器需要通过它来制作各种不同的报告，例如更新程序状态报告、客户端计算机状态报告与同步处理结果报告等。
- **Microsoft System CLR Types for SQL Server 2012**：安装Microsoft Report Viewer Redistributable 2012前需要先安装Microsoft System CLR Types for SQL Server 2012。

> WSUS服务器的系统分区（system partition）与安装WSUS的磁盘分区的文件系统都必须是NTFS。

可以利用WSUS服务器内建的**Windows Server Update Services**管理控制台（**WSUS管理控制台**）来执行WSUS服务器的管理工作。也可以在其他计算机上来管理WSUS服务器，不过需要在这些计算机上安装“Windows Server Update Services管理控制台”，以Windows Server 2019与Windows 10为例：

- Windows Server 2019：可以通过**服务器管理器**的**添加角色和功能**来安装。请选择**功能**中的【远程服务器管理工具➲角色管理工具➲Windows Server Update Services工具】。
- Windows 10 1809之前的版本：请到微软网站下载与安装**Windows 10 的远程服务器管理工具**（Remote Server Administration Tools for Windows 10）。
- Windows 10 1809（含）之后的版本：请先确认可以连上Internet，然后【单击左下角**开始**图标⊞➲单击**设置**图标⚙➲单击**应用**➲单击**可选功能**➲单击**添加功能**➲单击**RSAT：Windows Server Update Services工具**➲单击安装按钮】。

安装完成后可通过【单击左下角**开始**图标⊞➲**Windows管理工具**➲Windows Server Update Services】的方法来执行。

除此之外，这些计算机还必须安装Microsoft System CLR Types for SQL Server 2012与Microsoft Report Viewer Redistributable 2012。

14.3 WSUS的特性与工作方式

为了让你更容易地搭建WSUS环境，本节将先详细解释WSUS的基本特性与工作方式。

14.3.1 利用计算机组部署更新程序

如果能够将企业内部客户端计算机适当分组，就可以更容易与明确地将更新程序部署到指定的计算机。系统默认内建两个计算机组：**所有计算机**与**未分配的计算机**，客户端计算机在第1次与WSUS服务器接触时，系统默认会将该计算机同时加入到这两个组内。可以再增加更多的计算机组，如图14-3-1中的**业务部计算机**组，然后将计算机从**未分配的计算机**组内移动到新组内。另外，因为WSUS服务器从Microsoft Update网站所下载的更新程序，最好经过测试后，再将其部署到客户端计算机，因此图中还建立了一个**测试计算机**组，我们应该先将更新程序部署到**测试计算机**组内的计算机，待测试无误、确定对企业内部计算机无不良影响后，再将其部署到其他组内的计算机。

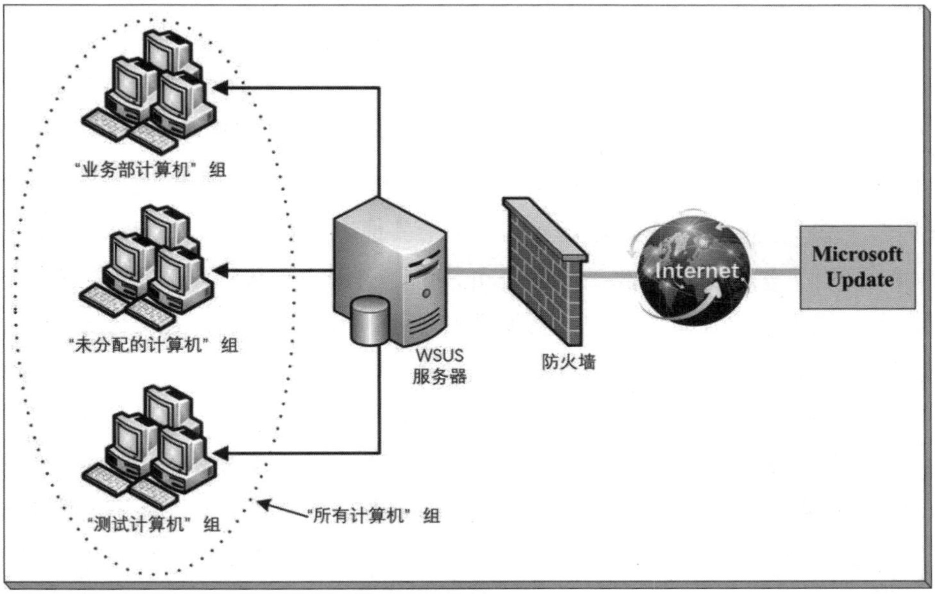

图 14-3-1

14.3.2 WSUS服务器的架构

可以建立更复杂的WSUS服务器架构，也就是建立多台WSUS服务器，并设置让其中一台WSUS服务器（称为**主服务器**）从Microsoft Update网站来取得更新程序，但是其他服务器并不直接连接Microsoft Update网站，而是从上游的**主服务器**来取得更新程序，如图14-3-2中的上游WSUS服务器就是**主服务器**，而下游服务器会从上游的**主服务器**取得更新程序。

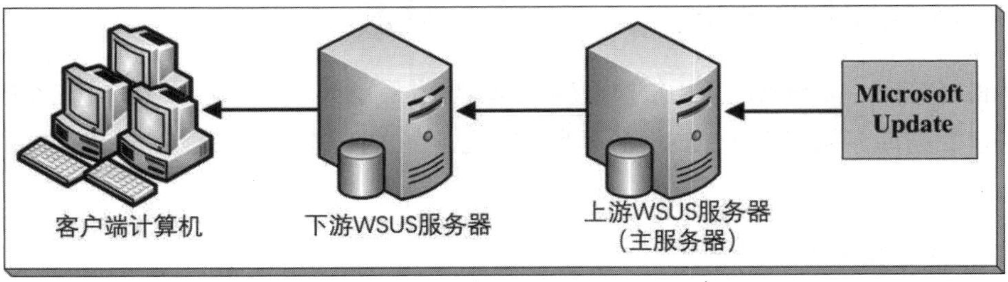

图 14-3-2

这种将WSUS服务器通过上下游方式串接在一起的工作模式有以下两种：

- **自治模式**：下游服务器会从上游服务器来取得更新程序，但是并不包含更新程序的审核状态、计算机组信息，因此下游服务器必须自行决定是否要核准这些更新程序与自行建立所需的计算机组。
- **副本模式**：下游服务器会从上游服务器来取得更新程序、更新程序的审核状态与计算机组信息，所有可以在上游服务器管理的项目均无法在下游服务器自行管理，例如不能够自行改变更新程序的审核状态等。

注意，上述计算机组信息只有计算机组本身而已，并不包含计算机组的成员，必须自行在下游服务器来管理组成员，而客户端计算机在第1次与下游WSUS服务器接触时，这些计算机默认会被同时加入到**所有计算机**与**未分配的计算机**组内。

可以根据公司网络环境的需要来采用这种上下游WSUS服务器串联的方式，例如只需要从上游服务器下载一次更新程序，然后将它分配给其他下游服务器，以便降低Internet连接的负担；又如对拥有大量客户端计算机的大公司来说，只用一台WSUS服务器来管理这些客户端计算机，负担较重，此时通过上下游服务器来分散管理是较佳的方式；再如如果能够将更新程序放到比较接近客户端计算机的下游服务器，可以让客户端计算机更快速取得所需的更新程序。

采用上下游WSUS服务器串接架构，还需要考虑到不同语言的更新程序，举例来说，如果上游WSUS服务器是架设在总公司，总公司需要的语言是简体中文，而下游服务器是架设在分公司，分公司需要的语言是英文，虽然总公司仅需要简体中文的更新程序，但是必须在总公司的上游服务器选择从Microsoft Update网站同时下载简体中文与英文版的更新程序。换句话说，连接Microsoft Update网站的上游WSUS服务器（主服务器），必须下载所有下游服务器所需要的有语言的更新程序，否则下游服务器将无法取得所需语言的更新程序。

> 这种上下游WSUS服务器串接的方式，建议最好不要超过3层（虽然理论上并没有层数限制），因为每增加一层，就会增加延迟时间，因此拉长将更新程序传递到每一台计算机的时间。

14.3.3 选择数据库与存储更新程序的位置

可以利用Windows Server 2019的内置数据库或Microsoft SQL Server 2008 R2 SP1（或新版）来搭建数据库。每一台WSUS服务器都有自己独立的一个数据库，这个数据库是用来存储以下的信息：

- WSUS服务器的配置信息。
- 描述每一个更新程序的metadata。Metadata内包含着以下内容：
  - **更新程序的属性**：例如更新程序的名称、描述、相关的Knowledge Base文章编号等。
  - **适用规则**：用来判断更新程序是否适用于某台计算机。
  - **安装信息**：例如安装时所需的命令行参数（command-line options）。
- 客户端计算机与更新程序之间的关系。

然而上述数据库并不会存储更新程序文件本身，必须再选择更新程序文件的存储位置，而你可以有以下两种选择：

- **存储在WSUS服务器的本地硬盘内**：此时WSUS服务器会从Microsoft Update网站（或上游服务器）下载更新程序，并将其存储到本地硬盘内。此种方式让客户端可以直接从WSUS服务器来取得更新程序，不需要到Microsoft Update网站下载，如此可以节省Internet连接的带宽。

  WSUS服务器的硬盘需要有足够空间来存储更新程序文件，最少要有10 GB的可用空间，建议是40 GB以上，不过实际需求要看Microsoft所释放出的更新程序数量、所下载的语言数量、产品的种类数量等因素而可能需要再预留更多的可用空间。
- **存储在Microsoft Update网站**：此时WSUS服务器并不会从Microsoft Update网站来下载更新程序，换句话说，当执行WSUS服务器与Microsoft Update之间的同步工作时，WSUS服务器只会从Microsoft Update网站下载更新程序的Metadata数据，并不会下载更新程序本身。

  因此，当核准客户端可以安装某个更新程序后，客户端是直接连接Microsoft Update网站来下载更新程序。如果客户端计算机的数量不多，或客户端与WSUS服务器之间的连接速度不快，但是客户端却与Internet之间的连接速度较快时，就可以选择此选项。

14.3.4 延迟下载更新程序

WSUS支持延迟（defer）下载更新程序文件，也就是WSUS服务器会先下载更新程序的metadata，之后再下载更新程序文件（见图14-3-3）。更新程序文件只有在核准该更新程序后才会被下载，这种方式可以节省网络带宽与WSUS服务器的硬盘空间使用量。Microsoft建议采用延迟下载更新程序的方式，而它也是WSUS的默认值。

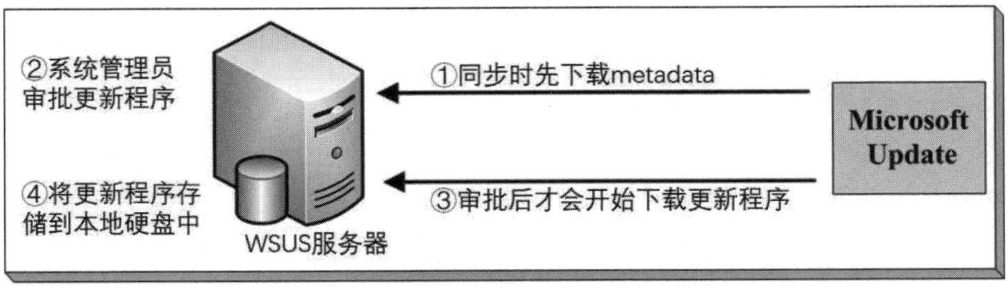

图 14-3-3

14.3.5 使用“快速安装文件”

客户端计算机要安装更新程序时，此计算机内可能已经有该更新程序的旧版文件，这个旧文件与新更新程序之间的差异可能不大，如果客户端能够只下载新版与旧版之间的差异，然后利用将差异合并到旧文件的方式来更新，将可减少从WSUS服务器下载的数据量、降低对企业内部网络的负担。

不过采用这种方式，WSUS服务器从Microsoft Update网站所下载的文件（称为**快速安装文件**）会比较大，因为此文件内必须包含新更新程序与各旧版文件之间的差异，因此WSUS服务器在下载文件时会占用很大的对外网络带宽。

例如假设更新程序文件的原始大小为100 MB，图14-3-4上半部是未使用**快速安装文件**的情况，此时WSUS服务器会从Microsoft Update网站下载这个大小为100 MB的文件，客户端从WSUS服务器也是下载100 MB的数据量。图下半部是使用**快速安装文件**的情况，此文件变为较大的200 MB（这是为了解释方便的假设值），虽然WSUS服务器需从Microsoft Update下载的文件大小为200 MB，但是客户端从WSUS服务器仅需下载30 MB的数据量。系统默认是未使用**快速安装文件**。

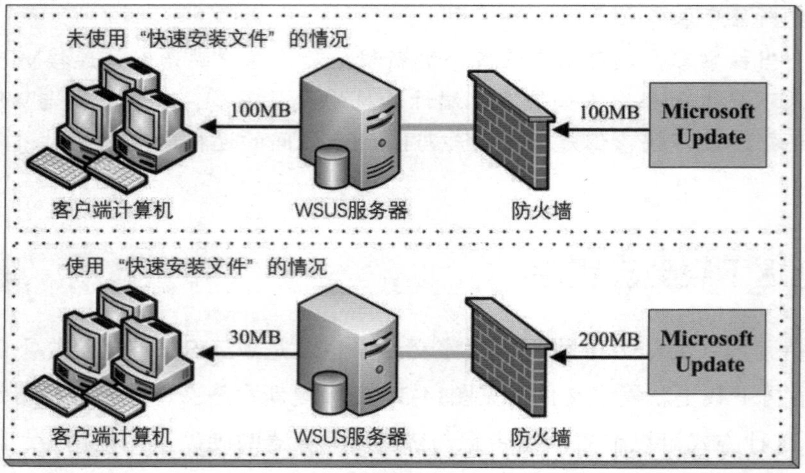

图 14-3-4

14.4 安装WSUS服务器

搭建WSUS并不需要AD DS（Active Directory Domain Services）域环境，但是为了利用组策略来充分控管客户端的自动更新设置，因此建议采用AD DS域。

我们将利用图14-4-1的环境来说明。图中安装了一台Windows Server 2019域控制器，计算机名称为DC，域名为sayms.local，它同时也是用来支持AD DS的DNS服务器；WSUS服务器为Windows Server 2019成员服务器，计算机名为WSUS；图中另外至少搭建了两台客户端计算机Win10PC1、Win8PC1，假设它们也都加入域。请先准备好图中的计算机、并配置其TCP/IPv4设置值（图中采用TCP/IPv4）、搭建好AD DS域、将其他计算机加入域。

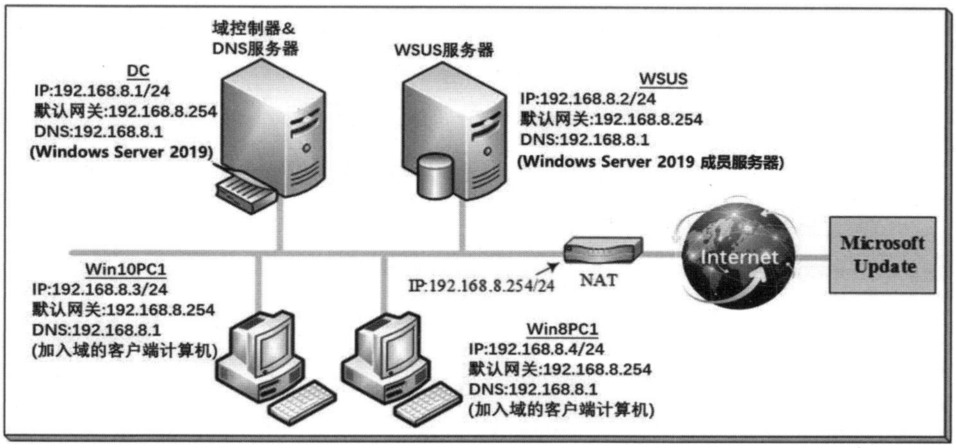

图 14-4-1

另外，为了能够从Microsoft Update网站下载更新程序，因此请确认图中的网络可以连接Internet，图中假设此网络是通过NAT（Network Address Translation，例如IP共享设备、宽带路由器等）连上Internet，且假设NAT局域网络端的IP地址为192.168.8.254。

1. 如果利用Hyper-V或VMware搭建虚拟机、并且虚拟机的虚拟硬盘是从同一个母盘复制，请务必在虚拟机上执行Sysprep.exe。

2. 请利用Windows Update将图中的所有Windows系统都更新到最新版，以Windows 10为例，请通过【单击左下角**开始**图标⊞➲单击**设置**图标⚙➲**更新和安全**➲单击图14-4-2中的**检查更新**】。

图 14-4-2

请到图14-4-1中即将扮演WSUS服务器的计算机（计算机名为WSUS）上利用Administrator身份登录，然后通过以下步骤来安装WSUS。

STEP 1 先到微软网站下载Microsoft System CLR Types for SQL Server 2012 SP4它是包含在Microsoft® SQL Server® 2012 SP4 Feature Pack，下载时请从其中选择下载Microsoft

System CLR Types for SQL Server 2012 SP4（x64\SQLSysClrTypes.msi）。接着还需要下载Microsoft Report Viewer 2012 Runtime。

STEP 2 打开服务器管理器、单击仪表板处的添加角色和功能。

STEP 3 持续单击下一步按钮，直到出现图14-4-3的界面时勾选**Windows Server 更新服务**、单击添加功能按钮、持续单击下一步按钮……。

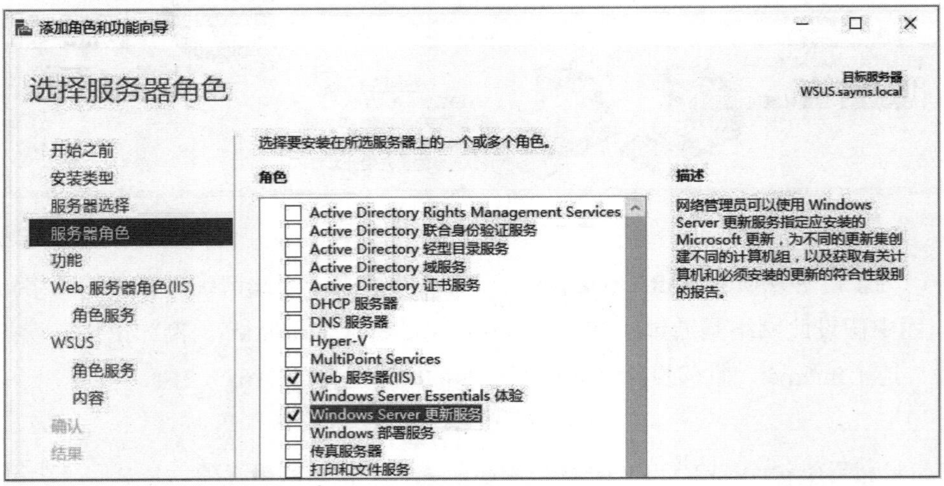

图 14-4-3

STEP 4 如图14-4-4所示来选择后单击下一步按钮。图中选择内置数据库（Windows Internal Database，WID），如果要使用 SQL数据库，请改勾选SQL Server Connectivity。

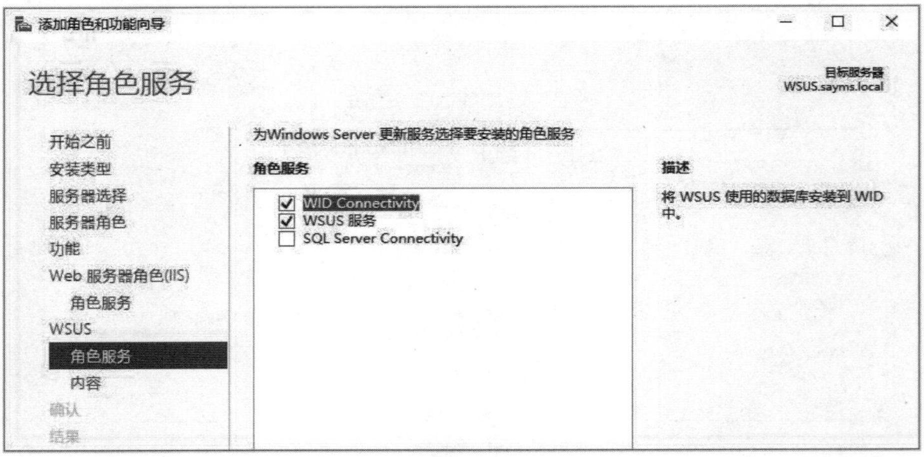

图 14-4-4

STEP 5 在图14-4-5中选择将所下载的更新程序存储到本地的C:\WSUS。

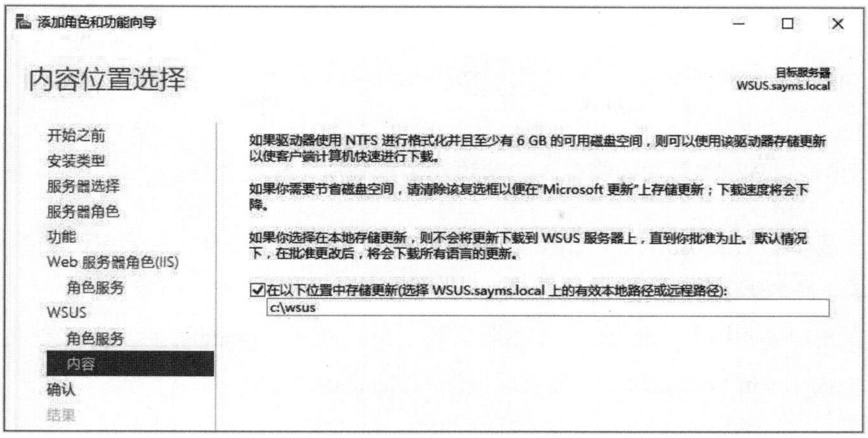
添加角色和功能向导
内容位置选择
目标服务器
WSUS.sayms.local
开始之前
安装类型
服务器选择
服务器角色
功能
Web 服务器角色(IIS)
角色服务
WSUS
角色服务
内容
确认
结果
如果驱动器使用 NTFS 进行格式化并且至少有 6 GB 的可用磁盘空间，则可以使用该驱动器存储更新以使客户端计算机快速进行下载。
如果你需要节省磁盘空间，请清除该复选框以便在"Microsoft 更新"上存储更新；下载速度将会下降。
如果你选择在本地存储更新，则不会将更新下载到 WSUS 服务器上，直到你批准为止。默认情况下，在批准更改后，将会下载所有语言的更新。
在以下位置中存储更新(选择 WSUS.sayms.local 上的有效本地路径或远程路径):
c:\wsus

图 14-4-5

STEP 6　持续单击下一步按钮，直到出现**确认安装选项**对话框，单击安装按钮，接着可等到安装完成后再单击关闭按钮。

STEP 7　单击对话框中启动安装后任务，单击关闭按钮。也可以如图14-4-6中所示，通过单击**服务器管理员器**上方的旗帜符号来启动安装后的任务。

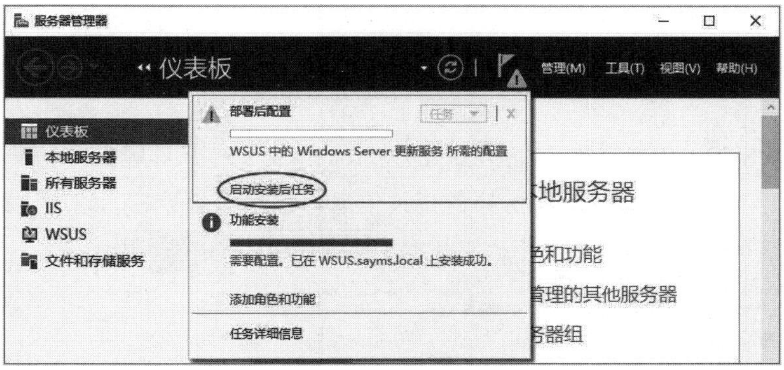
服务器管理器
仪表板
管理(M)
工具(T)
视图(V)
帮助(H)
仪表板
本地服务器
所有服务器
IIS
WSUS
文件和存储服务
部署后配置
任务
WSUS 中的 Windows Server 更新服务 所需的配置
启动安装后任务
功能安装
需要配置。已在 WSUS.sayms.local 上安装成功。
添加角色和功能
任务详细信息

图 14-4-6

STEP 8　接着请安装由微软网站下载的Microsoft System CLR Types for SQL Server 2012 SP4。完成后继续安装Microsoft Report Viewer 2012 Runtime，如果未先安装Microsoft System CLR Types for SQL Server 2012，会显示如图14-4-7所示的警告消息。

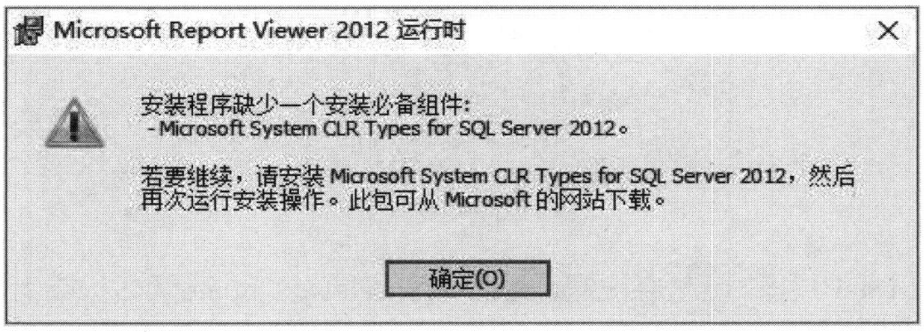
Microsoft Report Viewer 2012 运行时
安装程序缺少一个安装必备组件:
- Microsoft System CLR Types for SQL Server 2012。
若要继续，请安装 Microsoft System CLR Types for SQL Server 2012，然后再次运行安装操作。此包可从 Microsoft 的网站下载。
确定(O)

图 14-4-7

STEP 9　打开**服务器管理器**➲单击右上角**工具**➲Windows Server Update Services。

STEP 10　出现**在开始前**对话框时单击下一步按钮。

> 也可以再通过**WSUS管理控制台**内的**选项**对话框来执行配置向导。

STEP 11　出现**参加Microsoft Update更新改善计划**对话框时，请自行决定是否要参与此方案后单击下一步按钮。

STEP 12　在图14-4-8中我们选择让WSUS服务器与Microsoft Update同步，也就是让服务器直接从Microsoft Update网站下载更新程序与Metadata等。

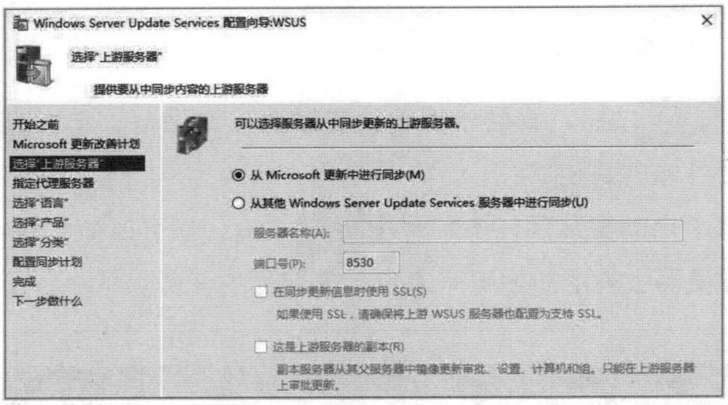

图 14-4-8

STEP 13　如果WSUS服务器需要通过企业内部的Proxy服务器（代理服务器）来连接Internet，请在图14-4-9中输入Proxy服务器的相关信息，包含服务器名、端口，如果需要验证身份，请再输入用户账户与密码等数据。完成后单击下一步按钮。

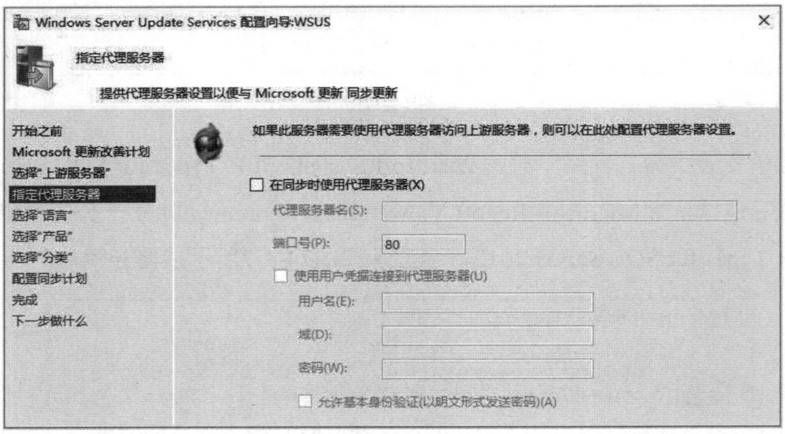

图 14-4-9

STEP 14　单击图14-4-10中开始连接按钮，以便从Windows Update网站（或上游服务器）取得更新程序的相关信息（需要花费一段时间）。完成下载后单击下一步按钮。

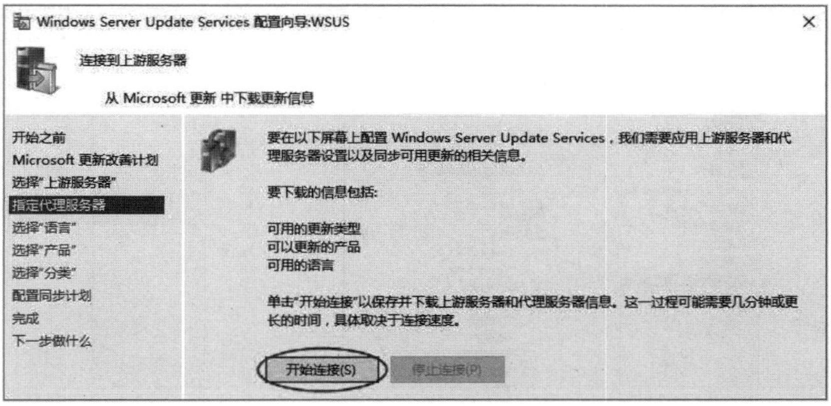

图 14-4-10

STEP 15　在图14-4-11中选择下载所需语言的更新程序后单击下一步按钮。

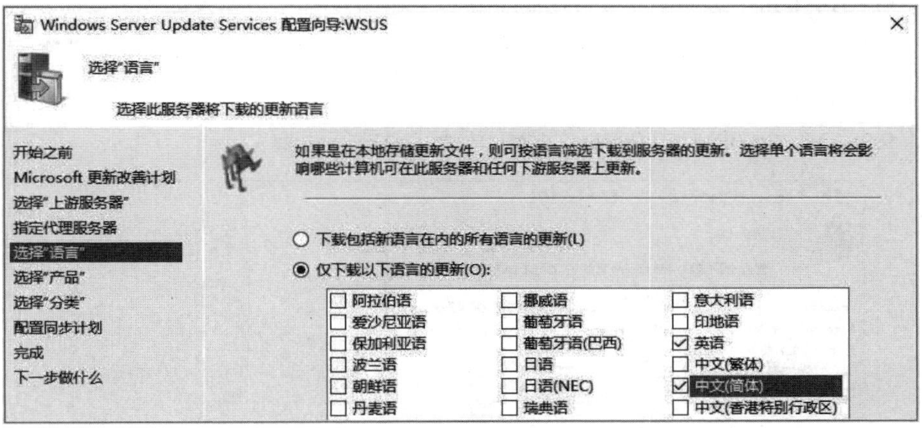

图 14-4-11

STEP 16　在图14-4-12选择需要下载更新程序的产品后单击下一步按钮。默认会选择Windows系统的更新程序。

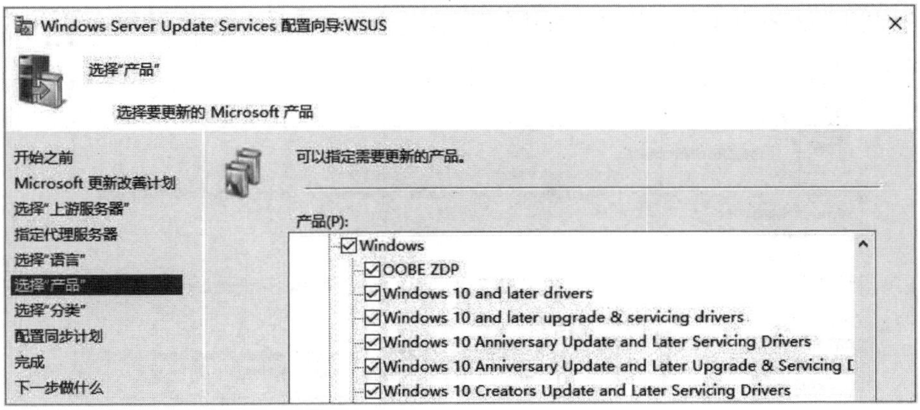

图 14-4-12

STEP 17　在图14-4-13选择下载所需类型的更新程序后单击下一步按钮。

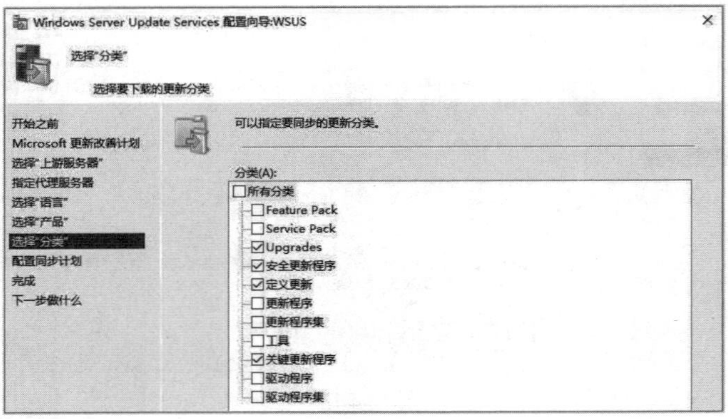

图 14-4-13

STEP 18　在图14-4-14中选择手动或自动同步后单击下一步按钮。如果选择自动同步，请设置第1次同步的时间与每天同步的次数（系统会自动设置同步间隔时间），举例来说，如果设置第1次同步时间为3:00AM，并且每天同步次数为4次，则系统会在3:00AM、9:00AM、3:00PM与9:00PM这4个时间点自动执行同步工作。

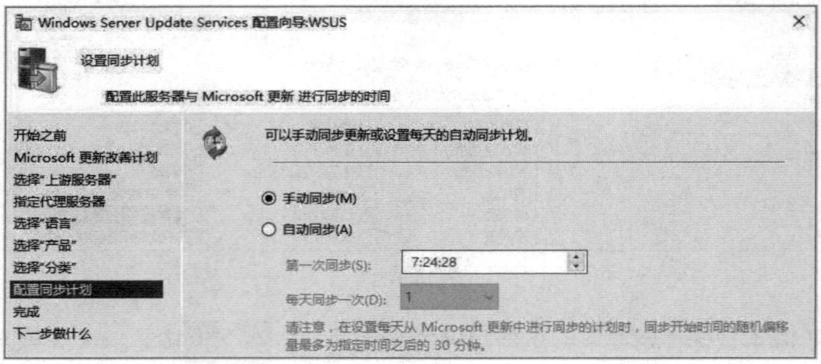

图 14-4-14

STEP 19　可以勾选图14-4-15中的选项来执行第1次同步工作。单击下一步按钮。

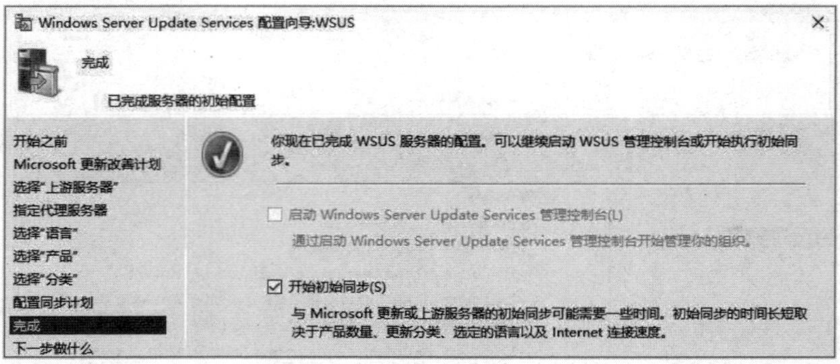

图 14-4-15

STEP **20** 出现**下一步做什么**对话框时直接单击**完成**按钮。

STEP **21** 由图14-4-16中可以看出当前的同步进度。

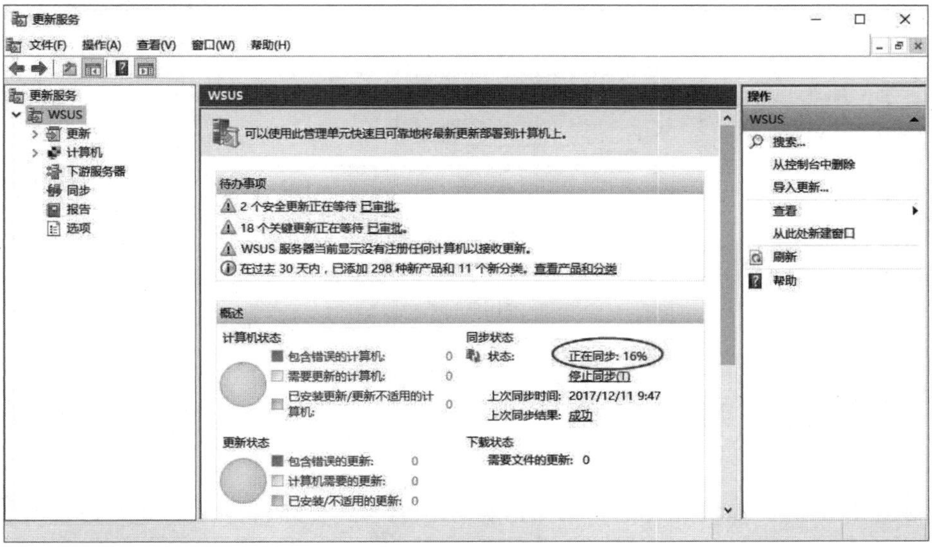

图 14-4-16

以后如果要再次执行手动同步动作，可以通过图14-4-17中**同步**窗口右侧的**立即同步**来完成。

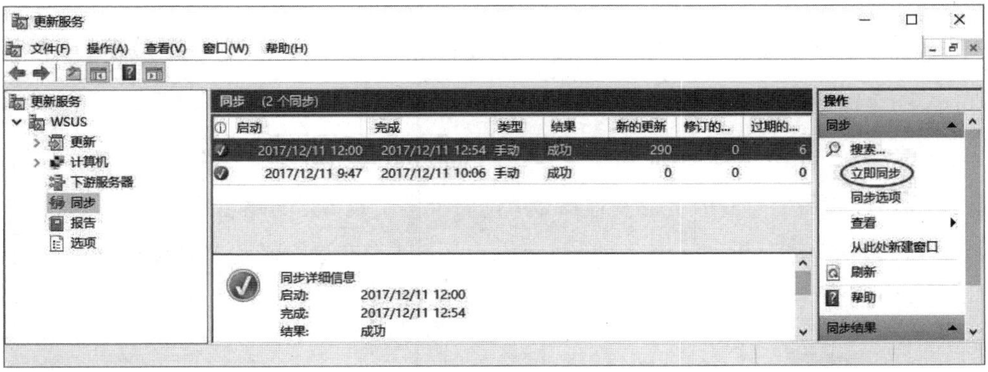

图 14-4-17

如果要将手动同步改成按计划自动同步，请选择前面图14-4-17中右侧的**同步计划**，或者直接单击图14-4-18中左侧的**选项**，然后通过图中**同步计划**。除此之外，在前面安装过程中的所有设置也都可以通过此**选项**窗口来修改。在同步操作尚未完成之前，无法存储更改的设置，因此请耐心等待同步完成后再来更改设置。

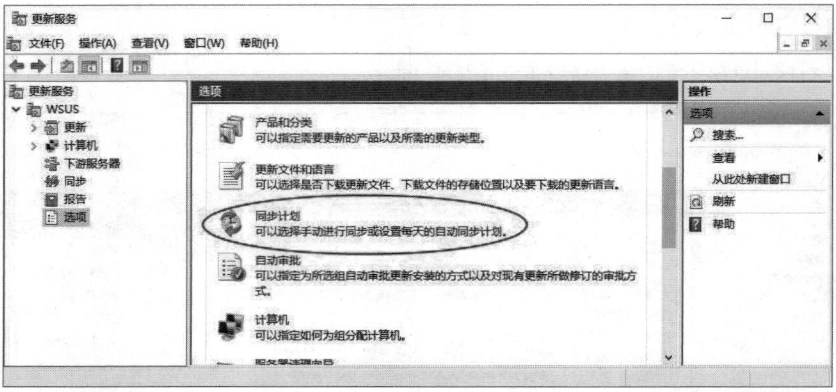

图 14-4-18

14.5　设置客户端的自动更新

我们要让客户端计算机能够通过WSUS服务器来下载更新程序，而这个设置可以通过以下两种途径来完成：

- **组策略**：在AD DS域环境下可以通过组策略设置。
- **本地计算机策略**：如果没有AD DS域环境，或客户端计算机未加入域，则可以通过本地计算机策略来设置。

以下我们利用域组策略来说明。假设要在域sayms.local内建立一个域级别的GPO（组策略对象），其名称为**WSUS策略**，然后通过这个GPO来设置域内所有客户端计算机的自动更新配置。

STEP 1　到域控制器上打开**服务器管理器**➲单击右上角**工具**➲**组策略管理**。

STEP 2　如图14-5-1所示通过【选中域sayms.local并右击➲**在这个域中建立GPO并在此处链接**➲设置GPO的名称（例如**WSUS策略**）后单击确定按钮】的方法来建立GPO。

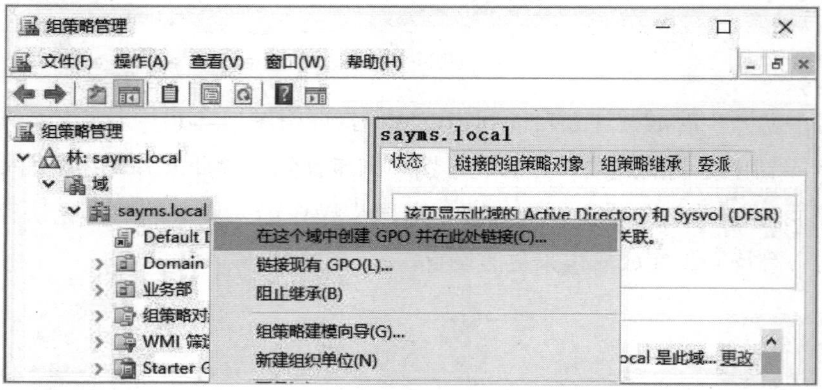

图 14-5-1

STEP 3 如图14-5-2所示【选中刚才建立的**WSUS策略**并右击➲**编辑**】。

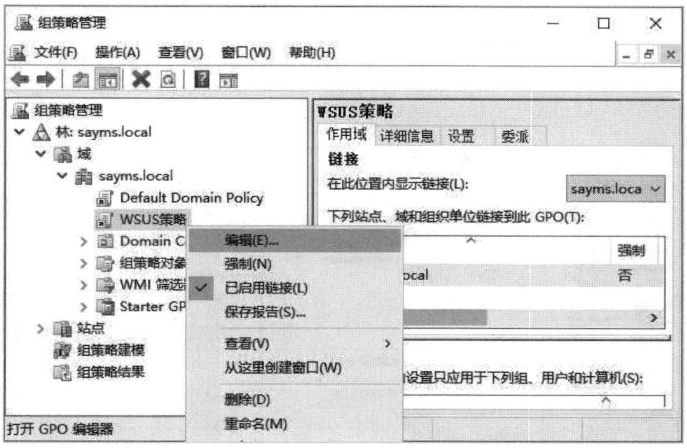

图 14-5-2

STEP 4 展开**计算机配置**➲**策略**➲**管理模板**➲**Windows组件**➲在图14-5-3中双击**Windows Update**右侧的**配置自动更新**➲在前景图中选择客户端计算机的自动更新方式：

- **通知下载并通知安装**：在下载更新程序前会通知已登录的管理员，由他自行决定是否要现在下载与自动安装。
- **自动下载并通知安装**：自动下载更新程序，下载完成后、准备安装前会通知已登录的管理员，然后由他自行决定是否要现在安装。
- **自动下载并计划安装**：自动下载更新程序，并且会在指定时间自动安装。选择此选项，还必须在对话框下半段指定自动安装的日期与时间。
- **允许本地管理员选择设置**：前面几项设置完成后，就无法在客户端变更，但此选项让在客户端登录的管理员可以通过**控制面板**来选择自动更新方式。

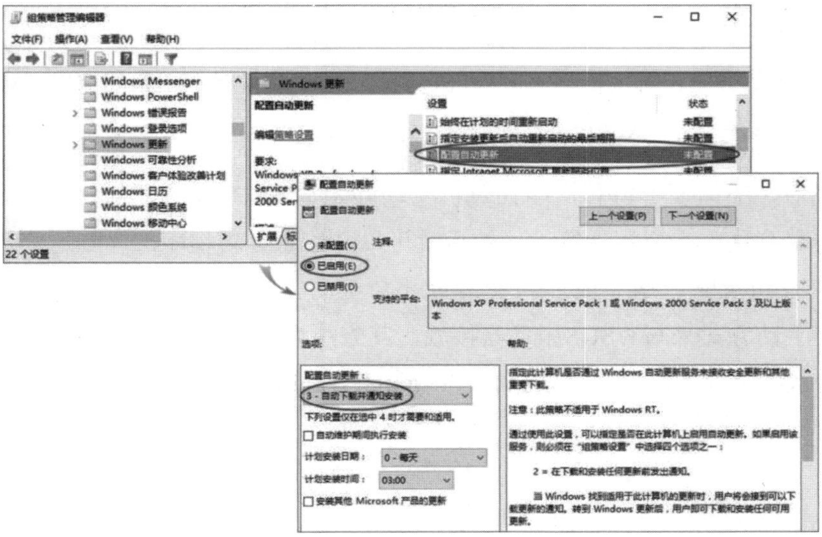

图 14-5-3

STEP 5　双击图14-5-4中**指定Intranet Microsoft更新服务的位置**来指定让客户端从WSUS服务器来取得更新程序，同时也设置让客户端将更新结果报告给WSUS服务器，这两处都输入**http://wsus.sayms.local:8530/**或 **http://wsus.sayms.local/**，其中的8530为WSUS网站的默认接听端口号。完成后单击确定按钮。

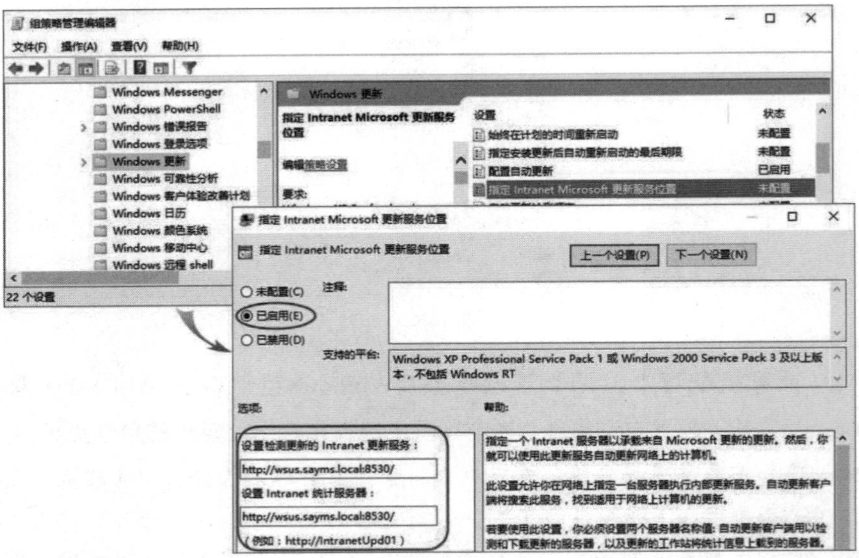

图 14-5-4

设置完成后，需要等待域内的客户端计算机应用这个策略后才有效，而客户端计算机默认是90~120分钟应用一次，如果希望客户端能够快一点应用，请到客户端计算机上执行**gpupdate /force**命令（或将客户端计算机重新启动）。

1. 客户端计算机应用策略后，就无法在客户端来更改自动更新设置。
2. 未加入域的计算机可执行GPEDIT.MSC，以便通过**本地计算机策略**来完成上述设置，而且设置完成后会立即应用。

应用完成后，还需要等待客户端计算机主动开始与WSUS服务器接触后，在**WSUS管理控制台**内才看得到这些客户端计算机，然后就可以开始将更新程序部署到这些计算机，不过客户端计算机在组策略应用完成后约20分钟才会主动去与WSUS服务器接触。如果不想等待，可以利用手动方式来与WSUS服务器接触，其方法为到客户端上执行**wuauclt /detectnow**命令（在极少数的情况下，可能需要执行：**wuauclt /resetauthorization /detectnow**）。

14.6 审批更新程序

请到WSUS服务器上【打开**服务器管理器**➲单击右上角**工具**➲Windows Server更新服务➲展开到**计算机**之下的**所有计算机**➲在中间窗格的**状态**区域选择**任何**】，之后将看到如图14-6-1所示的客户端计算机列表，如果有客户端计算机仍未显示在此窗口，可以先到这些计算机上通过**gpupdate /force**来立即应用GPO内的组策略设置，然后执行**wuauclt /detectnow**命令，以便加快让这些计算机出现在图14-6-1的窗口中。

> 如果还是没有看到这些计算机，请确认这些计算机已经安装最新的更新程序，以Windows 10为例，请通过【单击左下角**开始**图标➲单击**设置**图标➲**更新和安全**➲单击**检查更新**或更进一步的单击**从Microsoft Update检查在线更新**（参阅前面的图14-4-2）】。

图中会显示每一台客户端计算机的计算机名、IP地址、操作系统的种类、“已安装与不适用于此计算机”的更新程序数量占所有更新程序总数的百分比、客户端计算机上次向WSUS服务器报告更新状态的时间。可以在最上方中间的**状态**处选择根据不同的状态来显示计算机信息，例如选择只显示需要安装更新程序的客户端计算机，然后单击**刷新**。图中我们选择显示所有状态（也就是**任何**）的计算机。

如果客户端有新的更新状态可报告，而你希望立即报告，可以到客户端计算机上执行**wuauclt /reportnow**命令。

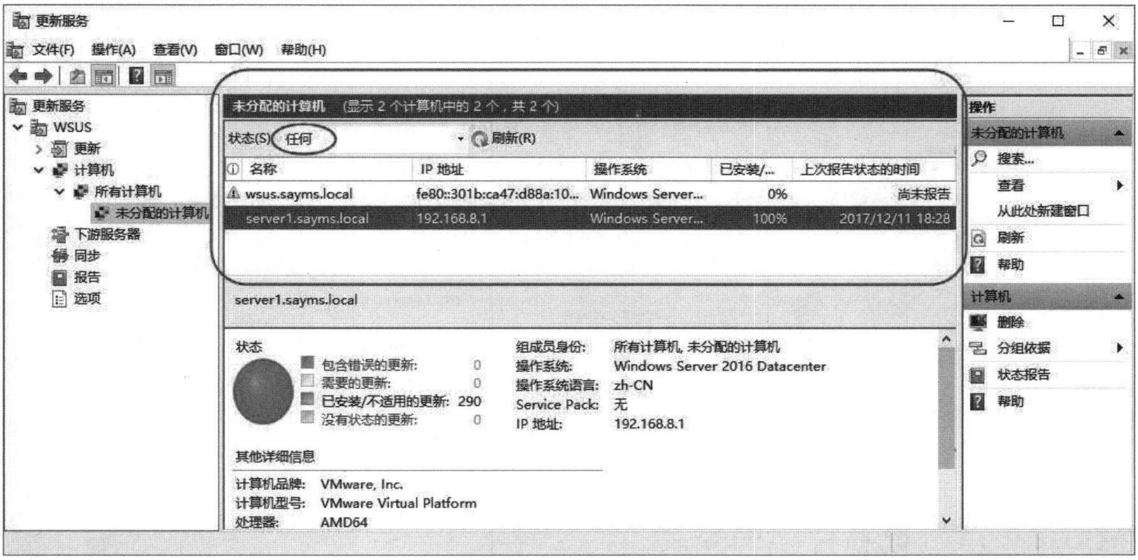

图 14-6-1

14.6.1 建立新计算机组

为了便于利用**WSUS管理控制台**来部署客户端计算机所需的更新程序（尤其是计算机数量较多时），建议为客户端计算机进行组分类。请建立计算机组，例如我们要建立一个名称为**业务部计算机**的组，并将隶属于业务部的计算机移动到此组内。

STEP 1 请如图14-6-2所示【单击**所有计算机**窗口右侧的**添加计算机组**➲输入组名**业务部计算机**后单击添加按钮】。

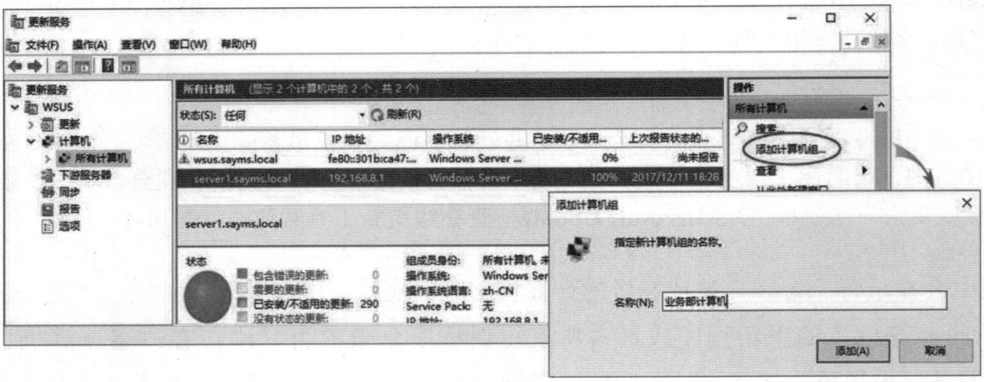

图 14-6-2

STEP 2 将应该隶属于业务部的计算机，从**未分配的计算机**移动到刚刚建立的**业务部计算机**组中：【如图14-6-3所示单击左侧**未分配的计算机**➲状态区选择**任何**后按**刷新**➲选择要应用到**业务部计算机**组的计算机➲单击右侧的**更改成员身份**➲在前景图中勾选**业务部计算机**组后单击确定按钮】。

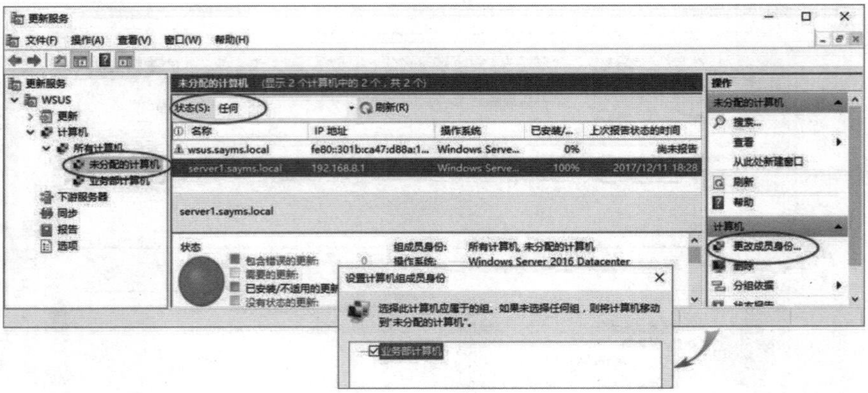

图 14-6-3

14.6.2 审批更新程序的安装

WSUS所下载的所有更新程序都需要经过审批后，客户端计算机才能安装此更新程序，此处假设要审批某个安全更新，以便让**业务部计算机**组内的计算机来安装此更新程序：【如图14-6-4所示在**审批**处选择**未经审批**、在**状态**处选择**任何**➲单击**安全更新**窗口内其中一个更新程序➲单击右侧的**审批**➲单击**业务部计算机**组➲**已审批进行安装**➲单击确定按钮】。之后如果要解除审批，请执行相同的步骤，但是在图14-6-4中选择**未审批**。

在图14-6-4中更新程序右侧“**已安装/不适用的更新比例**”字段的数值（图中为75%），表示“已经安装此更新程序与不适用此更新程序”的计算机数量，占所有计算机数量总数的百分比，例如总共有100台计算机，其中60台计算机已经安装此更新程序、15台计算机不适用此更新程序，则此处的数值就是（60+15）/100=75%。

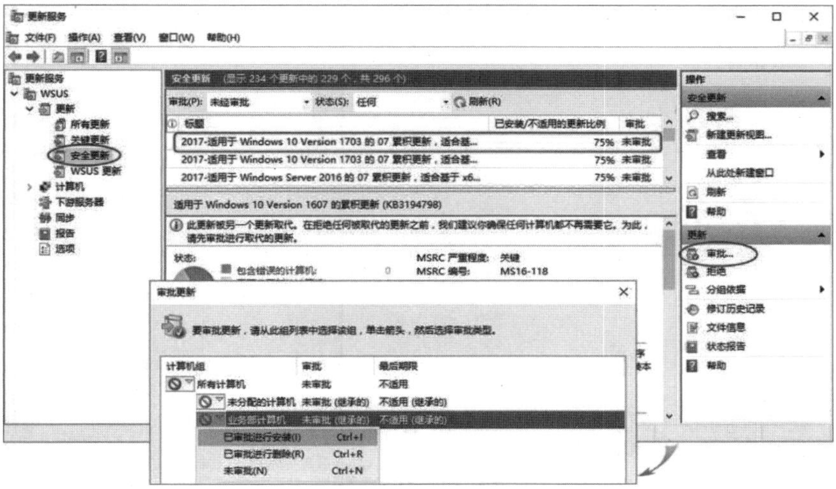

图 14-6-4

WSUS默认会延迟下载更新程序，也就是WSUS服务器与Microsoft Update同步时仅会下载更新程序的metadata，当我们审批更新程序后，更新程序才会被下载。由于我们刚审批上述更新程序，WSUS服务器正准备开始下载此更新程序，在还未下载完成之前，会看到如图14-6-5所示的提示信息，必须等下载完成后，客户端计算机才能开始安装此更新程序。

图 14-6-5

> 在图14-6-5中更新程序右侧**审批**字段出现了**安装（1/3）**字样，表示目前有3个计算机组，其中有1个组已经被核准安装此更新程序，例如目前有**所有计算机**、**未分配的计算机**与**业务部计算机**3个组，但仅**业务部计算机**组被核准安装此更新程序。

虽然已经审批此更新程序可以让**业务部计算机**组内计算机来安装，可是客户端计算机默认是22 ~ 26 小时才会连接WSUS服务器来检查是否有最新更新程序可供下载（可利用**wuauclt / detectnow**命令来手动检查）。如果检查到有更新程序可供下载后，客户端计算机何时会下载此更新程序呢？下载完成后何时才会安装呢？这些都要看图14-6-6的设置而定，此设置在前面图14-5-3中已设置过了，也解释过。

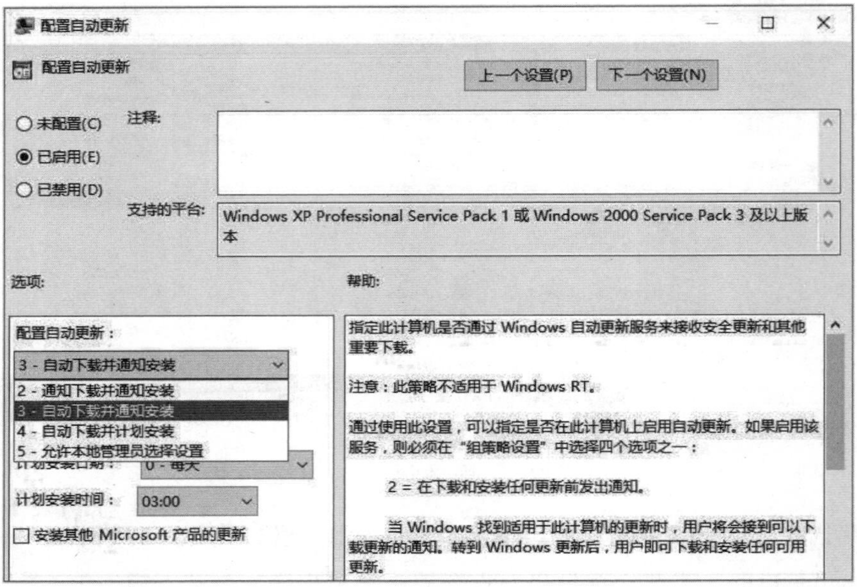

图 14-6-6

客户端默认是每隔一段时间，才会连接WSUS服务器来检查是否有最新更新程序可供下载，此时间值可以通过图14-6-7的**自动更新检测频率**来更改，实际间隔时间是此处设置值加上0~4小时的随机值。如果此策略被设备为**已禁用**或**未配置**，则系统默认就是每隔22小时加上随机值。

如果希望客户端计算机能够早一点自动检查、下载与安装，以便来验证WSUS功能是否正常、客户端是否会通过WSUS服务器来安装更新程序，请将图14-6-7的时间缩短，然后到客户端执行**gpupdate /force**立即应用此策略，或是直接到客户端计算机执行**wuauclt /detectow**命令。

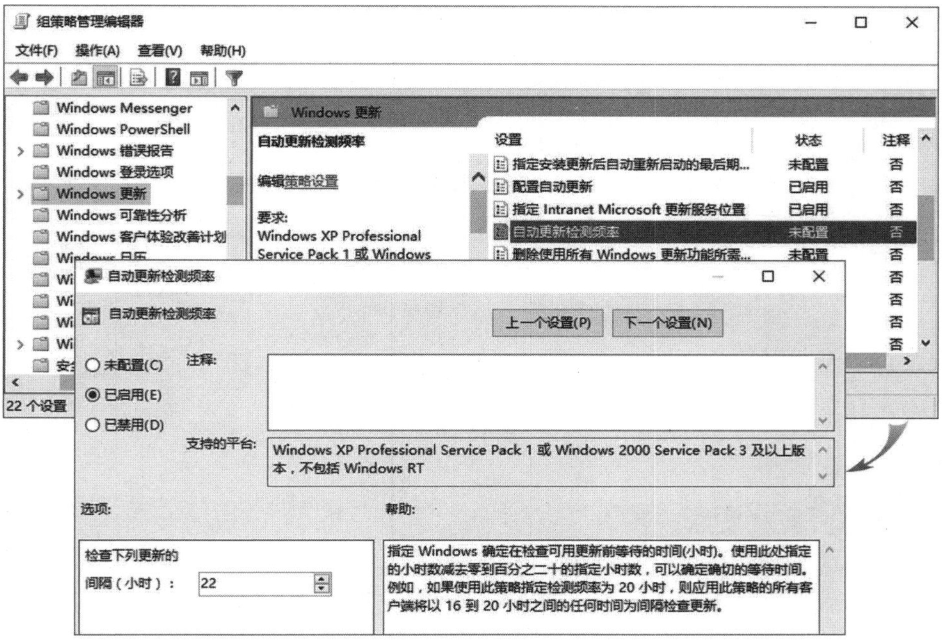

图 14-6-7

如果更新设置是如图14-6-6所示选择**3 – 自动下载和通知安装**，则当客户端计算机检测到有此更新程序时，就会自动下载，而客户端用户（以Windows 8.1为例）可以通过【选中左下角的**开始**图标⊞并右击➲**控制面板**➲**系统和安全**➲**Windows Update**】来查看是否有更新程序可供安装，如图14-6-8所示有一个已经下载的更新程序。

图 14-6-8

14.6.3 拒绝更新程序

如果单击图14-6-9中某个更新程序右侧**拒绝**，则系统将解除其审核，同时在WSUS数据库内与此更新有关的报告数据（由客户端计算机送来的）都将被删除，还有在此窗口上也看不到此更新程序。如果要看到被拒绝的更新程序，请将图14-6-9中**审批**处改为**已拒绝**后**刷新**。

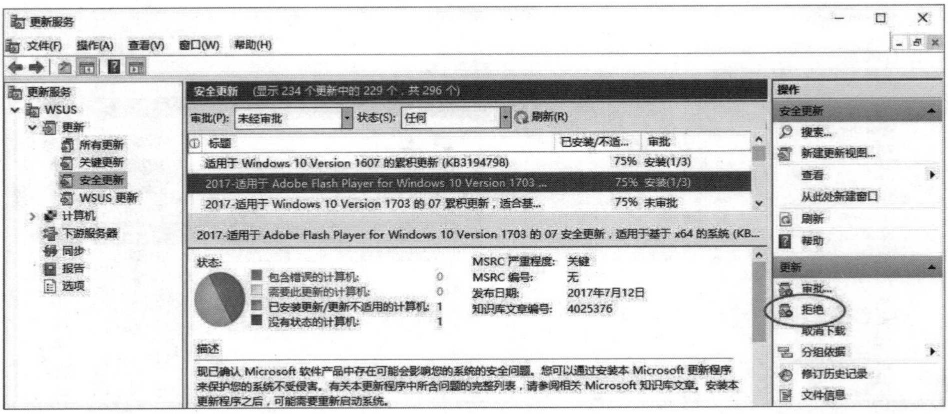

图 14-6-9

14.6.4 自动审批更新程序

可以设置以后当WSUS服务器与Windows Update同步时，自动审批所下载的更新程序，例如希望所有下载的**安全更新**与**关键更新**都能够自动审批给所有计算机：【如图14-6-10所示单击**选项**窗口中的**自动审批**➲在前景图中勾选**默认的自动审批规则**➲单击应用按钮】。如果也要将此规则应用到已经同步的更新程序，请单击窗口中的**运行规则**。由图中可看出还可以自行建立自动审批规则，或编辑、删除现有规则。

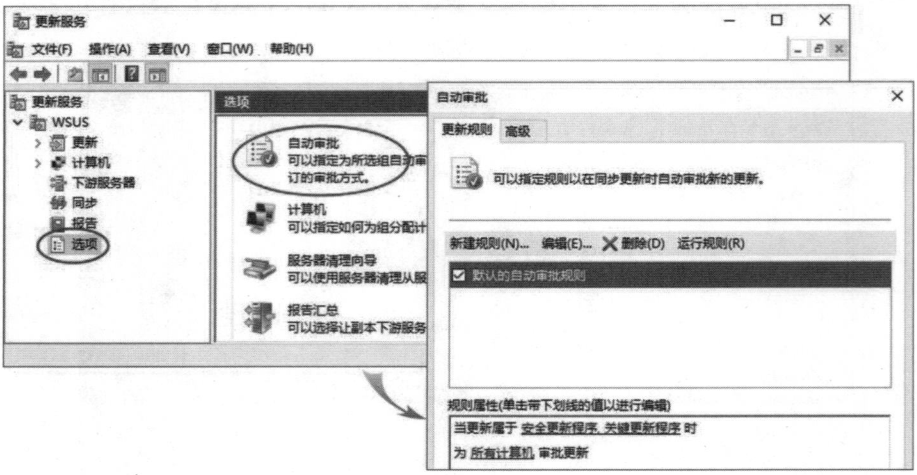

图 14-6-10

在单击图14-6-11中的**高级**选项卡后，还可以更改以下的设置：

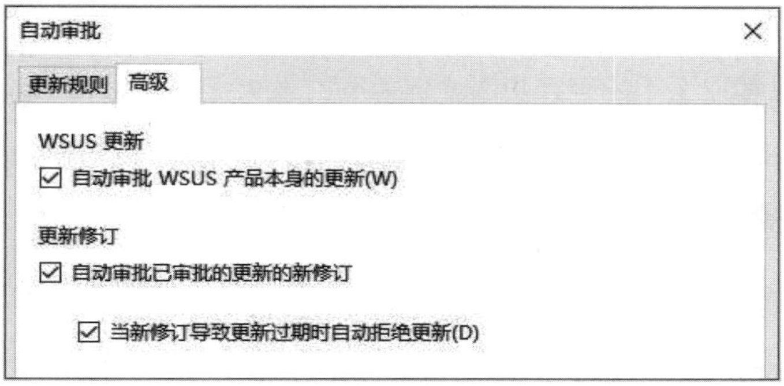

图 14-6-11

- **自动审批WSUS产品本身的更新**：是否要让WSUS产品本身的更新程序自动被审批。
- **自动审批已审批的更新的新修订**：如果已核准的更新程序未来有修订版，则自动审批此修订版本的更新程序。
- **当新修订导致更新过期时自动拒绝更新**：当未来有新修订的版本出现，而使得旧版本过期时，则自动拒绝这个过期的旧更新程序。

14.7 自动更新的组策略设置

前面曾经介绍几个与自动更新有关的组策略设置，本节将介绍更多的设置（见图14-7-1），以便于进一步控管客户端计算机与WSUS服务器之间的通信方式。可以针对整个域内的计算机或某个组织单位内的计算机来设置组策略。建议通过另外建立GPO的方式来设置，尽量不要更改内置的Default Domain Policy GPO或Default Domain Controllers Policy GPO的设置。这些设置在**【计算机配置➲策略➲管理模板➲Windows组件➲Windows 更新】**。

图 14-7-1

> 并非所有设置都适用于所有客户端，例如有的设置仅支持到Windows 7，并不支持Windows 10。

1. 配置自动更新

用来设置客户端下载与安装更新程序的方式，此策略已在前面图14-5-3解释过了。

2. 指定 Intranet Microsoft 更新服务位置

用来指定让客户端计算机从WSUS服务器来取得更新程序，同时也设置让客户端将更新结果报告给WSUS服务器，此策略已经在图14-5-4解释过了。

3. 自动更新检测频率

用来设置客户端计算机每隔长时间来连接WSUS服务器，以便检查是否有最新的更新程序可供下载与安装，此策略已经在图14-6-7解释过了。

4. 允许非管理员接收更新通知

如果在**设置自动更新**策略中被设置成在下载前或安装前通知用户，则默认只有管理员才会收到此通知消息（例如右下角状态栏会显示通知图标），然而启用此策略后，就可以让非管理员也收到通知消息。如果此策略被设置为**已禁用**或**未配置**，则只有管理员才会收到通知消息。

5. 允许自动更新立即安装

当更新程序下载完成且准备好可以安装时，默认是根据在**设置自动更新**策略内的设置来决定何时安装此更新程序，然而启用此策略后，某些更新程序会被立即安装，这些更新程序是指那些既不会中断Windows服务，也不会重新启动Windows 系统的更新程序。

6. 对于有已登录用户的计算机，计划的自动更新安装不执行重新启动

如果在**设置自动更新**策略中选择计划安装更新程序，有的更新程序安装完成后需要重新启动计算机，而此**对于有已登录用户的计算机，计划的自动更新安装不执行重新启动**策略是用来设置如果有用户登录客户端计算机，是否要自动重新启动计算机。

如果启用此策略，则系统仅会通知已经登录的用户，要求用户重新启动系统以便完成安装程序。

如果此策略被设置为**已禁用**或**未配置**，则系统会通知已经登录的用户此计算机将在5分

钟后（此时间可通过下一个策略来更改）自动重新启动。

7. 对计划的安装延迟重新启动

用来设置计划安装完成后，系统自动重新启动前需等待的时间（默认为5分钟），请参考前一个策略的说明。

8. 对计划的安装再次提示重新启动

如果通过计划安装更新程序后需要重新启动计算机，并且系统也通知已经登录的用户此计算机将在5分钟后（默认值）自动重新启动。此时如果用户在通知对话框中选择不要重新启动，则系统等一段时间后还是会再次通知用户计算机将在5分钟后重新启动，此等待时间的长短可通过本策略来设置。

如果启用此策略，请指定重新通知用户的等待时间。如果此策略被设置为**已禁用**或**未配置**，则默认会等10分钟后再通知用户。

9. 重新计划自动更新计划的安装

如果通过计划指定某个时间点来执行安装更新程序的工作，但是时间到达时，客户端计算机却没有开机，因此也没有安装已经下载的更新程序。此策略是用来设置客户端计算机重新启动完成后，需要等多久后就开始安装之前错过安装的更新程序。

如果是如图14-7-2所示启用此策略并指定等待时间，则客户端计算机重新启动后，就会等指定时间过后再开始安装之前错过安装的更新程序。如果禁用此策略，则客户端计算机需等下一次计划的时间到达时才会安装错过安装的更新程序。如果此策略被设置为**未配置**，则默认是客户端计算机重新启动后1分钟再开始安装之前错过安装的更新程序。

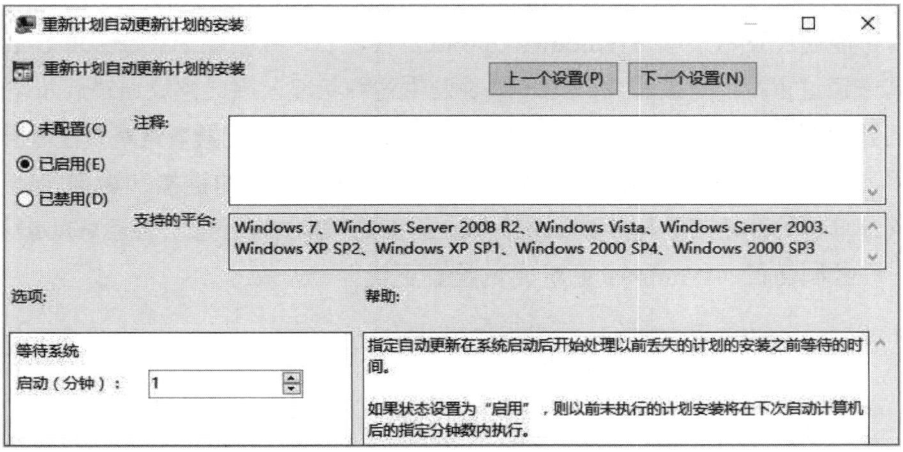

图 14-7-2

10. 允许客户端目标设置

应用此设置的所有客户端计算机会自动被加入到指定的计算机组内，因此管理员不需要利用**WSUS管理控制台**来执行手动加入的工作，例如在图14-7-3中我们通过此策略来让客户端自动加入到**业务部计算机**组内。

图 14-7-3

11. 允许来自 Intranet Microsoft 更新服务位置的签名更新

如果此策略启用，客户端计算机就可以从WSUS服务器下载由其他第三方所开发与签名的更新程序；如果未启用或禁用此策略，则客户端计算机仅能够下载由Microsoft所签名的更新程序。

12. 删除到"Windows 更新"的链接和访问

虽然WSUS客户端通过WSUS服务器只能够取得经过审批的更新程序，但是本地系统管理员仍然有可能通过**开始**菜单的**Windows Update**链接，私自直接连接Microsoft Update网站、下载与安装未经过审批的更新程序。为了减少发生这种状况，因此建议通过此策略来将客户端计算机的**开始**菜单的**Windows Update**链接删除：【展开**用户配置**➲**策略**➲**管理模板**➲"开始"菜单和任务栏➲如图14-7-4所示启用**删除到Windows 更新的链接和访问**策略】，完成后，客户端计算机的**开始**菜单与Internet Explorer的**工具**菜单内就不会再显示**Windows Update**链接，同时在**控制面板**的**Windows 更新** 内的**检查更新**也会失效。

图 14-7-4

13. 关闭对所有 Windows Update 功能的访问

如果启用此策略，则会禁止客户端访问Microsoft Update网站，例如客户端通过**开始**菜单的**Windows Update**链接去连接http://windowsupdate.microsoft.com/网站会被拒绝、直接在浏览器内输入上述网址连接Windows Update网站也会被拒绝等，换句话说，客户端计算机将无法直接从Microsoft Update网站取得更新程序，不过还是可以从WSUS服务器获取更新。启用此策略的方法为【展开**计算机配置**➲**策略**➲**管理模板**➲**系统**➲**Internet通信管理**➲**Internet通信设置**➲如图14-7-5所示启用**关闭对所有Windows 更新功能的访问**策略】。

图 14-7-5

15

第 15 章　AD RMS 企业文件版权管理

Active Directory Rights Management Services（AD RMS）能够确保企业内部数字文件的机密性，用户即使有权限读取受保护的文件，但是如果未被授权，仍然无法复制与打印该文件。

- AD RMS概述
- AD RMS实例演练

15.1 AD RMS概述

虽然可以通过NTFS（与ReFS）权限来设置用户的访问权限，然而NTFS权限还是有功能不足之处，例如开放用户可以读取某个包含机密信息的文件，此时用户可以复制文件内容或另外将文件存储到其他位置，如此就有可能让这份机密文件内容泄漏出去，尤其现在便携式存储设备盛行（例如U盘），因此用户可以轻易地将机密文件带离公司。

Active Directory Rights Management Services（AD RMS）是一种信息保护技术，在搭配支持AD RMS的应用程序（以下简称为**AD RMS-enabled应用程序**）后，文件的拥有者可以将其设置为版权保护文件，并授予其他用户读取、复制或打印文件等权限。如果用户只被授予读取权限，则他无法复制文件内容、也无法打印文件。发送邮件者也可以限制收件者转发此邮件。

每一份版权保护文件内都存储着保护信息，不论这份文件被移动、复制到何处，这些保护信息都仍然存在文件内，因此可以确保文件不会被未经授权的用户来访问。AD RMS可以保护企业内部的机密文件与知识产权，例如财务报表、技术文件、客户数据、法律文件与电子邮件内容等。

15.1.1 AD RMS的需求

一个基本AD RMS环境包含着如图15-1-1所示的组件。

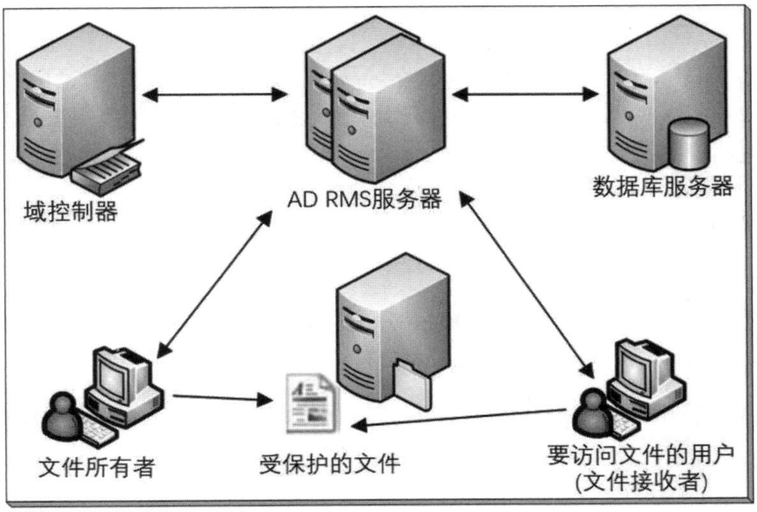

图 15-1-1

- **域控制器**：AD RMS需要AD DS的域环境，因此需要域控制器。

- **AD RMS服务器**：客户端需要证书（certificate）与授权（license）才能进行文件版权保护的工作、访问版权保护文件，而AD RMS服务器就是负责证书与授权的发放。可以搭建多台AD RMS服务器来提供容错与负载均衡功能，其中第1台服务器被称为**AD RMS根群集服务器**。
  由于客户端是通过HTTP或HTTPS来与AD RMS服务器通信，因此AD RMS服务器需要搭建IIS（Internet Information Services）网站。
- **数据库服务器**：用来存储AD RMS设置与策略等信息，可以使用Microsoft SQL Server 来搭建数据库服务器。也可以直接使用AD RMS服务器内置的数据库，不过此时只能够搭建一台AD RMS服务器。
- **执行“AD RMS-enabled应用程序”的客户端用户**：用户执行**AD RMS-enabled应用程序**（例如Microsoft Office Word 2016），并利用它来建立、编辑与将文件设置为受保护的文件，然后将此文件存储到其他用户可以访问到的位置，例如网络共享文件夹、U盘等。

15.1.2 AD RMS如何工作

以图15-1-1为例，文件拥有者建立受保护的文件、文件接受者访问此文件的流程如下：

（1）当文件拥有者第一次执行保护文件工作时，他会从AD RMS服务器取得证书，拥有证书后就可以执行保护文件的工作。

（2）文件拥有者利用AD RMS-enabled应用程序建立文件，并且执行保护文件的步骤，也就是设置此文件的权限与使用条件，同时该应用程序会将此文件加密。接着会建立**发布许可证**，发布许可证内包含着文件的权限、使用条件与解密密钥。

> 权限包含读取、修改、打印、转发与复制内容等，权限可搭配使用条件，例如可访问此文件的期限。系统管理员也可以通过AD RMS服务器的设置来限制某些应用程序或用户不能打开受保护的文件。

（3）文件拥有者将受保护的文件（包含发布许可证）存储到可供文件接收者访问的位置，或将它直接传发给文件接收者。

（4）文件接收者利用AD RMS-enabled应用程序来打开文件时，会向AD RMS服务器送出索取**用户许可证**的请求（此请求内包含着文件的发布许可证）。

（5）AD RMS服务器通过发布许可证内的信息来确认文件接收者有权访问此文件后，会建立用户所要求的用户许可证（包含权限、使用条件与解密密钥），然后将用户许可证传给文件接收者。

（6）文件接收者的AD RMS-enabled应用程序收到用户许可证后，会利用用户许可证内的解密密钥来对受保护的文件解密与访问该文件。

15.2 AD RMS实例演练

我们将通过图15-2-1来练习搭建一个AD RMS企业版权管理的环境。为了简化环境复杂度，因此不使用数据库服务器，改用AD RMS服务器的内置数据库，同时将版权保护文件直接放置到域控制器DC的共享文件夹内，另外客户端只用一台Windows 10计算机，文件拥有者与文件接收者都使用这台计算机。

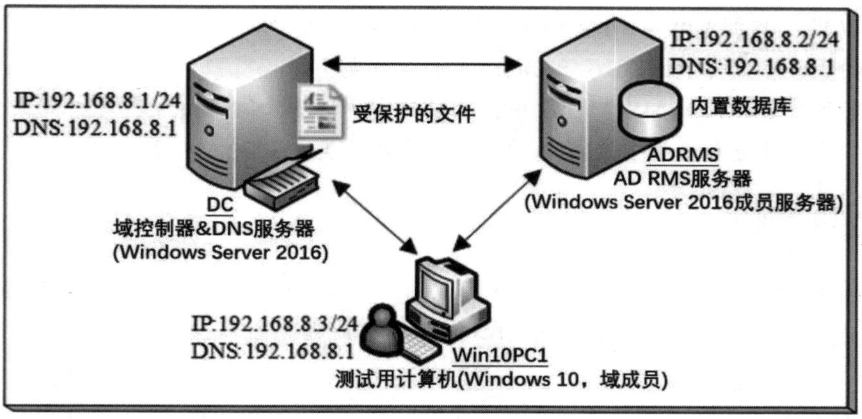

图 15-2-1

1. 准备好计算机

请准备好图中3台计算机，并且需要一个AD DS域环境，假设我们所建立的域为sayms.local：

- 安装好图中每一台计算机的操作系统，图中域控制器DC与AD RMS服务器都是Windows Server 2019 Datacenter、客户端计算机为Windows 10 Enterprise。
- 如果是利用Hyper-V或VMware来搭建虚拟机DC与ADRMS，并且其虚拟硬盘是从同一虚拟硬盘复制，请在虚拟机内执行Sysprep.exe并勾选**通用**。
- 依照图15-2-1所示来设置每一台计算机的网卡IP地址、子网掩码、首选DNS服务器（默认网关可以不需要设置）：【单击左下角**开始**图标⊞➲单击**设置**图标⚙➲**网络和Internet**➲**网络和共享中心**➲**单击以太网**➲**属性**➲**Internet通信协议版本4（TCP/IPv4）**】。
- 将3台计算机的计算机名称分别更改为DC、ADRMS与Win10PC1：【打开**文件资源管理器**➲选中**此电脑**并右击选择**属性**➲单击**更改设置**】，完成后重新启动计算机。
- 暂时将每一台计算机的**Windows Defender 防火墙**关闭（按⊞+R键➲输入control单击**确定**按钮➲系统和安全➲Windows Defender防火墙），以免下一个步骤的ping命令受到**Windows Defender防火墙**的阻挡。

- 执行以下步骤来测试各计算机之间是否可以正常通信：
  - 到域控制器DC上分别利用ping 192.168.8.2与ping 192.168.8.3来测试是否可以与AD RMS服务器、客户端计算机Win10PC1通信。
  - 到AD RMS服务器上分别利用ping 192.168.8.1与ping 192.168.8.3来测试是否可以与域控制器DC、客户端计算机Win10PC1通信。
  - 到客户端计算机Win10PC1上分别利用ping 192.168.8.1与ping 192.168.8.2来测试是否可以与域控制器DC、AD RMS服务器通信。
- 重新打开每一台计算机的Windows Defender 防火墙。
- 利用将图左上角服务器升级为域控制器的方式来建立域：到该服务器上打开**服务器管理器**、添加**Active Directory域服务**角色，域名为sayms.local，林功能级别选择默认的Windows Server 2016，完成后重新启动计算机。
- 分别到计算机ADRMS与Win10PC1上将它们加入域sayms.local：【打开**文件资源管理器**➲选中**此电脑**并右击选择**属性**➲单击**更改设置**】，完成后重新启动计算机。

2. 建立用户账户

我们要在AD DS数据库内建立文件拥有者的账户George与文件接收者的账户Mary，还有一个用来启动AD RMS服务的账户ADRMSSRVC（名称是随意命名的），这3个账户都是普通账户，不需要给予特殊权限。

请到域控制器DC上利用域Administrator登录：【打开**服务器管理器**➲单击右上角**工具**➲Active Directory管理中心】，然后分别建立George、Mary与ADRMSSRVC这3个账户（假设建立在Users容器），在建立账户过程中选择**其他密码选项**后勾选**密码永不过期**、未George与Mary设置电子邮件地址，假设分别是george@sayms.local与mary@sayms.local（图15-2-2为george的对话框）。

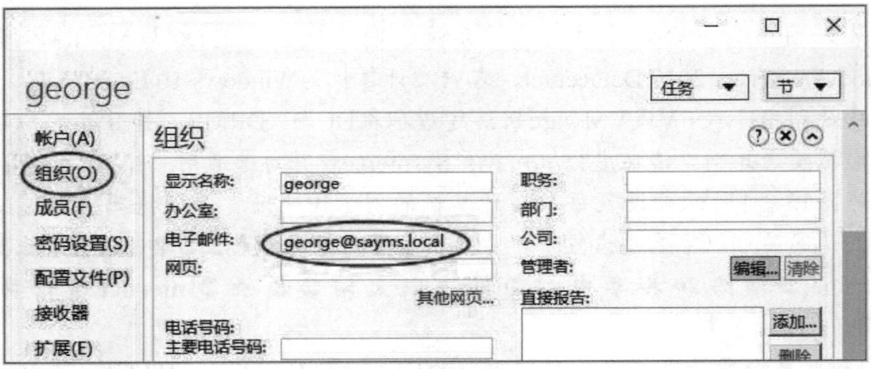

图 15-2-2

3. 安装 Active Directory Rights Management Services

请到服务器ADRMS上利用域Administrator身份登录，然后通过**添加服务器**角色的方式来安装Active Directory Rights Management Services。

> 安装Active Directory Rights Management Services的用户必须是隶属于本地组Administrators与域组Enterprise Admins，而我们目前使用的域Administrator默认就是隶属于这两个组。

STEP 1 打开服务器管理器➲单击仪表板处的添加角色和功能。

STEP 2 接下来几个对话框都单击下一步按钮，直到出现图15-2-3的对话框时勾选**Active Directory Rights Management Services**后单击添加功能按钮。

图 15-2-3

STEP 3 接下来的步骤都单击下一步按钮，直到**确认安装选项**对话框时单击安装按钮。

STEP 4 安装完成后，如图15-2-4所示单击**执行其他配置**（如果已经关闭此窗口，可通过单击仪表板右上方的旗帜来设置）。

图 15-2-4

STEP 5 出现**AD RMS**对话框时单击下一步按钮。

STEP 6 在图15-2-5单击下一步按钮。由图中得知可搭建两种群集：会发放证书与授权的“根群集”与仅发放授权的“仅授权群集”。所安装第1台服务器会成为“根群集”。

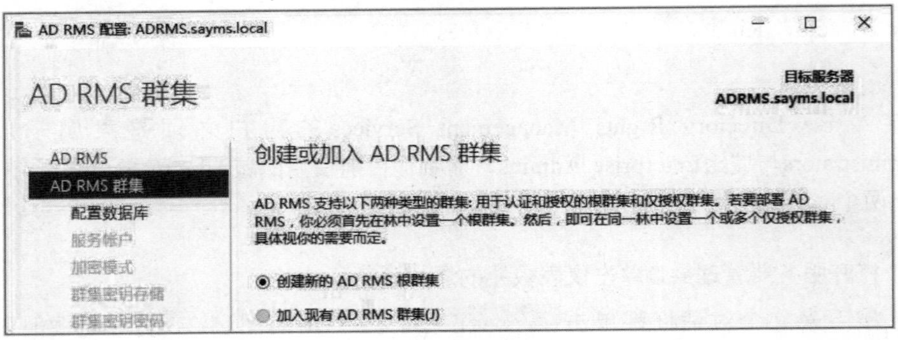
AD RMS 配置: ADRMS.sayms.local
AD RMS 群集
目标服务器
ADRMS.sayms.local
AD RMS
AD RMS 群集
配置数据库
服务帐户
加密模式
群集密钥存储
群集密钥密码
创建或加入 AD RMS 群集
AD RMS 支持以下两种类型的群集: 用于认证和授权的根群集和仅授权群集。若要部署 AD RMS，你必须首先在林中设置一个根群集。然后，即可在同一林中设置一个或多个仅授权群集，具体视你的需要而定。
创建新的 AD RMS 根群集
加入现有 AD RMS 群集(J)

图 15-2-5

如果环境比较复杂，可以在搭建**根群集**后，另外再搭建**仅授权群集**，不过建议都使用**根群集**，然后将其他AD RMS服务器加入到此**根群集**，因为**根群集**与**仅授权群集**无法被使用在同一个负载均衡池内（load-balancing pool）。

STEP 7　如图15-2-6所示使用**Windows内部数据库**后单击下一步按钮。

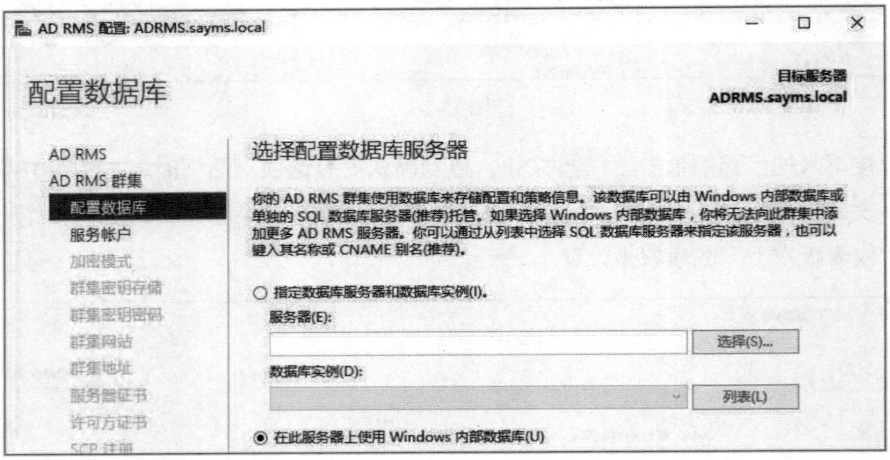
AD RMS 配置: ADRMS.sayms.local
配置数据库
目标服务器
ADRMS.sayms.local
AD RMS
AD RMS 群集
配置数据库
服务帐户
加密模式
群集密钥存储
群集密钥密码
群集网站
群集地址
服务器证书
许可方证书
选择配置数据库服务器
你的 AD RMS 群集使用数据库来存储配置和策略信息。该数据库可以由 Windows 内部数据库或单独的 SQL 数据库服务器(推荐)托管。如果选择 Windows 内部数据库，你将无法向此群集中添加更多 AD RMS 服务器。你可以通过从列表中选择 SQL 数据库服务器来指定该服务器，也可以键入其名称或 CNAME 别名(推荐)。
指定数据库服务器和数据库实例(I)。
服务器(E):
选择(S)...
数据库实例(D):
列表(L)
在此服务器上使用 Windows 内部数据库(U)

图 15-2-6

因为我们选择内置数据库，因此只能够搭建一台AD RMS服务器。如果要使用SQL 数据库服务器，请选择**指定数据库服务器与数据库实例**，该服务器必须加入域，同时用来安装Active Directory Rights Management Services的域用户账户也需要隶属于该数据库服务器的本地Administrators组，如此才有权限在该数据库服务器内建立AD RMS所需的数据库。

STEP 8　在图15-2-7中单击指定按钮来选择用来启动AD RMS服务的域用户账户SAYMS\ADRMSSRVC。完成后单击下一步按钮。

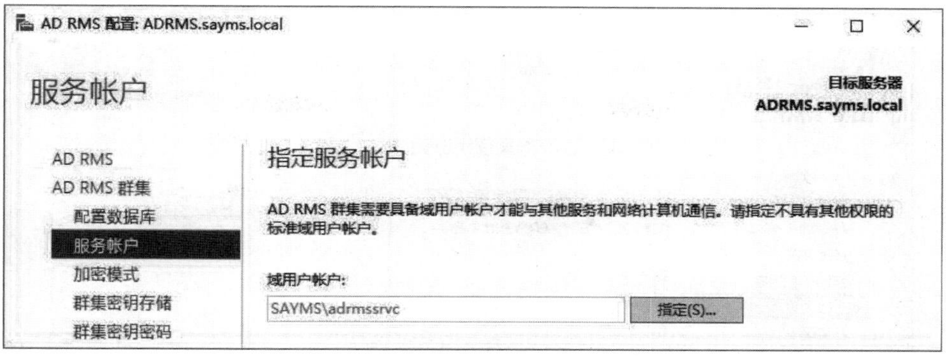
AD RMS 配置: ADRMS.sayms.local
服务帐户
目标服务器
ADRMS.sayms.local
AD RMS
AD RMS 群集
配置数据库
服务帐户
加密模式
群集密钥存储
群集密钥密码
指定服务帐户
AD RMS 群集需要具备域用户帐户才能与其他服务和网络计算机通信。请指定不具有其他权限的标准域用户帐户。
域用户帐户:
SAYMS\adrmssrvc
指定(S)...

图 15-2-7

STEP 9　在图15-2-8中直接单击下一步按钮。

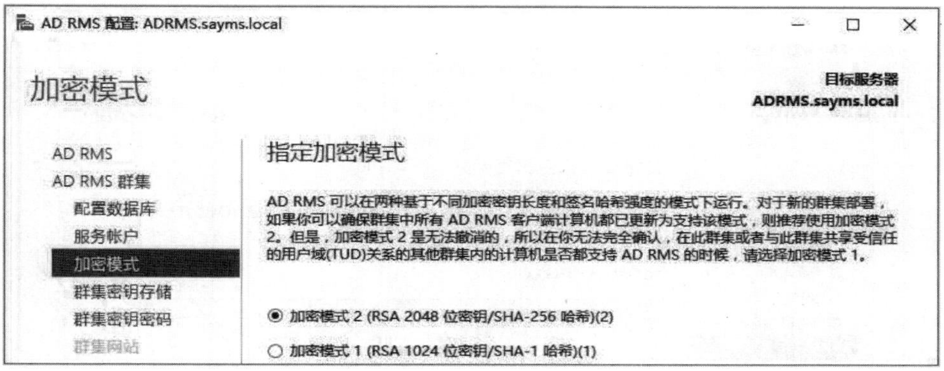
AD RMS 配置: ADRMS.sayms.local
加密模式
目标服务器
ADRMS.sayms.local
AD RMS
AD RMS 群集
配置数据库
服务帐户
加密模式
群集密钥存储
群集密钥密码
群集网站
指定加密模式
AD RMS 可以在两种基于不同加密密钥长度和签名哈希强度的模式下运行。对于新的群集部署，如果你可以确保群集中所有 AD RMS 客户端计算机都已更新为支持该模式，则推荐使用加密模式 2。但是，加密模式 2 是无法撤消的，所以在你无法完全确认，在此群集或者与此群集共享受信任的用户域(TUD)关系的其他群集内的计算机是否都支持 AD RMS 的时候，请选择加密模式 1。
加密模式 2 (RSA 2048 位密钥/SHA-256 哈希)(2)
加密模式 1 (RSA 1024 位密钥/SHA-1 哈希)(1)

图 15-2-8

STEP 10　在图15-2-9中直接单击下一步按钮。

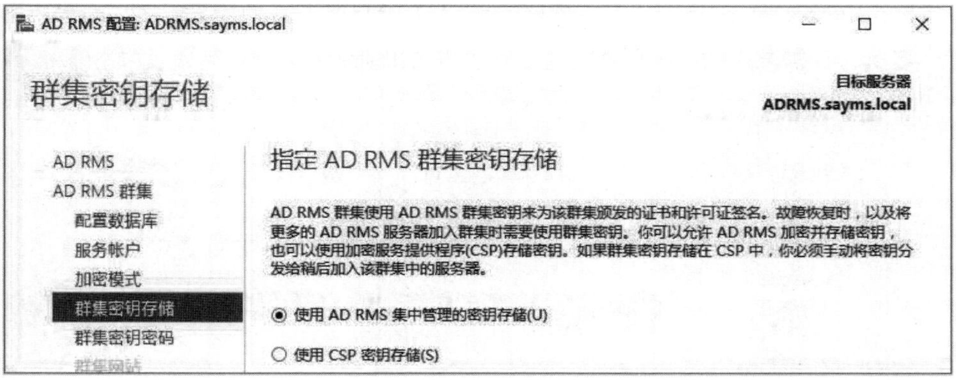
AD RMS 配置: ADRMS.sayms.local
群集密钥存储
目标服务器
ADRMS.sayms.local
AD RMS
AD RMS 群集
配置数据库
服务帐户
加密模式
群集密钥存储
群集密钥密码
群集网站
指定 AD RMS 群集密钥存储
AD RMS 群集使用 AD RMS 群集密钥来为该群集颁发的证书和许可证签名。故障恢复时，以及将更多的 AD RMS 服务器加入群集时需要使用群集密钥。你可以允许 AD RMS 加密并存储密钥，也可以使用加密服务提供程序(CSP)存储密钥。如果群集密钥存储在 CSP 中，你必须手动将密钥分发给稍后加入该群集中的服务器。
使用 AD RMS 集中管理的密钥存储(U)
使用 CSP 密钥存储(S)

图 15-2-9

STEP 11　在图15-2-10为群集密钥（cluster key）设置一个密码后单击下一步按钮。当要将其他AD RMS服务器加入此群集时，就必须提供此处所设置的密码。AD RMS会利用群集密钥来签署所发放的证书与授权。

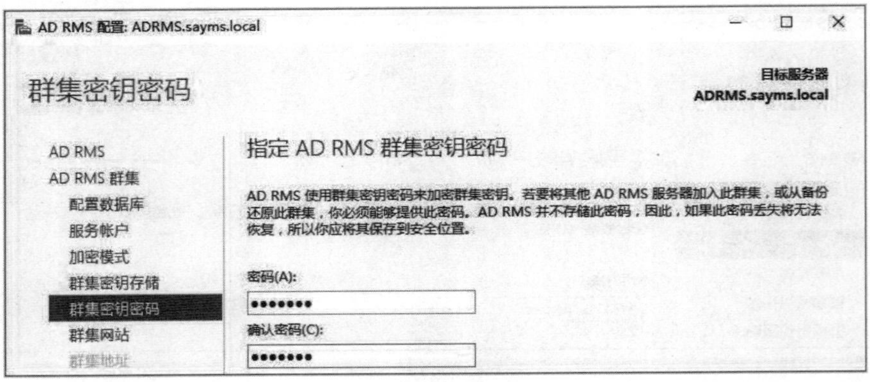

图 15-2-10

STEP 12　在图15-2-11中选择将IIS的Default Web Site当作群集网站。

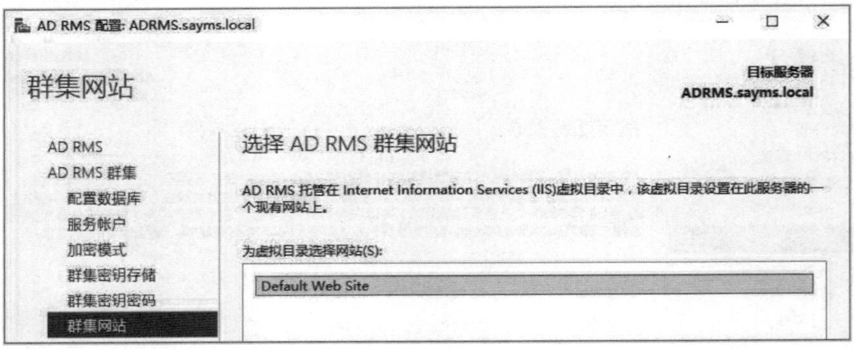

图 15-2-11

STEP 13　在图15-2-12中选择让客户端利用http来连接群集网站，并设置其网址，例如http://adrms.sayms.local，其中的adrms为AD RMS服务器的计算机名。也可以选用其他名称，但需要在DNS服务器内建立其主机与IP地址的记录。完成后单击下一步按钮。

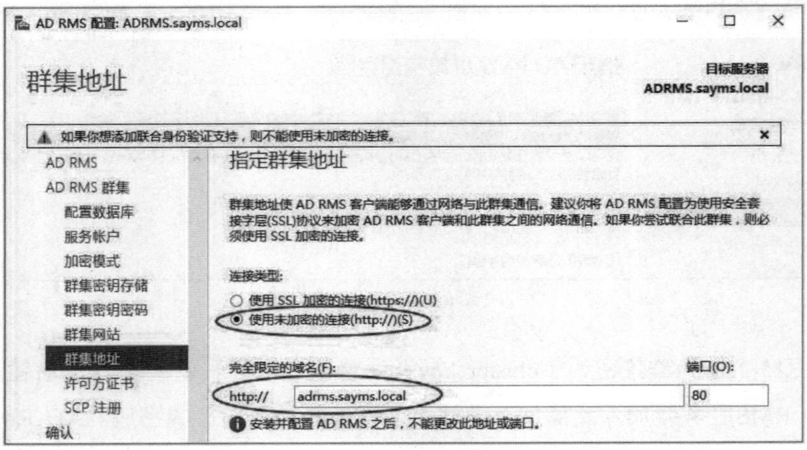

图 15-2-12

> 如果要使用比较安全的https连接，AD RMS服务器需要证书，证书的相关说明可参考《**Windows Server 2019系统与网站配置指南**》一书。

STEP 14 群集中的第1台AD RMS服务器会自行建立一个被称为**服务器许可方证书**的证书（server licensor certificate，SLC），拥有此证书就可以对客户端发放证书与授权。请在图15-2-13中为这个SLC命名，以便让客户端通过此名称来识别这个AD RMS群集。（加入此群集的其他AD RMS服务器会共享这个SLC证书）。

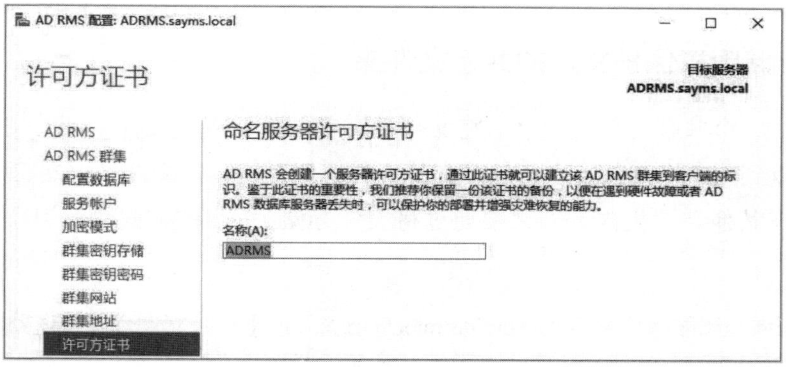
AD RMS 配置: ADRMS.sayms.local
许可方证书
目标服务器
ADRMS.sayms.local
AD RMS
AD RMS 群集
配置数据库
服务帐户
加密模式
群集密钥存储
群集密钥密码
群集网站
群集地址
许可方证书
命名服务器许可方证书
AD RMS 会创建一个服务器许可方证书，通过此证书就可以建立该 AD RMS 群集到客户端的标识。鉴于此证书的重要性，我们推荐你保留一份该证书的备份，以便在遇到硬件故障或者 AD RMS 数据库服务器丢失时，可以保护你的部署并增强灾难恢复的能力。
名称(A):
ADRMS

图 15-2-13

STEP 15 在图15-2-14中单击下一步按钮，它会将AD RMS服务连接点（service connection point，SCP）注册到AD DS数据库内，以便让客户端通过AD DS来找到这台AD RMS服务器。

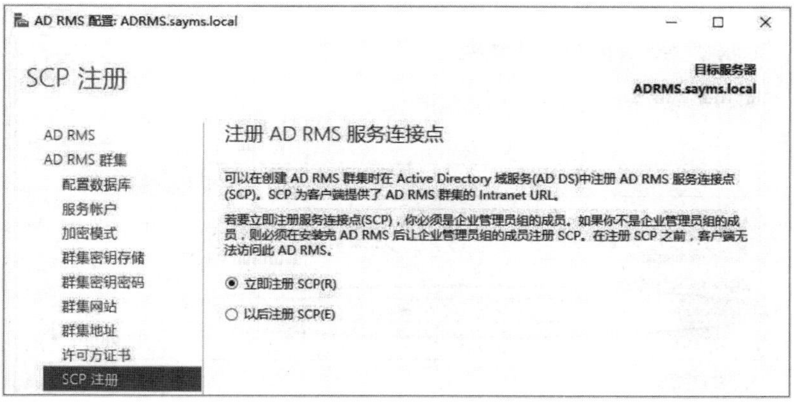
AD RMS 配置: ADRMS.sayms.local
SCP 注册
目标服务器
ADRMS.sayms.local
AD RMS
AD RMS 群集
配置数据库
服务帐户
加密模式
群集密钥存储
群集密钥密码
群集网站
群集地址
许可方证书
SCP 注册
注册 AD RMS 服务连接点
可以在创建 AD RMS 群集时在 Active Directory 域服务(AD DS)中注册 AD RMS 服务连接点(SCP)。SCP 为客户端提供了 AD RMS 群集的 Intranet URL。
若要立即注册服务连接点(SCP)，你必须是企业管理员组的成员。如果你不是企业管理员组的成员，则必须在安装完 AD RMS 后让企业管理员组的成员注册 SCP。在注册 SCP 之前，客户端无法访问此 AD RMS。
立即注册 SCP(R)
以后注册 SCP(E)

图 15-2-14

> 用来将AD RMS SCP注册到AD DS的用户账户必须是隶属于域组Enterprise Admins，如果是利用其他用户来登录与安装Active Directory Rights Management Services，则该用户必须先被加入到Enterprise Admins组内，安装完成后，就可以将其从此组内删除。

STEP 16 出现**确认安装选项**对话框时，单击安装按钮，安装完成后单击关闭按钮。

STEP 17 完成安装后，当前登录的用户账户（域Administrator）会被加入到本地**AD RMS Enterprise系统管理员**组内，此用户就有权限来管理AD RMS（可通过打开**服务器管理器**➲单击右上角**工具**➲**Active Directory Rights Management Services**），不过他需要先注销、再重新登录后才有效。

> 注销后再重新登录，才会更新用户的**访问令牌**（access token），如此用户才具备本机**AD RMS Enterprise 管理员**组的权限。

4. 建立存储版权保护文件的共享文件夹

我们要建立一个共享文件夹，然后将文件拥有者的版权保护文件放到此文件夹内，以便文件接收者可以到此共享文件夹来访问此文件。此范例要将共享文件夹建立在域控制器DC内（也可以建立在其他计算机内。如果要通过将文件存储到U盘的方式来练习，则以下步骤可免）。

STEP 1 请到域控制器DC上利用域Administrator身份登录：【打开**文件资源管理器**➲单击**此电脑**➲双击C:磁盘➲选中右侧空白处并右击➲**新建**➲**文件夹**➲输入文件夹名，假设为public】。

STEP 2 选中文件夹public并右击➲**授予访问权限**➲**特定用户**➲如图15-2-15所示赋予Everyone读取/写入权限➲单击共享按钮。

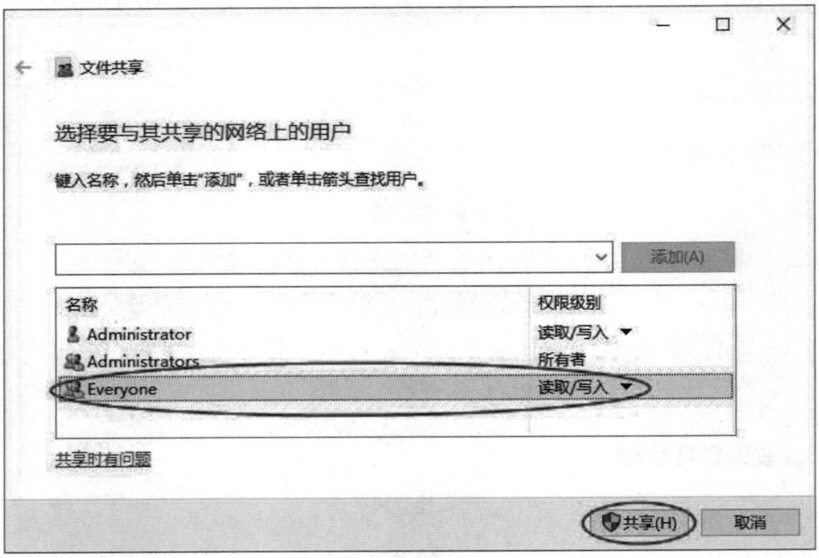

图 15-2-15

STEP 3 出现**你的文件夹已经共享**对话框时单击完成按钮。

5. 测试 AD RMS 的功能

我们会先在客户端计算机Win10PC1上安装Microsoft Word 2016，然后利用George身份登录与建立版权保护文件，最后利用Mary身份登录来访问此文件。

限制只能够读取文件，不能打印、复制文件

STEP 1 到客户端计算机Win10PC1上利用george@sayms.local身份登录、安装Microsoft Word 2016（可能需要输入具备管理员权限的账户与密码）。

STEP 2 通过【按⊞+R键➲输入control单击确定按钮➲网络和Internet➲Internet选项➲**安全**选项卡➲单击**本地 Intranet**➲单击站点按钮➲单击高级按钮➲输入http://adrms.sayms.local➲单击添加按钮➲……】的方法来将AD RMS群集网站加入到本地Intranet的安全区域内。

STEP 3 单击左下角**开始**图标⊞➲单击**Word 2016**来建立一个文件➲然后单击左上角**文件**➲如图15-2-16所示单击**保护文档**➲**限制访问**➲**连接到权限管理管理服务器并获取模板**。

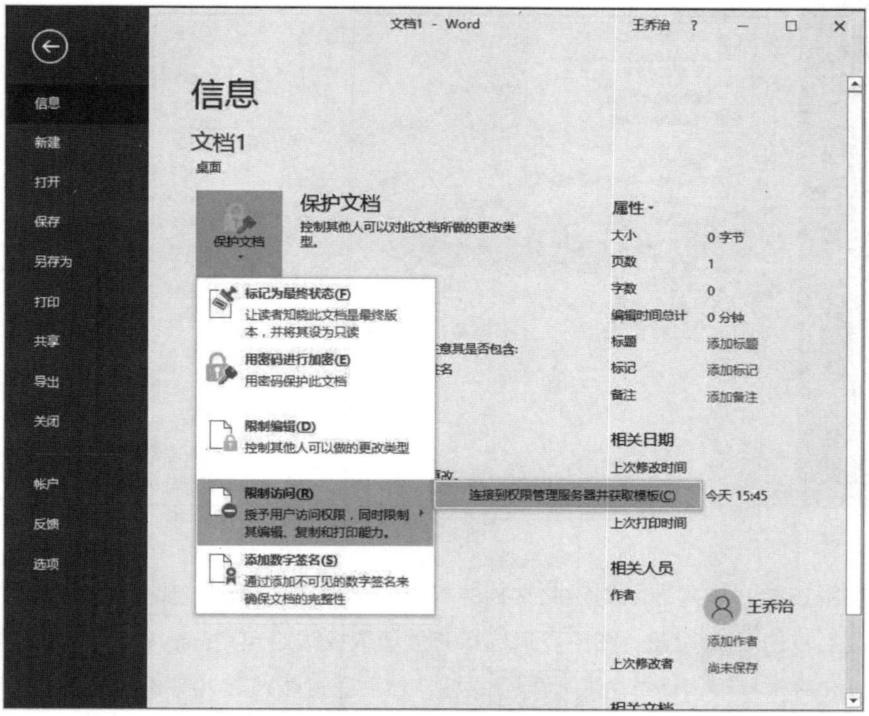

图 15-2-16

如果出现如图15-2-17所示的警告对话框，可能是未在STEP 2将http://adrms.sayms.local加入到本地Intranet网络。

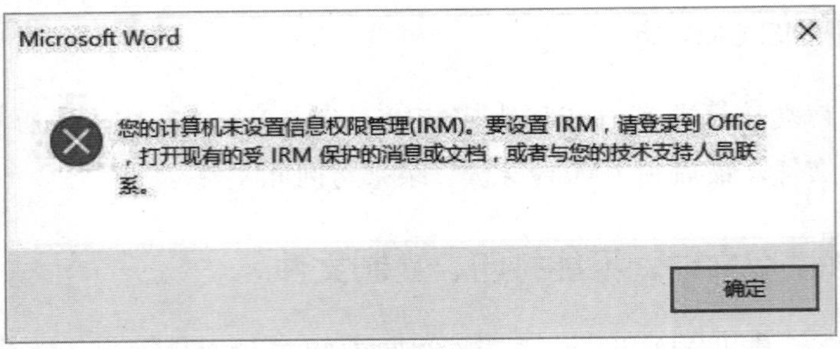

图 15-2-17

STEP 4 接下来请如图15-2-18所示【单击**保护文档➲限制访问➲限制访问**】。

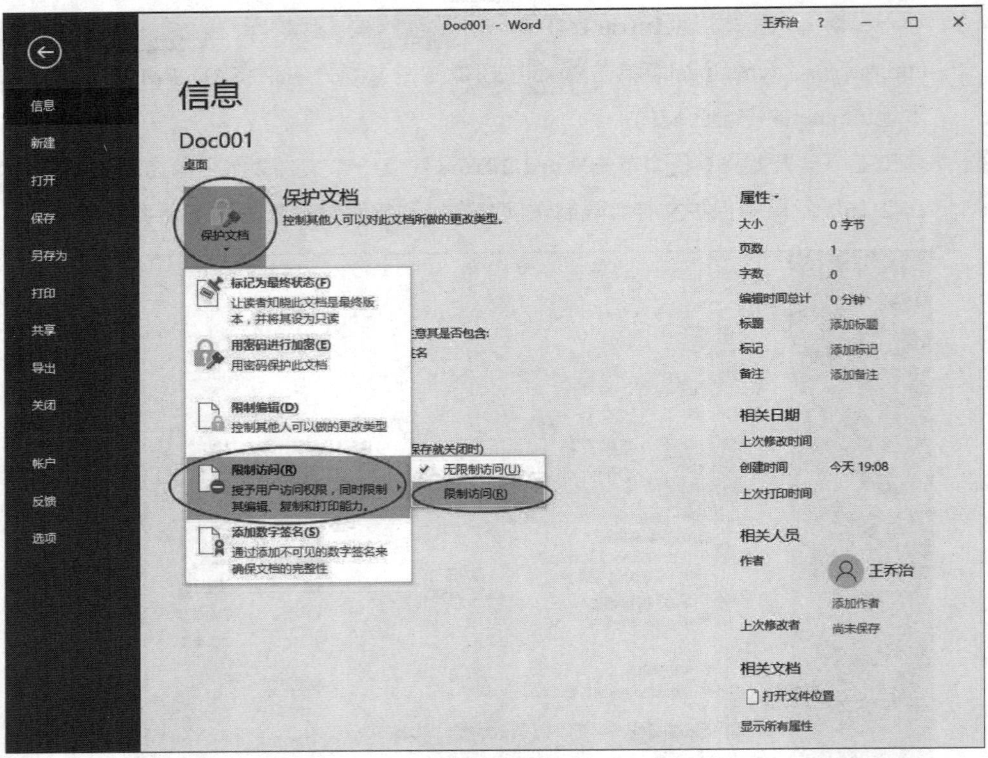

图 15-2-18

STEP 5 在图15-2-19中勾选**限制对此文档的权限**，然后单击读取或更改按钮来开放权限，完成后单击确定按钮。图中我们选择开放读取权限给用户mary@sayms.local。如果要进一步开放权限，请单击其他选项按钮，然后通过图15-2-20来设置，由此图可知还可以设置文件到期日期、是否可打印文件内容、是否可复制内容等。

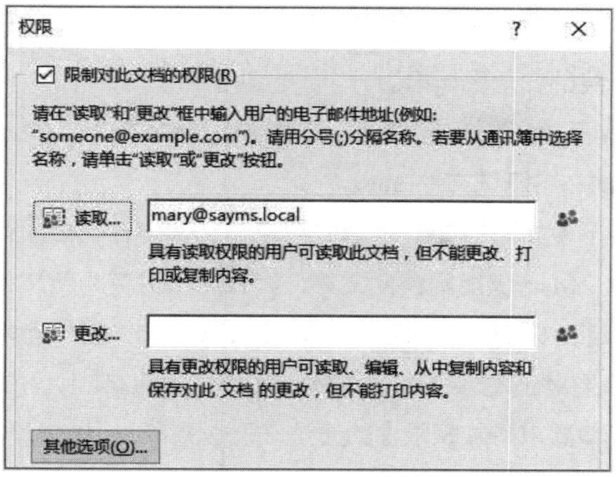

图 15-2-19

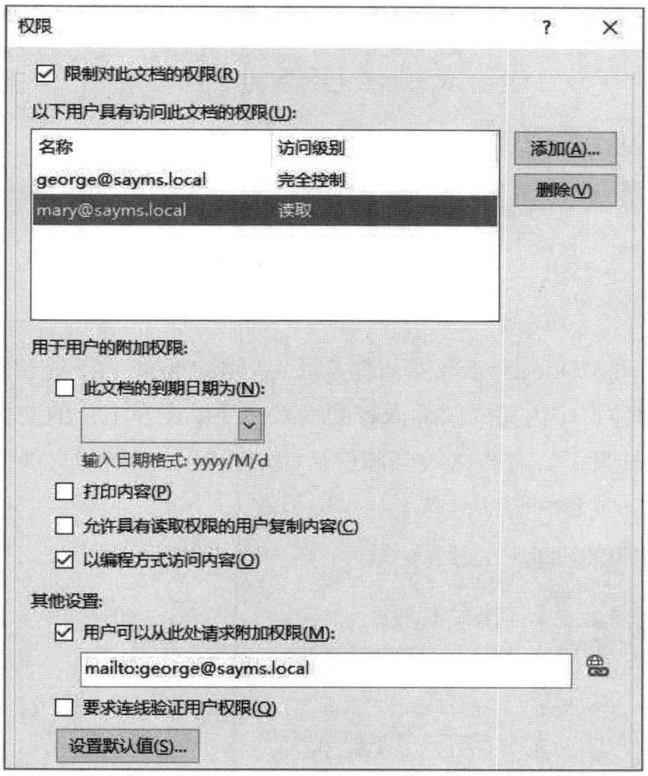

图 15-2-20

STEP 6　请通过左上角的**另存为**来将文件存储到共享文件夹\DC\Public内，假设我们要将文件名设置为**ADRMS测试文件.docx**，此时可直接输入\\DC\Public**ADRMS测试文件**。

STEP 7　注销，改为用户账户mary@sayms.local登录。

STEP 8　通过【按⊞+R键➲输入control单击确定按钮➲**网络和Internet**➲**Internet选项**➲**安全**选项卡➲单击**本地 Intranet**➲单击站点按钮➲单击高级按钮➲输入

http://adrms.sayms.local➲单击**添加**按钮➲……】的方法来将AD RMS群集网站加入到本地Intranet网络的安全区域内。

STEP 9 单击左下角**开始**图标⊞➲单击**Word 2016**➲打开位于下列路径的文件\\DC\public**ADRMS测试文件.docx**。

STEP 10 验证成功后会出现如图15-2-21所示的窗口与文件内容，由图可知这份文件的权限受到限制，目前用户Mary仅能阅读此文件，因此无法另存为新文件、也无法打印文件（包含通过按PrtScr键或Alt + PrtScr键），而且选择文件的任何内容后右击并无法选择**复制**与**剪切**。如果Mary想要向文件拥有者George索取其他权限，可以通过【单击图中**查看权限**按钮➲要求附加权限】的方法来发送索取权限的邮件给George。

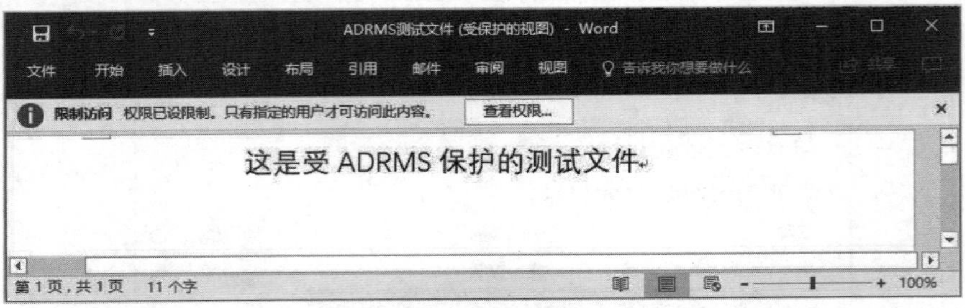

图 15-2-21

限制邮件转发

如果是通过Microsoft Outlook来收发邮件，还可以限制收件人不能转发邮件：在Microsoft Outlook的**新建电子邮件**窗口内完成邮件内容的输入后【单击左上角的**文件**➲如图15-2-22所示单击**设置权限**➲**不可转发**】，收件人收到邮件后，如图15-2-23所示只能阅读此邮件，无法转发此邮件，也无法打印或复制邮件内容。

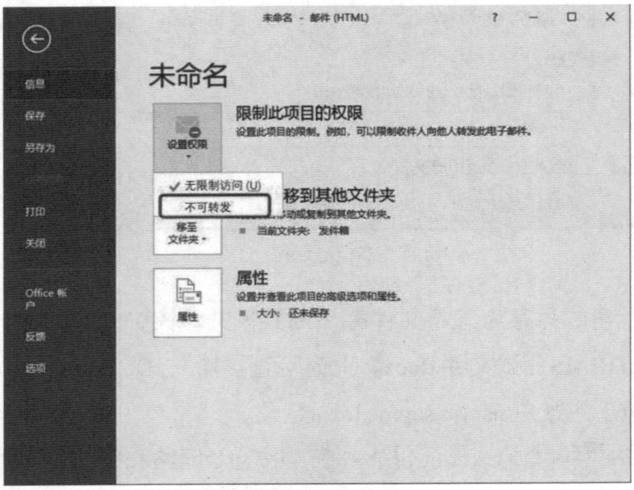

图 15-2-22

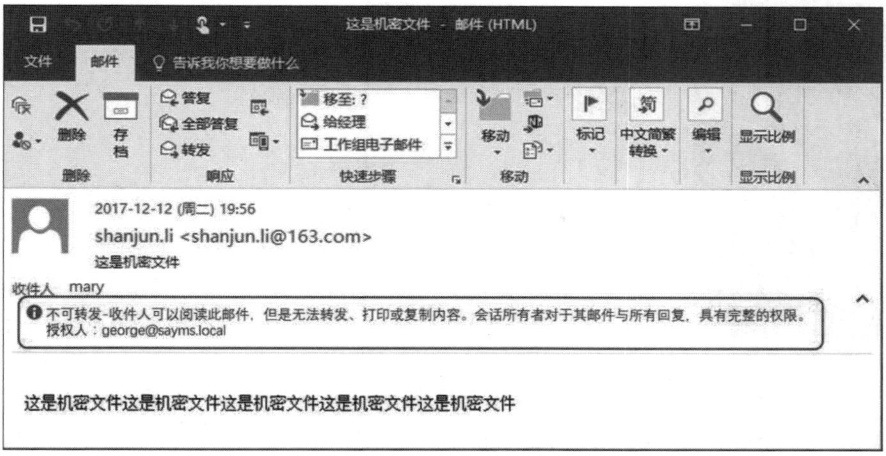

图 15-2-23

如果要练习此邮件转发限制，可以直接利用前面所搭建的测试环境即可，但是还需要搭建一台Microsoft Exchange Server，并为发件人与收件人在Exchange服务器内建立电子邮件邮箱，还有需要在客户端计算机安装Microsoft Outlook。

16

第 16 章　AD DS 与防火墙

如果两台域控制器之间或域控制器与成员计算机之间被防火墙隔开，那么如何让AD DS数据库复制、用户身份验证、网络资源访问等行为穿越防火墙的阻隔，就成为管理员必须了解的重要课题。

- AD DS相关的端口
- 限制动态RPC端口的使用范围
- IPSec与VPN端口AD DS相关的端口

16.1 AD DS相关的端口

不同的网络服务会使用到不同的TCP或UDP端口（port），如果防火墙没有开放相关端口，将造成这些服务无法正常运行。我们先在表16-1-1中列出AD DS（Active Directory域服务）一些相关的服务与其所占用的TCP/UDP端口号，然后说明这些服务的使用场合。

表16-1-1

服务	TCP端口	UDP端口
RPC Endpoint Mapper	135	
Kerberos	88	88
LDAP	389	389
LDAPS（LDAP over SSL）	636	636
LDAP GC（LDAP Global Catalog）	3268	
LDAPS GC（LDAP Global Catalog over SSL）	3269	
SMB（Microsoft CIFS）	445	
DNS	53	53
Network Time Protocol（NTP）		123
AD DS数据库复制、文件复制服务（FRS）、分布式文件系统（DFS）等服务	使用动态端口：需限制端口范围或变更为静态端口	
NetBIOS Name Service		137
NetBIOS Datagram Service		138
NetBIOS Session Service	139	

16.1.1 将客户端计算机加入域、用户登录时用到的端口

将客户端计算机加入域、用户登录时会用到以下的服务，如果此如果客户端计算机与相关服务器（域控制器、DNS服务器）之间被防火墙隔开，请在防火墙开放以下端口：

- Microsoft CIFS：445/TCP
- Kerberos：88/TCP、88/UDP
- DNS：53/TCP、53/UDP
- LDAP：389/TCP、389/UDP
- Netlogon服务：NetBIOS Name Service（137/UDP）/NetBIOS Datagram Service（138/UDP）/NetBIOS Session Service（139/TCP）与SMB（445/ TCP）

16.1.2 计算机登录时用到的端口

计算机登录到域时会用到以下的服务，因此如果域成员计算机与相关服务器（域控制器、DNS服务器）之间被防火墙隔开，请在防火墙开放以下端口：

- Microsoft CIFS：445/TCP
- Kerberos：88/TCP、88/UDP
- LDAP：389/UDP
- DNS：53/TCP、53/UDP

16.1.3 建立域信任时用到的端口

位于不同林的域之间在建立快捷方式信任、外部信任等**显性的信任**（explicit trust）关系时，会用到以下的服务，因此如果这两个域的域控制器之间是被防火墙隔开，请在防火墙开放以下的端口：

- Microsoft CIFS：445/TCP
- Kerberos：88/TCP、88/UDP
- LDAP：389/TCP、389/UDP
- LDAPS：636/TCP（如果使用SSL）
- DNS：53/TCP、53/UDP

16.1.4 验证域信任时用到的端口

不同域的域控制器之间在验证信任关系时会用到以下的服务，因此如果这些域控制器之间是被防火墙隔开，请在防火墙开放以下的端口：

- Microsoft CIFS：445/TCP
- Kerberos：88/TCP、88/UDP
- LDAP：389/TCP、389/UDP
- LDAPS：636/TCP（如果使用SSL）
- DNS：53/TCP、53/UDP
- Netlogon服务：NetBIOS Name Service（137/UDP）/NetBIOS Datagram Service（138/UDP）/NetBIOS Session Service（139/TCP）与SMB（445/ TCP）

16.1.5 访问文件资源时用到的端口

访问文件资源时所使用的服务为SMB（445/TCP）或NetBIOS Name Service（137/UDP）

/NetBIOS Datagram Service（138/UDP）/NetBIOS Session Service（139/TCP），因此如果用户的计算机与资源所在的计算机是被防火墙隔开，请在防火墙开放这些服务的端口。

16.1.6 执行DNS查询时用到的端口

如果要通过防火墙来向DNS服务器提出查询请求，例如查询域控制器的IP地址，就需要开放DNS服务的端口：53/TCP与53/UDP。

16.1.7 执行AD DS数据库复制时用到的端口

两台域控制器之间在进行AD DS数据库复制时会用到以下服务，因此如果这两台域控制器之间被防火墙隔开，请在防火墙开放以下端口：

- AD DS数据库复制
  它不是使用静态RPC（Remote Procedure Call）端口，而是使用动态RPC端口（其范围为 49152 ~ 65535之间），此时我们要如何来开放端口呢？还好动态RPC端口可以被限制在一段较小的范围内（参见**限制所有服务的动态RPC端口范围**的说明），因此我们只要在防火墙开放这一小段范围的TCP端口即可。
  也可以自行指定一个静态的端口，参见**限制AD DS数据库复制使用指定的静态端口**的说明。
- RPC Endpoint Mapper：135/TCP
  使用动态RPC端口时，需要搭配RPC Endpoint Mapper服务，因此请在防火墙开放此服务的端口。
- Kerberos：88/TCP、88/UDP
- LDAP：389/TCP、389/UDP
- LDAPS：636/TCP（如果使用SSL）
- DNS：53/TCP、53/UDP
- Microsoft CIFS：445/TCP

16.1.8 文件复制服务（FRS）用到的端口

如果域功能级别是Windows Server 2008以下，则同一个域的域控制器之间在复制SYSVOL文件夹时，会使用FRS（File Replication Service）。FRS也是采用动态RPC端口，因此如果将动态RPC端口限制在一段较小范围内（参见**限制所有服务的动态RPC端口范围**的说明），则我们只要在防火墙开放这段范围的TCP端口即可。但是使用动态RPC端口时，需要搭配RPC Endpoint Mapper服务，因此请在防火墙开放RPC Endpoint Mapper：135/TCP。

也可以自行指定一个静态的端口，参见 **限制FRS使用指定的静态端口**的说明。

16.1.9 分布式文件系统（DFS）用到的端口

如果域功能级别为Windows Server 2008（含）以上，则Windows Server 2008（含）上的域控制器之间在复制SYSVOL文件夹时需利用**DFS复制服务**（DFS Replication Service），因此如果这些域控制器之间是被防火墙隔开，请在防火墙开放以下的端口：

- LDAP：389/TCP、389/UDP
- Microsoft CIFS：445/TCP
- NetBIOS Datagram Service：138/UDP
- NetBIOS Session Service：139/TCP
- Distributed File System（DFS）

  DFS也是采用动态RPC端口，因此如果将动态RPC端口限制在一段较小范围内（参见**限制所有服务的动态RPC端口范围**的说明），则我们只要在防火墙开放这段范围的TCP端口即可。

  也可以自行指定一个静态的端口，参见**限制DFS使用指定的静态端口**的说明。
- RPC Endpoint Mapper：135/TCP

  使用动态RPC端口时，需要搭配RPC Endpoint Mapper服务，因此请在防火墙开放此服务的端口。

16.1.10 其他可能需要开放的端口

- LDAP GC 、LDAPS GC：3268/TCP、3269/TCP（如果使用SSL）

  假设用户登录时，负责验证用户身份的域控制器需要通过防火墙来向**全局编录服务器**查询用户所隶属的通用组数据时，就需要在防火墙开放端口3268或3269。

  又例如Microsoft Exchange Server需要访问位于防火墙另外一端的**全局编录服务器**，也需要开放端口3268或3269。
- Network Time Protocol（NTP）：123/UDP

  它负责时间的同步，参见第10章关于**PDC模拟器操作主机**的说明。
- NetBIOS的相关服务：137/UDP、138/UDP、139/TCP

  开放这些端口，以便通过防火墙来使用NetBIOS服务，例如支持旧客户端来登录、浏览网上邻居等。

16.2 限制动态RPC端口的使用范围

动态RPC端口是如何工作的呢？以Microsoft Office Outlook（MAPI客户端）与Microsoft Exchange Server之间的通信为例来说明：客户端Outlook先连接Exchange Server的RPC

Endpoint Mapper（RPC Locator Services，TCP 端口135）、RPC Endpoint Mapper再将Exchange Server所使用的端口（动态范围在49152 ~ 65535之间）通知客户端、客户端Outlook再通过此端口来连接Exchange Server。

AD DS数据库的复制、Outlook与 Exchange Server之间的通信、文件复制服务（File Replication Service，FRS）、分布式文件系统（Distributed File System，DFS）等默认都是使用动态RPC端口，也就是没有固定的端口，这将造成在防火墙配置上的困扰， 还好动态RPC端口可以被限制在一段较小的范围内，因此我们只要在防火墙开放这段范围的端口即可。

16.2.1 限制所有服务的动态RPC端口范围

以下说明如何将计算机所使用的动态RPC端口限制在指定的范围内。假设不论是使用IPv4或IPv6，都要将其限制在从8000起开始，总共1000个端口号码（端口号码最大为65535）。

打开Windows PowerShell窗口、执行以下命令（参见图16-2-1）：

```
netsh int ipv4 set dynamicport tcp start=8000 num=1000
netsh int ipv4 set dynamicport udp start=8000 num=1000
netsh int ipv6 set dynamicport tcp start=8000 num=1000
netsh int ipv6 set dynamicport udp start=8000 num=1000
```

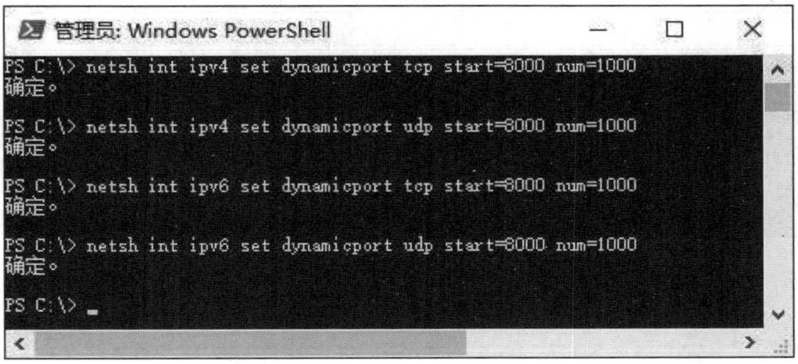
管理员: Windows PowerShell
PS C:\> netsh int ipv4 set dynamicport tcp start=8000 num=1000
确定。
PS C:\> netsh int ipv4 set dynamicport udp start=8000 num=1000
确定。
PS C:\> netsh int ipv6 set dynamicport tcp start=8000 num=1000
确定。
PS C:\> netsh int ipv6 set dynamicport udp start=8000 num=1000
确定。
PS C:\>

图 16-2-1

如果要检查当前动态RPC端口范围，请执行以下命令：

```
netsh int ipv4 show dynamicport tcp
netsh int ipv4 show dynamicport udp
netsh int ipv6 show dynamicport tcp
netsh int ipv6 show dynamicport udp
```

如图16-2-2所示为显示ipv4、tcp通信协议的动态RPC端口范围。

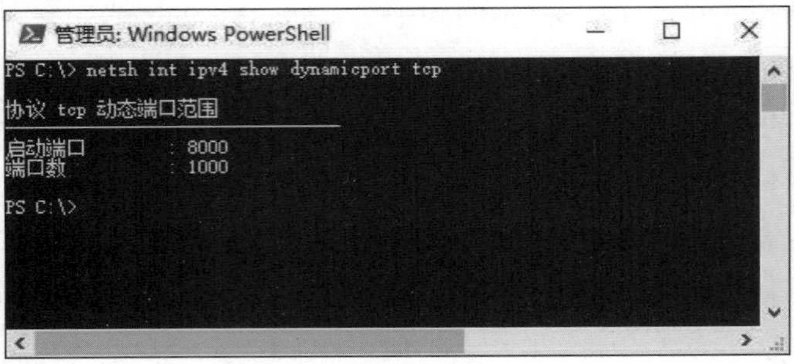

图 16-2-2

如果是修改域控制器的上述注册值，请随便找一台域成员计算机来与这台域控制器通信，然后在这台域控制器上开启Windows PowerShell窗口、执行**netstat -n**命令来查看其目前所使用的端口，此时应该可以看到某些服务所使用的端口是在我们所设置的从8000开始，如图16-2-3所示（包含IPv4与IPv6）。

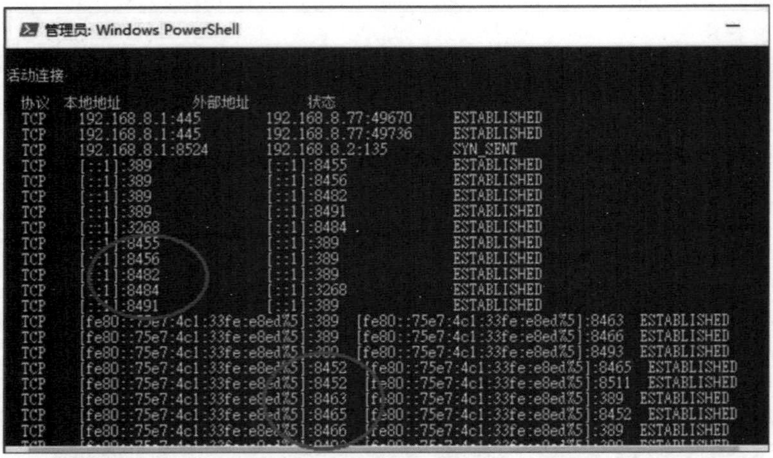

图 16-2-3

16.2.2　限制AD DS数据库复制使用指定的静态端口

域控制器执行AD DS数据库复制工作时，默认是使用动态RPC端口，但是我们也可以自行指定一个静态的端口。请到域控制器上执行注册表编辑器REGEDIT.EXE，然后通过以下路径进行设置：

```
HKEY_LOCAL_MACHINE\SYSTEM\CurrentControlSet\Services\NTDS\Parameters
```

请在上述路径之下新建一个如表16-2-1所示的数值，图16-2-4为完成后的窗口，图中我们将端口号码设置为56789（十进制），注意此端口不能与其他服务所使用的端口重复。

表16-2-1

数值名称	数据类型	数值
TCP/IP Port	REG_DWORD （DWORD（32-位）值）	自定义，例如56789

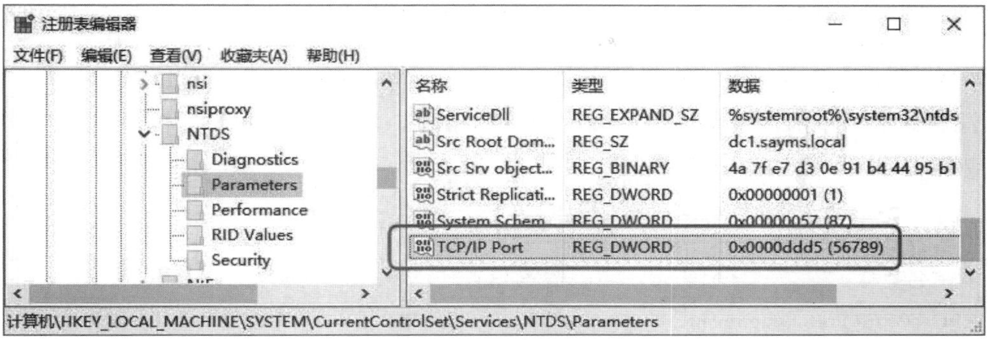

图 16-2-4

完成后重新启动，以后这台域控制器在执行AD DS数据库复制时所使用到的端口将会是56789（包含IPv4与IPv6）。可以先利用**Active Directory站点和服务**来手动与其他域控制器之间执行AD DS数据库复制的工作，然后在这台域控制器上打开Windows PowerShell窗口、执行**netstat -n**命令来查看其所使用的端口，如图16-2-5所示可看到它使用到我们所指定的端口56789（图中为IPv4，往下滚动还可看到IPv6）。

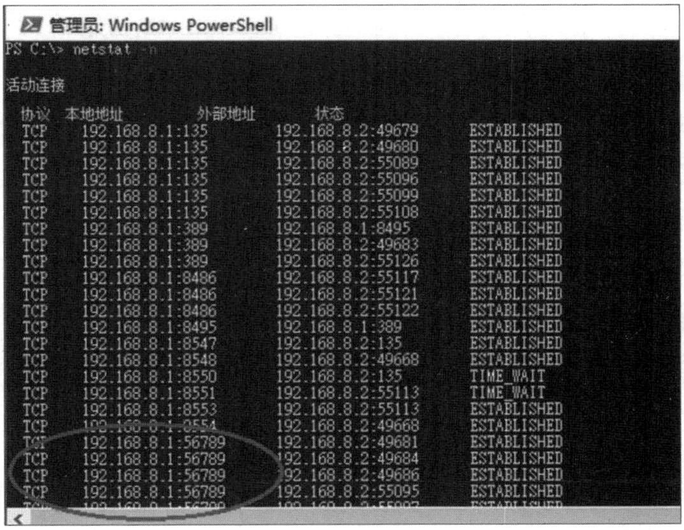

图 16-2-5

16.2.3 限制FRS使用指定的静态端口

如果域功能级别是Windows Server 2008以下，则同一个域的域控制器之间在复制

SYSVOL文件夹时，会使用FRS（File Replication Service）。FRS默认也是采用动态RPC端口，但是我们也可以自行指定一个静态的端口。请到域控制器上执行注册表编辑器REGEDIT.EXE，然后通过以下路径进行设置：

```
HKEY_LOCAL_MACHINE\SYSTEM\CurrentControlSet\Services\NTFRS\Parameters
```

请在上述路径之下新建一个如表16-2-2所示的数值，表中将端口号设置为45678（十进制），注意此端口不能与其他服务所使用的端口相同。完成后重新启动。以后这台域控制器的FRS服务所使用的端口将会是45678。

表16-2-2

数值名称	数据类型	数值
RPC TCP/IP Port Assignment	REG_DWORD	自定义，例如45678

16.2.4 限制DFS使用指定的静态端口

如果域功能级别为Windows Server 2008（含）以上，则Windows Server 2008（含）以上的域控制器之间在复制SYSVOL文件夹时需要利用**DFS复制服务**，而它也是采用动态RPC端口，但是我们可以将其固定到一个静态的端口。请到域控制器上打开Windows PowerShell窗口，然后执行以下命令（如图16-2-6所示，图中假设将端口固设置为34567）：

```
DFSRDIAG  StaticRPC  /Port:34567
```

注意此端口不能与其他服务所使用的端口相同。如果无法执行此程序，请先安装**DFS管理工具**（通过**服务器管理器**➲添加角色和功能➲在**选择功能**界面展开**远程服务器管理工具**➲角色管理工具➲文件服务工具➲……）。完成后，重新启动这台域控制器，以后其**DFS复制服务**所使用的端口将会是34567。

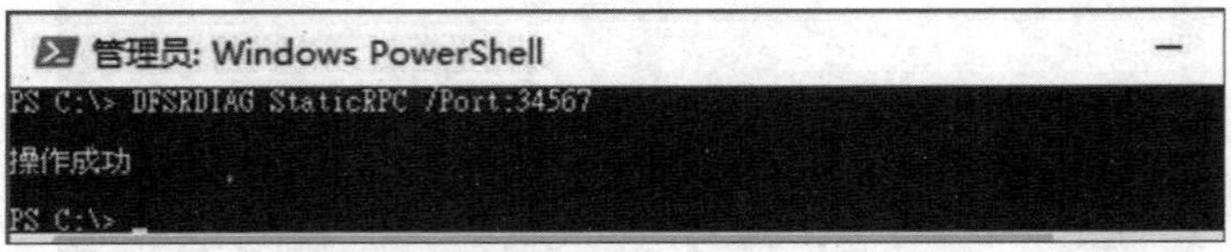

图16-2-6

也可以在**WindowsPowerSehell**窗口下，执行以下命令来达到相同目的（如图16-2-7所示，图中假设将端口固定到34567）：

```
Set-DfsrServiceConfiguration  -RPCPort  34567
```

完成后重新启动此域控制器，之后其**DFS复制服务**所使用的端口都将是34567。

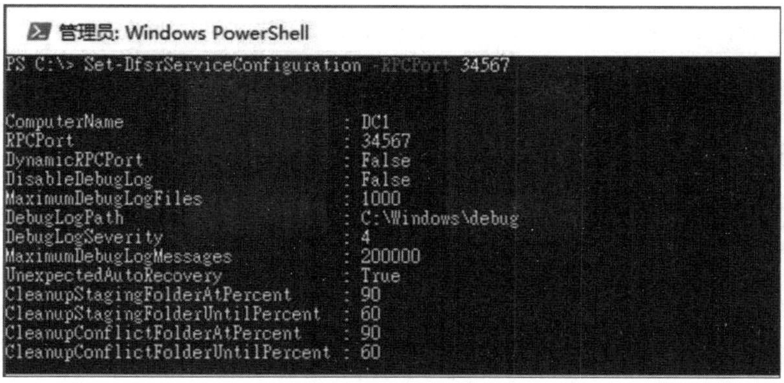

图 16-2-7

16.3 IPSec与VPN端口

如果域控制器之间，或域控制器与成员计算机之间，不但被防火墙隔开，而且所传送的数据还经过IPSec的处理，或经过PPTP、L2TP等VPN安全传输通道来传送，则还有一些通信协议或端口需在防火墙开放。

16.3.1 IPSec使用的通信协议与端口

IPSec除了用到UDP通信协议外，还会用到ESP与AH通信协议，因此我们需要在防火墙开放相关的UDP端口与ESP、AH通信协议：

- Encapsulation Security Payload（ESP）：通信协议号为50。
- Authentication Header（AH）：通信协议号为51。
- Internet Key Exchange（IKE）：所使用的是UDP端口号500。

16.3.2 PPTP VPN使用的通信协议与端口

除了TCP通信协议外，PPTP VPN还会使用到GRE通信协议：

- General Routing Encapsulation（GRE）：通信协议号为47。
- PPTP：所使用的是TCP端口号1723。

16.3.3 L2TP/IPSec使用的通信协议与端口

除了UDP通信协议外，L2TP/IPSec还会用到ESP通信协议：

- Encapsulation Security Payload（ESP）：通信协议号为50。

- Internet Key Exchange（IKE）：所使用的是UDP端口号500。
- NAT-T：所使用的是UDP端口号4500，它使得IPSec可以穿越NAT。

> 虽然L2TP/IPSec还会使用到UDP 端口1701，但它是被封装在IPSec数据包内，因此不需要在防火墙开放此端口。